Spring Boot

企业级项目开发
——入门到精通

钟林森　罗剑 ◎ 著

華中科技大學出版社
http://www.hustp.com
中国·武汉

内容简介

《Spring Boot企业级项目开发——入门到精通》站在初学者的角度，从零开始介绍Spring Boot的基本概念、核心特性以及在实际项目开发中的作用，带领读者一步一个脚印地学习并实战Spring Boot相关核心技术以及常见的分布式中间件；除此之外，书末还重点介绍并实战了企业中几乎处处可见的系统——权限管理平台，以此巩固前面篇章学习的相关技术。

值得一提的是，书中在介绍Spring Boot核心技术理论知识的同时也给出了相对应的实际项目案例，并编写了相应的代码进行实战，以此提高读者的开发水平和项目实战能力。

本书共9章，分为3篇。第1篇为Spring Boot基础篇，主要介绍了Spring Boot的基本概念、技术优势和几大核心特性，基于Spring Boot开发应用系统时需要准备的开发环境和开发工具，并以此作为基础搭建了入门级的Spring Boot单模块项目Hello World以此开启Spring Boot的学习之旅；之后趁热打铁，先后介绍并实战了如何在Spring Boot项目读取各种类型的配置文件，以及如何整合数据访问层ORM框架Spring Data JPA/MyBatis实现对数据库的操作，以及如何整合Spring MVC实现一个Java Web应用系统常见、常用的功能。

第2篇为Spring Boot核心技术与高级应用篇，全面介绍了目前在实际项目开发中Spring Boot常见、常用的核心技术及其对应的代码实战，其中主要包括文件的上传下载、各种类型邮件的发送、定时任务的实现、多种方式实现Excel的导入导出等核心技术；除此之外，还重点介绍了目前市面上两款主流的分布式中间件，包括缓存中间件Redis、消息中间件RabbitMQ，介绍其基本概念、作用以及典型的应用场景，它们为本书润色了不少。

第3篇为Spring Boot企业项目实战篇，本篇的内容是对第1、2篇内容做的总结；重点介绍并实战了如何基于Spring Boot搭建一个实际的企业级项目——权限管理平台，带领读者梳理从系统功能需求分析开始，到系统的整体架构设计、数据库设计，再到系统功能模块划分、前后端编码开发、测试、系统安全防御配置，最后再到系统打包、部署、上线运行等一整套流程，有助于读者切身感受企业中真实项目的整个开发上线流程。

本书特别适合Spring Boot实践经验为零的开发人员阅读；有一定Java应用开发经验的工程师，阅读本书后可以了解Spring Boot在构建企业级应用过程中所提供的思路和解决方案，进一步了解Spring Boot底层的运行原理；IT培训机构的学员也可以通过本书系统地学习Spring Boot相关的核心技术。

图书在版编目(CIP)数据

Spring Boot企业级项目开发：入门到精通 / 钟林森，罗剑著. —武汉：华中科技大学出版社，2020.12(2024.2重印)
ISBN 978-7-5680-4124-9

Ⅰ.①S… Ⅱ.①钟… ②罗… Ⅲ.①JAVA语言-程序设计 Ⅳ.①TP312.8

中国版本图书馆CIP数据核字(2020)第250403号

Spring Boot企业级项目开发——入门到精通
Spring Boot Qiyeji Xiangmu Kaifa ——Rumen dao Jingtong
钟林森 罗剑 著

策划编辑：康 序
责任编辑：史永霞
封面设计：孢 子
责任监印：朱 玢
出版发行：华中科技大学出版社(中国·武汉) 电话：(027)81321913
武汉市东湖新技术开发区华工科技园 邮编：430223
录 排：武汉三月禾文化传播有限公司
印 刷：武汉洪林印务有限公司
开 本：787mm×1092mm 1/16
印 张：22.75
字 数：582千字
版 次：2024年2月第1版第2次印刷
定 价：68.00元

作者简介

INTRODUCTION

钟林森

曾在阿里大文娱事业部任 Java 高级后端开发工程师，“程序员实战基地（www.fightjava.com）”创始人，长期扎根于一线进行编码开发、系统架构设计与项目管理，拥有多年开发与管理经验。

图书《分布式中间件技术实战（Java 版）》的作者。

追求技术，热爱分享，相信技术改变生活，技术成就梦想，一直在不断地学习和积累新的知识，秉承修罗之道，花名“阿修罗”（修罗 debug）。

前言

PREFACE

时光荏苒，岁月如梭，转眼间Java已经走过了二十多个年头，其发展之快亦不由得令人惊叹。如今它依旧蒸蒸日上，犹如华夏文明、传承之火一般生生不息，归根结底主要在于它的跨平台及实用等特性。

现如今已是微服务、分布式、IoT(物联网)、5G以及人工智能盛行的时代，Java在这个时代的软件开发领域占据了一席之地，特别是在微服务、分布式领域，其开源的微框架 Spring Boot 及 Spring Cloud 和 Dubbo + ZooKeeper 组合更是大大巩固了 Java 在相关领域的地位。

现在，开发者每每谈起 Java，都离不开 Spring Boot(Spring Cloud 也是需要基于 Spring Boot 的)。毫不夸张地讲，目前企业大部分的 Java 应用系统是以 Spring Boot 作为主导的，配以 Spring MVC、MyBatis 以及中间件等各种组件组合完成整个系统的业务功能。可以说，这种开发模式基本上取代了传统企业级应用系统中以 Spring/JavaEE 作为主导的开发模式。

本书站在初学者的角度，从 Spring Boot 诞生的缘由和基本概念开始讲起，一步一个脚印地介绍了 Spring Boot 的基本概念、开发优势和几大核心特性，带领各位读者一步步搭建第一个 Spring Boot 项目(以 Spring Boot 2.×版本为主)，并以此为基础介绍并实战 Spring Boot 相关的核心技术栈，如基础配置、数据层访问、Web 应用开发以及其他核心技术等。

为了方便读者理解与掌握，笔者在介绍相应的技术点时，结合了企业中真实项目的应用案例，并配备了相应的代码，让读者在理解理论的同时也能掌握相应的开发技能。

笔者还介绍了目前主流的分布式中间件 Redis 和 RabbitMQ，这是为了提升读者的开发能力和就业竞争力而安排的。毕竟在如今 IT 行业竞争激烈、就业压力比较大的环境下，掌握一些分布式中间件，如缓存中间件 Redis、消息中间件 RabbitMQ 可以给自己加分。

在本书的最后介绍了企业里几乎随处可见的应用系统，即权限管理平台，它是前面篇章介绍的所有技术栈的大汇总，即将学到的技术应用到真实的系统、真实的项目开发中，实现真正的学以致用，而不是一味地停留在理论或者死记硬背的层面。

本书是一本以代码实战为主、以理论为辅的实战书籍，特别适合有一定基础的 Java 开发者及 Spring Boot 初学者学习，也适合高等院校和培训学校相关专业的师生作为教学参考书。

书中涉及的开发工具与软件版本如下：Intellij IDEA(2020)、Spring Boot(2.3.1.RELEASE)、Navicat Premium(11.0) 、JDK(1.8)、MySQL(5.7)、Redis(6.0)、RabbitMQ(3.8)、Linux Centos(7.×)、Postman(7.36.0)、Apache JMeter(5.1.1)。浏览器为 Chrome 2020。大部分软件下载可以前往链接 http://www.fightjava.com/web/index/resource.html，即"程序员实战基地"的"资料中心"搜索下载。

钟林森

目录

CONTENTS

第 8 章 消息中间件 RabbitMQ 实战

第 3 篇 Spring Boot 企业项目实战篇

第 9 章 企业项目开发实战之权限管理平台

后记

第1篇 Spring Boot基础篇

Part 1
Spring Boot
JICHUPIAN

第1章 走进 Spring Boot

对于大多数从事 Java 开发的程序员而言，“Spring Boot”这个词想必是耳熟能详了。可以毫不夸张地说：一个 Java 程序员如果知晓甚至精通 Spring Boot，那么这将意味着他身上多了一项求职利器，而相对于那些不懂 Spring Boot、不会 Spring Boot 的人而言，他也多了几分竞争力。

而现实亦是如此，纵观如今市面上一些主流的招聘平台，我们会发现几乎 90%的企业对于 Java/Java Web 求职者有一项很明确的技能要求：熟悉或者精通 Spring Boot。因此，对于那些想从事 Java/Java Web 开发或者已经在利用 SSM（Spring + Spring MVC + MyBatis）、SSH（Spring + Spring MVC + Hibernate）从事开发但却想精进技术的读者而言，学习 Spring Boot 将是一个必不可少且强烈值得推荐的学习方向。

从另外的角度来看，对于一名 IT Java 行业的从业人员，从普通研发工程师到系统架构师的成长之路上，Spring Boot 及其相关的核心技术、分布式中间件等是绕不过去的，既然绕不过去，那何不现在开始认真地学习 Spring Boot，也当作自己人生的一道成长轨迹。

本章涉及的知识点主要有：

- Spring Boot 概述、技术优势、几大核心特性。
- 准备 Spring Boot 开发环境以及安装相应的工具，搭建简单的 Spring Boot 项目。
- 基于 Spring Boot 搭建多模块项目，初步介绍 Spring Boot 的起步依赖与自动装配。

1.1 Spring Boot 概述

Spring Boot 是由 Pivotal 团队提供的全新框架，是 Spring 家族的一个成员，业界亲切地称之为“微框架”，可用于快速开发扩展性强、微而小的项目。毋庸置疑，Spring Boot 的诞生不仅给传统的企业级项目与系统架构带来了全面改进以及升级的可能，同时也给 Java 界的程序员带来了诸多收益，可谓是 Java 程序员界的一大“福音”。

从本节开始，我们将一起认识 Spring Boot，包括其相关概念、优势以及特性，一起了解 Spring Boot 在开发层面给开发者带来了哪些收益。

1.1.1 Spring Boot 简介

顾名思义，Spring Boot 是 Spring 全家桶的一员，其设计的目的是简化 Spring 应用烦琐的搭建以及开发过程，它只需要使用极少的配置，就可以快速得到一个正常运行的应用程序，开发人员从此不再需要定义样板化的配置。

而实际上，对于像笔者这样的拥有多年 Spring Boot 实战经验的 Java 程序员而言，Spring Boot 其实并不能称为“新的框架”，它只是默认配置了很多常用框架的使用方式（这在后文会提及，称为“起步依赖”），就像一个 Maven 项目的 Pom. xml 整合了所有的 Jar 包一样，Spring Boot 整合了常用的、大部分的框架（包括它们的使用方式以及常用配置）。

可以说，Spring Boot 的诞生给企业“快速”开发微而小的项目提供了可能，同时也给传统系统架构的改进以及升级改造带来了诸多方便。而随着近几年互联网经济的快速发展、微服务和分布式系统架构的流行，Spring Boot 的到来使得 Java 项目的开发变得更为简单、方便和快速，极大地提高了开发和部署效率，同时也给企业带来了诸多收益。

1.1.2 Spring Boot 的优势

Spring Boot 作为广大 Java 程序员偏爱的微框架，着实给程序员的开发带来了诸多福利，特别是在改进传统 Spring 应用的烦琐搭建以及开发上做出了巨大的贡献。概括地讲，Spring Boot 给开发者带来的优势主要有以下几点：

- 从搭建的角度看，Spring Boot 可以帮助开发者快速搭建企业级应用，借助开发工具如 Intellij IDEA，几乎只需要几个步骤就能简单构建一个项目。
- 从整合第三方框架的角度看，传统的 Spring 应用如果需要整合第三方框架，则需要加入大量的 XML 配置文件，并配置很多晦涩难懂的参数；而对于 Spring Boot 而言，只需要加入 Spring Boot 内置的针对第三方框架的“起步依赖”，即内置的 Jar 包即可，而不再需要编写大量的样板代码、注释跟 XML 配置。
- 从项目运行的角度看，Spring Boot 由于内嵌了 Servlet 容器（如 Tomcat），其搭建的项目可以直接打成 Jar 包，并在安装有 Java 运行环境的机器上采用 java-jar xxx. jar 的命令直接运行，省去了额外安装以及配置 Servlet 容器的步骤，非常方便。而且，Spring Boot 还能对运行中的应用进行状态的监控。
- 由于 Spring Boot 是 Spring 家族的一员，所以对于 Spring Boot 应用而言，其与 Spring 生态系统如 Spring ORM、Spring JDBC、Spring Data、Spring Security 等的集成非常方便、容易；再

加上 Spring Boot 的设计者崇尚“习惯大于配置”的理念，使得 Spring Boot 应用集成主流框架以及 Spring 生态系统时极为方便、快速，开发者可以更加专注于应用本身的业务逻辑。

- 总体来说，Spring Boot 的出现使得项目从此不再需要诸多烦琐的 XML 配置以及重复性的样板代码，整合第三方框架以及集成 Spring 生态系统变得更加简单与方便，大大提高了开发效率。

1.1.3 Spring Boot 的几大核心特性

Spring Boot 的诞生给传统的企业级 Spring 应用带来了许多收益，特别是在应用的扩展以及系统架构的升级改造上带来了强有力的帮助。概括地讲，Spring Boot 在目前应用系统开发中提供了以下四个好处：

- 使编码更加简单。
- 简化了配置。
- 使部署更加便捷。
- 使应用的监控变得更加简单和方便。

而 Spring Boot 带来的这些优势主要还是源于其“天生”具有的特性，总体来说，其具有以下几点特性：

- Spring Boot 遵循“习惯优于配置”的理念，即使用 Spring Boot 开发项目时，我们只需要使用很少的配置，大多数使用默认配置即可。
- Spring Boot 可以帮助开发者快速地搭建应用，并自动地整合主流框架和大部分的第三方框架，即“自动装配”。
- 应用可以不需要使用 XML 配置，而只需要自动配置和采用 Java Config 配置相关组件。
- Spring Boot 内置了监控组件 Actuator，只需要引入相应的起步依赖，就可以基于 HTTP、SSH、Telnet 等方式对运行中的应用进行监控。

随着 Pivotal 团队对 Spring Boot 的不断升级、优化，目前其版本也由 1.×版本升级到了 2.×版本，所拥有的特性以及优势也在不断增加。但是不管怎么优化、升级，笔者相信 Spring Boot 上述的几个特性会一直保留着，因为这对于开发者以及企业应用系统而言都是强有力的助手，而这些特性在后续搭建微服务 Spring Boot 项目时将一点点地体现出来。

1.2 开发环境准备

“工欲善其事，必先利其器”，在前文我们已经从宏观上介绍了 Spring Boot，包括其诞生的背景、概念、核心特性以及开发层面的优势，接下来，我们将进入 Spring Boot 的实战环节。但在实战之前，读者有必要了解实战 Spring Boot 的前提条件和相关开发环境的安装，这也为后续篇章实战 Spring Boot 相关核心技术和企业级项目做奠基。

1.2.1 学习 Spring Boot 的前提与开发环境和工具

在 Spring Boot 诞生之前，业界开发 Java/Java Web 项目采用的主流框架主要是 Spring、Spring MVC、MyBatis、Hibernate、Shiro/Spring Security 等。当需要开发一个企业级应用系统的时候，需要首先搭建好项目的整体目录结构，而在那个时候，主要是通过 XML

配置的方式整合项目所需要的框架或者组件。

而随着系统业务功能的不断升级、改造，我们会发现项目已经集成了许许多多的 XML 配置，更糟糕的是，在这些 XML 配置文件中，有些配置项看起来就让人觉得晦涩难懂，几乎已经让人忘记了彼时加入那些配置的用意。更有甚者，当我们需要加入新的框架、组件时，就少不了要加入新的 XML 配置文件，或者加入烦琐复杂的配置项等，久而久之，整个项目将会变得相当臃肿，而项目也有可能会因为某些新加入的配置项而出现运行出错甚至运行不起来等“令人头疼”的状况。在彼时，IT Java 界程序员亲切地称这种开发模式为 SSM/SSH 模式。

而 Spring Boot 的出现可以说就是为了解决传统 SSM/SSH 繁杂配置而出现的解决方案，但它并非新的框架，而是从 Spring 衍生出来的产物，它可以解决项目中烦琐复杂的配置并且自带了许许多多的第三方框架、组件的整合配置，即“起步依赖”，而不再需要将框架的 XML 配置文件不断地堆积进项目中了。而这个时代，读者可以称之为“微框架时代”（即并非真正的、全新的框架）。

因此，学习并实战 Spring Boot 的前提自然是有一定的 Java Web、JSP/Servlet、Spring/Spring MVC 开发基础，如果接触或者参与实战过 SSH/SSM 项目的开发，那对于学习与实战 Spring Boot 将有很大的帮助。

“工欲善其事，必先利其器”，这其中的“事”则是“学习实战 Spring Boot”，“器”即“开发环境与开发工具”。总体来说，读者需要在本地开发环境搭建并安装 JDK（本书以 1.8 版本为例）、MySQL（本书以 5.6 版本为例）、Maven（本书以 3.4.×版本为例）、开发工具 Eclipse/Intellij IDEA（根据个人喜好选择即可，笔者建议用 Intellij IDEA，本书以 Intellij IDEA 为例），数据库管理可视化工具 Navicat Premium/Intellij Datagrid（或者其他可视化工具），前后端接口交互工具 Postman 等。值得一提的是，在本书中我们采用的 Spring Boot 的版本是 2.×（2.3.1.RELEASE 或者 2.0.5.RELEASE 都是可以的）。

需要补充一点，上文介绍的那些开发工具与开发环境是一名 Java 程序员日常所必备的，而首次接触这些工具的读者，也可以自己多动手、亲自尝试其安装与配置过程，提高自己的动手实践能力。

◆ 1.2.2 基于 Spring Initializr 构建单模块项目

接下来，我们将采用开发工具 Intellij IDEA，并基于 Spring Initializr 插件构建一个简单的单模块项目，以此亲身感受、体验 Spring Boot 的使用、项目搭建和运行过程。

（1）打开开发工具 Intellij IDEA，点击左上角菜单栏的 File 选项，选择 New，然后选择 Project…，此时会弹出一个选择框，如图 1.1 所示。

（2）在左边列表中选择 Spring Initializr 插件，Project SDK 选择 1.8，之后就可以一直点击右下角的 Next 按钮，直到最后创建一个以 demo 命名的 Spring Boot 项目，如图 1.2 所示。值得一提的是，这个成功搭建的 Spring Boot 项目内部仍然是需要借助 Maven 构建项目的相关依赖 Jar，因此，需要读者在本地安装好 Maven（3.4.×或者 3.3.×的版本均可）。

除此之外，如果是首次借助 Intellij IDEA 构建 Spring Boot 项目的话，读者需要耐心等待，等待项目自行下载构建项目所需要的依赖 Jar，同时，需要保持网络畅通，因为这些依赖的 Jar 在首次下载时是通过网络仓库（如 Maven 中央仓库、阿里云私服等）下载到本地磁盘的。

（3）图 1.2 所示为笔者成功构建的、一个简单的 Spring Boot 单模块项目，为了能成功地将项目运行起来，我们在项目的核心配置文件 application.properties 中加入服务运行时的

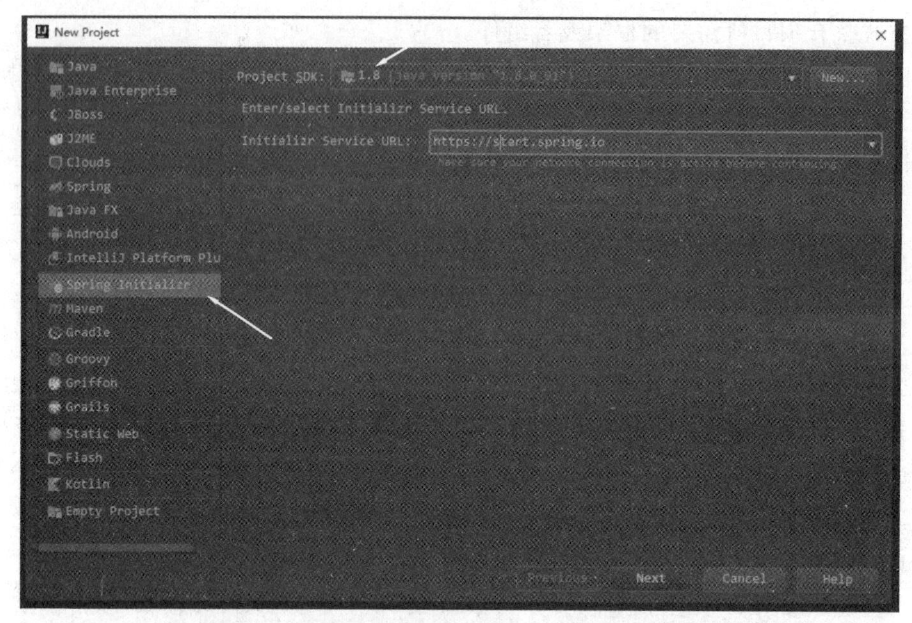

图 1.1　基于 Intellij IDEA 搭建 Spring Boot 项目

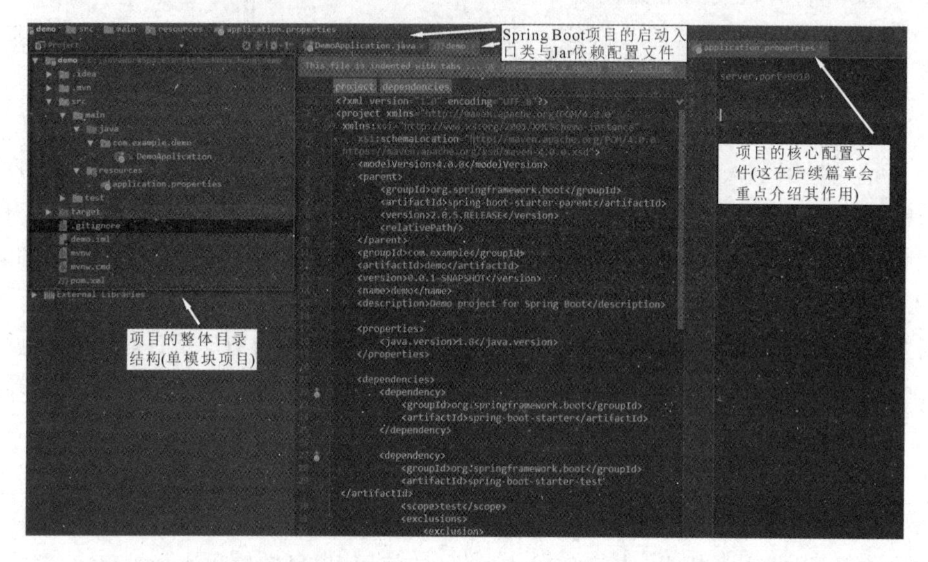

图 1.2　成功搭建的 Spring Boot 项目的整体目录结构

端口，取值为 9010，配置如下：

```
#后端服务的运行端口
server.port=9010
```

同时，还需要在全局的 pom.xml 依赖配置文件中加入 web 的起步依赖配置，其原因在于当前项目在运行期间，会自动扫描其所需要的 Jar 依赖，如 spring-bootVstarter-tomcat 等，而这些依赖则可以通过起步依赖 spring-boot-starter-web 的引入而自动引入，其配置如下：

```
<!--首次创建项目时需要加入 web 的起步依赖-->
<dependency>
    <groupId>org.springframework.boot</groupId>
    <artifactId>spring-boot-starter-web</artifactId>
</dependency>
```

至此，我们直接点击 Intellij IDEA 工具上方菜单栏的运行按钮，就可以将整个项目运行起来了。图 1.3 所示为项目运行成功后控制台打印出的部分日志信息：

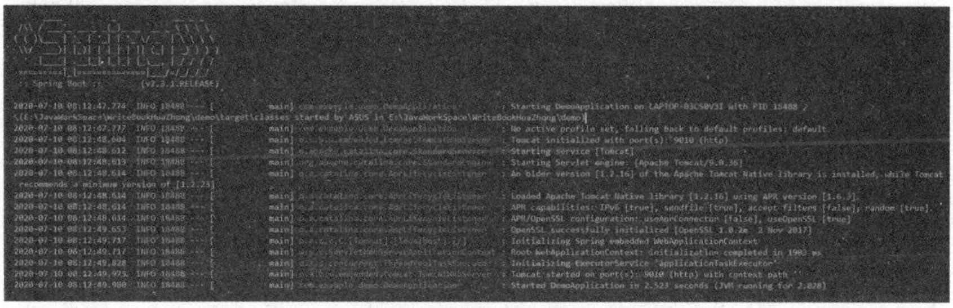

图 1.3　成功运行项目后控制台的输出信息

1.2.3　写个 Hello World 吧

接下来，我们趁热打铁，基于上文搭建好的 Spring Boot 单模块项目，写一个 Hello World，其功能需求描述如下：在 Postman 发起一个 Get 请求，其中，该请求对应的 URL 将携带一个参数，名称为 name，取值可以是任意的常量值，请求成功后后台相应的接口返回一串字符串常量值即可。

(1) 首先，我们需要创建一个包 Package，起名为 controller，并在其中新建一个类 BaseController，最后在该类中开发一个请求方法，目的在于响应前端 Postman 发起的 Get 请求，其核心代码如下所示：

```
@RestController
@RequestMapping("base")
public class BaseController {

    //简单入门案例:hello world
    @GetMapping("hello/world")
    public String helloWorld(String name){
        //定义返回的结果
        String result="SpringBoot 实战企业级项目开发~hello world";
        //判断接收前端的参数是否为空，如果不为空，则拼接在返回结果中
        if(!StringUtils.isEmpty(name)){
            result=result+" "+name;
        }
        //返回结果
        return result;
    }
}
```

(2) 从该代码中我们可以得知，前端发起请求的 URL:/base/hello/world 将由 BaseController 类中的请求方法 helloWorld 进行响应并处理相应的逻辑，该请求方法的代码逻辑在上面已经加了相应的注释，读者照着阅读即可。

最后，我们打开 Postman，并在其中输入 http://127.0.0.1:9010/base/hello/world，稍等片刻，将可以在 Postman 的响应框中看到相应的响应结果，如下所示：

```
SpringBoot 实战企业级项目开发~hello world
```

而当我们在 Postman 的请求 URL 中带上请求参数 name 的值，如 name 的取值为“杰克”时，其完整的 URL 为 http://127.0.0.1:9010/base/hello/world? name = 杰克，Postman 响应框中的响应结果为：

```
SpringBoot 实战企业级项目开发~hello world 杰克
```

至此，我们已经基于 Intellij IDEA 中的 Spring Initializr 插件成功搭建了一个 Spring Boot 单模块项目，并基于此完成了 Hello World 案例的实战。

1.2.4 单模块项目的优缺点

在前文，我们已经基于 Intellij IDEA 的 Spring Initializr 插件完成了 Spring Boot 项目的搭建，也基于此实战了一个简单的案例。值得一提的是，这一搭建好的 Spring Boot 项目其实只是一个单模块的项目。所谓的单模块，通俗地讲，就是一个项目所有的功能模块都齐聚在一个 Module 中，比如经常讲的 MVC 中的 Controller、Service、Dao、Dto、Vo、Util 等功能模块。

单模块项目的一个经典表现在于整个项目只有一个依赖构建文件 POM. xml，这种构建项目的方式在某种程度上优劣相当。

其优势在于：①各模块之间少了很多依赖传递（直接的或者间接的依赖），减少了许多不必要的麻烦的配置；②服务与服务之间的引用可以直接像“类.方法”一样直接调用（因为它们都在同一个根包下）。

然而，这种构建方式在一些比较庞大的企业级项目中却凸显出了很多缺点：①许多模块都冗杂在了一起，很难直观地区分出每个模块的含义，如 Controller、Service、Dao、Dto、Vo、Util 等类/接口等都冗余在了一起，让人有一种“找一个类，犹如大海捞针一般”的感觉；②一个企业级项目一般是由多个人协同开发完成的，每个人负责的功能模块既有不一样的，也有交叉重叠的，如果此时项目的目录结构是单模块的话，那么每个人写的代码将很有可能引发冲突，而且因为是在同一个 Package 不断新建 Package/Class/Method，因此很有可能会出现“命名冲突”等问题；③当一个项目需要注册发布为“服务”时，那么该服务的体量将是整个项目，想想都可怕。

鉴于此，笔者推荐另外一种构建 Spring Boot 项目的方式，即基于 Maven 构建多模块项目的方式。对于 Maven，想必读者并不陌生，这是一种常用的构建项目的工具，其每构建一个模块 Module，就会自动创建一个依赖构建文件 Pom. xml，多个 Pom. xml 文件也就意味着存在多个模块。图 1.4 所示为笔者在实际项目实战时经常采用的一种构建 Spring Boot 多模块项目的方式。

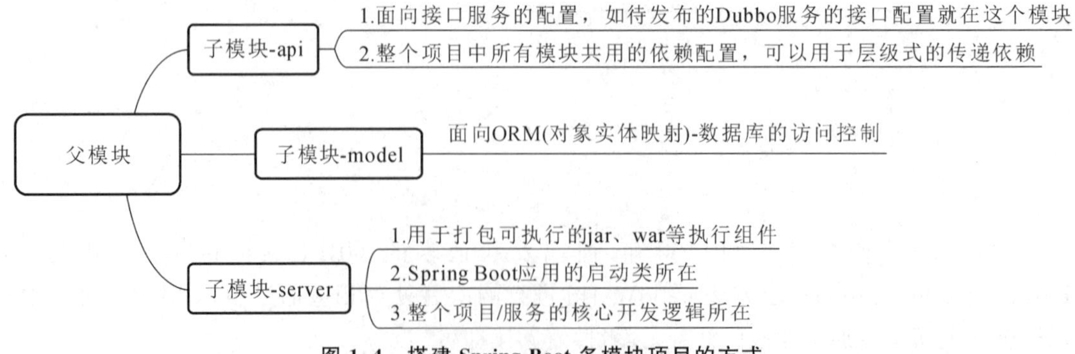

图 1.4 搭建 Spring Boot 多模块项目的方式

每个模块的作用在图 1.4 中已经有所介绍，我们将在下一节 Spring Boot 多模块项目的搭建中重点讲解并体现出来。

1.3 Spring Boot 多模块项目的搭建

从本节开始,我们将借助 Intellij IDEA 开发工具搭建 Spring Boot 多模块项目,并用于学习和实战后续篇章 Spring Boot 核心技术以及最终章节 Spring Boot 企业级项目的开发,引领各位读者无限接近企业级项目开发与实战中所使用的技术等。

1.3.1 基于 Maven 构建多模块项目的规范

规范化地搭建 Spring Boot 微服务项目将有助于团队的开发、维护以及对代码的理解,对于项目的整体目录结构如果规划设计得当,将有助于管理整个应用涉及的 Java 对象,甚至可以通过实际的业务模块直截了当地找到项目某个具体的 Java 对象的位置。

目前应用比较广泛的项目搭建规范主要是基于 Maven 构建多模块的方式,这种方式搭建的每个模块各司其职,负责应用中不同的功能,同时每个模块采用层级依赖的方式,最终构成一个聚合型的 Maven 项目。图 1.4 也是搭建 Spring Boot 多模块项目的经典规范图。

图 1.4 中的父模块聚合了多个子模块,包括 api、model 以及 server 模块(当然在实际项目中可以有更多的模块,而且模块的命名可以有所不同)。这三个模块的依赖层级关系为:server 依赖 model,model 依赖 api,最终构成了典型的 Maven 聚合型多模块项目。

1.3.2 基于 Maven 构建多模块项目的流程

按照图 1.4 中介绍的 Spring Boot 多模块项目的搭建规范图,这一小节我们将借助 Intellij IDEA 开发工具搭建一个多模块的 Maven 聚合型项目。

(1)打开开发工具 Intellij IDEA,然后选择菜单栏中 File 选项的 New 子菜单,进入 New Project 对话框,即进入创建新项目的界面,如图 1.5 所示。在这里需要选择 Maven 插件进行构建,之后,点击下一步,输入 GroupId、ArtifactId 和 Version 三大核心信息,在这里,笔者输入的值分别为 com.debug.book、SpringBootBook、1.0.1,如图 1.6 所示,之后点击 Next,直至成功创建一个简单的 Maven 父模块项目。

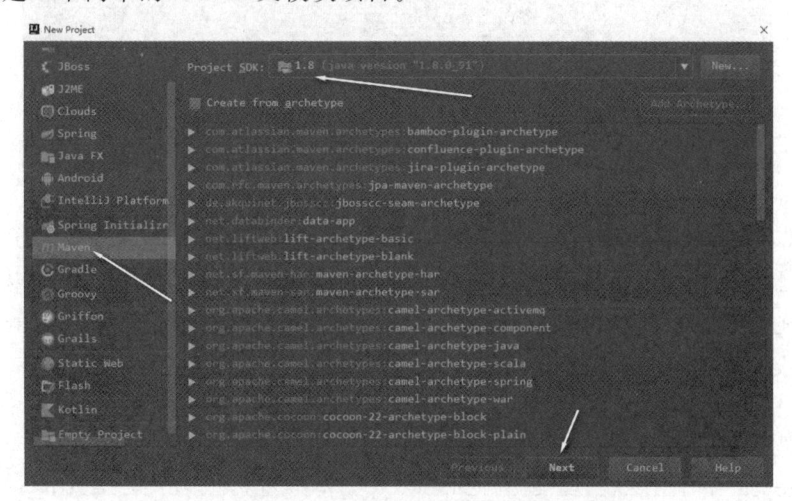

图 1.5 选择 Maven 搭建 Spring Boot 多模块项目

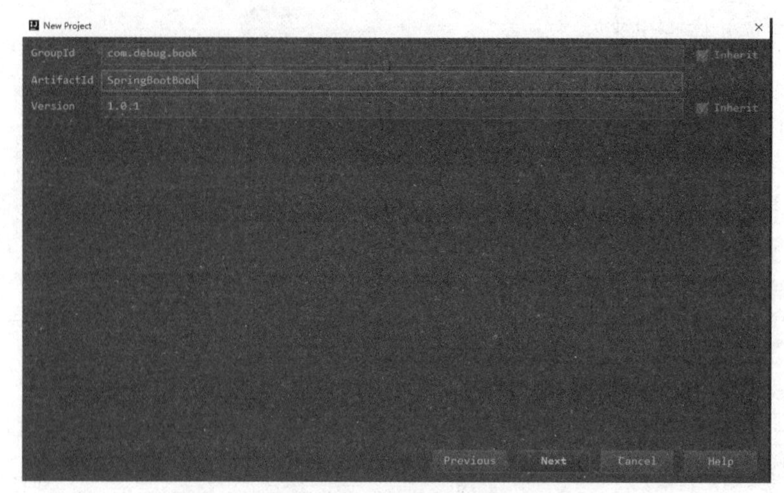

图 1.6　创建 Maven 父模块项目时输入信息

(2)单击项目,邮件选择 New 选项,并选择 New 选项的 Module 子菜单,为整个父模块项目依次创建三个 Module,即 api、model、server,其创建步骤以及最终的效果分别如图 1.7 和图 1.8 所示。

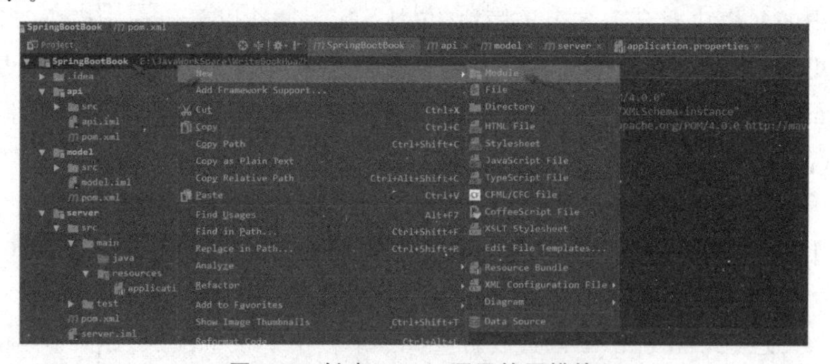

图 1.7　创建 Maven 项目的子模块

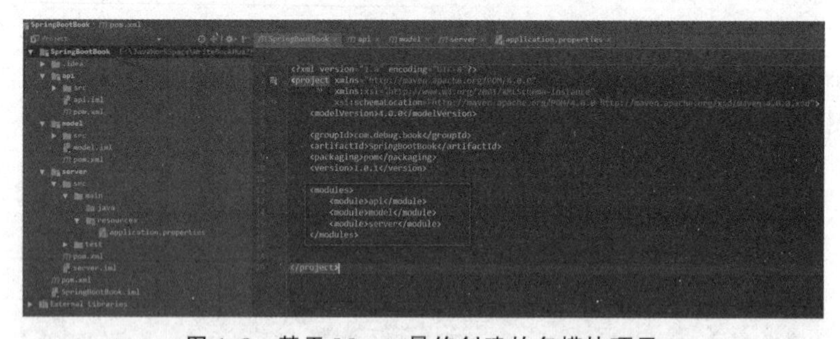

图 1.8　基于 Maven 最终创建的多模块项目

(3)至此,Spring Boot 多模块项目的雏形已经搭建好了,接下来需要在各个子模块添加相应的依赖 Jar,为后续篇章学习和实战相关技术做准备。下面罗列出父模块以及各个子模块的部分核心依赖 Jar。读者可以自行打开源码(即源代码)查看完整的依赖 Jar 列表。

首先是父模块 pom.xml 部分核心的 Jar 依赖:

```
<properties>
    <!--定义整个项目编译的 JDK 版本和编码-->
    <project.build.sourceEncoding>UTF-8</project.build.sourceEncoding>
    <java.version>1.8</java.version>
```

```
        <maven.compiler.source>${java.version}</maven.compiler.source>
        <maven.compiler.target>${java.version}</maven.compiler.target>
    </properties>

    <!-- 配置阿里云 maven 仓库,用于加快 Jar 依赖的下载 -->
    <repositories>
        <repository>
            <id>public</id>
            <name>aliyun nexus</name>
            <url>http://maven.aliyun.com/nexus/content/groups/public/</url>
            <releases>
                <enabled>true</enabled>
            </releases>
        </repository>
    </repositories>
    <pluginRepositories>
        <pluginRepository>
            <id>public</id>
            <name>aliyun nexus</name>
            <url>http://maven.aliyun.com/nexus/content/groups/public/</url>
            <releases>
                <enabled>true</enabled>
            </releases>
            <snapshots>
                <enabled>false</enabled>
            </snapshots>
        </pluginRepository>
    </pluginRepositories>
```

从上面配置中可以看到,项目的父模块引入了阿里云私服作为项目 Maven Jar 依赖的首选下载来源,而这种做法将有助于快速下载到需要的 Jar 依赖并以此快速构建项目。

接下来是位于项目最顶层子模块的依赖 api,该模块之所以被称为“最顶层”,是因为 model 模块将依赖 api 模块,属于直接依赖,而 server 模块将依赖 model 模块,则属于间接的依赖 api 模块。因此,api 模块才享有“最顶层”之称。

图 1.9 所示为前文我们搭建的 Spring Boot 多模块项目的子模块 api 的 pom. xml,该配置文件配置管理了整个项目需要共用的一些 Jar。

图 1.10、图 1.11 分别是子模块 model、子模块 server 的 Jar 依赖管理配置文件 pom. xml:

(4)至此,我们已经在该项目的各个子模块成功加入了必需的 Jar 依赖。值得一提的是,为了不大量粘贴不必要的 Jar 依赖在文中,上文各个模块的依赖配置文件笔者只是截了一小部分图,读者可以自行前往本书提供的源码下载地址中下载本书相应章节的源代码。

接下来,我们需要在项目的核心服务模块即 server 模块创建整个项目的启动入口类 MainApplication,其对应的核心源码如下所示:

```xml
<properties>
    <javax-validation.version>1.1.0.Final</javax-validation.version>
    <hibernate-validator.version>5.3.5.Final</hibernate-validator.version>
    <mybatis-pagehelper.version>4.1.2</mybatis-pagehelper.version>
    <lombok.version>1.16.10</lombok.version>

    <commons.lang3.version>3.6</commons.lang3.version>
    <commons.fileupload.version>1.3.1</commons.fileupload.version>
    <commons.io.version>2.5</commons.io.version>
    <commons.codec.version>1.10</commons.codec.version>
    <commons-beanutils.version>1.9.2</commons-beanutils.version>
</properties>

<dependencies>
    <!--java校验 跟 hibernate校验-->
    <dependency>
        <groupId>javax.validation</groupId>
        <artifactId>validation-api</artifactId>
        <version>${javax-validation.version}</version>
    </dependency>
    <dependency>
        <groupId>org.hibernate</groupId>
        <artifactId>hibernate-validator</artifactId>
        <version>${hibernate-validator.version}</version>
    </dependency>

    <!-- for page-->
    <dependency>
        <groupId>com.github.pagehelper</groupId>
        <artifactId>pagehelper</artifactId>
        <version>${mybatis-pagehelper.version}</version>
    </dependency>
```

在api模块加入的Jar依赖列表，在这里只是罗列出一部分

图 1.9　api 模块的部分核心依赖

```xml
<properties>
    <mybatis-spring-boot.version>1.1.1</mybatis-spring-boot.version>
    <mybatis-pagehelper.version>4.1.2</mybatis-pagehelper.version>
    <jackson-json.version>2.9.0</jackson-json.version>
</properties>

<dependencies>
    <!--依赖api模块-->
    <dependency>
        <groupId>com.debug.book</groupId>
        <artifactId>api</artifactId>
        <version>${project.parent.version}</version>
    </dependency>

    <!--spring-mybatis-->
    <dependency>
        <groupId>org.mybatis.spring.boot</groupId>
        <artifactId>mybatis-spring-boot-starter</artifactId>
        <version>${mybatis-spring-boot.version}</version>
    </dependency>

    <!--json-->
    <dependency>
        <groupId>com.fasterxml.jackson.core</groupId>
        <artifactId>jackson-annotations</artifactId>
        <version>${jackson-json.version}</version>
    </dependency>

</dependencies>
```

在model模块加入的Jar依赖，在这里需要将api模块的依赖传递进来

图 1.10　model 模块的部分核心依赖

```xml
<properties>
    <start-class>com.debug.book.server.MainApplication</start-class>

    <spring-boot.version>2.3.1.RELEASE</spring-boot.version>
    <slf4j.version>1.7.13</slf4j.version>
    <log4j.version>1.2.17</log4j.version>
    <mysql.version>5.1.37</mysql.version>
    <druid.version>1.0.16</druid.version>
    <guava.version>19.0</guava.version>
    <gson.version>2.6.1</gson.version>
    <joda-time.version>2.9.2</joda-time.version>
    <retrofit.version>2.3.0</retrofit.version>

    <cglib.version>3.1</cglib.version>
    <resteasy.version>3.0.14.Final</resteasy.version>
    <javamail.version>1.4.7</javamail.version>
</properties>

<!-- 依赖管理 -->
<dependencyManagement>
    <dependencies>
        <dependency>
            <groupId>org.springframework.boot</groupId>
            <artifactId>spring-boot-dependencies</artifactId>
            <version>${spring-boot.version}</version>
            <type>pom</type>
            <scope>import</scope>
        </dependency>
    </dependencies>
</dependencyManagement>

<dependencies>
    <!--依赖model模块-->
    <dependency>
        <groupId>com.debug.book</groupId>
        <artifactId>model</artifactId>
```

在server模块加入的Jar依赖以及其他相关配置，由于篇幅限制，在这里只罗列出部分Jar依赖的截图

图 1.11　server 模块的部分核心依赖

```
@SpringBootApplication
@ImportResource(value={"classpath:spring/spring-jdbc.xml"})
public class MainApplication extends SpringBootServletInitializer {
    @Override
    protected SpringApplicationBuilder configure(SpringApplicationBuilder builder){
        return builder.sources(MainApplication.class);
    }

    public static void main(String[] args){
        SpringApplication.run(MainApplication.class,args);
    }
}
```

从该启动入口类的源代码中我们可以看出，该启动入口类与构建单模块项目时的启动入口类有一定的区别，主要表现在以下两点：

A. 该启动入口类继承了 SpringBootServletInitializer 类，这个类跟传统 SSM/SSH 等 Java Web 项目中 web. xml 所起的作用很类似，换句话说，这个类就是用来替换 web. xml 的，主要用来扫描、加载整个项目中使用了 Spring 相关注解的类、接口等实例，同时还会将它们加入 Spring 的 IOC 中成为 Bean 组件。

值得一提的是，如果项目使用的外部容器是 tomcat，则需要在 MainApplication 中重写 configure 方法，表示项目将作为服务运行在指定的容器中，如 tomcat/undertow/jboss 等。

B. 在 MainApplication 类的上方加入了注解@ImportResource，并在其中配置了一个取值，即 value={"classpath:spring/spring-jdbc. xml"}，顾名思义，该注解的作用在于加载整个项目所用到的数据源(在这里我们使用的是 MySQL，数据库名字为 sb_book，读者可以自行创建)。而配置文件 spring-jdbc. xml 则用于 MySQL 数据库以及相应连接池的配置。这个注解以及配置文件 spring-jdbc. xml 的作用和相应的配置项我们将在后续篇章中介绍相关技术要点时再进行详细介绍。

除此之外，有必要介绍一下项目的核心配置文件 application. properties。图 1. 12 所示为多模块项目中加入的部分配置项(在后续篇章介绍其他相关核心技术时，该配置文件的配置项也将会随之增加)。

```
#应用端口配置
server.port=9011
server.servlet.context-path=/

#日志级别
logging.level.org.springframework = INFO
logging.level.com.fasterxml.jackson = INFO
logging.level.com.debug.book = DEBUG

#json序列化配置
spring.jackson.date-format=yyyy-MM-dd HH:mm:ss
spring.jackson.time-zone=GMT+8

spring.datasource.initialization-mode=never
spring.jmx.enabled=false

#数据源配置
datasource.url=jdbc:mysql://127.0.0.1:3306/sb_book?useUnicode=true&amp;
 characterEncoding=utf-8&zeroDateTimeBehavior=convertToNull&allowMultiQueries=true
datasource.username=root
datasource.password=linsen
```

图 1. 12　Spring Boot 多模块项目中 application. properties 配置文件的部分配置

至此,我们直接点击 Intellij IDEA 工具上方菜单栏的运行按钮,就可以将整个项目运行起来了。图 1.13 所示为成功运行项目后控制台打印出的部分日志信息。

```
[  restartedMain] com.debug.book.server.MainApplication      : No active profile set, falling back to default profiles: default
[  restartedMain] o.m.s.mapper.ClassPathMapperScanner        : No MyBatis mapper was found in '[com.debug.book.model.mapper]' package. .

[  restartedMain] o.m.s.mapper.ClassPathMapperScanner        : No MyBatis mapper was found in '[com.debug.book.server]' package. Please

[  restartedMain] o.s.b.w.embedded.tomcat.TomcatWebServer    : Tomcat initialized with port(s): 9011 (http)
[  restartedMain] o.apache.catalina.core.StandardService     : Starting service [Tomcat]
[  restartedMain] org.apache.catalina.core.StandardEngine    : Starting Servlet engine: [Apache Tomcat/9.0.36]
[  restartedMain] o.a.catalina.core.AprLifecycleListener     : An older version [1.2.16] of the Apache Tomcat Native library is
.nimum version of [1.2.23]
[  restartedMain] o.a.catalina.core.AprLifecycleListener     : Loaded Apache Tomcat Native library [1.2.16] using APR version [1.6.3].
[  restartedMain] o.a.catalina.core.AprLifecycleListener     : APR capabilities: IPv6 [true], sendfile [true], accept filters [false],

[  restartedMain] o.a.catalina.core.AprLifecycleListener     : APR/OpenSSL configuration: useAprConnector [false], useOpenSSL [true]
[  restartedMain] o.a.catalina.core.AprLifecycleListener     : OpenSSL successfully initialized [OpenSSL 1.0.2m  2 Nov 2017]
[  restartedMain] o.a.c.c.C.[Tomcat].[localhost].[/]         : Initializing Spring embedded WebApplicationContext
[  restartedMain] w.s.c.ServletWebServerApplicationContext : Root WebApplicationContext: initialization completed in 2502 ms
[restartedMain] --- DruidDataSource: {dataSource-1} inited
[  restartedMain] o.s.s.concurrent.ThreadPoolTaskExecutor    : Initializing ExecutorService 'applicationTaskExecutor'
iche.ibatis.logging.stdout.StdOutImpl' adapter.
[  restartedMain] o.s.b.a.f.FreeMarkerAutoConfiguration      : Cannot find template location(s): [classpath:/templates/] (please add
nfiguration, or set spring.freemarker.checkTemplateLocation=false)
[  restartedMain] o.s.s.c.ThreadPoolTaskScheduler            : Initializing ExecutorService 'taskScheduler'
[  restartedMain] o.s.b.d.a.OptionalLiveReloadServer         : LiveReload server is running on port 35729
[  restartedMain] o.s.b.w.embedded.tomcat.TomcatWebServer    : Tomcat started on port(s): 9011 (http) with context path ''
[  restartedMain] com.debug.book.server.MainApplication      : Started MainApplication in 4.048 seconds (JVM running for 4.527)
```

图 1.13　Spring Boot 多模块项目成功运行后控制台打印的信息

1.3.3　写个 Hello World 吧

至此我们已经完成了 Spring Boot 多模块项目的搭建,接下来写个简单的 Demo,用于检查上一小节搭建的多模块项目所发布的接口或者服务是否能被正常访问。

(1)在 server 模块中新建一个 package,名为 controller,在 controller 包中新建一个 BaseController 类,并在该类中创建一个请求方法,其核心源码如下所示:

```
@RestController
@RequestMapping("base")
public class BaseController {
    //多模块项目的入门 Demo~Hello World
    @RequestMapping("hello/world")
    public Map<String,Object>helloWorld(String name){
        Map<String,Object>dataMap=Maps.newHashMap();
        dataMap.put("code",200);
        dataMap.put("msg","请求成功");

        String result="SpringBoot 企业级项目实战-hello world ";
        if(StringUtils.isNotBlank(name)){
            result+=name;
        }
        dataMap.put("data",result);
        return dataMap;
    }
}
```

(2)点击运行项目,观察 IDEA 控制台中输出的日志信息,如果没有相应的异常信息,则代表项目已经成功运行,打开 Postman,并发起一个 Get 请求,请求的 URL 为 http://127.0.0.1:9011/base/hello/world,可以带上参数 name 的取值,也可以不带,最终请求结果如图 1.14、图 1.15 所示。

图 1.14 Postman 请求结果～带参数

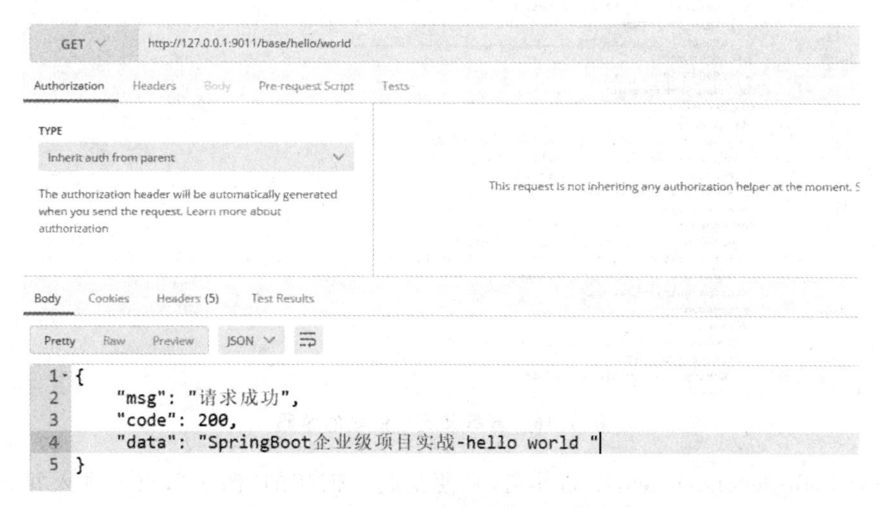

图 1.15 Postman 请求结果～不带参数

从运行结果以及接口请求的结果来看，本节所搭建的 Spring Boot 多模块项目已经能成功运行，项目发布的接口也能被正常访问了，在后续的章节中，我们将采用此项目作为相关核心技术实战的基础。

1.4 Spring Boot 原理初步分析

实战出真理，只有实战、实践过，才能得出相应的道理、原理，甚至是真理。虽然在此之前我们只是基于前文的单模块项目和多模块项目实践了简单地 Demo，还没真正开始深入实战 Spring Boot 相关的核心技术，但还是有必要初步简单地介绍 Spring Boot 相关的原理，包括其起步依赖（也叫依赖管理）、自动装配（也叫自动配置）及其执行流程。

对于刚入门学习 Spring Boot 的读者而言，这部分的内容在阅读以及理解上可能会有一定的难度，笔者建议可以暂且跳过，直接进入第二篇章的学习，待学习到一定程度（实战了 Spring Boot 大部分的核心技术）之后再来阅读本节，对其中内容的理解才会得心应手、事半功倍。

1.4.1 Spring Boot 起步依赖

在前文,我们已经得知起步依赖是 Spring Boot 的一大核心特性。“起步依赖”,顾名思义,它表示“包含了其他依赖 Jar 的依赖,只要加入该起步依赖,即意味着其相关的依赖 Jar 也将一并加入项目中,而不需要再加入项目中”。它起到的最大作用在于可以减少大量依赖 Jar 堆积式的引入,同时还可以解决项目中相关依赖 Jar 的版本冲突问题。

而这一特性的生效是 pom. xml 在继承 spring-boot-starter-parent 依赖开始的,读者可以在 Intellij IDEA 中点击进入并查看该依赖的源码,会发现它引入了 spring-boot-dependencies 依赖,如图 1.16 所示。

```
spring-boot-starter-2.3.1.RELEASE.pom ×
project  dependencyManagement  dependencies  dependency
43  <dependencyManagement>
44    <dependencies>
45      <dependency>
46        <groupId>org.springframework.boot</groupId>
47        <artifactId>spring-boot-dependencies</artifactId>
48        <version>2.3.1.RELEASE</version>
49        <type>pom</type>
50        <scope>import</scope>
51      </dependency>
52    </dependencies>
53  </dependencyManagement>
54  <dependencies>
55    <dependency>
56      <groupId>org.springframework.boot</groupId>
57      <artifactId>spring-boot</artifactId>
58      <version>2.3.1.RELEASE</version>
59      <scope>compile</scope>
60    </dependency>
61    <dependency>
62      <groupId>org.springframework.boot</groupId>
63      <artifactId>spring-boot-autoconfigure</artifactId>
64      <version>2.3.1.RELEASE</version>
65      <scope>compile</scope>
66    </dependency>
67    <dependency>
68      <groupId>org.springframework.boot</groupId>
69      <artifactId>spring-boot-starter-logging</artifactId>
70      <version>2.3.1.RELEASE</version>
```

图 1.16 查看父起步依赖的源码

spring-boot-dependencies,字如其名,它便是起步依赖的“源头”,点击进入并查看该依赖的源码,会发现它其实涵盖了我们在日常项目开发中常见的依赖 Jar 列表,如图 1.17 所示(由于篇幅限制,截图只展示了部分依赖的 Jar,读者可以基于开发工具自行查看该依赖的源码,也可以查看完整的 Jar 列表)。

```
spring-boot-dependencies-2.3.1.RELEASE.pom ×
36    <url>https://github.com/spring-projects/spring-boot/issues</url>
37  </issueManagement>
38  <properties>
39    <activemq.version>5.15.12</activemq.version>
40    <antlr2.version>2.7.7</antlr2.version>
41    <appengine-sdk.version>1.9.80</appengine-sdk.version>
42    <artemis.version>2.12.0</artemis.version>
43    <aspectj.version>1.9.5</aspectj.version>
44    <assertj.version>3.16.1</assertj.version>
45    <atomikos.version>4.0.6</atomikos.version>
46    <awaitility.version>4.0.3</awaitility.version>
47    <bitronix.version>2.1.4</bitronix.version>
48    <build-helper-maven-plugin.version>3.1.0</build-helper-maven-plugin.version>
49    <byte-buddy.version>1.10.11</byte-buddy.version>
50    <caffeine.version>2.8.4</caffeine.version>
51    <cassandra-driver.version>4.6.1</cassandra-driver.version>
52    <classmate.version>1.5.1</classmate.version>
53    <commons-codec.version>1.14</commons-codec.version>
54    <commons-dbcp2.version>2.7.0</commons-dbcp2.version>
55    <commons-lang3.version>3.10</commons-lang3.version>
56    <commons-pool.version>1.6</commons-pool.version>
57    <commons-pool2.version>2.8.0</commons-pool2.version>
58    <couchbase-client.version>3.0.5</couchbase-client.version>
59    <db2-jdbc.version>11.5.0.0</db2-jdbc.version>
60    <dependency-management-plugin.version>1.0.9.RELEASE</dependency-management-plugin.version>
61    <derby.version>10.14.2.0</derby.version>
62    <dropwizard-metrics.version>4.1.9</dropwizard-metrics.version>
63    <ehcache.version>2.10.6</ehcache.version>
```

起步便自带了一批日常开发常用的依赖Jar列表,篇幅限制,只是截了一部分图

图 1.17 查看起步依赖源头 spring-boot-dependencies 的源码

从图 1.17 可以看出起步依赖 spring-boot-dependencies 解决了传统 SSM/SSH 项目中可能存在的 Jar 依赖版本冲突的问题，即它可以实现真正地管理 Spring Boot 应用里面所有依赖的版本。

值得一提的是，当我们在项目继承 spring-boot-starter-parent 的同时，还需要引入相应的起步依赖 spring-boot-starter-web。下面代码所示为该起步依赖所包含的其他依赖，其作用在于为项目导入了 web 模块正常运行所依赖的组件，而这些依赖的版本则有父模块进行管理。

```
<dependencies>
  <dependency>
    <groupId>org.springframework.boot</groupId>
    <artifactId>spring-boot-starter</artifactId>
    <version>2.3.1.RELEASE</version>
    <scope>compile</scope>
  </dependency>
  <dependency>
    <groupId>org.springframework.boot</groupId>
    <artifactId>spring-boot-starter-json</artifactId>
    <version>2.3.1.RELEASE</version>
    <scope>compile</scope>
  </dependency>
  <dependency>
    <groupId>org.springframework.boot</groupId>
    <artifactId>spring-boot-starter-tomcat</artifactId>
    <version>2.3.1.RELEASE</version>
    <scope>compile</scope>
  </dependency>
  <dependency>
    <groupId>org.springframework</groupId>
    <artifactId>spring-web</artifactId>
    <scope>compile</scope>
  </dependency>
  <dependency>
    <groupId>org.springframework</groupId>
    <artifactId>spring-webmvc</artifactId>
    <scope>compile</scope>
  </dependency>
</dependencies>
```

总体来说，Spring Boot 的起步依赖可以帮助我们管理各个 Jar 依赖的版本，使各个 Jar 依赖不会出现版本冲突；另外，它还打包了各个 Jar 依赖，让开发者不用再像 SSM/SSH 项目那样自己导入一大堆的 Jar 依赖，即只需要引入起步依赖的坐标就可以进行 Web 开发了（有一种“依赖传递”的即时感）。

1.4.2 Spring Boot 自动装配

在 Spring Boot 几大核心特性中，除了起步依赖之外，值得重点介绍的便是自动装配了。字如其名，它可以实现自动地将项目中使用了 Spring 特定注解的类/接口等服务装配进 Spring 的 IOC 容器中成为项目的 Bean 组件。下面我们对其进行重点介绍。

众所周知，在以 Spring Boot 为基础搭建的项目中，总会存在一个启动入口类，如前文所讲的单模块和多模块中的 MainApplication。仔细观察该类的源码会发现它有一个很显眼的注解，即@SpringBootApplication，点击查看该注解的源码，会发现它是一个组合注解，主要由三大注解构成，即@SpringBootConfiguration、@EnableAutoConfiguration、@ComponentScan，如图 1.18 所示。

```
SpringBootApplication.class ×
Decompiled .class file, bytecode version: 52.0 (Java 8)
SpringBootApplication
25 @Target({ElementType.TYPE})
26 @Retention(RetentionPolicy.RUNTIME)
27 @Documented
28 @Inherited
29 @SpringBootConfiguration
30 @EnableAutoConfiguration
31 @ComponentScan(
32     excludeFilters = {@Filter(
33     type = FilterType.CUSTOM,
34     classes = {TypeExcludeFilter.class}
35 ), @Filter(
36     type = FilterType.CUSTOM,
37     classes = {AutoConfigurationExcludeFilter.class}
38 )}
39 )
40 public @interface SpringBootApplication {
41     @AliasFor(
42         annotation = EnableAutoConfiguration.class
43     )
44     Class<?>[] exclude() default {};
45
46     @AliasFor(
47         annotation = EnableAutoConfiguration.class
48     )
49     String[] excludeName() default {};
50
51     @AliasFor(
```

会发现该注解是一个组合注解，主要由三大注解构成

图 1.18　查看@SpringBootApplication 注解的源码

接下来介绍一下这三大注解所起的作用：

(1)@SpringBootConfiguration 所起的作用等同于注解@Configuration 的作用，即将所注解的类标注为 Spring IOC 容器中的配置类。

(2)@ComponentScan，字如其名，主要用于扫描特定的包目录，将那些加了 Spring 相关注解的类加入 Spring IOC 容器中成为 Bean 组件。在前面搭建的单模块与多模块中，由于我们没有指定待扫描的包目录，因此它默认扫描的是与该类，即 MainApplication 同级的类或者同级包下的所有类，即单模块项目的包目录为 com.example.demo，而多模块项目的包目录为 com.debug.book.server。

(3)自动装配所涉及的核心注解@EnableAutoConfiguration，顾名思义，它的作用在于开启自动配置的功能，点击进入查看源码会发现它也是一个组合注解，它之所以可以起到自动装配的功效，主要得益于两大注解：@AutoConfigurationPackage、@Import({AutoConfigurationImportSelector.class})。

@AutoConfigurationPackage 主要通过 Registrar 类的 register 方法扫描主配置类所在的包及其子包下的组件，并将其注册到 Spring IOC 容器中，成为相应的 Bean 组件。

而@Import({AutoConfigurationImportSelector. class})主要通过一个导入选择器组件 AutoConfigurationImportSelector，借助 Spring 原有的 SpringFactoriesLoader 的支持，加载 META-INF/spring. factories 配置文件并获取组件的全类名，然后通过反射实例化为对应的标注@Configuration 的 JavaConfig 形式，最终转化为符合@Conditional 要求的 IOC 容器配置类，同时还有一些必需的 Properties 类和注解在方法上的@Bean 类。图 1. 19、图 1. 20 为该注解如何实现自动装配以及何时实现自动装配的核心代码。

```
AutoConfigurationImportSelector.class × SpringFactoriesLoader.class ×
Decompiled .class file, bytecode version: 52.0 (Java 8)        Download Sources  Choose Sources...
AutoConfigurationImportSelector  getAutoConfigurationEntry()

    protected AutoConfigurationImportSelector.AutoConfigurationEntry getAutoConfigurationEntry(AnnotationMetadata annotationMetadata) {
        if(!this.isEnabled(annotationMetadata)) {
            return EMPTY_ENTRY;
        } else {
            AnnotationAttributes attributes = this.getAttributes(annotationMetadata);
            List configurations = this.getCandidateConfigurations(annotationMetadata, attributes);
            configurations = this.removeDuplicates(configurations);
            Set exclusions = this.getExclusions(annotationMetadata, attributes);
            this.checkExcludedClasses(configurations, exclusions);
            configurations.removeAll(exclusions);
            configurations = this.getConfigurationClassFilter().filter(configurations);
            this.fireAutoConfigurationImportEvents(configurations, exclusions);
            return new AutoConfigurationImportSelector.AutoConfigurationEntry(configurations, exclusions);
        }
    }

    public Class<? extends Group> getImportGroup() {...}

    protected boolean isEnabled(AnnotationMetadata metadata) {...}

    protected AnnotationAttributes getAttributes(AnnotationMetadata metadata) {...}

    protected Class<?> getAnnotationClass() { return EnableAutoConfiguration.class; }

    protected List<String> getCandidateConfigurations(AnnotationMetadata metadata, AnnotationAttributes attributes) {
        List configurations = SpringFactoriesLoader.loadFactoryNames(this.getSpringFactoriesLoaderFactoryClass(), this.getBeanClassLoader());
        Assert.notEmpty(configurations, message: "No auto configuration classes found in META-INF/spring.factories. If you are using a custom packaging, make sure that file
is correct.");
        return configurations;
    }
```

图 1.19　实现自动装配的部分源码一

```
AutoConfigurationImportSelector.class × SpringFactoriesLoader.class ×
Decompiled .class file, bytecode version: 52.0 (Java 8)        Download Sources  Choose Sour
SpringFactoriesLoader  loadSpringFactories()
    private static Map<String, List<String>> loadSpringFactories(@Nullable ClassLoader classLoader) {
        MultiValueMap result = (MultiValueMap)cache.get(classLoader);
        if(result != null) {
            return result;
        } else {
            try {
                Enumeration ex = classLoader != null?classLoader.getResources( name: "META-INF/spring.factories"):ClassLoader.getSystemResources( name: "META-INF/spring
.factories");
                LinkedMultiValueMap var14 = new LinkedMultiValueMap();

                while(ex.hasMoreElements()) {
                    URL url = (URL)ex.nextElement();
                    UrlResource resource = new UrlResource(url);
                    Properties properties = PropertiesLoaderUtils.loadProperties(resource);
                    Iterator var6 = properties.entrySet().iterator();

                    while(var6.hasNext()) {
                        Entry entry = (Entry)var6.next();
                        String factoryTypeName = ((String)entry.getKey()).trim();
                        String[] var9 = StringUtils.commaDelimitedListToStringArray((String)entry.getValue());
                        int var10 = var9.length;

                        for(int var11 = 0; var11 < var10; ++var11) {
                            String factoryImplementationName = var9[var11];
                            var14.add(factoryTypeName, factoryImplementationName.trim());
                        }
                    }
                }

                cache.put(classLoader, var14);
                return var14;
            } catch (IOException var13) {
                throw new IllegalArgumentException("Unable to load factories from location [META-INF/spring.factories]", var13);
```

图 1.20　实现自动装配的部分源码二

由于篇幅限制，笔者只是截取了一部分实现自动装配的核心源码，建议各位读者可以通过打断点的形式，一步一步进行调试、跟踪，并不断地观察一些核心变量取值的变化，特别是图 1. 20 中 LinkedMultiValueMap 等核心变量取值的变化。

1.4.3　Spring Boot 启动执行流程

在前文，我们已经成功实现了基于 Intellij IDEA 搭建单模块和多模块的项目，其中也简单编写并实现了一个入门级的 Demo ~ Hello World，可能有些读者会好奇地问："项目成功启动运行的前后，Spring Boot 内部的启动执行流程是怎么样的?"接下来，我们将一探究竟。图 1. 21 所示为 Spring Boot 项目在运行成功前后 Spring Boot 内部的启动执行流程。

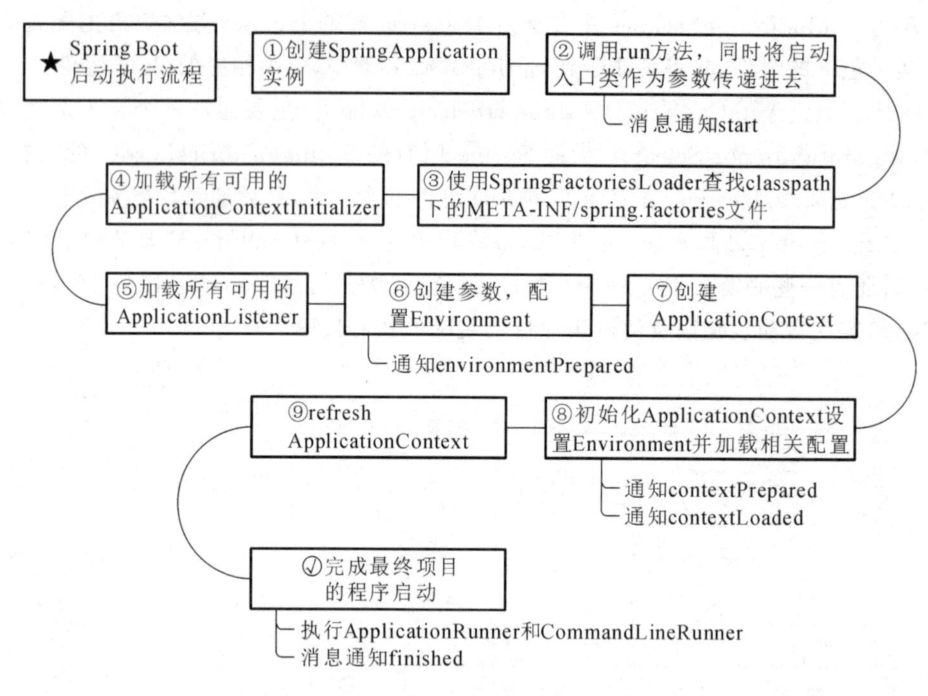

图 1.21　Spring Boot 的启动执行流程

下面我们将对图 1.21 中涉及的各个步骤进行提炼：

(1)创建 SpringApplication 实例，调用 run 方法，同时将启动入口类作为参数传递进去，由此开始了 Spring Boot 内部相关核心组件以及配置的启动和加载；

(2)通过 SpringFactoriesLoader 加载 META-INF/spring. factories 文件，获取并创建 SpringApplicationRunListener 对象；

(3)由 SpringApplicationRunListener 来发出 starting 消息；

(4)创建参数，并配置当前 Spring Boot 应用需要使用的 Environment 实例；

(5)完成之后，依然由 SpringApplicationRunListener 来发出 environmentPrepared 消息；

(6)创建 Spring 的应用上下文实例 ApplicationContext，初始化该实例并设置应用环境配置实例 Environment，同时加载相关的配置项；

(7)由 SpringApplicationRunListener 发出 contextPrepared 消息，告知 Spring Boot 应用当前使用的 ApplicationContext 已准备完毕；

(8)将各种 Bean 组件装载入 Spring 的 IO 容器/应用上下文 ApplicationContext 中，继续由 SpringApplicationRunListener 来发出 contextLoaded 消息，告知 Spring Boot 应用当前使用的 ApplicationContext 已准备完毕；

(9)重新刷新 Refresh Spring 的应用上下文实例 ApplicationContext，完成 IOC 容器可用的最后一步；

(10)由 SpringApplicationRunListener 发出 started 消息，完成最终的程序启动；

(11)由 SpringApplicationRunListener 发出 running 消息，告知程序已成功运行起来了。

以上便是 Spring Boot 项目在成功运行的前后 Spring Boot 内部的启动执行流程，其核心在于 SpringApplicationRunListener 发出消息通知，告知各大核心组件完成相应的初始化、配置以及实例化，其中包括环境配置实例 Environment 的配置与加载和实例化，应用上下文实例 ApplicationContext 的配置、加载、实例化和重刷新，以及 Bean 组件的加载等。

本章总结

Spring Boot 是 Spring 全家桶的一员，其问世的目的在于简化 Spring 应用烦琐的搭建以及开发过程，它只需要使用极少的配置（几乎不用或者少用 XML 配置），就可以快速得到一个正常运行的应用程序，开发人员从此不再需要定义样板化的配置。

本章开篇主要对 Spring Boot 做了简单的介绍，介绍了 Spring Boot 诞生的背景、优势以及几大核心特性，这几大核心特性包括起步依赖、自动装配、Actuator 监控组件等。

话锋一转，便开始介绍 Spring Boot 所必需的前提、开发环境和开发工具的安装，并基于 Intellij IDEA 的 Spring Initializr 插件构建了第一个单模块的 Spring Boot 项目、基于 Maven 构建了第一个多模块的 Spring Boot 项目，同时也相应地编写了一个入门级的 Demo～Hello World，以此来开启学习和实战 Spring Boot 的步伐。

在本章的最后，笔者还初步、简单地介绍了 Spring Boot 相关的核心原理，包括起步依赖、自动装配以及 Spring Boot 项目成功启动的前后 Spring Boot 内部的执行流程。值得一提的是，这一节内容对于刚入门学习 Spring Boot 的读者而言，阅读起来可能有点吃力，对于这部分内容笔者建议可以暂且跳过，待到后续一步一个脚印深入学习并实战 Spring Boot 后再回来重温此部分也不迟。

本章作业

（1）简述 Spring Boot 出现的背景、优势以及常见的几个核心特性，这几个核心特性主要用于解决什么问题。

（2）基于 Intellij IDEA 动手搭建一个单模块的项目，并在 Controller 类的方法中编写代码实现返回给前端一个类实例信息，类实例的字段包括 id、age、name，返回的数据格式如图 1.22 所示。

```
{
    "code": 200,
    "msg": "成功",
    "data": {
        "id": 1,
        "age": 21,
        "name": "修罗debug"
    }
}
```

图 1.22　前端请求返回的响应数据格式

（3）基于 Intellij IDEA 动手搭建一个多模块的项目，包含 api、model 和 server 模块，并在 server 模块 Controller 类的方法中编写代码实现返回给前端相应的响应信息，信息的数据格式同（2）。

第2章 Spring Boot 基础配置详解

在第1章的最后笔者介绍了Spring Boot项目在启动成功的前后Spring Boot内部的执行流程，其中提及了Spring Boot内部环境变量实例Environment的初始化、读取配置文件、实例化和加载的过程。

环境变量实例Environment，字如其名，其作用在于管理项目中不同环境场景下不同的配置信息，帮助Spring完成相关核心组件的配置、初始化和加载，辅助项目完成相关功能模块的正常运作。

在本章我们将从Spring Boot的环境变量实例Environment的应用入手，介绍Spring Boot常见的一些基础配置，涉及的知识点主要有：

- Spring Boot的单元测试与热加载；
- Spring Boot全局配置文件详解，如何基于Environment、@Value实例读取相关配置项的取值；
- Spring Boot自定义配置详解及Spring Boot多环境配置详解。

2.1 Spring Boot 单元测试与热加载

对于“单元测试”(unit testing),相信各位读者并不陌生,它指的是对软件中最小可测试单元进行检查和验证。在不同的环境和领域中,对于单元测试中的“单元”,需要根据实际情况去判定其具体的含义。而在 Java 领域,单元一般指一个类或一个方法,与此同时,Java 也提供了相应的工具、框架来实现单元测试,即“JUint Testing”。

本节除了介绍如何基于 Spring Boot 实现单元测试之外,还会介绍项目的热加载机制,即在无须手动重启运行项目的情况下,开发工具 Intellij IDEA 如何自动地加载最新的修改后的源码。

2.1.1 单元测试简介与使用

在 Java 领域,单元测试又被称为“JUnit Testing”,而其中的 JUnit,指的便是 Java 领域里程序员用于实现单元测试的工具、组件。下面介绍一下如何在 Spring Boot 搭建的企业级项目中采用“单元测试工具/框架”对类中的方法进行测试。

(1)为了能在 Spring Boot 项目中使用单元测试,需要在项目 server 模块的 pom.xml 中加入单元测试相关的 Jar 依赖,如下所示:

```
<!--Java 单元测试-->
<dependency>
    <groupId>org.springframework.boot</groupId>
    <artifactId>spring-boot-starter-test</artifactId>
    <scope>test</scope>
    <exclusions>
        <exclusion>
            <groupId>org.junit.jupiter</groupId>
            <artifactId>junit-jupiter-api</artifactId>
        </exclusion>
    </exclusions>
</dependency>

<dependency>
    <groupId>org.junit.platform</groupId>
    <artifactId>junit-platform-commons</artifactId>
    <version>1.4.1</version>
    <scope>test</scope>
</dependency>

<dependency>
    <groupId>junit</groupId>
    <artifactId>junit</artifactId>
    <version>4.12</version>
</dependency>
```

图 2.1　新建一个单元测试类

值得注意的是，从该 Jar 依赖列表中，我们可以看到“junit”的字眼，在这里笔者采用的版本是 4.×，而不是起步依赖 spring-boot-starter-test 自带的 5.×，这是因为在实际项目开发中，应用相对广泛的当属 4.×版本。

(2) 在 server 模块的 test 目录下，新建一个单元测试类 MainTest，如图 2.1 所示。

(3) 需要在该类中加入相应的注解，主要是@SpringBootTest 和 @RunWith，前者意味着单元测试将基于 Spring Boot 的环境进行，后者则表示采用何种方式运行单元测试。其源代码如下所示：

```
@SpringBootTest(classes=MainApplication.class)
@RunWith(SpringJUnit4ClassRunner.class)
public class MainTest {
}
```

(4)在 server 模块下建立一个 service 包，并创建一个 BaseService 类，在其中编写一个简单的方法，返回 Map 类型的数据格式，其源码如下所示：

```
@Service
public class BaseService {
//返回一个简单的 Map 类型数据格式
    public Map<String,Object>getDataMap(){
        Map<String,Object>resMap=Maps.newHashMap();
        resMap.put("code",200);
        resMap.put("msg","响应成功");
        //生成 10 位数字的随机数
        resMap.put("data", RandomStringUtils.randomNumeric(10));
        return resMap;
    }
}
```

在 MainTest 单元测试类中创建一个单元测试方法对 BaseService 类中的 getDataMap()方法进行测试，查看其返回值是否如我们所料的那样，完整源码如下所示：

```
@Autowired
private BaseService baseService;

@Test
public void testA(){
    log.info("----单元测试 A----");

    Map<String,Object>dataMap=baseService.getDataMap();
    log.info("响应数据:{}",dataMap);
}
```

(5)点击该单元测试方法左边的“Run Test”运行按钮，即可将该单元测试方法运行起来，如图 2.2 所示。

```
@SpringBootTest(classes = MainApplication.class)
@RunWith(SpringJUnit4ClassRunner.class)
public class MainTest {

    private static final Logger log= LoggerFactory.getLogger(MainTest.class);

    @Autowired
    private BaseService baseService;

    @Test
Run Test public void testA(){
        log.info("----单元测试A----");

        Map<String,Object> dataMap=baseService.getDataMap();
        log.info("响应数据：{}",dataMap);
    }
```

图 2.2 单击运行单元测试方法

观察控制台的输出信息，会发现运行结果正如我们所预料的那样，如图 2.3 所示。

```
INFO [main] --- MainTest: Started MainTest in 3.233 seconds (JVM running for 4.213)
INFO [main] --- MainTest: ----单元测试A----
INFO [main] --- MainTest: 响应数据：{msg=响应成功, code=200, data=7678289797}
INFO [SpringContextShutdownHook] --- ThreadPoolTaskScheduler: Shutting down ExecutorServic
```

图 2.3 运行单元测试方法的结果

至此，我们已经初步完成了如何基于 Spring Boot 与 Junit 实现单元测试，在后续篇章中，我们将继续采用这种方式对 Spring Boot 的一些核心技术进行测试。

2.1.2 基于 Devtools 实现 Spring Boot 项目热加载

在微服务、分布式系统架构时代，程序员使用的开发工具多如牛毛。对于 Java 后端开发程序员而言，常见的莫过于 Intellij IDEA 了，相信使用过 IDEA 的读者都知道，便捷、高效的开发操作、人性化的界面以及丰富的插件等均可列为 IDEA 的优点。

而在开发项目、编写代码的过程中，相信读者也遇到过这样的情况：修改完一个类的字段类型后，为了看效果，需要重启 IDEA；调整完 HTML 页面一个简单的 CSS 样式后，为了看效果，也需要重启 IDEA。总之，在修改完某块代码后，如果你需要立即看到效果，那么就需要重启项目方能看到。

“这是一个多么蹩脚的方式啊”，其开发流程如图 2.4 所示。

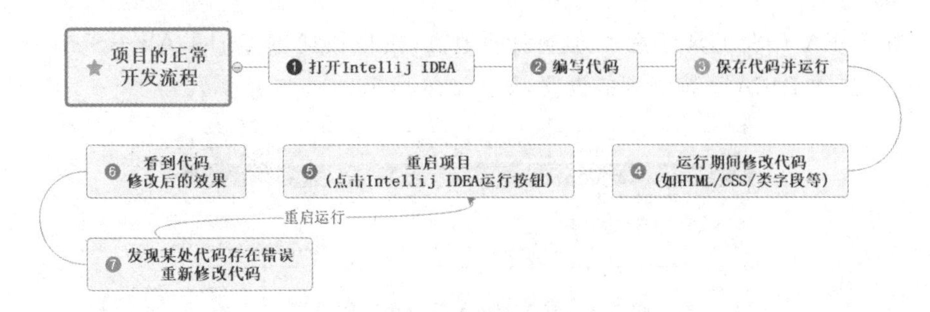

图 2.4 传统项目的正常开发流程

接下来，笔者将介绍一个热加载插件 Devtools，实现在不重启 IDEA 或项目的前提下，修改完系统中某处微不足道的代码（比如数据类型、页面样式等）之后，可以立马看到相应的效果。

（1）需要在 server 模块中的 pom.xml 中加入 Devtools 的相关 Jar 依赖，如下所示：

```
<!--引入热部署/热加载 jar 包-->
<dependency>
    <groupId>org.springframework.boot</groupId>
    <artifactId>spring-boot-devtools</artifactId>
    <!--optional=true,依赖不会传递，该项目依赖 devtools;之后依赖该项目的项目如果想要使
用 devtools,需要重新引入-->
    <version>2.0.5.RELEASE</version>
    <optional>true</optional>
</dependency>
```

（2）单击开发工具 IDEA 的 File 选项，选择 Settings…子选项进行项目的整体设置，搜索 Compiler，找到相应的选项，然后将“Build project automatically”的复选框勾选上，代表正在运行中的项目在修改完某处代码之后项目将自动进行构建，如图 2.5 所示。

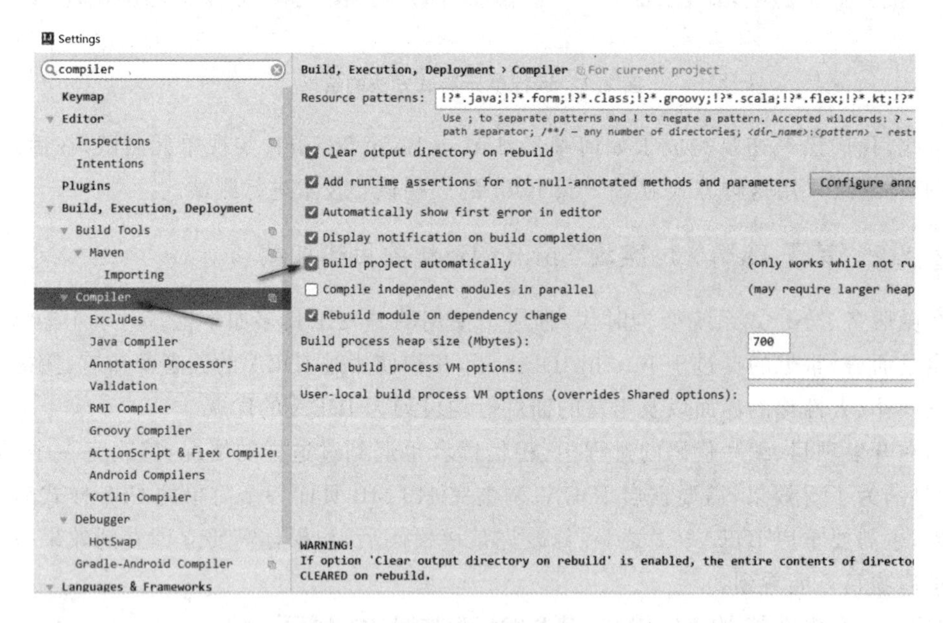

图 2.5　将开发工具的自动编译选项勾选上

（3）在 IDEA 开发工具任意一处空白的地方，按住快捷键 Ctrl＋Alt＋Shift＋/，选择 Registry…，进入 IDEA 系统级别的设置，如图 2.6 所示。

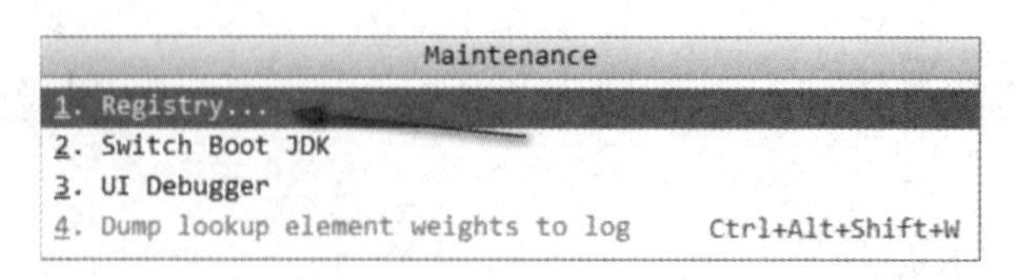

图 2.6　进入 IDEA 系统级别的设置

在左边一栏找到 Key 为 compiler.automake.allow.when.app.running，然后将其对应

的 Value 勾上即可，表示应用系统在运行过程中可以实现自动编译，如图 2.7 所示。

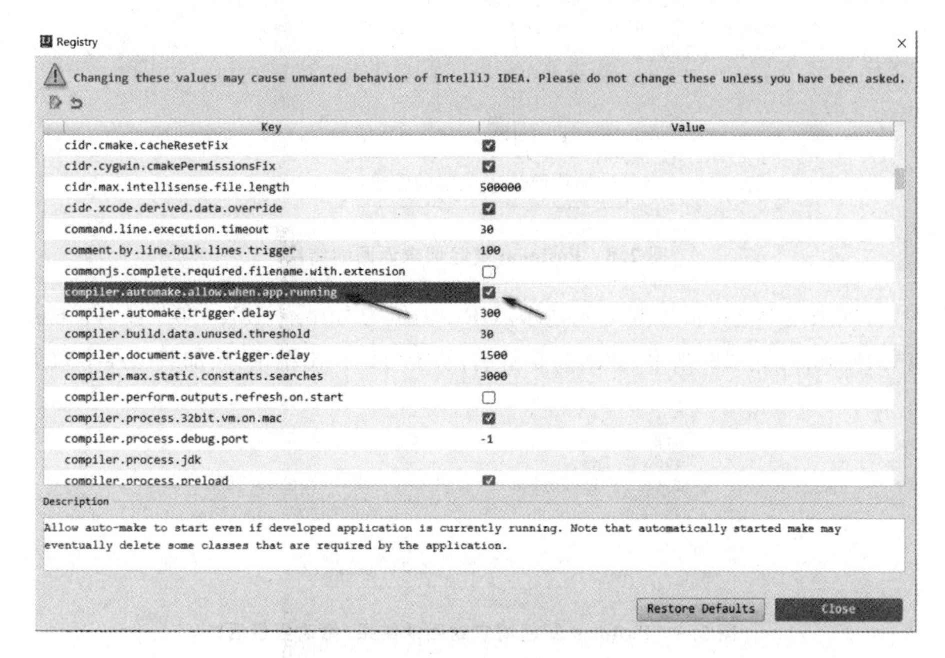

图 2.7　勾选上自动编译的选项

至此，关于 IDEA 热加载自动编译功能的配置已经全部完成了。下面进入测试环节，测试项目在运行期间修改某处的代码之后，不重启项目的前提下，仍然能立即看到代码修改后的效果。

(4)在这里，我们仍然沿用前文编写的 BaseController 类中的 helloWorld()方法，其源码如下所示：

```
@RequestMapping("hello/world")
public Map<String,Object>helloWorld(String name){
    Map<String,Object>dataMap=Maps.newHashMap();
    dataMap.put("code",200);
    dataMap.put("msg","请求成功");

    String result="SpringBoot 企业级项目实战~入门到精通-hello world";
    if(StringUtils.isNotBlank(name)){
        result=result+name;
    }
    dataMap.put("data",result);
    return dataMap;
}
```

点击运行项目，并在 Postman 发起 Get 请求，URL 为 http://127.0.0.1:9011/base/hello/world，观察 Postman 返回的结果，如图 2.8 所示。

与此同时，在不重启或不重新运行项目的前提下，调整修改变量 result 的取值，如下所示：

```
String result="SpringBoot 企业级项目实战-hello world";
```

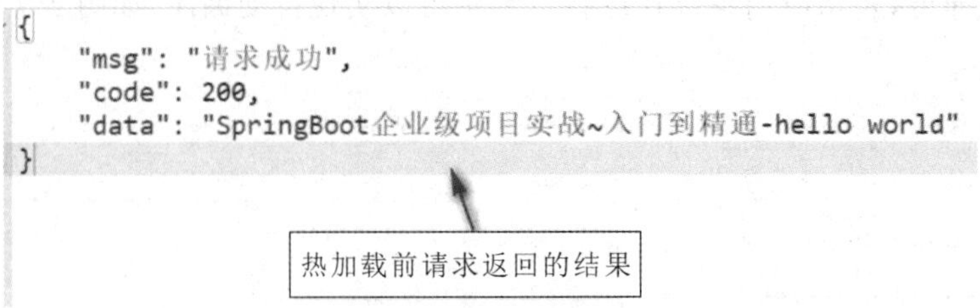

```
{
    "msg": "请求成功",
    "code": 200,
    "data": "SpringBoot企业级项目实战~入门到精通-hello world"
}
```

热加载前请求返回的结果

图 2.8 Postman 发起请求返回的结果

此时，再次采用 Postman 发起 Get 请求，URL 仍然为 http://127.0.0.1:9011/base/hello/world，观察 Postman 返回的结果，如图 2.9 所示，从中可以得出结论：热加载已经生效了。

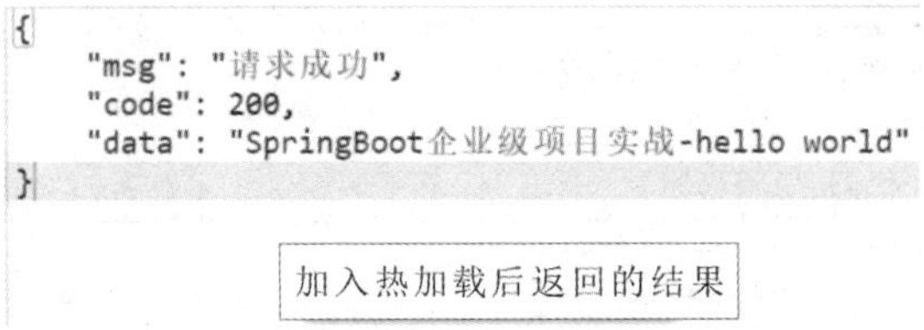

```
{
    "msg": "请求成功",
    "code": 200,
    "data": "SpringBoot企业级项目实战-hello world"
}
```

加入热加载后返回的结果

图 2.9 Postman 发起请求返回的结果（修改变量后）

然而，细心的读者会发现，当修改完上述代码中变量 result 的取值后，Intellij IDEA 热加载的过程其实不过是一个自动重启项目的过程，只是省去了手动重启的麻烦。

值得注意的是，由于 Java 项目的启动过程涉及类加载机制“ClassLoader”的重加载，因此如果有些组件、框架或者中间件的底层在初始化时跟“ClassLoader”有关联的话，则需要特别注意其序列化和反序列化的问题。

笔者经历过出现相似问题的便是典型的中间件 Redis 了。由于 Redis 本身在做初始化的过程中底层会有一个序列化机制以及自身类加载机制的设定，因此 Intellij IDEA 在热加载项目的过程中，很大可能会影响缓存 Redis 中数据的序列化和反序列化，导致开发者在序列化和反序列化数据时出现一些意想不到的错误。

2.2 Spring Boot 全局配置文件详解

对于配置文件，想必各位读者并不陌生，在传统的 SSM/SSH 等 Java Web 项目中，看到最多的当属 web.xml 以及其他为了使用一些框架而配置的.xml 和自定义的.properties 配置文件了。而在 Spring Boot 搭建的项目中也存在着一大或两大全局、核心且默认加载的配置文件，即 application.properties 或 application.yml。

从本节开始，我们将基于 Spring Boot 搭建的项目详解配置文件的作用，并讲解如何自定义配置文件以及如何读取配置文件中配置项的取值并辅助相关功能模块完成相应的功能。

2.2.1 Spring Boot 两大默认配置文件介绍

在以 Spring Boot 作为基础搭建的项目中，存在着一大或两大全局、核心且默认加载的配置文件，即 application.properties 或 application.yml，这一配置文件存于 resources 目录下，即所谓的类路径“classpath”下，如图 2.10 所示。

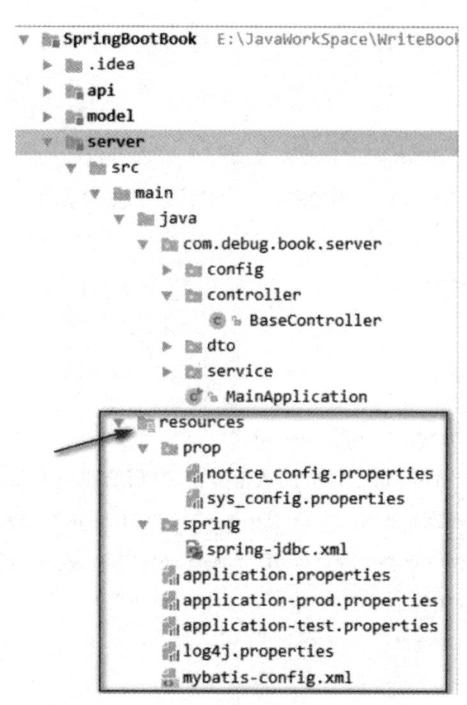

图 2.10　项目的配置文件所在的目录

从图 2.10 中可以看出类路径 resources 目录下存在着项目默认配置文件 application. properties 以及自定义的一些配置文件，如 MyBatis 专用的配置 mybatis-config. xml、日志存储 Log4j 配置专用的 log4j. properties、数据源 MySQL 配置专用的 spring-jdbc. xml，自定义的存于 prop 目录下的. properties 配置文件等。

其中，application. properties 以及 application- * . properties（ * 代表任意的单词），为 Spring Boot 项目默认的配置文件，即 Spring Boot 项目在启动、运行期间会自动将其中配置文件配置的相关配置项加载进项目的应用环境 Environment 中，以供项目其他功能模块使用。

除此之外，application. yml 以及 application- * . yml（ * 代表任意的单词），也是 Spring Boot 项目默认的配置文件，对于. yml 以及. properties 这两种配置方式，开发者可以根据自身的编码习惯选择其中一种，当两者都存在于项目中时，. properties 配置文件中的配置项会覆盖. yml 配置文件中的配置项。

需要注意的是，笔者并不建议在 Spring Boot 项目中同时存在着两种方式的配置文件，因为这不仅会给开发者带来维护上的困难，而且在某种程度上也会给人带来理解上和调试上的歧义，特别是对. yml 和. properties 配置文件不熟悉的读者而言，那更是一种折磨，在后续篇章中，笔者将采用. properties 作为项目中的配置文件（默认的和自定义的）。

2.2.2　基于 Environment 读取配置文件

在前文我们已经介绍了 Spring Boot 项目在启动、运行期间会自动将默认的配置文件配置的相关配置项加载进项目的应用环境组件 Environment 实例中，以供项目其他功能模块使用。下面进入代码实战环节，基于应用环境组件 Environment 读取配置文件中的相关配置项。

（1）需要在配置文件 application. properties 中加入几个自定义的配置项，如下代码所示：

```
#配置文件配置项读取
config.man.id=10010
config.man.age=22
config.man.name=修罗 debug
```

紧接着，在单元测试类 MainTest 中编写一个测试方法 testB()，其完整的源代码如下所示：

```
@Autowired
private Environment env;

@Test
public void testB(){
    log.info("----单元测试 B----");
    //读取各个环境变量，同时指定相应的数据类型、赋值给相应变量
    Integer id=env.getProperty("config.man.id",Integer.class);
    Integer age=env.getProperty("config.man.age",Integer.class);
    String name=env.getProperty("config.man.name");
    log.info("--id={},age={},name={}--",id,age,name);
}
```

从该代码中可以看出，基于环境变量实例 Environment 读取配置文件中配置项的方式主要是通过 getProperty 的方法读取出相应配置项的取值，默认读取出来的数据是字符串 String 类型的。如果需要指定某些配置项的取值为特定的数据类型，如 Integer、Long、Boolean 等，则只需要在 getProperty 方法中将该数据类型对应的类类型作为该方法的第二个参数即可。

(2)点击运行该测试方法，观察控制台的输出结果，会发现相应配置项的取值是可以取得到的，如图 2.11 所示。

```
INFO [main] --- MainTest: ----单元测试B----
INFO [main] --- MainTest: --id=10010,age=22,name=修罗debug--
INFO [SpringContextShutdownHook] --- ThreadPoolTaskScheduler: Shutting down ExecutorService 'taskScheduler'
INFO [SpringContextShutdownHook] --- ThreadPoolTaskExecutor: Shutting down ExecutorService 'applicationTaskExecutor'
INFO [SpringContextShutdownHook] --- DruidDataSource: {dataSource-1} closed
```

图 2.11 单元测试的运行效果(单元测试 B)

2.2.3 基于@Value 读取配置文件

接下来，我们将采用另外一种方式读取配置文件中相关配置项的值，即基于@Value 注解读取配置文件中的相关配置项。下面进入代码环节：

(1)首先，我们仍然以上一小节在配置文件 application. properties 中配置的几个配置项为例，讲解如何基于@Value 注解读取出相应配置项的取值，这几个配置项的配置如下所示：

```
#配置文件配置项读取
config.man.id=10010
config.man.age=22
config.man.name=修罗 debug
```

紧接着，在单元测试类 MainTest 中创建一个单元测试方法 testC()，在此之前，定义上述三个配置项对应的变量，并在变量上方加上@Value 注解，表示取出相应配置项的取值并赋值给相应的变量，其完整源代码如下所示：

```
    @Value("${config.man.id}")
    private String id;

    @Value("${config.man.age}")
    private Integer age;

    @Value("${config.man.name}")
    private String name;

    @Test
    public void testC(){
        log.info("----单元测试 C----");
        log.info("--id={},age={},name={}--",id,age,name);
    }
```

(2)点击运行该测试方法，观察控制台的输出结果，会发现相应配置项的取值也是可以取得到的，如图 2.12 所示。

```
INFO [main] --- MainTest: ----单元测试C----
INFO [main] --- MainTest: --id=10010,age=22,name=修罗debug--
INFO [SpringContextShutdownHook] --- ThreadPoolTaskScheduler: Shutting down ExecutorService 'taskScheduler'
INFO [SpringContextShutdownHook] --- ThreadPoolTaskExecutor: Shutting down ExecutorService 'applicationTaskExecutor'
INFO [SpringContextShutdownHook] --- DruidDataSource: {dataSource-1} closed
```

图 2.12　单元测试的运行效果(单元测试 C)

对于这两种方式，其底层的实现机制其实都是一样的，即通过应用环境实例 Environment 加载的配置项进行读取。对于配置项比较少的，笔者建议采用@Value 注解进行实现；而对于配置项很多且数据类型也很多的场景，采用 Environment 实例的 api 方法即 env. getProperty 进行读取，将更加便捷，可读性也更强。

◆ 2.2.4　基于@ConfigurationProperties 映射配置文件

在上一小节我们介绍了如何基于环境变量 Environment 实例、@Value 注解读取配置文件中的配置项，细心的读者可能会发现配置在配置文件 application. properties 中的配置项有个共同点，即都以 config. man 作为前缀开头，后面拼接上某个“变量名”。

对于这种情况，可以基于注解@ConfigurationProperties 实现相应配置项映射到相应类的字段中，从而减少 Environment 实例或者@Value 注解读取配置文件中的配置项时“代码过长、过多”的问题，在后续的代码实战中，读者会发现这其实是“面向对象”思想中的一大核心特性，即类的封装。下面进入代码环节：

(1)需要创建一个 ManDto 类，该类包含 3 个字段，每个字段的起名需要跟 3 大配置项 config. man. id、config. man. age、config. man. name 去掉 config. man 前缀后剩下的字符保持一致，即这 3 个字段分别是 id、age、name，其代码如下所示：

```
@Component
@ConfigurationProperties(prefix="config.man")
public class ManDto implements Serializable{
```

```
    private Integer id;

    private Integer age;

    private String name;

//此处省略 getter/setter 和 toString()方法
}
```

其中,@ConfigurationProperties 注解需要加入一个前缀参数,即每个配置项的共同部分,即 config. man,除此之外,还需要将其加入 Spring 的 IOC 容器中成为 Bean 组件,以供其他功能模块使用。

(2)在单元测试类 MainTest 中创建一个单元测试方法 testD(),并在其中取出 ManDto 中相关字段的取值,其完整源代码如下所示:

```
@Autowired
private ManDto manDto;

@Test
public void testD(){
    log.info("----单元测试 D----");

    log.info("----@ConfigurationProperties 注解得到的类详情:{}",manDto);
}
```

(3)点击运行该测试方法,观察控制台的输出结果,会发现相应配置项的取值也是可以取得到的,如图 2.13 所示。

```
 INFO [main] --- MainTest: ----单元测试D----
 INFO [main] --- MainTest: ----@ConfigurationProperties注解得到的类详情: ManDto{id=10010, age=22, name='修罗debug'}
 INFO [SpringContextShutdownHook] --- ThreadPoolTaskScheduler: Shutting down ExecutorService 'taskScheduler'
 INFO [SpringContextShutdownHook] --- ThreadPoolTaskExecutor: Shutting down ExecutorService 'applicationTaskExecutor'
address: '127.0.0.1:61970', transport: 'socket'
 INFO [SpringContextShutdownHook] --- DruidDataSource: {dataSource-1} closed
```

图 2.13 单元测试的运行效果(单元测试 D)

如果将配置文件中原来的 3 个配置项调整得更多,如 6 个配置项,同时新增的 3 个配置项跟原来的格式不一致,如下所示:

```
#配置文件配置项
config.man.id=10010
config.man.age=22
config.man.name=修罗 debug
#多层级嵌套配置项
config.man.address.province=广东省
config.man.address.city=广州市
config.man.address.area=天河区
```

会发现新增的 3 个配置项此时是以 config. man. address 前缀开头的,而 config. man 仍然是 config. man. address 的前缀,这种情况我们称为"配置项多层级嵌套"。那么,此时配置项 ManDto 又该如何编写才能将对应的配置项读取出来呢?

其实，这并不困难，在代码层次上读者可以将以 config. man. address 前缀开头的配置项理解为 config. man 前缀开头的“内部类”或者“子类”，此时 ManDto 完整的源代码如下所示：

```
@Component
@ConfigurationProperties(prefix="config.man")
public class ManDto implements Serializable{
    private Integer id;

    private Integer age;

    private String name;

    //内部类/子类
    private Address address=new Address();

    //省略 getter、setter 以及 toString()方法


    class Address implements Serializable{
        private String province;
        private String city;
        private String area;

        //省略 getter、setter 以及 toString()方法
    }
}
```

点击运行该测试方法，观察控制台的输出结果，会发现多层级配置项的取值也是可以取得到的，如图 2.14 所示。

```
[2020-07-15 23:44:12.785] boot -  INFO [main] --- MainTest: ----单元测试D----
[2020-07-15 23:44:12.786] boot -  INFO [main] --- MainTest: ----@ConfigurationProperties注解得到的类详情: ManDto(id=10010, age=22, name='修罗debug',
 address=Address{province='广东省', city='广州市', area='天河区'}}
[2020-07-15 23:44:12.798] boot -  INFO [SpringContextShutdownHook] --- ThreadPoolTaskScheduler: Shutting down ExecutorService 'taskScheduler'
[2020-07-15 23:44:12.799] boot -  INFO [SpringContextShutdownHook] --- ThreadPoolTaskExecutor: Shutting down ExecutorService 'applicationTaskExecutor'
[2020-07-15 23:44:12.802] boot -  INFO [SpringContextShutdownHook] --- DruidDataSource: {dataSource-1} closed
Disconnected from the target VM, address: '127.0.0.1:62569', transport: 'socket'
```

图 2.14　单元测试的运行效果(多层级配置项)

采用@ConfigurationProperties 注解的好处自然不用多说，它可以减少许多基于环境实例 Environment 或者@Value 注解为了读取配置文件中配置项的值而编写的大量代码，而且@ConfigurationProperties 注解读取配置文件的过程，其实更符合 Java 中“面向对象”中“封装”的特性，还是值得推荐的。需要注意的是，相应的配置项需要以共同的字符串作为前缀。

2.3 Spring Boot 自定义配置详解

前一节主要介绍了如何基于 Environment 实例、@Value 注解读取 Spring Boot 项目中默认配置文件 application. properties 或 application. yml 中配置项的取值，从而辅助完成项目中相关功能模块的功能。

而在实际项目开发中，有时候需要自定义一些配置项，比如自定义一系列的后端接口响应状态码、消息通知状态码等。为了能更方便且集中地维护这些状态码，开发者一般会将其单独抽取出来，放置在单独的配置文件中进行维护，而不会将其填充于默认的全局配置文件中，因为那样只会让全局配置文件变得越来越臃肿、越来越难以维护，可读性也将下降。

从本节开始，我们将一起学习如何在 Spring Boot 项目中使用自定义的配置文件，并读取自定义配置文件中相关的配置项。

2.3.1 基于@PropertySource 加载配置文件

在前文中，读者应该已经知晓：在 Spring Boot 搭建的项目中，默认加载的配置文件只能是 application. properties 或者 application. yml 或者 application. yaml（比较少见），而当开发者将项目中相关的配置项放置在自定义的配置文件中时，如果不加一层中间处理的话，是读取不到自定义配置文件中的内容的。为了解决这种困扰，Spring 提供了@PropertySource 注解。

@PropertySource 注解，字如其名，它主要用于加载项目中自定义配置文件的属性资源（即配置项），将其加载进 Spring 的环境实例中，供开发者进行读取。下面进入代码实战环节。

（1）在 server 模块中 resources 目录下新建一个目录 prop，并在其中新建一个配置文件 sys_config. properties，并在该配置文件中自定义一些配置项，具体配置如下所示：

```
#系统自定义配置文件
sys.config.book.id=10011
sys.config.book.name=Spring Boot 企业级项目实战~从入门到精通
sys.config.book.desc=这是一本关于 Spring Boot 入门到项目实战升级的书籍
```

（2）需要在启动入口类 MainApplication 中采用@PropertySource 注解读取并加载该配置文件，此时的 MainApplication 类的完整源代码如下所示：

```
@SpringBootApplication
@ImportResource(value={"classpath:spring/spring-jdbc.xml"})
@MapperScan(basePackages={"com.debug.book.model.mapper"})
@EnableScheduling
@EnableAsync
//@PropertySource 加载自定义的配置文件
@PropertySource({"classpath:prop/sys_config.properties"})
public class MainApplication extends SpringBootServletInitializer {

    @Override
     protected Spring Application Builder configure (Spring Application Builder
builder){
        return builder.sources(Main Application.class);
    }

    public static void main(String[] args){
        SpringApplication.run(Main Application.class,args);
    }
}
```

(3)这些配置项就可以在项目中使用了,我们仍然在单元测试类中编写相应的测试方法,仍然以前文所介绍的两种方式@Value 和 Environment 实例读取该配置文件中相应的配置项,其完整源码如下所示:

```
@Test
public void testE(){
    log.info("----单元测试 E----");

    Integer id=env.getProperty("sys.config.book.id",Integer.class);
    String name=env.getProperty("sys.config.book.name");
    String desc=env.getProperty("sys.config.book.desc");
    log.info("--id={},name={},desc={}",id,name,desc);
}
```

从上述源代码中可以看出,在 Spring Boot 项目中读取全局默认配置文件的配置项跟读取自定义配置文件中的配置项的方式是一模一样的,区别就在于自定义的配置文件需要通过注解 @PropertySource 加载进项目中。

(4)点击运行该单元测试方法,可以得到其相应的运行结果,如图 2.15 所示。

```
INFO [main] --- ThreadPoolTaskScheduler: Initializing ExecutorService 'taskScheduler'
INFO [main] --- MainTest: Started MainTest in 4.559 seconds (JVM running for 6.946)
INFO [main] --- MainTest: ----单元测试E----
INFO [main] --- MainTest: --id=10011,name=Spring Boot企业级项目实战~从入门到精通,desc=这是一本关于Spring Boot入门到项目实战升级的书籍
INFO [SpringContextShutdownHook] --- ThreadPoolTaskScheduler: Shutting down ExecutorService 'taskScheduler'
INFO [SpringContextShutdownHook] --- ThreadPoolTaskExecutor: Shutting down ExecutorService 'applicationTaskExecutor'
INFO [SpringContextShutdownHook] --- DruidDataSource: {dataSource-1} closed
```

图 2.15 单元测试的运行效果(单元测试 E)

2.3.2 基于@ImportResource 加载 XML 配置文件

在 Spring Boot 项目中,除了比较常见的. properties、. yml、. yaml 配置文件外,. xml 配置文件也是经常可以见到踪影的,毕竟在以 SSH、SSM 为主导框架的时代,. xml 配置文件可以说是大行其道。

而进入 Spring Boot 微框架时代,. xml 配置文件逐渐被摒弃,但这并不意味着 Spring Boot 项目完全抛弃了人家,在某些应用场景下,还是有必要加入. xml 配置文件,以方便加载相应的配置。

比如在 Spring Boot 项目中需要引入数据源 MySQL 及其相应的 Druid 数据库连接池时,虽然可以通过注解的方式加载相应的数据源和数据库连接池的配置,但其相应的类或者 application. properties 中将会加入相当多配置项,这在某种程度上,对于开发者而言是不太友好的。因此,我们希望能将其单独抽取出来放置在. xml 配置文件中,并采用@ImportResource 注解的方式"一键"将其加载进来,并将相应的"数据源配置"装载进 Spring 的应用上下文环境中,直接成为 Spring IOC 容器中的 Bean 组件。

下面以读取并加载 MySQL 数据源、Druid 数据库连接池为案例,将相应的配置项放置在 resources 目录下新建的目录 spring 中的配置文件 spring-jdbc. xml 里,该配置文件中配置项的核心内容如下所示:

```
<!--主数据源-->
<bean id="dataSource" class="com.alibaba.druid.pool.DruidDataSource" init-method="
init" destroy-method="close" primary="true" >
    <!--基本属性 url、user、password,读取自 application.properties 配置文件-->
    <property name="url" value="$ {datasource.url}" />
    <property name="username" value="$ {datasource.username}" />
    <property name="password" value="$ {datasource.password}" />

    <!--配置初始化大小、最小、最大-->
    <property name="initialSize" value="10" />
    <property name="minIdle" value="10" />
    <property name="maxActive" value="20" />

    <!--配置获取连接等待超时的时间-->
    <property name="maxWait" value="60000" />
    <!--配置间隔多久才进行一次检测,检测需要关闭的空闲连接,单位是毫秒-->
    <property name="timeBetweenEvictionRunsMillis" value="60000" />

    <!--配置一个连接在池中最小生存的时间,单位是毫秒-->
    <property name="minEvictableIdleTimeMillis" value="300000" />

    <property name="validationQuery" value="SELECT 1 " />
    <property name="testWhileIdle" value="true" />
    <property name="testOnBorrow" value="false" />
    <property name="testOnReturn" value="false" />

    <!--打开 PSCache,并且指定每个连接上 PSCache 的大小-->
    <property name="poolPreparedStatements" value="true" />
    <property name="maxPoolPreparedStatementPerConnectionSize" value="20" />

    <!--配置监控统计拦截的 filters,去掉后监控界面 sql 无法统计-->
    <property name="filters" value="stat" />
</bean>

<bean id =" transactionManager " class =" org. springframework. jdbc. datasource.
DataSourceTransactionManager">
    <property name="dataSource" ref="dataSource"/>
</bean>
```

值得一提的是，在.xml 配置文件中一些配置项的取值是来源于 Spring Boot 项目的全局默认配置文件 application. properties，如上述配置中 url、username、password，其取值均是通过 \$ {} 的方式读取 application. properties 中相应的配置项的：

```
#数据源配置
datasource.url = jdbc:mysql://127.0.0.1:3306/sb_book?useUnicode = true&amp;
characterEncoding=utf-8&zeroDateTimeBehavior=convertToNull&allowMultiQueries=true

datasource.username=root
datasource.password=linsen
```

最后，为了能让该配置生效并将 MySQL 数据源对象 DataSource 转载进 Spring 的 IOC 容器中，需要在启动入口类 MainApplication（或者自定义@Configuration 配置类）中加入下面这行注解：

```
@ImportResource(value={"classpath:spring/spring-jdbc.xml"})
```

它表示 Spring Boot 项目启动之后，会自动读取上述目录（类路径）下的.xml 配置文件，并将其中配置的 ID 为 dataSource 且类型为 Druid 数据库连接池对象 DruidDataSource 的组件装载进 Spring 的应用上下文环境中，成为 IOC 容器中的 Bean 组件，等待被其他功能模块或应用组件（如 MyBatis）使用。

2.3.3 基于@Configuration 编写自定义配置类

在前面两小节中，我们主要通过@PropertySource 以及 @ImportResource 注解加载相应的配置文件并读取其中相应的配置项，细心的读者会发现这两个注解是放置在启动入口类 MainApplication 中的，如图 2.16 所示。

```
@SpringBootApplication
@ImportResource(value = {"classpath:spring/spring-jdbc.xml"})
@MapperScan(basePackages = {"com.debug.book.model.mapper"})
@EnableScheduling
@EnableAsync

//加载自定义的配置文件
@PropertySource({"classpath:prop/sys_config.properties"})
public class MainApplication extends SpringBootServletInitializer {

    @Override
    protected SpringApplicationBuilder configure(SpringApplicationBuilder builder) {
        return builder.sources(MainApplication.class);
    }

    public static void main(String[] args) { SpringApplication.run(MainApplication.class,args); }
}
```

图 2.16　启动入口类 MainApplication 的现状

除此之外，还可以通过另外一种方式加载指定的配置文件，即 JavaConfig 的方式，也可以称为“显示的配置与注入”，该方式主要是通过 @Configuration 注解实现的。

下面仍然以读取自定义的.properties 配置文件为案例，演示如何基于@Configuration 的方式自定义一个显示配置类，并将指定的.properties 配置文件加载进 Spring 的环境实例中。

（1）在 server 模块中新建一个 package：config，并在 config 包中新建一个配置类，名为 PropertyConfig，并在该类中加入 @Configuration 注解，其完整源码如下所示：

```
@Configuration
@PropertySource(value={"classpath:prop/notice_config.properties"})
public class PropertyConfig {
}
```

而配置文件 notice_config. properties 中配置的内容如下所示：

```
#通知配置自定义配置文件
notice.id=10012
notice.title=双 11 秒杀通知
notice.receive=linsenzhong@126.com
notice.content=双 11 即将到来,我平台即将搞一波大的促销,欢迎关注
```

(2)在单元测试类中新建一个单元测试方法，将该配置文件中相应的配置项读取出来，其完整源码如下所示：

```
@Test
public void testF(){
    log.info("----单元测试 F----");

    Integer id=env.getProperty("notice.id",Integer.class);
    String title=env.getProperty("notice.title");
    String receive=env.getProperty("notice.receive");
    String content=env.getProperty("notice.content");
    log.info("--id={} \n title={} \n receive={} \n content={}",id,title,receive,
content);
}
```

点击运行该单元测试方法，观察控制台的输出，会发现以上这种方式确实是可以自定义加载并读取到配置文件中的，其运行结果如图 2.17 所示。

```
[2020-07-19 10:29:50.264] boot -  INFO [main] --- MainTest: Started MainTest in 4.514 seconds (
[2020-07-19 10:29:50.525] boot -  INFO [main] --- MainTest: ----单元测试F----
[2020-07-19 10:29:50.527] boot -  INFO [main] --- MainTest: --id=10012
 title=双11秒杀通知
 receive=linsenzhong@126.com
 content=双11即将到来，我平台即将搞一波大的促销，欢迎关注
[2020-07-19 10:29:50.550] boot -  INFO [SpringContextShutdownHook] --- ThreadPoolTaskScheduler:
[2020-07-19 10:29:50.554] boot -  INFO [SpringContextShutdownHook] --- ThreadPoolTaskExecutor: S
```

图 2.17　单元测试的运行效果(单元测试 F)

值得一提的是，之所以@Configuration 注解可以起到“自动加载、显示自定义配置”的作用，主要得益于启动入口类 MainApplication 中的注解：@SpringBootApplication 。众所周知，它是一个组合注解，主要由三大部分组成，即 @SpringBootConfiguration，@EnableAutoConfiguration，@ComponentScan。而仔细翻一翻@SpringBootConfiguration 注解的源码，会发现它跟 @Configuration 有莫大的联系，如图 2.18 所示。

从图 2.18 中会发现，其实 Configuration 注解是 SpringBootConfiguration 注解的别名，即两者所起的作用几乎是一样的。而在第 1 章中也介绍了 Spring Boot 在启动过程中底层的执行流程和原理，在那里我们也介绍了 @SpringBootConfiguration 注解所起的作用，即将所注解的类标注为 Spring IOC 容器中的配置类。

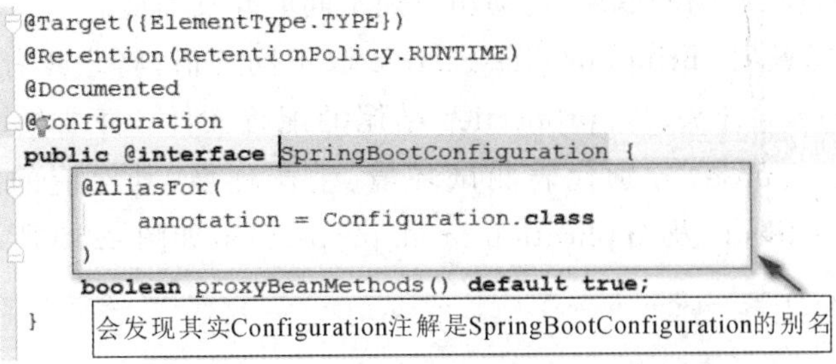

```java
@Target({ElementType.TYPE})
@Retention(RetentionPolicy.RUNTIME)
@Documented
@Configuration
public @interface SpringBootConfiguration {
    @AliasFor(
        annotation = Configuration.class
    )
    boolean proxyBeanMethods() default true;
}
```

会发现其实Configuration注解是SpringBootConfiguration的别名

图 2.18　@SpringBootConfiguration 注解的源码

2.4 Spring Boot 多环境配置详解

在实际项目开发中，开发者都会经历一个这样的开发、上线流程："本地环境开发—测试环境部署测试—生产环境部署上线"。而在不同的开发环境，项目的开发、配置流程也不尽相同，特别是配置文件中配置项的取值，在测试环境、生产环境下也有一定的差异性。本节将重点介绍 Spring Boot 项目中多环境配置的必要性以及具体的实现过程。

2.4.1 为什么需要多环境配置?

在实际项目开发中，在不同的环境下，项目最终所展示的效果一般是不尽相同的，而之所以出现这种效果，主要因为项目在不同开发环境下配置是不一样的，读取的数据源也是不相同的。

之所以需要在不同的环境下切换不同的配置、数据源，其原因在于项目的需要。想象一下，如果测试环境的系统使用的配置是某位开发者本地开发时的配置文件，那测试工程师看到的数据和效果将很不可思议。

再想象一下，如果生产环境部署的系统所使用的数据源是测试环境配置的数据源，那体验者看到的数据以及系统层面的体验将会是"差强人意"的(因为数据都是测试环境的)，因此，多环境的切换与配置还是有必要的。

在传统的 SSM/SSH 项目中，切换不同的数据源、不同的配置是需要手动调整比较多的配置项的。而在 Spring Boot 搭建的项目中，可以通过两种方式切换不同的环境：一种是通过在配置文件 application. properties 中指定 spring. profiles. active 配置项的取值;另外一种是在部署上线的过程中，在项目的启动命令 java-jar ×××. jar 中加上 spring. profiles. active 的选项。这两种方式本质上没什么区别，最终可达到的效果也是一样的。

下面我们仍然以前文 Spring Boot 搭建的项目为基础，重点介绍如何在项目中自动切换不同的环境配置以及如何使用不同环境下的配置项。

2.4.2 多环境配置实战

前文已经讲过，我们可以在项目的全局默认配置文件(application. properties 或者 application. yml，在这里以 application. properties 为例)中加入一配置项 spring. profiles.

active，通过改变该配置项不同的取值，自动切换到不同的开发环境。

值得注意的是，配置项 spring. profiles. active 取不同的值，将意味着需要在 resources 目录下创建以 application 开头、以. properties 结尾的配置文件。正常情况下，该配置项可以有 2 种取值，即 test、prod，分别代表测试环境、生产环境，其对应的配置文件分别为 application-test. properties 以及 application-prod. properties，如图 2.19 所示。

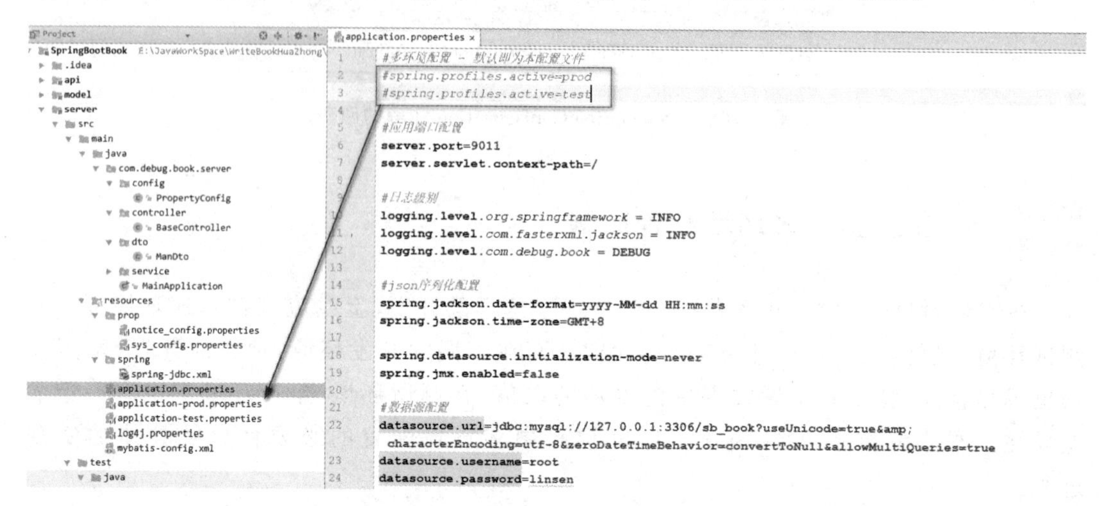

图 2.19　不同开发环境下对应的不同全局默认配置文件

当配置项 spring. profiles. active 取不同的值时，其相应的配置文件也将会被激活；而如果该配置项没有给定任何值，那么就意味着当前项目加载并读取的是默认的全局配置文件 application. properties。

值得一提的是，不管是激活了哪种配置（prod 也好，test 也罢），项目首先都会先读取全局的默认配置文件 application. properties。只有当激活了某个配置后且对应激活的配置文件中有相应的配置项时，才会覆盖 application. properties 中相应配置项的取值。为方便读者理解，下面进入代码实战：

（1）需要在三大配置文件中配置相同的配置项。其中，为了区分其对应的取值是不同开发环境下的配置，可以加上一些特殊的标记。图 2.20 所示为三大配置文件中相同配置项的不同取值。

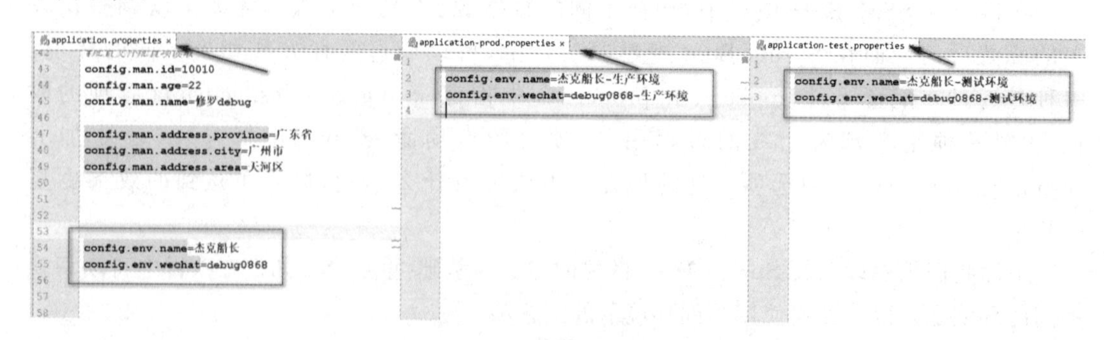

图 2.20　不同配置文件相同配置项的取值

在此之前，需要在配置文件 application. properties 中设置配置项 spring. profiles. active 不取任何值，而这将意味着当前项目加载并读取的是默认的全局配置文件 application.

properties。

紧接着，在单元测试类中编写一个测试方法，将上述配置文件中两个配置项读取出来，其完整的源代码如下所示：

```
@Test
public void testG(){
    log.info("----单元测试 G----");

    String envName=env.getProperty("config.env.name");
    String envWetchat=env.getProperty("config.env.wechat");
    log.info("----envName={},envWetchat={}",envName,envWetchat);
}
```

点击运行该单元测试方法，观察控制台的输出结果，会发现这两个配置项的取值来源于默认的全局配置文件 application. properties。输出结果如图 2.21 所示。

```
INFO [main] --- MainTest: ----单元测试G----
INFO [main] --- MainTest: ----envName=杰克船长, envWetchat=debug0868
INFO [SpringContextShutdownHook] --- ThreadPoolTaskScheduler: Shutting

INFO [SpringContextShutdownHook] --- ThreadPoolTaskExecutor: Shutting
```

图 2.21　单元测试的运行效果(单元测试 G)

(2)在配置文件 application. properties 中设置 spring. profiles. active 的取值为 test，如下所示：

```
spring.profiles.active=test
```

此时，将意味着项目中被激活的默认全局配置文件为 application-test. properties。这个时候再点击运行上述单元测试方法，会发现相应配置项的取值已经变了，如图 2.22 所示。

```
INFO [main] --- MainTest: ----单元测试G----
INFO [main] --- MainTest: ----envName=杰克船长-测试环境, envWetchat=debug0868-测试环境
INFO [SpringContextShutdownHook] --- ThreadPoolTaskScheduler: Shutting down ExecutorService

INFO [SpringContextShutdownHook] --- ThreadPoolTaskExecutor: Shutting down ExecutorService
```

图 2.22　单元测试的运行效果(test)

同样的道理，最后在配置文件 application. properties 中设置 spring. profiles. active 的取值为 prod，如下所示：

```
spring.profiles.active=prod
```

此时，将意味着项目中被激活的默认全局配置文件为 application-prod. properties。这个时候再点击运行上述单元测试方法，会发现相应配置项的取值也发生了改变，如图 2.23 所示。

由此可见，若需要在项目中切换不同的开发环境，则只需要在配置文件 application. properties 中切换配置项 spring. profiles. active 的不同取值即可。需要注意的是，当该配置项切换为不同的取值时，resources 目录也需要有相应的配置文件(以 application 为前缀、以. properties 为后缀)。

```
INFO [main] --- MainTest: ----单元测试G----
INFO [main] --- MainTest: ----envName=杰克船长-生产环境, envWetchat=debug0868-生产环境
INFO [SpringContextShutdownHook] --- ThreadPoolTaskScheduler: Shutting down ExecutorService

INFO [SpringContextShutdownHook] --- ThreadPoolTaskExecutor: Shutting down ExecutorService
```

图 2.23 单元测试的运行效果(prod)

本章总结

本章开篇介绍了单元测试在项目开发过程中的重要性,并详解了如何在 Spring Boot 项目中使用单元测试,与此同时,还介绍了如何基于 IDEA 与热加载工具 Devtools 实现项目的热编译、热加载;紧接着重点介绍了 Spring Boot 项目中几种默认的全局配置文件、自定义的配置文件以及如何读取配置文件中相应的配置项,其中,我们重点介绍了 Environment 环境实例读取配置文件、@Value 注解读取配置文件两种方式,除此之外,还介绍了如何基于@PropertySource、@ImportResource 加载自定义的配置文件。

本章作业

(1)除了热加载工具 Devtools 之外,目前市面上还有一些其他流行的工具。请自行查阅还有哪些方式可以实现项目开发过程中的热加载,并动手进行实践。(提示:JRebel)

(2)在配置文件 application. properties 中添加下列配置项,并采用"类字段自动映射"的方式,将以下配置项的内容映射进类中相应的字段并进行输出:

```
config.book.id=2
config.book.name=Spring Boot 企业级项目开发实战
config.book.publisher.id=10010
config.book.publisher.name=华中科技大学出版社
config.book.publisher.isbn=书号-10010
```

(3)在 resources 目录下自行创建一个目录 myProp,并在该目录下新建一个配置文件 myProp. properties,在该配置文件中添加如下配置项,并编写一个单元测试方法将其读取并输出:

```
config.book.publisher.id=10010
config.book.publisher.name=华中科技大学出版社
config.book.publisher.isbn=书号-10010
```

(4)动手实践如何在项目中实现不同开发环境的切换,其中开发环境的取值有 3 种,即 prod、test、dev,每个配置文件中自行添加相同的配置项(相同的名字、不同的取值),然后编写一个单元测试方法,实现 spring. profiles. active 取值不同时,输出不同配置项的结果。

第3章 Spring Boot数据访问层实战

在以Java作为主导、Spring Boot作为微框架的时代，项目经常是以Web或服务的形式进行发布的，可以作为一个独立的系统进行运作，也可以以服务的形式为其他服务、系统提供接口访问，共同协作、促进完成整个功能模块的开发。

但不管是哪种方式，都存在着一个数据访问层，它的作用在于提供数据给系统其他层面（如服务层、控制层等）进行访问，从而辅助完成系统各个功能模块的开发。

本章我们将重点介绍如何在Spring Boot搭建的项目中使用数据访问层，并将其用于开发一些典型的功能模块，涉及的知识点主要有：

- 数据访问层简介；
- 基于JdbcTemplate实现CRUD（新增、修改、删除与查询）；
- MyBatis简介、整合MyBatis实现功能模块的CRUD；
- Spring Data JPA简介、Spring Boot整合JPA实现功能模块的CRUD。

3.1 基于 Spring JdbcTemplate 搭建数据访问层

严格意义上讲，JdbcTemplate 并不是新型的事物，也不是 Spring Boot 某种专属的组件，通过查看其源码，会发现它其实是 Spring 框架中自带的一个组件，其作用在于提供一种数据库访问机制，在系统业务层与数据库之间充当桥梁，即当系统业务层需要访问或者操作数据库的数据时，它会委托给数据库访问层组件 JdbcTemplate 帮忙访问、操作数据库的数据。

本节我们将首先介绍 Spring JdbcTemplate 的相关内容，并以前文搭建的 Spring Boot 项目作为基础，介绍并实战如何实现一个完整的功能模块（即 CRUD 操作）。

3.1.1 数据访问层与 Spring JdbcTemplate 简介

数据访问层，简称为 DAL，是 data access layer 的简称，有时候也称为持久层，它主要负责数据库的访问，通过 DAL 可以实现对数据库进行 SQL 语句等操作，其职责主要是“读取数据和传递数据”。

无论开发者采用的是何种开发模式或业务模式，其最后必须具有持久化机制，即将数据持久化到持久化介质，并能对数据进行读取和写入，这就是所谓的“数据访问层”。值得一提的是，开发者可以利用.xml 等文件格式进行磁盘存储，也可以利用.json 等文件格式进行内存式存储。

在实际项目开发中，常用的关系型数据库存储（如 MySQL、SQL Server、Oracle 等）或 NoSql（Not Only SQL，如 Redis、Memcached 等）的内存存储或文档存储（如 MongoDB）等均为常见的存储介质，而在本文中我们只关心关系型数据库的存储。

通俗地讲，在 Java 项目里，数据访问层要做的最基本的事情在于对数据库表执行 select（查询）、insert（插入）、update（更新）、delete（删除）等操作，即 CRUD。而众所周知，传统的 Java 项目里是采用 JDBC 担任整个项目的“持久层”，实现对数据库中相关数据库表的访问的。下面简单回顾一下 Jdbc 以及 Spring 中的数据库模板操作组件 JdbcTemplate 所谓的“Jdbc”，其实 Jdbc 是 Java 数据库连接（Java database connectivity）的简称，是 Java 语言中用于规范客户端程序如何访问数据库的应用程序接口，提供了诸如查询、更新数据库中数据等方法。通常来讲，我们所说的 Jdbc，其实是面向关系型数据库的。

而在 Java Web 时代，Java 领域也涌现出了许许多多优秀的、开源的持久层框架、组件，其中的典型代表莫过于 MyBatis、Hibernate、Spring Data JPA，当然，还有 Spring 内置的数据库层模板操作组件：JdbcTemplate。

JdbcTemplate，从该名字中我们就可以看出来，它是一种基于 Jdbc 并利用 Spring 提供的数据访问功能实现对数据库访问的模板组件。之所以称之为“模板”组件，是因为它提供的相关 API 屏蔽了大量的、烦琐的数据库访问层面的代码，开发者只需要将 SQL 编写好，然后利用相关的 API 发起访问，并将最终得到的结果进行解析。

接下来，进入代码实战环节，重点介绍如何在 Spring Boot 项目中使用数据库模板操作组件 JdbcTemplate，并编写相应的代码完成某个功能模块的 Jdbc。

3.1.2 Spring Boot 整合 JdbcTemplate 实现 CRUD

为了能在 Spring Boot 项目中使用 JdbcTemplate 作为持久层的组件，需要先在项目中

加入相关的 Jar 依赖，主要包括 Web 的起步依赖、Jdbc 的起步依赖以及数据库驱动依赖。如下所示为在 server 模块的 pom. xml 中加入上述依赖 Jar 的代码：

```
<!--spring-->
<dependency>
    <groupId>org.springframework.boot</groupId>
    <artifactId>spring-boot-starter-web</artifactId>
    <version>${spring-boot.version}</version>
</dependency>
<!--jdbc 起步依赖-->
<dependency>
    <groupId>org.springframework.boot</groupId>
    <artifactId>spring-boot-starter-jdbc</artifactId>
</dependency>
<!--mysql-->
<dependency>
    <groupId>mysql</groupId>
    <artifactId>mysql-connector-java</artifactId>
    <version>5.1.37</version>
</dependency>
```

有些读者可能会有疑问：上述加入依赖 Jar 的代码中好像没看到 JdbcTemplate 或者 Spring 中 Jdbc 的踪影。因为 JdbcTemplate 就是 Spring 的一个组件。

上述代码中加入了 Jdbc 起步依赖：spring-boot-starter-jdbc。而在第 1 章中我们已经知道 Spring Boot 的“起步依赖”其实可以看作一个“顶级依赖”，其中的 pom. xml 包含了其他的 Jar 依赖，spring-boot-starter-jdbc 也是同样的道理。其 pom. xml 的核心代码如图 3.1 所示。

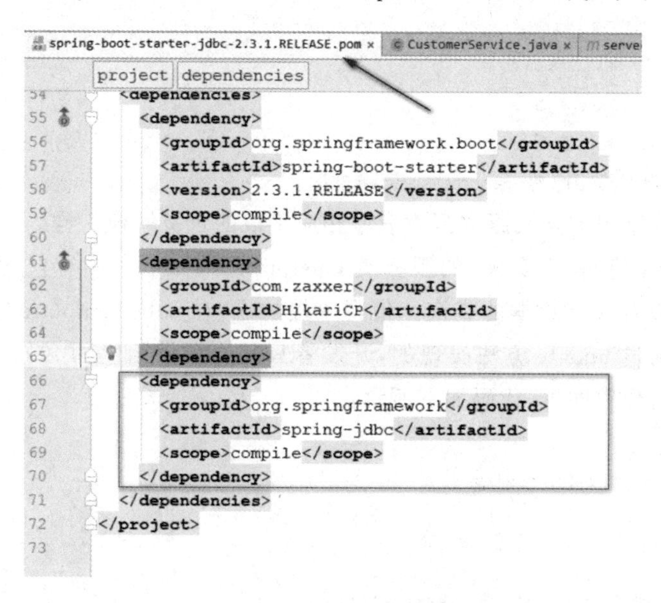

图 3.1　Jdbc 的起步依赖核心代码

除此之外，还需要在项目的全局默认配置文件 application. properties 中加入数据源的配置，其配置的源码如下所示：

```
#数据源配置
datasource.url = jdbc: mysql: // 127. 0. 0. 1: 3306/sb _ book? useUnicode = true&amp;
characterEncoding=utf-8&zeroDateTimeBehavior=convertToNull&allowMultiQueries=true
datasource.username=root
datasource.password=linsen
```

其中，sb_book 为笔者自行创建的数据库，root 为连接数据库的账号，linsen 为连接数据库的密码，读者在配置时需要自行调整为自身本地数据库的信息。做好了这些前置准备后，接下来就可以在项目中使用 JdbcTemplate 了。

(1)需要在数据库 sb_book 中创建一个新的数据库表 customer，用于存储客户的相关信息，其数据库表的 DDL 如下所示：

```
CREATE TABLE `customer`(
  `id` int(11)NOT NULL AUTO_INCREMENT,
  `name` varchar(255)CHARACTER SET utf8mb4 DEFAULT NULL COMMENT '姓名',
  `phone` varchar(255)CHARACTER SET utf8mb4 DEFAULT NULL COMMENT '手机号',
  `email` varchar(255)CHARACTER SET utf8mb4 DEFAULT NULL COMMENT '邮箱',
  `age` int(11)DEFAULT NULL COMMENT '年龄',
  `address` varchar(255)CHARACTER SET utf8mb4 DEFAULT NULL COMMENT '住址',
  PRIMARY KEY(`id`)
)ENGINE=InnoDB DEFAULT CHARSET=utf8 COMMENT='客户信息表';
```

紧接着，需要在项目中创建该数据库表对应的实体类 Customer，源代码如下所示：

```
//客户信息
public class Customer {
    private Integer id;
    private String name;
    private String phone;
    private String email;
    private Integer age;
    private String address;
    //此处省略字段相应的 getter/setter 方法}
```

该实体类相应字段的含义跟数据库表中相应字段的含义一模一样。

(2)在项目中创建“客户实体”的服务类 CustomerService，其内容包含客户实体信息的新增、修改、删除以及所有数据的查询。值得一提的是，在 JdbcTemplate 的 API 中，“新增、修改、删除”都是通过 update 方法实现的，开发者只需要提供相应的 SQL 语句以及在 SQL 语句留下相应的占位符即可，代码如下所示：

```
@Service
public class CustomerService {

    @Autowired
    private JdbcTemplate jdbcTemplate;
//以下分别是新增、删除、更新以及查询对应的 SQL
    private static final String AddSql="INSERT INTO customer(name,phone,email,age,
address)VALUES(?,?,?,?,?)";
```

```
    private static final String DeleteSql="DELETE FROM customer WHERE id=?";
    private static final String UpdateSql="UPDATE customer SET name=?,phone=?,email=
?,age=?,address=? WHERE id=?";
    private static final String QuerySql="SELECT id,name,phone,email,age,address FROM
customer";

    //新增-不返回主键
    public int add(Customer customer)throws Exception{
        int res=jdbcTemplate.update(AddSql,customer.getName(),customer.getPhone(),
                customer.getEmail(),customer.getAge(),customer.getAddress());
        return res;
    }

    //新增-返回主键
    public Customer addV2(Customer customer)throws Exception{
        KeyHolder keyHolder=new GeneratedKeyHolder();
        int res=jdbcTemplate.update(new PreparedStatementCreator(){
            @Override
            public PreparedStatement createPreparedStatement(Connection conn)throws
SQLException {
                PreparedStatement ps=conn.prepareStatement(AddSql,
                        Statement.RETURN_GENERATED_KEYS);
                ps.setString(1,customer.getName());
                ps.setString(2,customer.getPhone());
                ps.setString(3,customer.getEmail());
                ps.setInt(4,customer.getAge());
                ps.setString(5,customer.getAddress());
                return ps;
            }
        },keyHolder);
        customer.setId(keyHolder.getKey().intValue());
        return customer;
    }

    //修改
    public int update(Customer customer)throws Exception{
        return jdbcTemplate.update(UpdateSql,customer.getName(),
                customer.getPhone(),customer.getEmail(),customer.getAge(),
                customer.getAddress(),customer.getId());
    }
    //删除
    public int delete(final Integer id)throws Exception{
        return jdbcTemplate.update(DeleteSql,id);
```

```
    }
}
```

在上述代码中,新增操作采用了两种方式进行实现,一种是不返回主键,另一种是返回主键,其中,返回主键的模式是通过KeyHolder类辅助获取的。而观察上述代码可以发现,不管是哪种方式,都需要将SQL语句中的占位符?填充为实体类中对应字段的取值。更新以及删除操作亦是如此。

(3)在实际项目开发中,查询可以有多种情况,比如查询所有数据、查询单条数据、分页模糊查询数据、根据某些字段精准查询数据等都是很常见的,在这里我们以"查询所有数据"为例,代码如下所示:

```
//查询列表-所有数据
public List<Customer>getAll()throws Exception{
    return jdbcTemplate.query(QuerySql, new RowMapper<Customer>(){
        @Override
        public Customer mapRow(ResultSet rs, int i)throws SQLException {
            Customer customer=new Customer();
            customer.setName(rs.getString("name"));
            customer.setPhone(rs.getString("phone"));
            customer.setEmail(rs.getString("email"));
            customer.setAge(rs.getInt("age"));
            customer.setAddress(rs.getString("address"));
            customer.setId(rs.getInt("id"));

            return customer;
        }
    });
}
```

从上述代码中可以看出,JdbcTemplate实现查询操作主要是通过query方法实现的,将最终查询得到的结果通过RowMapper以及ResultSet取出查询结果集中相应字段的值,并最终能将其映射到实体类中相应的字段中。

至此,我们已经完成了Customer实体类的服务层CustomerService相关操作代码的实现,接下来,将进入数据案例的测试,检验上述相应接口是否存在Bug。

3.1.3 实战案例测试

细心的读者会发现,在上一小节中我们编写的针对功能模块的代码其实有点类似于"MVC"的风格,其中M代表model(实体)、V代表view(视图)、C代表controller(控制器)。上一小节编写的Customer实体类、CustomerService服务类等均可以归属于M(model);本节将介绍C(controller)这一部分,它的作用在于接收前端发送过来的请求、解析请求、解析数据、基础数据校验判断、调用Service、调用Dao并得到结果,最终将其返回到前端。

(1)先以"新增"这一功能模块做案例测试,包括"返回主键"与"不返回主键"两部分。打开Postman,打开两个请求页面,并在相应的URL地址栏分别输入链接http://127.0.0.1:9011/customer/add,http://127.0.0.1:9011/customer/add/v2,选择数据格式为

application/json，点击 Send 即可发送请求，其得到的响应结果分别如图 3.2 和图 3.3 所示。

图 3.2 Postman 新增～不返回主键的响应结果

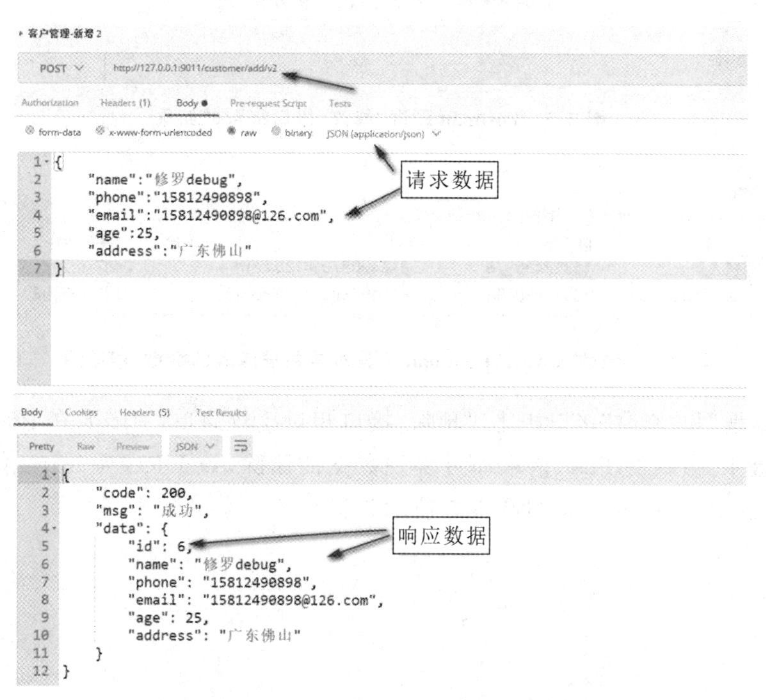

图 3.3 Postman 新增～返回主键的响应结果

与此同时，还可以借助 Navicat Premium 工具查看数据库表中的数据，如图 3.4 所示。

（2）测试“修改”这一功能模块对应的接口。同理，仍然是在 Postman 发起相应的请求，URL 为 http：// 127. 0. 0. 1：9011/customer/update，其请求体的数据格式仍然选择 application/json，点击 Send 发起请求，其最终结果如图 3.5 所示。

与此同时，还可以借助 Navicat Premium 工具查看该数据库表此时的内容，如图 3.6 所示。

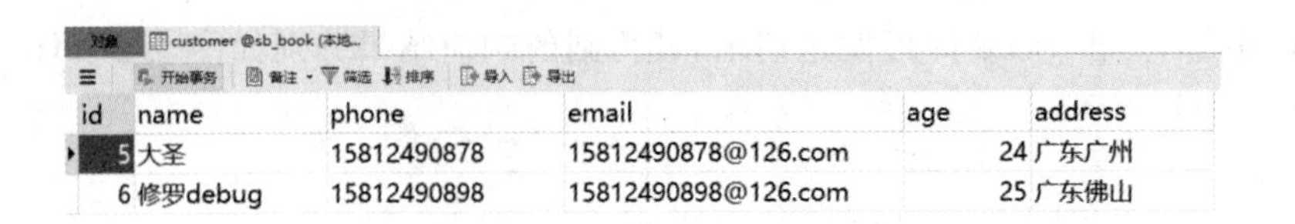

id	name	phone	email	age	address
5	大圣	15812490878	15812490878@126.com	24	广东广州
6	修罗debug	15812490898	15812490898@126.com	25	广东佛山

图 3.4　借助 Navicat Premium 工具查看数据库表的数据

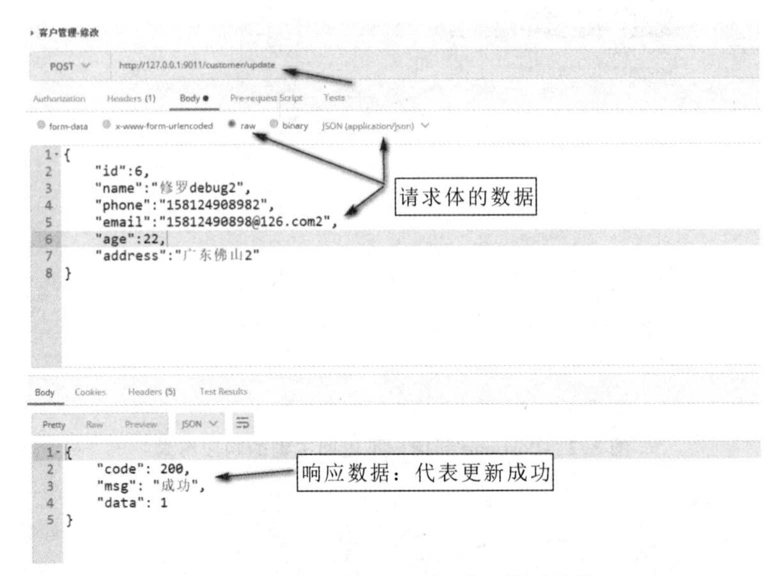

图 3.5　Postman 测试"修改"接口得到的结果

id	name	phone	email	age	address
5	大圣	15812490878	15812490878@126.com	24	广东广州
6	修罗debug2	158124908982	15812490898@126.com2	22	广东佛山2

图 3.6　借助 Navicat Premium 工具查看数据库表的数据(修改后)

(3)跟"新增"和"修改"接口相比,"删除"接口相对比较简单,只需要在 Postman 的地址栏发起带主键 Id 参数的 Post 请求即可实现数据的删除,该 URL 为 http://127.0.0.1:9011/customer/delete?id=6,如图 3.7 所示。

图 3.7　Postman 测试"删除"接口得到的结果

与此同时，还可以借助 Navicat Premium 工具查看该数据库表此时的内容，会发现 Id=6 的数据被删除了，如图 3.8 所示。

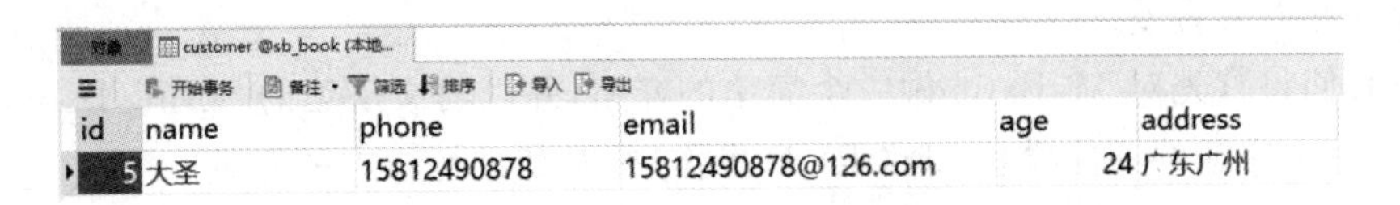

id	name	phone	email	age	address
5	大圣	15812490878	15812490878@126.com	24	广东广州

图 3.8　借助 Navicat Premium 工具查看数据库表的数据(删除后)

(4)测试“获取所有数据”的接口，在 Postman 的地址栏中直接输入 URL 为 http://127.0.0.1:9011/customer/list，即可获取到当前所有客户的信息，如图 3.9 所示。

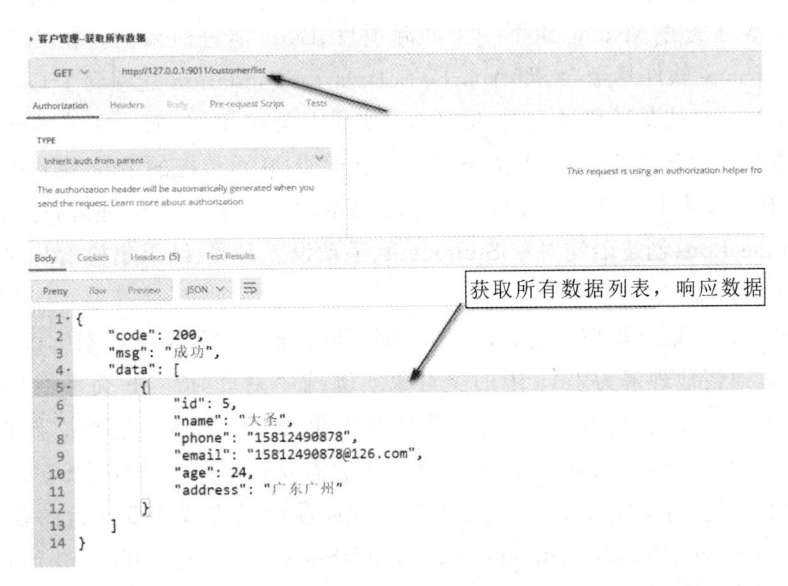

图 3.9　Postman 测试“获取所有数据”接口得到的结果

对比数据库表 customer 中的数据，会发现当前数据库表 customer 确实只有一条数据，因此该接口的测试是通过的。至此，已经完成了“客户实体信息管理”这一功能模块 CRUD 接口的开发。在这里，笔者强烈建议各位读者一定要亲自动手编写相应的代码并对其逐一进行测试，培养自己动手实践的能力，养成良好的测试习惯。

至此，基于 Spring JdbcTemplate 模板操作组件实现 Java 项目中功能模块的 CRUD 操作已经完成了，这种方式相对于传统的 JDBC 而言，其特点在于简单、便捷，可以省去诸如“获取并关闭数据库链接 Connection”“获取并关闭预编译语句 PreparedStatement”等对象实例的麻烦。

当然，这种方式相对于后续篇章要介绍的 MyBatis、Spring Data JPA 而言却显得有些鸡肋，比如在查询操作上，Spring JdbcTemplate 需要自己动手编写代码将查询结果集映射到实体类中，而 MyBatis、Spring Data JPA 只需要定义好接收的实体类就可以实现自动映射。

3.2　基于 MyBatis 搭建数据访问层

学习过 Java Web 相关技术栈或者开发过 SSM/SSH 相关项目的读者可能比较清楚，一个完整的 Java Web 项目是少不了数据库访问层(或称为持久层)这一功能模块的。如今市面上比较流行的数据库访问层框架或组件除了上节介绍的 Spring JdbcTemplate 之外，还有 Hibernate、MyBatis 以及 Spring Data JPA 等，其中 MyBatis 以其轻量级、SQL 语句易优化等特点深受开发者喜爱。

本节我们将首先对 MyBatis 做一个简单的介绍，并以前文搭建的 Spring Boot 项目作为基础，实现一个完整的功能模块（即 CRUD 操作）并对其进行相应的测试。

3.2.1 MyBatis 简介

从事 Java 开发的读者想必对 MyBatis 并不陌生，甚至有些读者在实际项目使用中已经达到了“滚瓜烂熟”的地步。在这里，笔者就简单介绍一下 MyBatis 的相关内容。

MyBatis 本身是由 Apache 旗下一个开源项目 iBatis 演进而来的。在 2010 年的时候，这个项目由 Apache 软件基金会，即 Apache Software Foundation 迁移到了 Google Code，并且改名为 MyBatis。从某种程度上看，MyBatis 实质上是对 iBatis 进行了一些改进。

值得一提的是，MyBatis 是一个优秀的持久层框架，它对传统的 Jdbc 操作数据库的过程进行了封装，使开发者只需要关注 SQL 本身，而不需要花费精力去处理诸如注册驱动、创建链接对象 Connection、创建语句对象 Statement、手动设置参数、结果集检索与映射等繁杂的过程代码。

它跟 Hibernate 也有类似的地方，即两者都可以实现“对象-关系映射”，即 ORM。所谓的“对象”，可以通俗地理解为 Java 中的类对象实例；而“关系”指的是关系型数据库中的数据库表；将查询数据库表得到的结果转化为实体对象的过程称为“映射”。严格意义上讲，MyBatis 只能算是一个半 ORM 的框架，原因在于它需要开发者手动编写 SQL。

在实际项目开发中，MyBatis 通过 XML 配置或注解的方式将要执行的各种语句对象 Statement（Statement、PreparedStatement、CallableStatement）配置起来，并通过 Java 对象和 Statement 中的 SQL 进行映射生成最终待执行的 SQL 语句，交由 MyBatis 框架执行，最终将结果映射成 Java 对象并返回。

在 SSM/SSH（Spring＋Spring MVC＋MyBatis/Hibernate）开发项目的时代，MyBatis 就已经深受开发者的喜爱。在如今以 Java、Spring Boot 作为主导开发语言的微服务、分布式架构时代，它依然是项目技术选型中持久层、数据库访问层框架的不二之选。

3.2.2 Spring Boot 整合与配置 MyBatis

接下来，将基于前文搭建的 Spring Boot 项目整合持久层框架 MyBatis，将 MyBatis 相关的 Jar 依赖以及配置文件加入项目中，让我们开始吧。

（1）需要在 model 模块的 pom.xml 中加入 MyBatis 相关的 Jar 依赖，代码如下所示：

```xml
<!--spring-mybatis-->
<dependency>
    <groupId>org.mybatis.spring.boot</groupId>
    <artifactId>mybatis-spring-boot-starter</artifactId>
    <version>1.0.1</version>
</dependency>
```

这是一个 MyBatis 的 Spring Boot 起步依赖，感兴趣的读者可以查看其源码，它其实已经包含了 MyBatis 的相关依赖。除此之外，该起步依赖将会通过传递的方式引入 server 模块中，因此 server 模块的相关类、接口是可以使用 MyBatis 的相关内容的。

(2)需要在 server 模块的类路径 resources 目录中加入 MyBatis 的配置文件 mybatis-config.xml，其中主要配置了是否开启缓存、是否采用驼峰命名、是否在控制台显示打印日志信息、是否自动生成主键以及分页查询相关的配置，如图 3.10 所示。

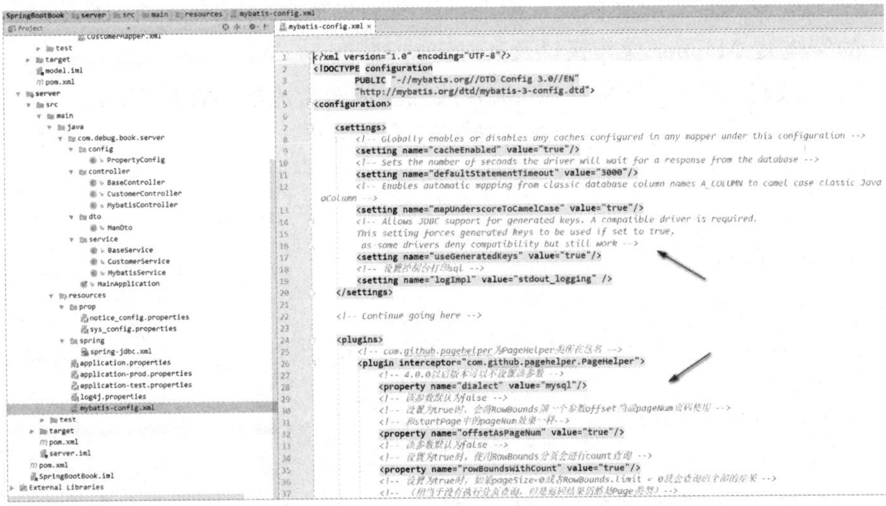

图 3.10　mybatis-config.xml 的部分配置

除此之外，还需要在项目默认的全局配置文件 application.properties 中显示加载 MyBatis 的配置文件 mybatis-config.xml，并指定 MyBatis 相关实体类所对应的 Mapper 操作接口、Mapper.xml(编写动态 SQL 的地方)配置文件所在目录，如图 3.11 所示。

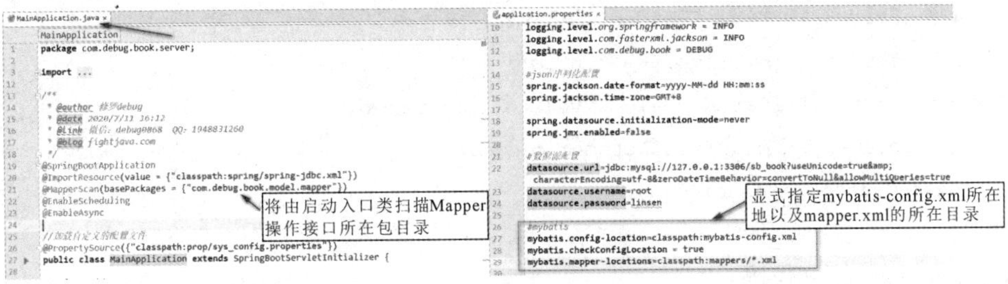

图 3.11　MyBatis 的其他配置

至此，我们已经完成了 Spring Boot 整合 MyBatis 所需要的配置，此时，可以尝试着将整个项目运行起来。在项目启动运行的过程中，Spring Boot 内部会自动加载 MyBatis 配置文件 mybatis-config.xml 中相关的 Bean 组件、扫描 Mapper 操作接口以及 Mapper.xml 所在的包目录(如果没有，请读者自行创建)。

前奏既然已经准备妥当，接下来便是以实际的功能模块为例，采用 MyBatis 实现相应的功能操作，即所谓的 CRUD(增删改查)。

3.2.3　Spring Boot 整合 MyBatis 实现 CRUD

我们仍然以上一小节创建的数据库表 customer 为例，演示并实战如何基于 MyBatis，实现该功能模块的新增、修改、删除以及查询等操作。在开始实战之前，有必要介绍一下

MyBatis 的辅助开发工具 MyBatis-Generator，即 MyBatis 代码生成器。

MyBatis 代码生成器，也叫 MyBatis 逆向工程工具，顾名思义，这个工具的作用在于它可以智能生成指定数据库表对应的 Java 实体类 Entity、实体类操作接口 Mapper 以及用于编写动态 SQL 的 Mapper. xml。在实际项目开发中，这个工具可以帮助开发者省去大量编写通用性的 SQL 以及代码的麻烦。在本案例中我们也将首先利用这个工具生成数据库表 customer 的实体类、Mapper 操作接口及其对应的 Mapper. xml。

(1)如下三段代码所示，分别为 MyBatis 代码生成器生成的实体类 Entity、Mapper 操作接口以及对应的 Mapper. xml。首先是实体类 Customer：

```
//客户信息
public class Customer {
    private Integer id;
    private String name;
    private String phone;
    private String email;
    private Integer age;
    private String address;
    //省略 getter/setter 方法
}
```

Mapper 操作接口：

```
public interface CustomerMapper {
    int deleteByPrimaryKey(Integer id);
    int insert(Customer record);
    int insertSelective(Customer record);
    Customer selectByPrimaryKey(Integer id);
    int updateByPrimaryKeySelective(Customer record);
    int updateByPrimaryKey(Customer record);
    List<Customer>selectAll();
}
```

Mapper. xml 部分代码：

```
<?xml version="1.0" encoding="UTF-8" ? >
<!DOCTYPE mapper PUBLIC "-//mybatis.org//DTD Mapper 3.0//EN" "http://mybatis.org/dtd/
mybatis-3-mapper.dtd" >
<mapper namespace="com.debug.book.model.mapper.CustomerMapper" >
  <resultMap id="BaseResultMap" type="com.debug.book.model.entity.Customer" >
    <id column="id" property="id" jdbcType="INTEGER" />
    <result column="name" property="name" jdbcType="VARCHAR" />
    <result column="phone" property="phone" jdbcType="VARCHAR" />
    <result column="email" property="email" jdbcType="VARCHAR" />
    <result column="age" property="age" jdbcType="INTEGER" />
    <result column="address" property="address" jdbcType="VARCHAR" />
  </resultMap>
  <sql id="Base_Column_List" >
```

```
    id, name, phone, email, age, address
  </sql>
  <select id="selectByPrimaryKey" resultMap="BaseResultMap" parameterType="java.
lang.Integer" >
    select
    <include refid="Base_Column_List" />
    from customer
    where id=#{id,jdbcType=INTEGER}
  </select>

  <!--此处省略一部分-->
</mapper>
```

值得一提的是，步骤(1)所建立起来的其实是实体类 Customer 的 Dao 层(数据库访问层)。

(2)进入 Service 层(业务服务逻辑处理层)，代码如下所示：

```
@Service
public class MyBatisService {

    @Autowired
    private CustomerMapper customerMapper;

    //新增-返回主键
    public Customer add(Customer customer)throws Exception{
        customerMapper.insertSelective(customer);
        return customer;
    }

    //修改
    public int update(Customer customer)throws Exception{
        return customerMapper.updateByPrimaryKeySelective(customer);
    }

    //删除-物理删除
    public int delete(final Integer id)throws Exception{
        return customerMapper.deleteByPrimaryKey(id);
    }

    //查询列表-所有数据-分页
     public PageInfo getAll (final Integer pageNo, final Integer pageSize) throws
Exception{
        PageHelper.startPage(pageNo,pageSize);
        return new PageInfo<>(customerMapper.selectAll());
    }
}
```

对比 Spring JdbcTemplate 所搭建的业务服务逻辑处理层的代码，会发现 MyBatis 搭建的业务服务逻辑处理层的代码更为简洁，这主要得益于 MyBatis 的特性，即类对象自动关系数据库表以及代码生成器自动生成的 Mapper 接口和 Mapper. xml。

值得一提的是，上面代码中涉及分页查询的功能，这主要是通过 MyBatis 提供的 PageHelper 和 PageInfo 实现的，不需要开发者在 SQL 中指定 Limit 关键字。

(3)编写面向前端请求处理的控制层代码，如下所示。相应的代码(主要是一些常规性的判断、调用 Service 层的接口等操作)，笔者已经做了注释。

```
@RestController
@RequestMapping("customer/mybatis")
public class MyBatisController {

    @Autowired
    private MyBatisService mybatisService;

    //新增-返回主键
    @RequestMapping(value="add", method=RequestMethod.POST, consumes=MediaType.
APPLICATION_JSON_VALUE)
    public BaseResponse add(@RequestBody Customer customer){
        BaseResponse response=new BaseResponse(StatusCode.Success);
        try {
            response.setData(mybatisService.add(customer));
        }catch(Exception e){
            e.printStackTrace();
            response=new BaseResponse(StatusCode.Fail.getCode(),e.getMessage());
        }
        return response;
    }

    //修改
    @RequestMapping(value="update",method=RequestMethod.POST, consumes=MediaType.
APPLICATION_JSON_VALUE)
    public BaseResponse update(@RequestBody Customer customer){
        //修改需要保证主键 id 存在
        if(null==customer.getId() || customer.getId()<=0){
            return new BaseResponse(StatusCode.InvalidParams);
        }
        BaseResponse response=new BaseResponse(StatusCode.Success);
        try {
            response.setData(mybatisService.update(customer));
        }catch(Exception e){
            e.printStackTrace();
            response=new BaseResponse(StatusCode.Fail.getCode(),e.getMessage());
        }
```

```
        return response;
    }

    //删除
    @RequestMapping(value="delete",method=RequestMethod.POST)
    public BaseResponse delete(@RequestParam Integer id){
        BaseResponse response=new BaseResponse(StatusCode.Success);
        try {
            response.setData(mybatisService.delete(id));
        }catch(Exception e){
            e.printStackTrace();
            response=new BaseResponse(StatusCode.Fail.getCode(),e.getMessage());
        }
        return response;
    }

    //查询-所有数据-带分页
    @RequestMapping(value="list",method=RequestMethod.GET)
    public BaseResponse listAll(@RequestParam(defaultValue="1") Integer pageNo,@
RequestParam(defaultValue="10")Integer pageSize){
        BaseResponse response=new BaseResponse(StatusCode.Success);
        try {
            response.setData(mybatisService.getAll(pageNo,pageSize));

        }catch(Exception e){
            e.printStackTrace();
            response=new BaseResponse(StatusCode.Fail.getCode(),e.getMessage());
        }
        return response;
    }
}
```

至此,我们已经完成了基于 MyBatis 实现客户信息管理这一功能模块相关操作的代码编写。

3.2.4 实战案例测试与总结

在上一小节,我们已经编写完成了基于 MyBatis 实现功能模块相关操作的代码,接下来进入案例测试环节,测试编写的接口是否存在 Bug。

(1)从“新增”操作入手,打开 Postman,在请求 URL 地址栏中输入链接 http://127.0.0.1:9011/customer/mybatis/add,选择请求方式为 POST,请求体内容类型为 application/json。请求体的内容如下所示:

```
{
    "name":"修罗 debug",
    "phone":"15812490890",
```

```
"email":"15812490890@126.com",
"age":36,
"address":"广东广州"
}
```

点击 Send 按钮即可发起请求操作，观察控制台的输出以及 Postman 的响应结果，会发现成功插入了一条数据，如图 3.12 所示。

图 3.12 新增数据后返回的结果

与此同时，采用 Navicat Premium 打开数据库表 customer，观察其中的数据，会发现数据库中也成功插入了该条数据，如图 3.13 所示。

id	name	phone	email	age	address
5	大圣	15812490878	15812490878@126.com	24	广东广州
7	大圣2	15812490872	15812490872@126.com	26	广东佛山
9	修罗debug	15812490890	15812490890@126.com	36	广东广州

图 3.13 成功插入一条数据到数据库中

(2)对“修改”接口进行测试，同样是在 Postman 的 URL 地址栏中输入请求链接 http://127.0.0.1:9011/customer/mybatis/update，选择请求方式为 POST，此时请求体的数据需要包含 id 字段的取值，在这里我们将其指定为步骤(1)中新增的那条数据的 id 值，如下所示：

```
{
    "id": 9,
    "name": "修罗 debug2",
    "phone": "15812490892",
    "email": "15812490892@126.com",
    "age": 32,
    "address": "广东佛山"
}
```

点击 Send，即可发起请求，观察控制台以及 Postman 的响应结果，会发现也成功更新了该条数据，如图 3.14 所示。

客户管理-修改

POST http://127.0.0.1:9011/customer/mybatis/update

请求的URL

```
{
    "id": 9,
    "name": "修罗debug2",
    "phone": "15812490892",
    "email": "15812490892@126.com",
    "age": 32,
    "address": "广东佛山"
}
```

请求体

```
{
    "code": 200,
    "msg": "成功",
    "data": 1
}
```

响应结果

图 3.14　更新数据后返回的结果

同时还可以用 Navicat Premium 打开数据库表 customer，会发现 id=9 的那行数据已经发生了改变，如图 3.15 所示。

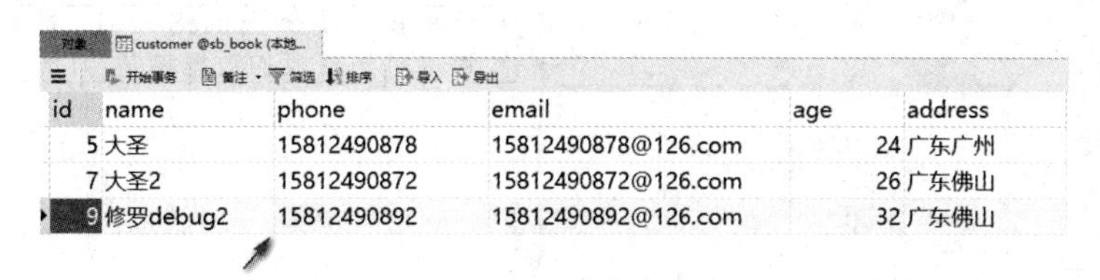

id	name	phone	email	age	address
5	大圣	15812490878	15812490878@126.com	24	广东广州
7	大圣2	15812490872	15812490872@126.com	26	广东佛山
9	修罗debug2	15812490892	15812490892@126.com	32	广东佛山

图 3.15　成功更新一条数据到数据库中

(3)测试“删除”接口，这一接口的测试相对而言比较简单，直接在 Postman 的 URL 地址栏中输入链接 http://127.0.0.1:9011/customer/mybatis/delete? id=9，其中要注意的是在该链接中含有待删除的数据的 id，表示将从数据库表中删除 id=9 的那行数据。Postman 的响应结果如图 3.16 所示。

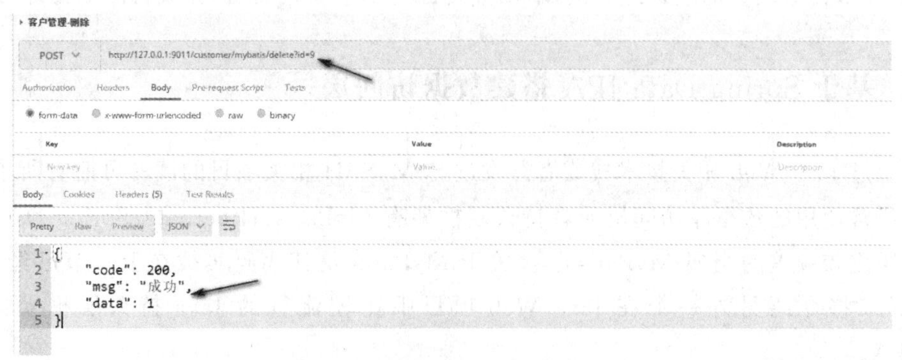

图 3.16　删除数据后返回的结果

同时还可以用 Navicat Premium 打开数据库表 customer，会发现 id=9 的那行数据已经被删除了，如图 3.17 所示。

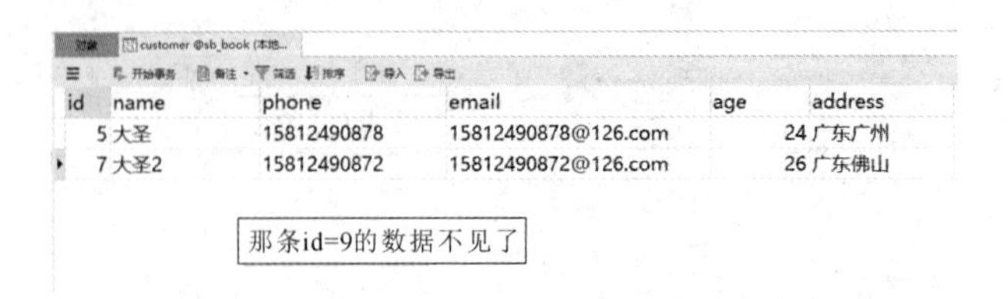

图 3.17　成功删除一条数据

(4)对“分页查询”接口进行测试。对于分页查询这一操作，在实际项目中几乎随处可见，在这里我们是基于 MyBatis 的 PageHelper、PageInfo 组件实现分页功能的。该接口只需要接收“当前页码 pageNo”“每页需要获取的数量 pageSize”两个参数即可完成分页操作(如果还有其他搜索条件，也可以传给后端)。在 Postman 的 URL 地址栏中输入链接 http://127.0.0.1:9011/customer/mybatis/list?pageNo=1&pageSize=1，点击 Send，观察控制台的输出，会发现成功输出了第 1 页的数据，如图 3.18 所示。

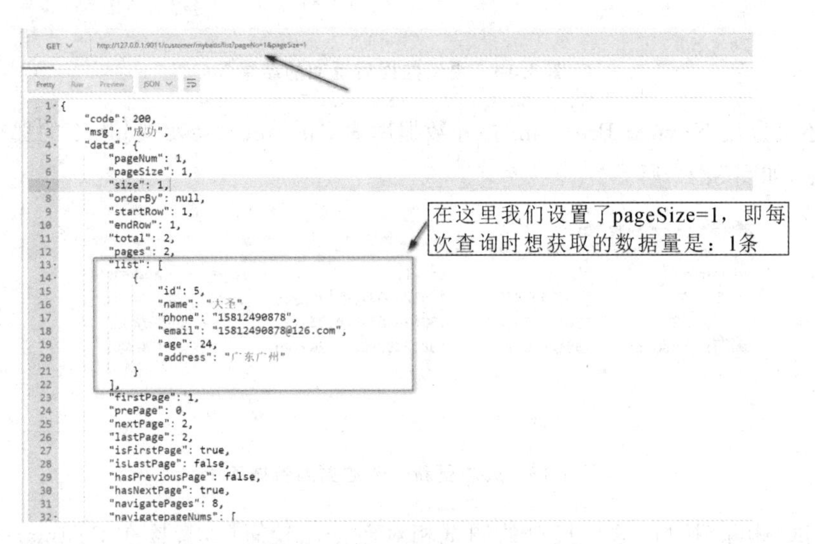

图 3.18　分页查询得到的数据

至此，已经完成了上述相关接口的测试。笔者建议读者一定要亲自动手编写相关接口的代码，并亲自对编写的接口进行测试，培养自己的动手实践能力，养成自测的良好习惯。

3.3 基于 Spring Data JPA 搭建数据访问层

学习过 Java Web 相关技术栈或者开发过 SSM/SSH 相关项目的读者可能有所了解，在项目中经常使用的数据库访问层或者持久层框架有 MyBatis、Hibernate、Spring Data JPA，其中使用比较频繁的当属 MyBatis 了。关于 MyBatis 及其代码实战在上一节已经介绍过了，接下来将介绍另外一个在 Java Web 项目中比较流行的 Java 持久层框架：Spring Data JPA。

本节将首先简单介绍 Spring Data JPA，包括其基本概念、功能特性，紧接着将基于

Spring Boot 搭建的项目整合 Spring Data JPA，并以前文介绍的客户信息表为实体，实战与其相关的 CRUD 操作。

3.3.1 Spring Data JPA 简介

Spring Data JPA，字如其名，其含义主要由 Spring Data＋JPA 两部分组成。Spring Data，其实是 Spring 提供的一个可以用于操作数据的框架，而 Spring Data JPA 则是 Spring Data 框架下的一个基于 JPA 标准操作数据的模块。

而 JPA，是 Java persistence API 的简称，是 Sun 官方提出的 Java 持久化规范，是为 Java 开发人员提供的一种对象/关系映射工具，用于管理 Java 应用中的数据。它的出现是为了简化现有项目中持久化部分的开发工作以及整合现有的 ORM 技术，可以说，JPA 是一套规范，在这套规范之下，诸如 Hibernate、TopLink 等则是实现了 JPA 规范的产品。

简而言之，Spring Data JPA 是 Spring 在 ORM 框架、JPA 规范的基础上封装的一套 JPA 应用框架，是基于 Hibernate 之上构建的一套数据库访问层的解决方案。它用极简的代码便可以实现对数据库的访问和操作，包括增加、删除、修改、查询等常规功能操作。

3.3.2 Spring Boot 整合与配置 Spring Data JPA

接下来以第 1 章搭建的 Spring Boot 单模块项目作为基础，在该项目中整合并配置 Spring Data JPA，让我们开始吧。

(1)需要在 pom.xml 中加入 Spring Data JPA 相关的 Jar 依赖，包括数据库 MySQL、数据库连接池 Druid 以及 Spring Data JPA 的 Jar 依赖，如下所示：

```
<!--druid-->
<dependency>
    <groupId>com.alibaba</groupId>
    <artifactId>druid</artifactId>
    <version>${druid.version}</version>
</dependency>
<!--mysql-->
<dependency>
    <groupId>mysql</groupId>
    <artifactId>mysql-connector-java</artifactId>
    <version>${mysql.version}</version>
</dependency>
<!--spring data jpa-->
<dependency>
    <groupId>org.springframework.boot</groupId>
    <artifactId>spring-boot-starter-data-jpa</artifactId>
    <version>2.3.1.RELEASE</version>
</dependency>
```

(2)需要在项目的默认全局配置文件 application.properties 中加入 Spring Data JPA 相关的配置项，包括数据源配置以及 JPA 本身的配置，如下所示：

```
##数据源的配置
spring.datasource.url=jdbc:mysql://127.0.0.1:3306/sb_book
spring.datasource.username=root
spring.datasource.password=linsen
spring.datasource.driver-class-name=com.mysql.jdbc.Driver

##jpa的配置
##是否在控制台显示执行的 sql
spring.jpa.show-sql=true
##数据库实体类映射成数据库表的策略(update:表示如果数据库表已存在则更新,不存在则创建)
spring.jpa.hibernate.ddl-auto=update
#效果跟 spring.jpa.hibernate.ddl-auto 一样,多种写法
#spring.jpa.properties.hibernate.hbm2ddl.auto=update
```

接下来我们仍然以前面篇章介绍的客户信息实体为案例，介绍在 Spring Boot 搭建的项目中如何基于 Spring Data JPA 实现实体信息的 CRUD。

3.3.3 Spring Boot 整合 Spring Data JPA 实现 CRUD

从事过 Java/Java Web 项目开发实战的读者都知道，在 Java 这一领域，存在着大量可了解、学习及精通的框架。当开发者需要在项目中使用该框架时，首先需要对其进行了解，包括了解其基本概念、专有名词、基本配置，然后以代码的形式动手将其付诸实践。Spring Data JPA 也是如此，接下来我们将以代码的形式动手实现客户信息实体的 CRUD 功能。

(1)创建该客户信息实体对应的类 Customer，其代码如下所示：

```
@Entity
@Table(name="customer")
public class Customer implements Serializable{
    @Id
    @GeneratedValue
    private Integer id;

    private String name;
    private String phone;
    private String email;
    private Integer age;
    private String address;

    //此处省略 getter/setter 以及 toString()方法
}
```

在上述实体类代码里，需要重点提及的是该实体类使用了 JPA 专属的一些注解，而 JPA 项目在运行的时候会根据实体类自动创建数据库、更新相应的数据库表。下面介绍一下在实际项目中实体类常用的注解：

A. @Entity：表示这是一个实体类，默认情况下，类名就是表名。

B. @Table：与@Entity 并列使用，自定义数据库表名。

C. @Id:标注这个字段为数据库表中的主键。

D. @GeneratedValue:同@Id 共同使用,标注主键的生成策略,并通过 strategy 属性的取值指定,其默认值为 GenerationType . AUTO,表示“JPA 将自动选择合适的策略”。当取值为 GenerationType. IDENTITY 时,表示在创建的数据库表中该字段将作为主键,并设定其策略为“自增长”。

其他相关的注解读者可以自行查阅相关的资料。

(2)创建完实体类后,接下来便是创建该实体类对应的 DAO 层文件,即 CustomerRepository 接口,其中,该接口将借助 JPA 本身提供的 JpaRepository 接口进行实现。

点击查看 JpaRepository 的源码,会发现它继承了 PagingAndSortingRepository(分页与排序)接口,而 PagingAndSortingRepository 则继承了 CrudRepository(顾名思义就是与 CRUD 相关的)接口,因此 JpaRepository 接口也就同时具备了 Repository 接口、CrudRepository 接口、PagingAndSortingRepository 接口的功能,如下所示:

```
@Repository
public interface CustomerRepository extends JpaRepository<Customer,Integer>{

    @Transactional
    @Modifying
    @Query(value="UPDATE Customer SET NAME=?1,phone=?2,email=?3,age=?4,address=?5
WHERE id=?6")
     void updateById(String name, String phone, String email, Integer age, String
address,Integer id);
}
```

在该代码中,读者会发现我们是可以在创建的 CustomerRepository 接口中自定义访问数据库的方法的,并在该方法中加上相应的注解,如更新、删除、新增等操作需要加上@Transactional、@Modifying 以及@Query 注解,而查询,则需要在@Query 中加上额外的属性 nativeQuery,取值为 true。

(3)创建该实体类的 Service(业务逻辑处理)层的代码,在该代码中需要实现新增、修改、删除、分页查询等功能。其完整的源代码如下所示:

```
@Service
public class CustomerService {

    private static final Logger log=LoggerFactory.getLogger(CustomerService.class);

    @Autowired
    private CustomerRepository customerRepository;
    //新增-返回主键
    public int save(Customer customer)throws Exception{
        customerRepository.save(customer);
        return customer.getId();
    }

    //修改
    public void update(Customer customer)throws Exception{
          customerRepository. updateById (customer. getName (), customer. getPhone (),
customer.getEmail(),customer.getAge(), customer.getAddress(),customer.getId());
```

```
    }

    //删除
    public void delete(Integer id)throws Exception{
        customerRepository.deleteById(id);
    }

    //查询所有
    public List<Customer>getAll()throws Exception{
        return customerRepository.findAll();
    }

    //带条件分页查询
    public Map<String,Object>pageGetAll(Integer pageNo, Integer pageSize)throws
Exception{
        Map<String,Object>resMap=new HashMap<>();

        //根据 id 倒序
        Sort sort=Sort.by(Sort.Direction.DESC,"id");
        //构建分页参数:传入当前页码、每页待显示数据量以及 Sort 对象
        Pageable pageable=PageRequest.of(pageNo,pageSize,sort);
        //执行分页
        Page<Customer>page=customerRepository.findAll(pageable);

        resMap.put("data",page.getContent());
        resMap.put("totalPage",page.getTotalPages());
        resMap.put("currPage",pageNo);

        return resMap;
    }
}
```

(4)编写该实体类对应的 Controller 层的代码。在该代码中,要接收前端 Postman 发起的请求及其相关的请求数据,在相关的方法中对其进行基本的逻辑校验、判断、调用 Service 层提供的功能方法等,并将最终得到的处理结果返回给前端,其完整源码如下所示:

```
@RestController
@RequestMapping("customer")
public class CustomerController {

    @Autowired
    private CustomerService customerService;
    //新增主键
```

```
    @RequestMapping(value="add", method=RequestMethod.POST, consumes=MediaType.
APPLICATION_JSON_VALUE)
    public BaseResponse add(@RequestBody Customer customer){
        BaseResponse response=new BaseResponse(StatusCode.Success);
        try {
            customerService.save(customer);
        }catch(Exception e){
            e.printStackTrace();
            response=new BaseResponse(StatusCode.Fail.getCode(),e.getMessage());
        }
        return response;
    }

    //修改
    @RequestMapping(value="update",method=RequestMethod.POST,consumes=MediaType.
APPLICATION_JSON_VALUE)
    public BaseResponse update(@RequestBody Customer customer){
        //修改需要保证主键 id 存在
        if(null==customer.getId()|| customer.getId()<=0){
            return new BaseResponse(StatusCode.InvalidParams);
        }
        BaseResponse response=new BaseResponse(StatusCode.Success);
        try {
            customerService.update(customer);
        }catch(Exception e){
            e.printStackTrace();
            response=new BaseResponse(StatusCode.Fail.getCode(),e.getMessage());
        }
        return response;
    }

    //删除
    @RequestMapping(value="delete",method=RequestMethod.POST)
    public BaseResponse delete(@RequestParam Integer id){
        BaseResponse response=new BaseResponse(StatusCode.Success);
        try {
            customerService.delete(id);
        }catch(Exception e){
            e.printStackTrace();
            response=new BaseResponse(StatusCode.Fail.getCode(),e.getMessage());
        }
        return response;
    }
```

```
    //查询-获取所有数据
    @RequestMapping(value="list/all",method=RequestMethod.GET)
    public BaseResponse listAll(){
        BaseResponse response=new BaseResponse(StatusCode.Success);
        try {
            response.setData(customerService.getAll());
        }catch(Exception e){
            e.printStackTrace();
            response=new BaseResponse(StatusCode.Fail.getCode(),e.getMessage());
        }
        return response;
    }

    //查询-所有数据-带分页
    @RequestMapping(value="list/page",method=RequestMethod.GET)
    public BaseResponse listPage(@RequestParam(defaultValue="1")Integer pageNo,@
RequestParam(defaultValue="10")Integer pageSize){
        BaseResponse response=new BaseResponse(StatusCode.Success);
        try {
            response.setData(customerService.pageGetAll(pageNo-1,pageSize));
        }catch(Exception e){
            e.printStackTrace();
            response=new BaseResponse(StatusCode.Fail.getCode(),e.getMessage());
        }
        return response;
    }
}
```

3.3.4 实战案例测试

接下来进入测试环节，测试上一小节开发的接口是否存在 Bug。点击运行项目，同时观察 IDEA 控制台的输出信息，如果没有报错，则表示系统不存在语法级别的错误，打开 Postman 开始对每个请求接口进行测试。

(1)对“新增”接口进行测试，请求的 URL 为 http://127.0.0.1:9010/customer/add，请求方法为 POST，请求体的内容类型为 application/json，点击 Send 按钮，即可得到该请求返回的结果，如图 3.19 所示。

与此同时，采用 Navicat Premium 查看该数据库表 customer 的内容，会发现该条数据已经成功插入了数据库表中，如图 3.20 所示。

(2)测试“修改”接口。请求的 URL 为 http://127.0.0.1:9010/customer/update，“修改”接口需要提供参数 id 的值，底层执行的 SQL 将最终根据 id 的取值更新相应的行数据，请求方法仍然是 POST，请求体的内容类型为 application/json，点击 Send 即可得到该接口相应的响应结果，如图 3.21 所示。

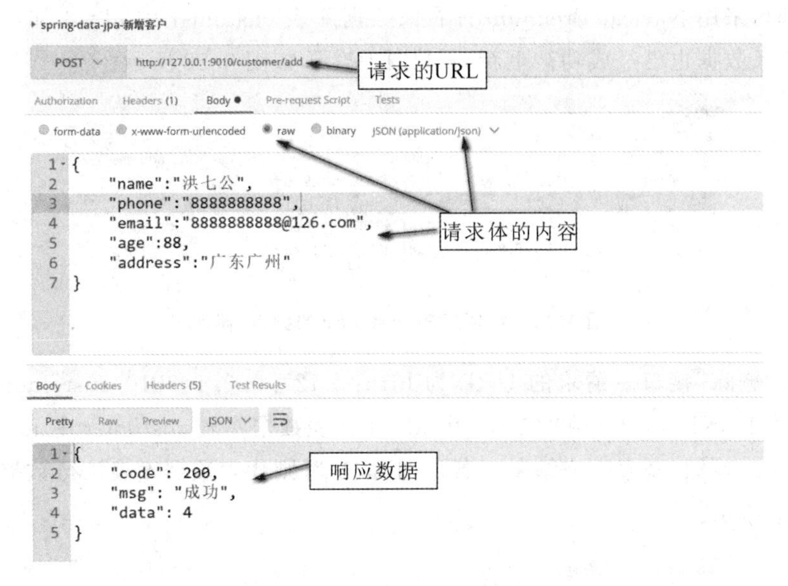

图 3.19　Postman 发起请求后得到的结果(新增)

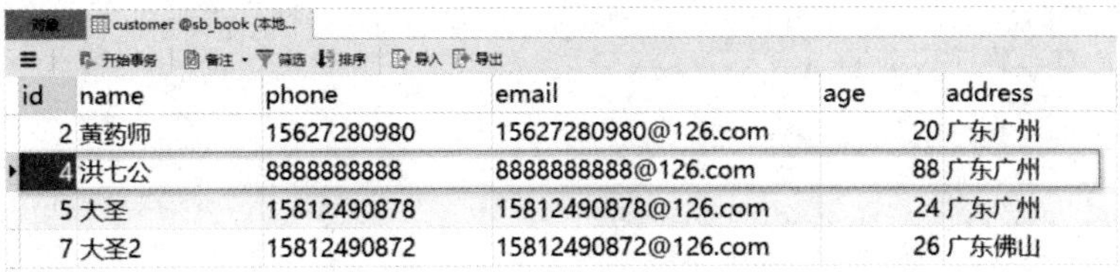

id	name	phone	email	age	address
2	黄药师	15627280980	15627280980@126.com	20	广东广州
4	洪七公	8888888888	8888888888@126.com	88	广东广州
5	大圣	15812490878	15812490878@126.com	24	广东广州
7	大圣2	15812490872	15812490872@126.com	26	广东佛山

图 3.20　数据库表 customer 的数据(新增)

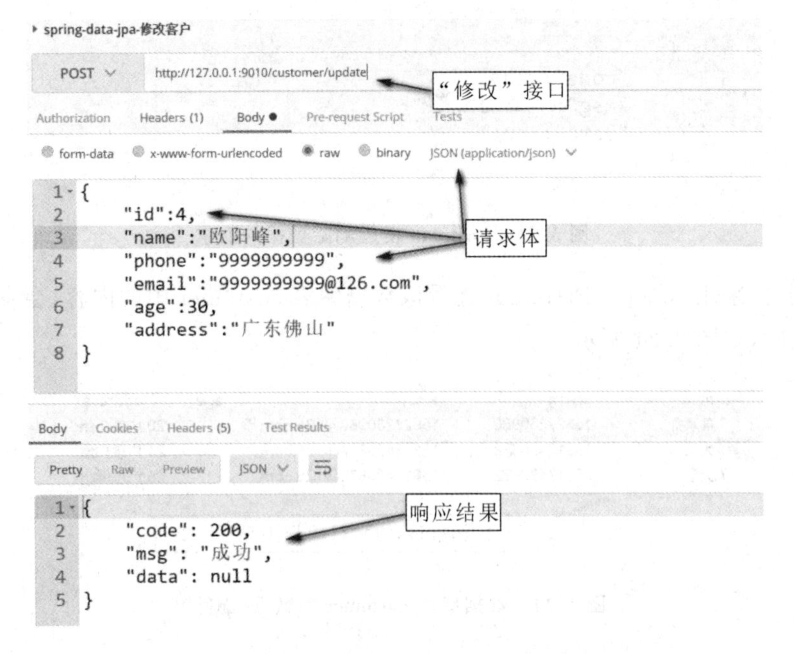

图 3.21　Postman 发起请求后得到的结果(修改)

与此同时，采用 Navicat Premium 查看该数据库表 customer 中 id=4 那一行数据的内容，会发现该条数据也已经成功被更新为对应的值了，如图 3.22 所示。

id		phone	email	age	address
2	黄药师	15627280980	15627280980@126.com	20	广东广州
4	欧阳峰	9999999999	9999999999@126.com	30	广东佛山
5	大圣	15812490878	15812490878@126.com	24	广东广州
7	大圣2	15812490872	15812490872@126.com	26	广东佛山

图 3.22　数据库表 customer 的数据(修改)

(3)测试“删除”接口。请求的 URL 为 http://127.0.0.1:9010/customer/delete?id=4，请求方法为 POST，其中该请求 URL 中 id=4 代表数据库表 customer 中 id=4 的那一行数据，点击 Send 按钮，观察响应结果。若返回“成功”，则代表数据库表该行数据已被成功删除，如图 3.23 所示。

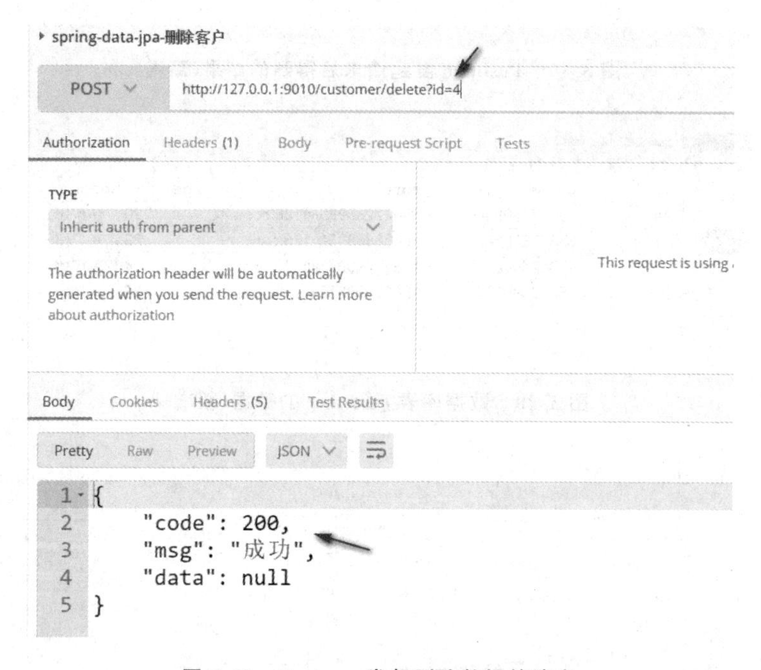

图 3.23　Postman 发起删除数据的请求

与此同时，采用 Navicat Premium 查看该数据库表 customer 中的内容，会发现该条数据已成功被删除，如图 3.24 所示。

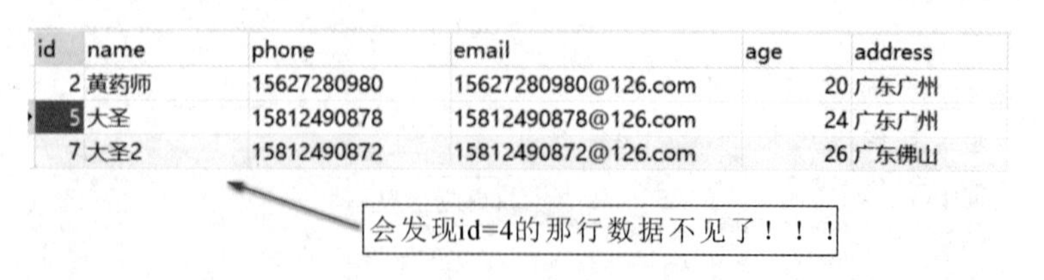

id	name	phone	email	age	address
2	黄药师	15627280980	15627280980@126.com	20	广东广州
5	大圣	15812490878	15812490878@126.com	24	广东广州
7	大圣2	15812490872	15812490872@126.com	26	广东佛山

图 3.24　数据库表 customer 的数据(删除)

(4)测试“获取所有数据”的接口。其请求对应的 URL 链接为 http://127.0.0.1:9010/customer/list/all，直接点击 Send 按钮，即可将数据库表 customer 中所有数据的内容获取出来，如图 3.25 所示。

```
GET  http://127.0.0.1:9010/customer/list/all
Pretty  Raw  Preview  JSON

1 {
2     "code": 200,
3     "msg": "成功",
4     "data": [
5         {
6             "id": 2,
7             "name": "黄药师",
8             "phone": "15627280980",
9             "email": "15627280980@126.com",
10            "age": 20,
11            "address": "广东广州"
12        },
13        {
14            "id": 5,
15            "name": "大圣",
16            "phone": "15812490878",
17            "email": "15812490878@126.com",
18            "age": 24,
19            "address": "广东广州"
20        },
21        {
22            "id": 7,
```

图 3.25　Postman 发起请求后得到的结果（获取所有数据）

（5）测试"分页获取数据"的接口。其请求对应的链接 URL 为 http://127.0.0.1:9010/customer/list/page?pageNo=1&pageSize=2，请求方法为 GET，其中 pageNo 代表当前的页码，pageSize 代表当前页码需要获取的数据量。在这里，为了测试分页效果，暂定为 pageSize=2，表示每页只获取 2 条数据，其请求结果如图 3.26 所示。

图 3.26　Postman 发起请求后得到的结果（分页获取数据）

如果需要请求获取下一页，只需要调整 pageNo=2，即请求对应的 URL 链接为 http://

127.0.0.1:9010/customer/list/page?pageNo=2&pageSize=2，请求结果如图 3.27 所示。

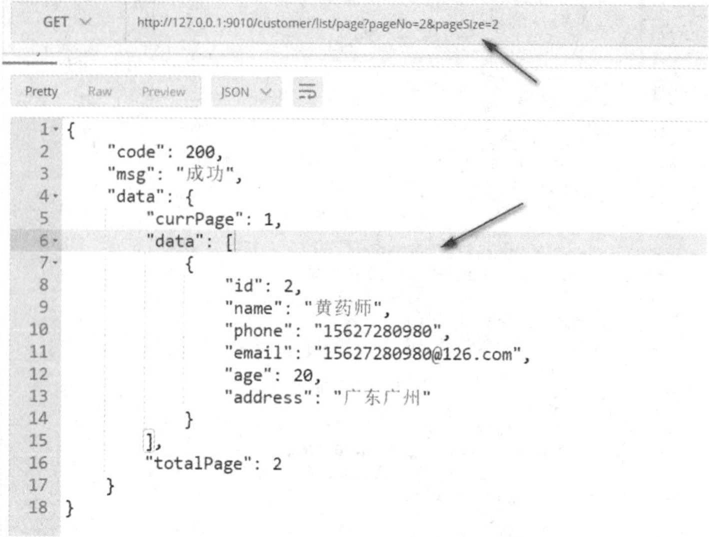

```
GET  http://127.0.0.1:9010/customer/list/page?pageNo=2&pageSize=2

Pretty  Raw  Preview  JSON

1 {
2     "code": 200,
3     "msg": "成功",
4     "data": {
5         "currPage": 1,
6         "data": [
7             {
8                 "id": 2,
9                 "name": "黄药师",
10                "phone": "15627280980",
11                "email": "15627280980@126.com",
12                "age": 20,
13                "address": "广东广州"
14            }
15        ],
16        "totalPage": 2
17    }
18 }
```

图 3.27　Postman 发起请求后得到的结果（获取下一页）

由于此时 pageNo=2 >=totalPage=2，因此当发起获取下一页，即 pageNo=3 的分页请求时，会发现获取到的数据为空，如图 3.28 所示。

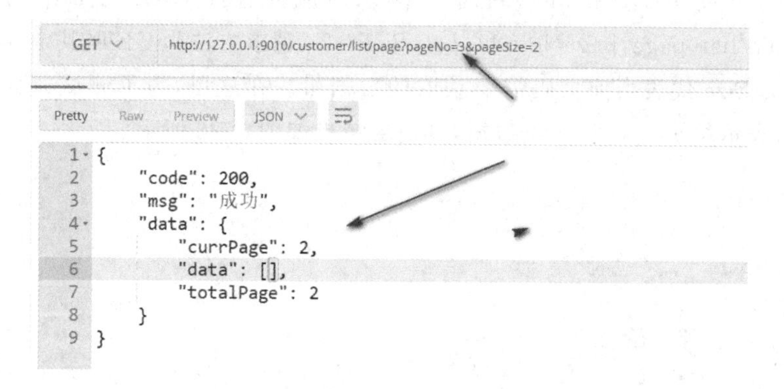

图 3.28　Postman 发起请求后得到的结果（pageNo=3）

至此，我们的测试任务就完成了。总体来说，相关接口的处理逻辑是没有问题的，至少在数据案例的支撑下，得到的响应结果、数据是我们所预期的那样。

本章总结

本章重点介绍了如何基于 Sping Boot 搭建的项目实战数据库访问层，介绍了目前在 Java/Java Web 项目中几种主流的持久层框架、组件，包括 MyBatis、Spring Data JPA 以及 Spring 自带的 JdbcTemplate，不仅介绍其相关的基本概念，还以实际的案例“客户信息实体管理”作为业务场景，实战各个框架、组件的核心特性。

本章作业

(1)基于Spring JdbcTemplate组件实现客户信息实体的模糊查询功能,其中后端Controller的请求方法接收前端Postman提交过来的search参数,后端的SQL将根据search的取值模糊匹配数据库表customer中的name、phone字段。

(2)基于MyBatis框架实现客户信息实体的分页和模糊查询功能,其中分页参数包括pageNo和pageSize,而模糊查询的请求参数为search,同样也是可以模糊匹配数据库表customer中的name、phone字段。

(3)自建一个新的数据库表book,表示出版社历史出版的书籍库,其中该数据库表的DDL如下所示:

```
CREATE TABLE `book`(
  `id` int(11)NOT NULL AUTO_INCREMENT,
  `name` varchar(255)CHARACTER SET utf8mb4 DEFAULT NULL COMMENT '书名',
  `author` varchar(255)CHARACTER SET utf8mb4 DEFAULT NULL COMMENT '作者',
  `release_date` date DEFAULT NULL COMMENT '发布日期',
  `is_active` tinyint(255)DEFAULT '1' COMMENT '是否有效',
  PRIMARY KEY(`id`)
)ENGINE=InnoDB DEFAULT CHARSET=utf8 COMMENT='书籍信息表'
```

现要求读者基于Spring Data JPA来实现该信息实体的CRUD功能,即新增、修改、删除、查询单条数据,查询所有数据,分页查询所有数据等几个接口,并采用Postman自行对其进行测试。

第4章 Spring Boot实现Web常用功能

在前面几章，我们主要介绍了Spring Boot的基本概念、基本配置、如何搭建一个企业级多模块项目以及整合数据库访问层框架或组件等内容，特别是在“Spring Boot数据访问层实战”这一章，更是详尽地介绍了相关的持久层框架、组件，并以实际的案例作为业务场景进行代码实战。

在进行代码实战的过程中，细心的读者会发现笔者采用的开发模式几乎是MVC的开发模式，MVC即Model（模型）、View（视图）、Controller（控制器）。而在本章中，笔者将采用这种开发模式，并基于Spring Boot整合Spring MVC实现Web应用开发中常见的功能。

本章我们将介绍Spring Boot在Java Web环境下可以发挥的作用，其中的内容包括：

- Spring MVC简介与请求-响应过程的执行流程；
- Spring Boot可以支持的几种视图模板引擎，并对其特性进行简单的介绍；
- 新一代SSM的介绍，如何基于Spring Boot＋Spring MVC＋MyBatis搭建一个真正的项目并进行代码实战。

4.1 整合 Spring MVC 实现 Web 常用功能

事实上，Spring Boot 提供了 Spring-Boot-Starter-Web 这一起步依赖，为 Web 开发提供了支持，同时，Spring-Boot-Starter-Web 也为我们提供了嵌入的 Tomcat 容器以及 Spring MVC 的相关依赖，使用起来很方便。

在这里我们还需要用到视图模板引擎，用于接收、解析后端接口返回的数据或页面并对其进行渲染。对于开发者而言，在开发 Web 项目时，可选的视图模板引擎还是挺多的，包括 JSP、FreeMarker、Thymeleaf、Groovy、Velocity 和 Mustache 等。而在众多前端框架中，推荐使用的当然是 Thymeleaf 以及 JSP。

在本章笔者将主要使用 Thymeleaf 作为视图模板引擎充当项目中的视图层，而 Thymeleaf 在使用的过程中主要是通过 ThymeleafAutoConfiguration 类对集成所需要的 Bean 进行自动配置，通过 ThymeleafProperties 来配置 Thymeleaf，从而实现相关功能。

4.1.1 Spring MVC 简介与执行流程

当我们需要开发一个 Java/Java Web 项目时，架构师和开发工程师更关心的是项目技术结构上的设计，而几乎所有结构设计良好的软件（项目）都使用了分层设计。分层设计指的是将项目按技术职能分为几个内聚的部分，从而将技术或接口的实现细节隐藏起来。

在前面章节，细心的读者会发现我们早已经在践行这种分层的开发模式了，即 Controller 层调用 Service 层的接口，而 Service 层调用 Dao/Mapper 层的接口，层层传递、层层交互，最终再由 Controller 层将执行结果返回给前端调用者。这种设计模式称为 MVC 设计模式。

而目前市面上实现该设计模式的框架有很多，例如 Struts，以及前文提及的 Spring MVC。相比于 Struts，Spring MVC 是一个更为优秀、灵活易用的 MVC 框架。简而言之，Spring MVC 是一种基于 Java 的以请求为驱动类型的轻量级 Web 框架，其目的在于将 Web 层进行解耦，即使用“请求-响应”模型，从工程结构上实现良好的分层、区分职责、简化 Web 开发。

接下来，重点介绍一下 Spring MVC 在处理前端请求并最终将响应结果返回给前端调用者时 Spring MVC 底层大致的执行处理流程，如图 4.1 所示。

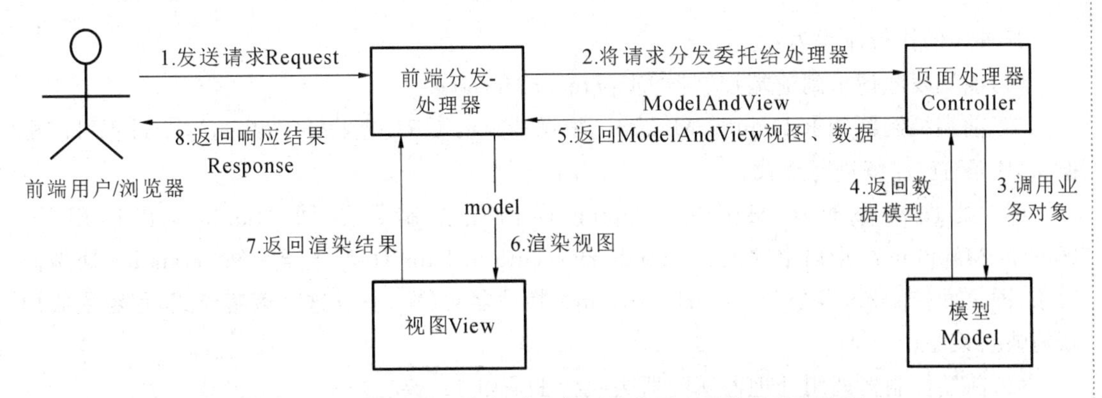

图 4.1 Spring MVC 请求-响应模型的底层大致执行处理流程

从图 4.1 中可以得出，Spring MVC 在接收前端发起的请求直到返回响应结果给前端调用者时，要经历的大致过程如下：

(1)前端用户在浏览器或者仿浏览器的 Postman 等工具发起一个 HTTP 请求,并到达后端 Spring MVC 的请求分发处理器(其实就是 DispatcherServlet),该处理器会将请求分发委托给页面处理器 Handler,也就是我们在项目中经常见到的 Controller。

(2)页面处理器 Controller 将会校验请求附带过来的相关参数,并对其进行相应的业务逻辑处理、数据库访问等操作。在此期间"业务对象"成为至关重要的一个角色,因为不管程序是做业务逻辑处理还是数据库访问等操作,都需要有相应的业务对象实体加以辅助,并利用该对象实体接收页面处理器处理后返回的结果。

(3)页面处理器会将处理完业务逻辑后得到的结果封装至 Spring MVC 的 ModelAndView 对象中,并交给 Spring MVC 的视图解析器对业务对象实体加以解析,并将解析结果在指定的页面上进行渲染。

(4)将渲染结果(可以是页面,也可以是单独的数据)返回给前端调用者,至此 Spring MVC 便完成了一次 HTTP 请求—响应的过程。

以上是 Spring MVC 在接收前端请求并最终将处理结果返回给前端时的大致流程。接下来介绍一下该流程的详细版本,即 Spring MVC 在接收前端请求后,其底层具体的执行流程,而这也可以理解为 Spring MVC 底层的系统架构或 Spring MVC 的原理/执行流程,如图 4.2 所示。

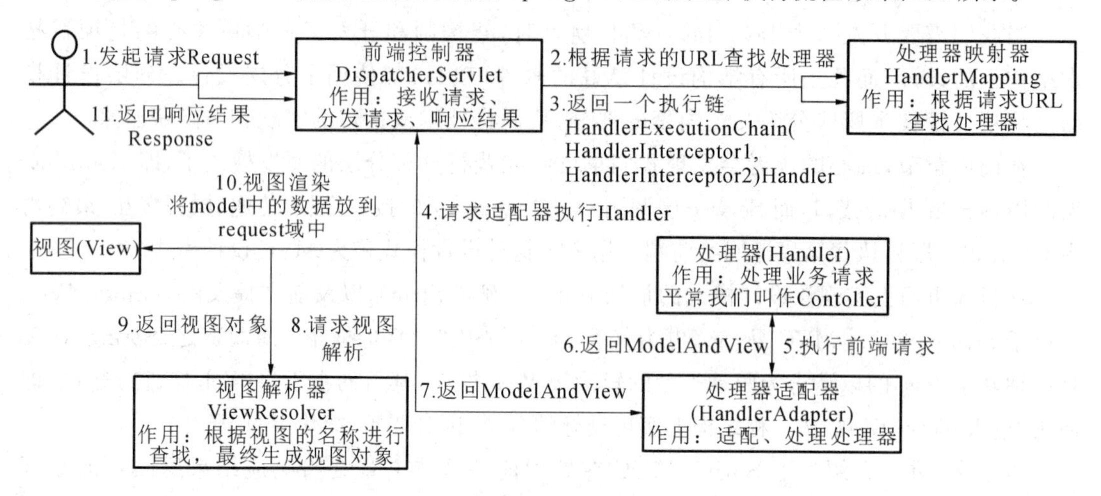

图 4.2　Spring MVC 请求-响应模型的具体流程/底层系统架构

其具体的执行流程为:

(1)前端发起请求到前端控制器 DispatcherServlet;

(2)前端控制器请求 HandlerMapping 根据请求的 URL 查找 Handler,这个过程可以根据 XML 配置、注解进行查找;

(3)处理器映射器 HandlerMapping 向前端控制器返回 Handler,在这期间,HandlerMapping 会把请求映射为 HandlerExecutionChain 对象(包含一个 Handler 处理器对象,即页面控制器,多个 HandlerInterceptor 拦截器对象),通过这种策略模式,很容易添加新的映射策略;

(4)前端控制器调用处理器适配器去执行 Handler;

(5)处理器适配器 HandlerAdapter 将会根据适配的结果去执行 Handler;

(6)Handler 执行完成,向适配器返回 ModelAndView;

(7)处理器适配器向前端控制器返回 ModelAndView,ModelAndView 是 Spring MVC

框架的一个底层对象；

(8)前端控制器请求视图解析器去进行视图解析（根据逻辑视图名解析成真正的视图），通过这种策略很容易更换其他视图技术，只需要更改视图解析器即可；

(9)视图解析器向前端控制器返回 View；

(10)前端控制器进行视图渲染，这个过程主要是通过视图渲染将 ModelAndView 对象中的模型数据填充到 Request 域中；

(11)前端控制器向用户返回响应结果。

以上便是 Spring MVC 在处理前端请求时整个具体的流程，而这也可以理解为 Spring MVC 底层的原理。接下来介绍 Spring MVC 前端控制器在接收到 ModelAndView 对象后请求视图解析器过程中涉及的视图渲染技术。

4.1.2 Java Web 常见的模板引擎

对于“模板引擎”这个词，可能有些读者比较陌生，但若提及 JSP(Java server page)，相信很多读者都有所耳闻。“模板引擎”，是一种可以使用户界面与业务数据(内容)分离并且可以按照指定规则生成特定格式文档(如页面)的技术。

值得一提的是，模板引擎的核心原理其实就是“转换”，即将指定的标签转换为需要的业务数据，并将指定的伪语句按照某种流程进行变换输出。

谈到这里，可能有些读者对于“模板引擎”仍然难以理解，在这里，笔者建议各位读者不要过分纠结于表面字眼，而应当结合包含了某个模板引擎的实际项目进行实战，实战方能出真知，实战过后再来理解上述概念。图 4.3 所示为模板引擎所起的作用。

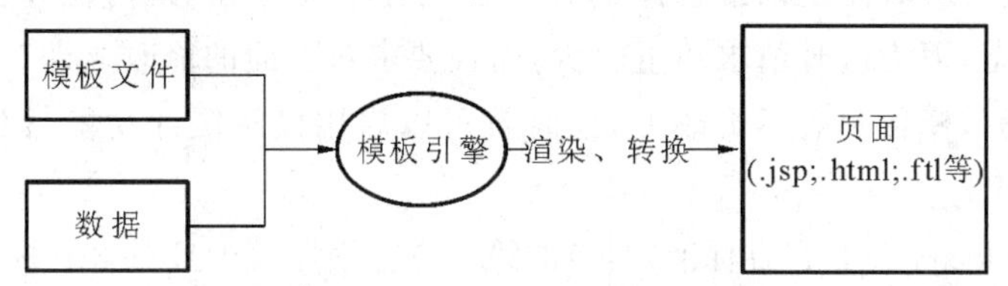

图 4.3 前端模板引擎的作用

从图 4.3 中可以看出，模板引擎只起到了中间桥梁的作用，它将数据以及模板文件进行渲染、转换，最终输出得到相应数据格式的页面文件。

在这里，笔者优先介绍一下 Java 开发者经常使用的前端模板引擎：JSP。众所周知，在传统的 Java Web 项目中，开发者一般是采用 JSP/Servlet、SSH 或者 SSM 搭建整体系统架构的；而在整个系统架构设计中，一般 JSP 充当“View 视图层”，作为前端模板引擎，用于渲染后端接口返回的数据。

JSP 虽然有其高效、强大之处，然而其缺陷也是很明显的，典型之处在于开发者可以在 JSP 页面写 Java 代码，而这无疑给前端开发人员提出了很高的技术要求(需要懂 Java 技术或者 JSP 语法等)，在页面代码维护层面也大大增加了难度。

随着时间的推移，许多优秀的 IT Java 从业者也逐渐意识到了这种问题，于是乎，许多前辈前仆后继，时至今日，Java 领域已然涌现出了许多成熟且优秀的前端模板引擎，常见的有 JSP、FreeMarker、Velocity 和 Thymeleaf。下面对其逐一进行介绍。

(1)前文已略微提及 JSP，它是“Java server page”的简称，在早期 Java Web/SSH/SSM 时代，JSP 是一款功能比较强大的模板引擎，并被广大开发者熟悉。

但由于可以在JSP页面写Java代码，因此其前后端耦合比较高，对于前端专业开发人员而言，这无疑给他们带来了业务及技术之外更多的工作，比如说前端的HTML页面要手动修改成JSP页面，大大加重了工作量，而且动态资源和静态资源的耦合度太高。

JSP页面的效率没有HTML高，因为JSP是同步加载，而且JSP的本质是Servlet，需要在开发或部署环境中安装Tomcat，但又不支持Nginx，可以说，JSP已经跟不上如今时代的潮流。

(2)在所有采用网页静态化手段的网站中，FreeMarker使用的比例大大超过了其他的一些技术。HTML静态化也是某些缓存策略使用的手段。对于系统中频繁使用数据库查询但是内容更新很少的应用，可以使用FreeMarker将HTML静态化。

比如一些网站的公用设置信息，这些信息基本上都是通过后台来管理并存储在数据库中的，这些信息其实会大量地被前台程序调用，每一次调用都得去查询一次数据库，但是这些信息的更新频率又很小，因此可以考虑将这部分内容在后台更新的时候静态化，这样就避免了大量的数据库访问请求，提高了网站的性能。

FreeMarker的另一个优点在于它不能轻易突破模板语言开始编写Java代码，因此降低了领域逻辑进入视图层的危险，也提高了网站的性能。

FreeMarker也有缺点，如它需要附加配置将其平稳地集成到应用程序中，一些开发集成工具可能并不完全支持它，当然还有开发者或设计者也许需要学习一门陌生的模板语言。

(3)Velocity，也是一个基于Java的模板引擎，只是在实际的项目开发中，基本上不会使用Velocity，它允许任何人使用简单且功能强大的模板语言来引用Java代码中定义的对象。

其缺点在于Velocity使用了模板缓冲，在模板缓冲机制的作用下，模板不再是每次出现请求的时候从磁盘读取，而是以最理想的方式在内存中保存和解析；在开发期间，模板缓冲通常处于禁用状态，因为这时请求数量较少，而且要求对页面的修改立即产生效果。

开发完毕之后，模板一般不再改变，此时就可以启用模板缓冲功能，因此Velocity执行速度明显优于JSP。

除此之外，Velocity并非官方标准，对应的第三方标签库较少且对JSP标签的支持不够好。

(4)现如今Java开发已步入微服务、分布式以及系统架构分层设计时代，前端只需要使用专属的模板引擎，与后端业务逻辑完全分离，并采用HTTP或HTTPS协议进行通信即可完成前后端信息的交互。而这一专属的模板引擎，目前可以由Thymeleaf来充当。

Thymeleaf在有网络和无网络的环境下皆可运行，它可以让美工在浏览器查看页面的静态效果，也可以让程序员在服务器查看带数据的动态页面效果；这是由于它支持HTML原型，然后在HTML标签里增加额外的属性来达到模板+数据的展示方式。

浏览器解释HTML时会忽略未定义的标签属性，所以Thymeleaf模板可以静态地运行；当有数据返回到页面时，Thymeleaf标签会动态地替换掉静态内容，使页面动态显示。

除此之外，Thymeleaf具有开箱即用的特性，它可以提供标准和Spring标准两种方言，并直接套用模板实现JSTL、OGNL表达式效果，避免每天套模板、改写JSP、改标签的困扰，同时开发人员也可以扩展和创建自定义的方言。

值得一提的是，Thymeleaf提供了Spring标准方言和一个与Spring MVC完美集成的可选模块，可以快速实现表单绑定、属性编辑器、国际化等功能。而在以Spring Boot作为核心技术栈的项目实战中，前端模板引擎一般选择Thymeleaf。下面我们重点介绍一下Spring Boot项目中如何使用Thymeleaf。

4.1.3 Thymeleaf 配置与常见用法

Thymeleaf 是一个 XML/XHTML/HTML5 模板引擎，可以用于 Web 与非 Web 应用中。

其主要目标在于提供一种可被浏览器正确显示的、格式良好的模板创建方式，因此 Thymeleaf 也可以用于静态建模。相比于在 JSP 或者 FreeMarker 模板中编写逻辑或代码，开发者只需要将 Thymeleaf 的相关标签属性添加到模板中即可，之后，这些标签属性就会在 DOM（文档对象模型）上执行预先制定好的逻辑。

除此之外，Thymeleaf 的可扩展性也非常强，开发者可以使用它定义自己的模板属性集合，这样就可以计算自定义表达式并使用自定义逻辑，这意味着 Thymeleaf 还可以作为模板引擎框架。

总体来说，Thymeleaf 的优点有：静态 HTML 嵌入标签属性；浏览器可以直接打开模板文件；便于前后端联调等。它是 Spring Boot 官方推荐的前端模板引擎方案。

Thymeleaf 的缺点在于：模板必须符合 XML 规范，即开发者必须在脚本与相关标签中加入 / ，这于开发者而言略显不方便。总体来说，其优点还是多于缺点的，只要开发者遵守相应的规则即可避免出现 Bug。

接下来，我们将 Thymeleaf 模板引擎加入前面章节采用 Spring Boot 搭建的多模块项目中，并介绍 Thymeleaf 模板引擎在项目开发中常见的标签与语法。

（1）需要在 Spring Boot 项目 server 模块的 pom. xml 中引入 Thymeleaf 的起步依赖，如下所示：

```
<!--thymeleaf-->
<dependency>
    <groupId>org.springframework.boot</groupId>
    <artifactId>spring-boot-starter-thymeleaf</artifactId>
</dependency>
```

紧接着，需要在项目默认的全局配置文件 application. properties 中加入与 Thymeleaf 相关的配置项，如下所示：

```
#thymeleaf

#thymeleaf 渲染的模板文件所在的根目录，在这里放置在类路径 resources 下
spring.thymeleaf.prefix=classpath:/templates/

#是否强制性检查 templates 目录下是否有待渲染的模板文件
spring.thymeleaf.check-template-location=true

#设定 thymeleaf 文件的后缀名
spring.thymeleaf.suffix=.html
#设定 thymeleaf 文件的编码
spring.thymeleaf.encoding=UTF-8

#设定 thymeleaf 文件的内容类型
spring.thymeleaf.content-type=text/html
```

```
#设定 thymeleaf 文件的 HTML 模式
spring.thymeleaf.mode=HTML5

#禁止 thymeleaf 的前端缓存
spring.thymeleaf.cache=false
```

上述相关配置项的含义笔者已经做了相关注释。在很多情况下，如果一个 Java 项目需要引入 Thymeleaf 作为其前端模板引擎，那么只需要将上述全局配置文件 application.properties 中关于 Thymeleaf 的配置项拷贝到自己项目中即可实现绝大部分的需求。

(2)建立一个 Controller 类，并在该类中创建一个请求方法 contentA，用于响应前端浏览器请求渲染一个 Thymeleaf 页面，并将待渲染的数据塞入 Spring MVC 内置的数据模型对象 ModelMap 中，其完整的源代码如下所示：

```
RequestMapping("thymeleaf")
@Controller
public class ThymeleafController{

    @RequestMapping("content/a")
    public String contentA(ModelMap map){
        map.put("thText", "这是文本内容 Text");
        map.put("thUText", "这是文本内容 UText");
        map.put("thValue", "设置当前元素的 value 值~thValue");
        map.put("thEach", Arrays.asList("列表~元素 A", "列表~元素 B"));
        map.put("thIf", "当前 If 内容~不为空");
        map.put("thObject", new UserInfo(1,"大圣",23));
        return "contentA";
    }
}
```

在上述代码中，数据模型对象 ModelMap 存放了需要前端页面渲染及展示的数据，其中 thObject 字段存放的是实体类 UserInfo 的对象实例，该实体类定义如下：

```
public class UserInfo implements Serializable{

    private Integer id;
    private String name;
    private Integer age;

    //省略 getter、setter、空构造器以及包含所有字段的构造器方法
}
```

(3)在上述请求方法 contentA()中，其最终是返回一个字符串常量值“contentA”，这将意味着开发者需要在项目类路径 resources 下 templates 目录里创建对应名字的. html 文件，即 contentA. html，而这主要是因为我们在前面的项目全局配置文件 application.properties 中加入了以下这几个配置项：

```
#thymeleaf 渲染的模板文件所在的根目录，在这里放置在类路径 resources 下
spring.thymeleaf.prefix=classpath:/templates/
```

```
#设定 thymeleaf 文件的后缀名
spring.thymeleaf.suffix=.html
```

页面 contentA. html 的源代码如下所示：

```
<!DOCTYPE html>
<!--名称空间-->
<html lang="en" xmlns:th="http://www.thymeleaf.org"><head>
<meta charset="UTF-8">

<title>Thymeleaf 标签与语法</title></head><body>

<!--th:text 设置当前元素的文本内容-->
'th:text':<br/><p th:text="${thText}" /><br/>
'th:utext':<br/><p th:utext="${thUText}" /><br/>

<!--th:value 设置当前元素的 value 值,常用,优先级仅比 th:text 高-->
'原始的 text 文本框':<br/><input type="text" th:value="${thValue}" /><br/><br/>

<!--th:each 遍历列表,常用,优先级很高,仅次于代码块的插入-->
<!--th:each 修饰在 div 上,则 div 层重复出现,若只想 p 标签遍历,则修饰在 p 标签上-->
<!--遍历整个 div-p,不推荐-->
'第一种模式的元素列表遍历':<br/>
<div th:each="message : ${thEach}">
    <p th:text="${message}" />
</div>
<br/>

'第二种模式的元素列表遍历':<br/>
<!--只遍历 p,推荐使用-->
<div>
    <p th:text="${message}" th:each="message : ${thEach}" />
</div>
<br/>

<!--th:if 条件判断,类似的有 th:switch,th:case,优先级仅次于 th:each, 其中#strings 是变量
表达式的内置方法-->
<p th:text="${thIf}" th:if="${not#strings.isEmpty(thIf)}"></p><br/>

'获取实体类对象的内容':<br/>
<!--th:object 声明变量,和*{} 一起使用,也可以通过${}获取变量的值-->
<div th:object="${thObject}">
    <p>id:<span th:text="*{id}" /></p>
    <p>name:<span th:text="*{name}" /></p>
    <p>age:<span th:text="*{age}" /></p>
</div>
</body>
</html>
```

其中，我们主要介绍了 Thymeleaf 几个常用的语法标签，如 th:text（类似于 HTML 中的文本框组件）、th:value（类似于 HTML 中给某个组件赋值）、th:if（条件判断语句，当满足某个条件时，则显示某个组件的内容或执行一些业务逻辑）、th:object（表示待展示的某个实体对象实例的内容）、th:each（类似于 Java 中的 for each，用于遍历列表中的元素）。

除此之外，上述页面代码也提供了一种获取数据模型对象中变量取值的方式，如 ${}、*{}，其他剩下的代码其实跟一般的 HTML 页面的标签代码没什么区别，因此开发者如果有相应的 HTML 基础，那么阅读 Thymeleaf 页面代码应该没什么难度。

最后，点击运行该项目，并打开浏览器，在 URL 地址栏中输入请求链接，链接地址为 http://127.0.0.1:9011/thymeleaf/content/a，按下回车键即可看到页面渲染的结果，如图 4.4 所示。

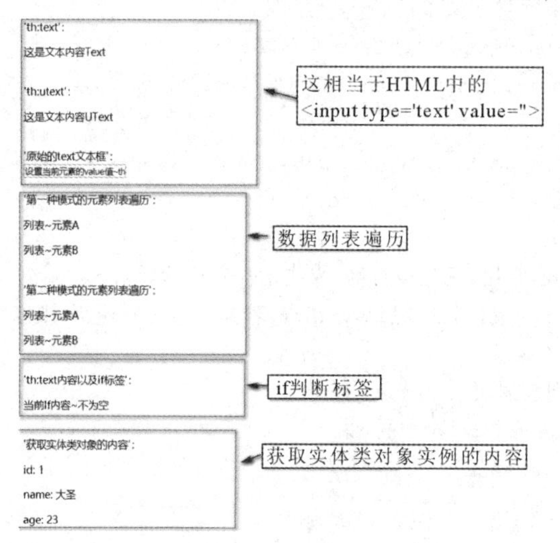

图 4.4 发起请求后页面渲染的结果

除了上述所介绍的 Thymeleaf 语法标签之外，它还有其他的语法标签，比如用于跳转链接的标签"@{...}"等，更多详细的 Thymeleaf 的用法，读者可以自行前往 Thymeleaf 的官方网站进行学习。对于英文基础不怎么好的读者，可以前往国内开源者组织翻译并开源的 Thymeleaf 中文翻译网，链接为 https://raledong.gitbooks.io/using-thymeleaf/content/，其部分内容如图 4.5 所示。

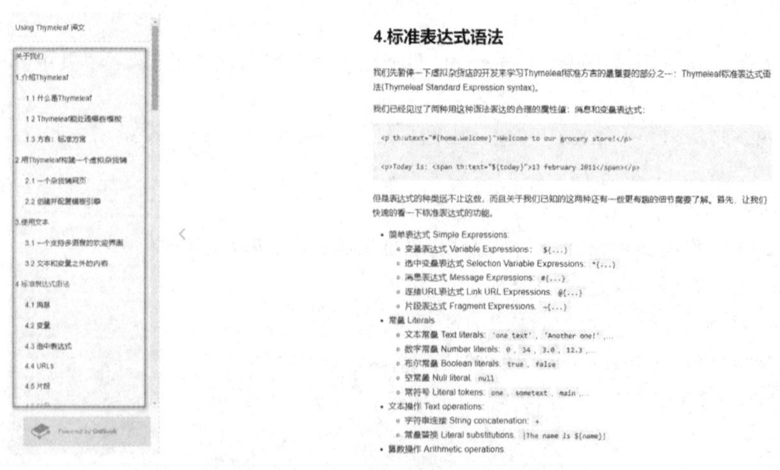

图 4.5 Thymeleaf 中文翻译网部分图

4.2 基于 SSM 实战用户信息管理

4.2.1 数据库表设计

至此，我们已经完成了如何基于 Spring Boot 搭建的项目整合前端模板引擎 Thymeleaf，并以此简单实战了 Thymeleaf 常见的语法标签以及如何获取变量的值等；而在前面章节中，也已经介绍了如何基于 Spring Boot 整合数据库访问层框架 MyBatis，因此，开发一个 Java Web 应用所具备的三大组件都已经到齐了，也就是 Java 开发者经常谈及的 SSM 及 MVC。

值得一提的是，这里的 SSM 并非传统的 Spring、Spring MVC、MyBatis，而是 Spring Boot、Spring MVC 以及 MyBatis，对应着系统分层架构设计（三层）MVC，即 Model（模型）、View（视图）、Controller（控制器），而在这里，视图 View 将由 Thymeleaf 前端模板引擎充当。

接下来，以实际项目中典型的应用案例“用户信息管理”为业务场景，基于 SSM 进行代码实战。而在进入真正的用户信息管理代码实战之前，需要先建立该功能模块对应的数据库表 user，其数据定义语言 DDL，即数据库表创建语句如下所示：

```
CREATE TABLE `user`(
  `id` int(11)NOT NULL AUTO_INCREMENT,
  `username` varchar(50)DEFAULT NULL,
  `password` varchar(50)DEFAULT NULL,
  PRIMARY KEY(`id`)
)ENGINE=InnoDB DEFAULT CHARSET=utf8mb4;
```

紧接着，需要采用 MyBatis 逆向工程（代码生成器）生成该数据库表对应的实体类 Entity、操作 SQL 语句的 Mapper 接口以及用于编写动态 SQL 语句的 UserMapper. xml。

（1）实体类 User 包含三个字段，分别是主键 id、用户名 username 以及用户登录密码 password，其代码如下所示：

```
public class User {
    private Integer id;
    private String username;
    private String password;

    //这里省略 getter、setter 方法
}
```

（2）用于操作 SQL 语句的 Mapper 接口，即 UserMapper，在这里我们编写了该实体类的增删改查接口，完整的代码如下所示：

```
public interface UserMapper {
    //根据 id 删除
    int deleteByPrimaryKey(Integer id);
    //新增
    int insertSelective(User record);
    //根据主键 id 查询
```

```
    User selectByPrimaryKey(Integer id);
    //根据主键 id 更新
    int updateByPrimaryKeySelective(User record);
    //查询获取所有数据
    List<User>selectAll();
}
```

(3)用于编写动态 SQL 语句的 UserMapper.xml,即 UserMapper 操作接口中相关操作方法对应的 SQL 语句,其完整的源代码如下所示:

```
<mapper namespace="com.debug.book.model.mapper.UserMapper" >
  <resultMap id="BaseResultMap" type="com.debug.book.model.entity.User" >
    <id column="id" property="id" jdbcType="INTEGER" />
    <result column="username" property="username" jdbcType="VARCHAR" />
    <result column="password" property="password" jdbcType="VARCHAR" />
  </resultMap>
  <sql id="Base_Column_List" >
    id, username, password
  </sql>
  <select id="selectByPrimaryKey" resultMap="BaseResultMap" parameterType="java.
lang.Integer" >
    select
    <include refid="Base_Column_List" />
    from user
    where id=#{id,jdbcType=INTEGER}
  </select>
  <delete id="deleteByPrimaryKey" parameterType="java.lang.Integer" >
    delete from user
    where id=#{id,jdbcType=INTEGER}
  </delete>
  <insert id="insertSelective" parameterType="com.debug.book.model.entity.User" >
    insert into user
    <trim prefix="(" suffix=")" suffixOverrides="," >
      <if test="id !=null" >
        id,
      </if>
      <if test="username !=null" >
        username,
      </if>
      <if test="password !=null" >
        password,
      </if>
    </trim>
    <trim prefix="values(" suffix=")" suffixOverrides="," >
```

```
        <if test="id !=null" >
          #{id,jdbcType=INTEGER},
        </if>
        <if test="username !=null" >
          #{username,jdbcType=VARCHAR},
        </if>
        <if test="password !=null" >
          #{password,jdbcType=VARCHAR},
        </if>
      </trim>
    </insert>
    <update id="updateByPrimaryKeySelective" parameterType="com.debug.book.model.
entity.User" >
      update user
      <set>
        <if test="username !=null" >
          username=#{username,jdbcType=VARCHAR},
        </if>
        <if test="password !=null" >
          password=#{password,jdbcType=VARCHAR},
        </if>
      </set>
      where id=#{id,jdbcType=INTEGER}
    </update>

    <!--查询用户列表-->
    <select id="selectAll" resultType="com.debug.book.model.entity.User">
      select<include refid="Base_Column_List"/>from user
    </select>
  </mapper>
```

至此，该功能模块对应的数据库访问层即 Dao 层已经准备完毕，接下来，将进入该功能模块实际操作管理的代码实战。

◆ 4.2.2 业务逻辑处理层代码实战

前文已经准备好了“用户信息”功能模块数据库访问层的代码编写，接下来，需要编写该功能模块对应的业务逻辑处理层的代码，即 Controller 层与 Service 层的代码逻辑，主要包括用户信息的新增、修改、删除、根据主键 id 查询用户信息以及查询获取用户信息列表等功能。首先是 UserService，其完整的代码如下所示：

```
@Service
public class UserService {

    //注入 UserMapper
```

```
    @Autowired
    private UserMapper userMapper;

    //查询所有用户
    public List<User>userList(){
        return userMapper.selectAll();
    }

    //新增用户
    public void save(User user){
        userMapper.insertSelective(user);
    }

    //根据 id 删除用户
    public int delete(Integer id){
        return userMapper.deleteByPrimaryKey(id);
    }

    //根据 id 查找用户
    public User findUserById(int id){
        return userMapper.selectByPrimaryKey(id);
    }

    //修改用户信息
    public int update(User user){
        return userMapper.updateByPrimaryKeySelective(user);
    }
}
```

接下来编写该功能模块对应的 Controller 层的代码，即 UserController，主要用于接收前端用户的请求并对相关请求参数进行最基本的校验，其完整的代码如下所示：

```
@Controller
@RequestMapping("user")
public class UserController {

    @Autowired
    private UserService userService;
//请求跳转到新增页面
    @RequestMapping("insert/page")
    public String index(){
        return "user/insert";
    }
//保存用户,并以 JSON 数据格式返回处理结果
```

```
    @RequestMapping("select/{id}")
    @ResponseBody
    public String save(@PathVariable int id){
        return userService.findUserById(id).toString();
    }
  //请求获取用户信息列表并跳转到列表页面
    @RequestMapping("list")
    public String userList(Model model){
        List<User>users=userService.userList();
        model.addAttribute("users", users);
        return "user/list";
    }
  //保存用户信息,成功之后重定向到用户列表页
    @RequestMapping("insert")
    public String save(User user){
        userService.save(user);
        return "redirect:/user/list";
    }
  //删除用户信息,成功之后重定向到用户列表页
    @GetMapping("delete/{id}")
    public String delete(@PathVariable Integer id){
        userService.delete(id);
        return "redirect:/user/list";
    }
  //请求查询用户信息并最终跳转至修改用户信息的界面
    @GetMapping("update/{id}")
    public String updatePage(Model model, @PathVariable int id){
        User user=userService.findUserById(id);
        model.addAttribute("user", user);
        return "user/update";
    }
  //更新用户信息,成功之后重定向到用户列表页
    @PostMapping("update")
    public String updateUser(User user){
        userService.update(user);
        System.out.println("修改的用户为: "+user.getUsername());
        return "redirect:/user/list";
    }
}
```

至此,已经完成了"用户信息"这一功能模块 Dao、Service 以及 Controller 层的代码编写,仅剩下前端页面视图 View 层的代码开发,那就继续吧!

4.2.3 前端代码实战与测试一

细心的读者会发现，在前文编写的 UserController 类中，有些请求方法最终返回的视图（即页面）的名称含有多级目录，即用/进行拼接，如 return "user/insert" ，这表示待渲染的页面名称叫 list. html ，而该页面将存放于类路径 resources 下 templates 目录的 user 子目录中，因此需要先在 templates 目录中新建一个 user 目录，代表该目录将用于存放“用户信息”这一功能模块的相关页面文件。

而上述这种方式是为了更好地规范前端页面文件的存放。试想一下，如果不用细分功能模块目录进行规范化存储，那么随着项目功能模块的递增，templates 目录将存在着大量散乱的页面文件，在查找、定位页面文件以及维护方面难度将大大增加。

言归正传，接下来开始编写该功能模块对应的前端页面代码并对其进行前后端联调测试，检测前文编写的接口以及代码是否存在 Bug。

(1)“用户列表页”即 user 目录下的 list. html，该页面文件将主要用于展示数据库表 user 中存放的所有用户数据，其完整的代码如下所示：

```
<!DOCTYPE html>
<html lang="en" xmlns:th="http://www.thymeleaf.org">
<head>
    <meta charset="UTF-8">
    <title>用户列表</title>
    <link href="/css/bootstrap.css" rel="stylesheet">
</head>
<style>
    a{ color:#fff;}
</style>

<body>
<button class="btn btn-primary form-control" style="height:50px"><a th:href="@{'/
user/insert/page'}">添加用户</a></button>
<table class="table table-striped table-bordered table-hover text-center">
    <thead>
    <tr style="text-align:center">
        <th style="text-align: center">用户 ID</th>
        <th style="text-align: center">用户名</th>
        <th style="text-align: center">登录密码</th>
        <th style="text-align: center">操作</th>
    </tr>
    </thead>
    <tbody>
    <tr th:each="user:${users}">
        <td th:text="${user.id}"></td>
        <td th:text="${user.username}"></td>
```

```
            <td th:text="${user.password}"></td>
            <td>
                <a class="btn btn-primary" th:href="@{'/user/update/'+${user.id}}">更改</a>
                <a class="btn btn-danger" th:href="@{'/user/delete/'+${user.id}}">删除</a>
            </td></tr></tbody></table></body></html>
```

从该代码中可以看出，用户列表信息是在表格组件 table 中展示的，展示信息包括用户 ID、用户名以及登录密码，其中，遍历用户列表信息采用 Thymeleaf 的 th:each 标签以及 \${}取值方式获取对应字段的值。

除此之外，读者会发现添加用户、更改和删除操作是超链接动作，其对应的 URL 取值是通过 th:href 以及@标签来实现的，而这两个也是 Thymeleaf 专有的标签和动作，目的在于通过超链接的方式发起相应的请求。

(2)点击运行项目，观察控制台的输出，如果没有报错信息，说明整个项目不存在语法级别的 Bug，采用 Navicat Premium 打开数据库表 user，并在该数据库表中插入几条测试数据，如图 4.6 所示。

id	username	password
1	jack	123456
2	修罗	123456

数据库表user中的初始数据

图 4.6 在数据库表中插入测试数据

接下来打开浏览器，并在 URL 地址栏中输入链接 http://127.0.0.1:9011/user/list，按下回车键后，前端会发起一 GET 请求，该请求将由 UserController 中的 userList()方法进行处理，稍等片刻，会在前端浏览器看到相应的响应结果，如图 4.7 所示。

添加用户

用户ID	用户名	登录密码	操作
1	jack	123456	更改 删除
2	修罗	123456	更改 删除

用户列表页

图 4.7 前端浏览器得到的响应结果

从该页面展示结果可以得出，该页面以及对应后端接口的代码是完全没问题的，接下来进入“用户新增”功能模块的测试。

(3)点击页面上方的添加用户按钮，此时前端 Thymeleaf 将会发起一个超链接请求，请求方式为 GET，请求的 URL 地址为/user/insert/page，而后端控制器类 UserController 将会响应该请求，对应的请求方法如下所示：

```
@RequestMapping("insert/page")
public String index(){
    return "user/insert";
}
```

该请求方法将直接返回一个前端视图页面的路径，即 user 目录下的 insert.html。该页面的代码如下所示：

```
<!DOCTYPE html>
<html lang="en" xmlns:th="http://www.thymeleaf.org">
<head>
```

```
        <meta charset="UTF-8">
        <title>添加用户</title>
        <link href="/css/bootstrap.css" rel="stylesheet">
    </head>
    <body>

    <div style="width:800px;height:100%;margin-left:270px;">
        <form action="/user/insert" method="post">
            用户名:<input class="form-control" type="text" th:value="${username}" name=
    "username"><br>
            密 码:<input class="form-control" type="text" th:value="${password}" name=
    "password"><br>
            <button class="btn btn-primary btn-lg btn-block">保存</button>
        </form>
    </div>
    </body>
    </html>
```

仔细研读，会发现该代码其实比较简单，主要是“提交一个表单”请求，其中，该表单里的数据包括用户名 username 和用户密码 password，而提交表单的请求地址为/user/insert，请求方式为 POST。

(4)点击运行项目，观察控制台的输出，如果没有报错信息，说明整个项目不存在语法级别的 Bug。接下来打开浏览器并访问 http://127.0.0.1:9011/user/list，进入用户列表页，点击上方的添加用户按钮，浏览器将会转发请求跳转至用户新增页界面，如图 4.8 所示。

用户名:
张三
密 码:
123456
保存
用户新增页

图 4.8　用户新增页面

与此同时，在上述用户新增页面中输入用户名及密码字段的取值，如图 4.8 所示，我们在“用户名”一栏输入“张三”，在“密码”一栏输入“123456”，点击保存按钮，此时前端会将“张三”封装至表单中的 username 字段，“123456”封装至表单中的 password 字段，并以 POST 请求方式将数据提交至后端控制器相应的请求方法。

此时，观察 IDEA 的控制台输出信息，会发现后台接口已经成功地将用户数据插入数据库表 user 中，如图 4.9 所示。

与此同时，观察数据库表 user 中的数据，会发现也成功插入了一条用户名为“张三”、密码为“123456”的用户数据，如图 4.10 所示。

最后观察浏览器的变化。由于后台“新增用户”接口在成功插入用户数据后会重定向到链接“user/list”对应的接口，因此，此时的浏览器也会随之跳转至用户列表页，重新将数据库

```
Creating a new SqlSession
SqlSession [org.apache.ibatis.session.defaults.DefaultSqlSession@650eea0a] was not registered for synchronization because synchronization is not active
JDBC Connection [com.alibaba.druid.proxy.jdbc.ConnectionProxyImpl@18297eaa] will not be managed by Spring
==>  Preparing: insert into user ( username, password ) values ( ?, ? )
==> Parameters: 张三(String), 123456(String)
<==    Updates: 1
Closing non transactional SqlSession [org.apache.ibatis.session.defaults.DefaultSqlSession@650eea0a]
Creating a new SqlSession
SqlSession [org.apache.ibatis.session.defaults.DefaultSqlSession@7ad9fcd8] was not registered for synchronization because synchronization is not active
JDBC Connection [com.alibaba.druid.proxy.jdbc.ConnectionProxyImpl@18297eaa] will not be managed by Spring
==>  Preparing: select id, username, password from user
==> Parameters:
<==    Columns: id, username, password
<==        Row: 1, jack, 123456
<==        Row: 2, 修罗, 123456
<==        Row: 6, 张三, 123456
<==      Total: 3
Closing non transactional SqlSession [org.apache.ibatis.session.defaults.DefaultSqlSession@7ad9fcd8]
```

插入用户信息

图 4.9　用户新增控制台输出信息

id	username	password
1	jack	123456
2	修罗	123456
6	张三	123456

数据库表user中的数据

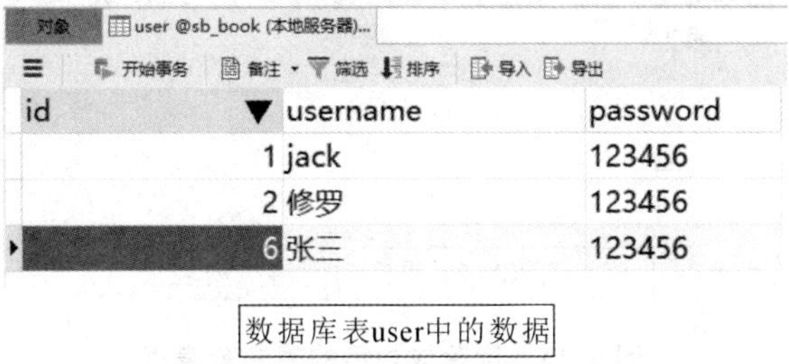

图 4.10　用户新增成功后数据库表中的数据

表中最新的用户数据列表查询并展示出来，如图 4.11 所示。

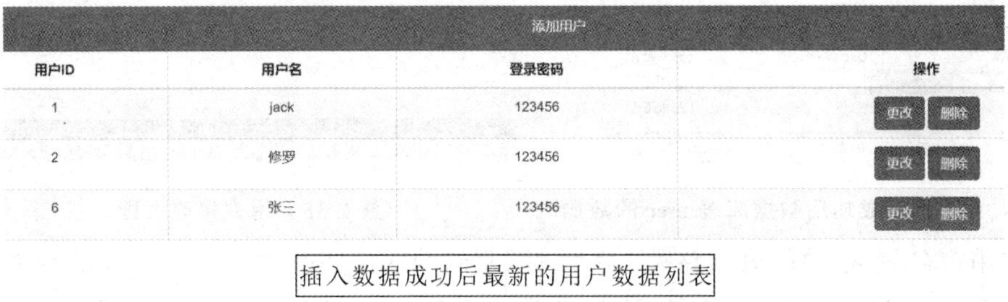

添加用户

用户ID	用户名	登录密码	操作
1	jack	123456	更改 删除
2	修罗	123456	更改 删除
6	张三	123456	更改 删除

插入数据成功后最新的用户数据列表

图 4.11　用户新增成功后跳转至用户列表页

4.2.4　前端代码实战与测试二

接下来是用户修改、用户删除功能操作的测试，我们先从简单的删除操作开始吧。

以“id=6”的用户数据为例，点击删除按钮，此时前端浏览器会获取当前待删除的数据的 id，并将其传递到后端控制器 UserController 的删除接口执行删除逻辑（在这里采用的是物理删除，在实际项目开发中建议采用逻辑删除）。图 4.12 所示为 IDEA 控制台打印出来的执行删除时的 SQL。

成功删除该条数据后，接口将重定向到用户列表页，如图 4.13 所示。

查看数据库表 user 中最新的用户数据，我们会发现 id=6 的用户数据已成功被删除，如图 4.14 所示。

最后是更新用户功能操作的测试。以“id=2”的用户数据为例，点击更改按钮，此时前端浏览器会请求后端接口跳转至用户修改页面，该页面首先会展示当前用户的数据信息，如图 4.15 所示。

```
Creating a new SqlSession
SqlSession [org.apache.ibatis.session.defaults.DefaultSqlSession@786a07eb] was not registered for synchronization because synchronization is not active
JDBC Connection [com.alibaba.druid.proxy.jdbc.ConnectionProxyImpl@737181ea] will not be managed by Spring
==>  Preparing: delete from user where id = ?
==> Parameters: 6(Integer)
<==    Updates: 1
Closing non transactional SqlSession [org.apache.ibatis.session.defaults.DefaultSqlSession@786a07eb]
Creating a new SqlSession
SqlSession [org.apache.ibatis.session.defaults.DefaultSqlSession@66564641] was not registered for synchronization because synchronization is not active
JDBC Connection [com.alibaba.druid.proxy.jdbc.ConnectionProxyImpl@737181ea] will not be managed by Spring
==>  Preparing: select id, username, password from user
==> Parameters: 
<==    Columns: id, username, password
<==        Row: 1, jack, 123456
<==        Row: 2, 修罗, 123456
<==      Total: 2
Closing non transactional SqlSession [org.apache.ibatis.session.defaults.DefaultSqlSession@66564641]
```

执行删除的SQL

图 4.12　用户删除时 IDEA 控制台打印出的消息

添加用户

用户ID	用户名	登录密码	操作
1	jack	123456	更改 删除
2	修罗	123456	更改 删除

成功删除id=6后重定向到用户列表页

图 4.13　删除成功后的用户列表页

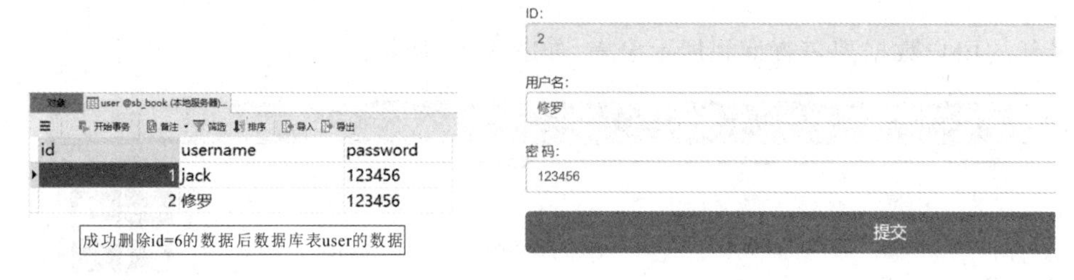

图 4.14　删除成功后数据库表 user 的数据　　　　图 4.15　用户修改页面

将“用户名”一栏的取值调整为“修罗 2”，密码的取值调整为“1234567”，点击提交按钮，前端浏览器会将用户名、密码两个字段封装进一个表单，并提交至后端控制器 UserController 的“更新用户”方法 updateUser()，观察后端 IDEA 控制台的输出信息，会发现其成功执行了更新用户数据对应的 SQL，如图 4.16 所示。

```
Creating a new SqlSession
SqlSession [org.apache.ibatis.session.defaults.DefaultSqlSession@5ea7af22] was not registered for synchronization b
JDBC Connection [com.alibaba.druid.proxy.jdbc.ConnectionProxyImpl@737181ea] will not be managed by Spring
==>  Preparing: update user SET username = ?, password = ? where id = ?
==> Parameters: 修罗2(String), 1234567(String), 2(Integer)
<==    Updates: 1
Closing non transactional SqlSession [org.apache.ibatis.session.defaults.DefaultSqlSession@5ea7af22]
修改的用户为 ， 修罗2
```

图 4.16　与用户修改对应的 SQL

与此同时，前端浏览器会重定向到用户列表页，并查询出当前最新的用户数据，数据库表 user 中用户数据也发生了变化，如图 4.17、图 4.18 所示。

至此已经完成了“用户信息”这一功能模块的管理，包括该功能模块的 4 大功能操作，即 CRUD(新增、修改、删除、查询)的代码实战以及对应的功能测试。在这里笔者建议各位读者一定要亲自动手编写相应的代码，并对其进行相应的测试，如此一来方能更好地理解 Spring Boot、SpringMVC 以及 MyBatis 的整个整合流程，Spring MVC 对于请求处理的整个执行流程和前端模板引擎 Thymeleaf 的常见用法。

添加用户

用户ID	用户名	登录密码	操作
1	jack	123456	更改 删除
2	修罗2	1234567	更改 删除

修改成功后重定向到用户列表页，获取最新的用户列表数据

图 4.17　用户修改成功后重定向到的用户列表页

对象　user @sb_book (本地服务器)...

开始事务　备注　筛选　排序　导入　导出

id	username	password
1	jack	123456
2	修罗2	1234567

修改成功后数据库表user当前的用户数据

图 4.18　用户修改成功后数据库表当前的数据

本章总结

本章重点介绍了如何基于 Spring Boot 搭建的项目整合 Spring MVC 以及前端模板引擎 Thymeleaf，并以实际的代码实战完成项目中一个完整的功能模块。在本章的开篇我们主要介绍了 Spring MVC 的相关概念、在处理前端请求时 Spring MVC 底层的执行流程(即 Spring MVC 的底层原理)；与此同时也介绍了目前市面上比较流行的前端模板引擎 Thymeleaf，包括其相关概念、优劣势、基本语法、标签以及取值方式等；在本章的最后，介绍了如何基于新一代的 SSM，即 Sping Boot＋SpringMVC＋MyBatis＋前端模板引擎 Thymeleaf 实战完成用户信息实体这一功能模块的管理，即所谓的 CRUD(新增、修改、删除和查询)等功能。

本章作业

(1)基于成熟的绘图工具(如 Microsoft Visio、在线的 ProcessOn 等工具)自行绘制 Spring MVC 在处理前端请求时底层的执行流程(不要求标准，但力求能有所理解)。

(2)结合 Thymeleaf 提供的官方文档，读者自行学习更多关于 Thymeleaf 的技术要点，包括如何发起超链接请求、如何计算公式等。

(3)给定下方一个数据库表的 DDL，并基于 Spring Boot＋Spring MVC＋MyBatis＋Thymeleaf 整合搭建的项目完成该数据库表 book 对应的功能实体的相关功能操作，其中包括书籍的新增、修改、删除、查询以及分页查询。

```
CREATE TABLE `book`(
  `id` int(11)NOT NULL AUTO_INCREMENT,
  `name` varchar(255)CHARACTER SET utf8mb4 DEFAULT NULL COMMENT '书名',
  `author` varchar(255)CHARACTER SET utf8mb4 DEFAULT NULL COMMENT '作者',
  `release_date` date DEFAULT NULL COMMENT '发布日期',
  `is_active` tinyint(255)DEFAULT '1' COMMENT '是否有效',
  PRIMARY KEY(`id`)
)ENGINE=InnoDB DEFAULT CHARSET=utf8 COMMENT='书籍信息表';
```

第2篇

Part 2
Spring Boot HEXIN
JISHU YU GAOJI
YINGYONGPIAN

Spring Boot核心技术与高级应用篇

第5章

Spring Boot 核心技术之上传下载、发送邮件与定时任务

在前面几章，我们主要学习了 Spring Boot 的基本概念、基本配置、如何搭建一个 Spring Boot 多模块项目、如何整合数据库访问层框架、整合 Spring MVC 和前端模板引擎 Thymeleaf 以及如何基于新一代 SSM 整合搭建项目并以此实现 Web 开发常见的功能等内容，特别是在篇章最后 Spring Boot 整合 Spring MVC、MyBatis 以及 Thymeleaf 实现“用户信息”这一功能模块的管理，可以说是对第 1 篇章的内容做了一个总结。

在实战完成第 1 篇最后一章的功能模块管理后，想必各位读者仍意犹未尽，希望可以接触更多关于 Spring Boot 在实际项目中的实际应用及其对应的核心技术。毕竟一个真正的项目是由多个功能模块所组成的，而要完成一个功能模块，则需要有对应的核心技术加以辅助。对于这些核心技术，笔者将采用两章的篇幅加以介绍，首先就从本章开始吧！

本章将介绍 Spring Boot 在实际项目开发中涉及的第一批核心技术，其中的内容包括：

- Lombok 插件简介、作用以及常见的用法；
- 文件上传、下载应用场景的介绍，包括其应用案例、开发流程以及实现方式；
- 基于 Java IO、NIO 两种方式实现文件的上传和下载；
- 邮件发送应用场景的介绍、Spring Boot 整合 JavaMail 实现多种模式的邮件发送，包括简单文本邮件、富文本邮件、带附件的邮件等；
- 定时任务简介与@Scheduled 实现流程介绍。

5.1 文件的上传与下载

在实际项目开发中，上传和下载可以说是很常见的文件操作，比如常见的个人中心模块用户上传自己的头像、企业办公 OA 系统中发送邮件时所上传的附件、财务会计系统中收款模块需要上传的收款单据等，而这里所说的“头像”“附件”“收款单据”等可以统称为“文件”，而上传和下载文件的过程，其实就是对文件进行读和写的过程。

本章将重点介绍在实际项目开发中文件上传和下载的实现流程及其对应的代码。笔者将采用两种常见的方式，即 Java IO 和 Java NIO 进行实现。

5.1.1 Lombok 简介与实战

在采用 Java IO 和 Java NIO 实现文件的上传和下载之前，我们有必要先来学习一个小插件 Lombok 的使用。这个插件目前在 Spring Boot 应用系统中几乎都能见到其身影，它的作用主要是解决项目中实体 Bean 存在的针对字段创建的 getter、setter、toString、hashCode、equals 以及构造器等方法，它提供的一些注解可以简化实体 Bean 中存在的这些方法，省去每个实体 Bean 在定义时需要显式创建这些方法的烦琐。

在使用 Lombok 之后，将由它来帮助开发者实现上述方法代码的自动生成，换句话说，Lombok 的使用将极大减少项目的代码总量。值得一提的是，Lombok 为实体 Bean 生成的上述方法是在“运行期”进行的，而这一点可以通过对实体 Bean 编译后生成的 class 文件 进行反编译验证得出。接下来介绍 Lombok 插件在实际项目开发中常见的注解及常见的用法。

在使用 Lombok 之前，开发者需要在项目中加入 Lombok 的 Jar 依赖，并在 IDEA 开发工具中安装相应的插件。

首先需要在项目的 pom. xml 中加入 Lombok 的 Jar 依赖，如下所示：

```
<!--lombok 依赖-->
<dependency>
    <groupId>org.projectlombok</groupId>
    <artifactId>lombok</artifactId>
    <version>${lombok.version}</version>
</dependency>
```

接下来，需要在开发工具 IDEA 中安装 Lombok 插件(其他开发工具读者可以自行搜索相关资料进行安装)。图 5.1 所示为在 IDEA 开发工具中安装 Lombok 的步骤：首先找到菜单栏 File 的 Settings 选项，并在其中搜索并找到 Plugins 选项，点击 Browse repositories 按钮，搜索找到 Lombok 插件，并点击 Install 按钮进行安装即可，安装完成后点击 Restart 按钮重启 IDEA。重启完成后即意味着前奏已经准备完毕，接下来开启 Lombok 的实战之旅吧。我们仍然以前面篇章中基于 Spring Boot 搭建的多模块项目为例。

(1)在项目的 server 模块新建一个 lombok 包，并在其中创建一个实体类 HouseDto，表示一个“房子”类，该类有 3 个字段，即房子编号 id、所在小区 area、房屋类型 type，并为其生成相应的方法，即 getter、setter、toString、equals、hashCode、包含所有字段的构造器以及空构造器等方法，其源码如下所示：

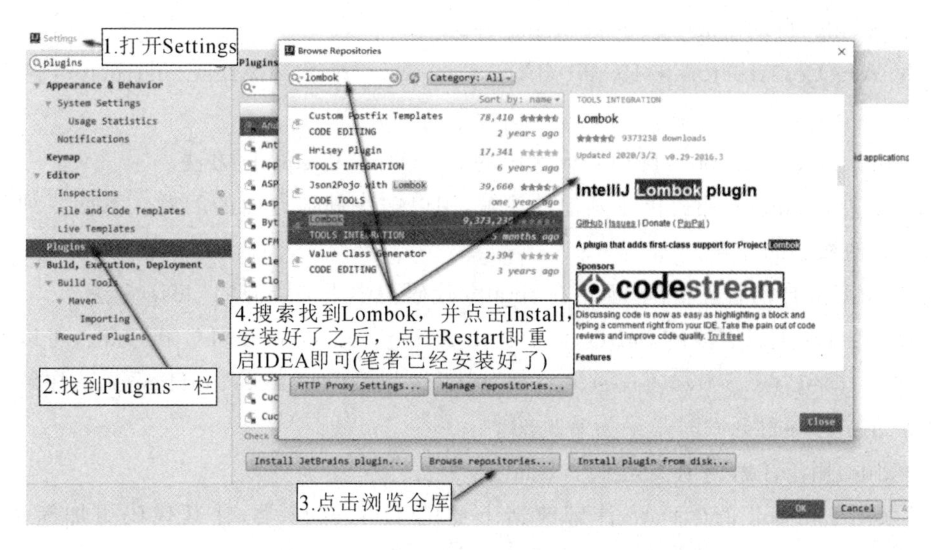

图 5.1　在开发工具 IDEA 中安装 Lombok 插件

```
public class HouseDto implements Serializable{
    private Integer id;
    private String area;
    private String type;

    //此处省略大量的方法:getter、setter、toString、equals、hashCode、所有字段的构造器、
    //空构造器
}
```

在上述源码中，笔者已将实体 Bean 存在的 getter、setter 等方法省略了，这些方法可以称为模板式代码。随着项目业务复杂度的提升，在项目里必将需要创建大量的实体类，如果每个实体类都需要显式地创建这些模板式代码，那么无疑是相当烦琐且无趣的。而 Lombok 的出现正是为了消除这些痛点，如下代码所示为基于 Lombok 改造后的实体类 HouseDto 的源码：

```
@Getter
@Setter
@ToString
@AllArgsConstructor
@NoArgsConstructor
@EqualsAndHashCode
public class HouseDto implements Serializable{
    private Integer id;
    private String area;
    private String type;
}
```

从该源码中可以看出，那些模板式代码不见了，取而代之的是 Lombok 提供的一系列注解，而这些注解的含义如其名，下面重点对其进行介绍：

@Setter、@Getter：自动生成字段的 Setter、Getter 方法。

@ToString：自动生成字段的 toString 方法。

@NoArgsConstructor/@RequiredArgsConstructor/@AllArgsConstructor：自动生成构造方法。

@EqualsAndHashcode：自动生成字段的 hashCode 和 equals 方法。

除此之外，Lombok 还提供了其他的注解，用以解决其他方面的问题。下面罗列了一些 Lombok 其他核心的注解：

@CleanUp：自动管理资源，不用在 finally 代码块中添加资源的 close 方法。

@Data：自动生成字段的 Setter、Getter、toString、equals 和 hashCode 方法，可以说是一个组合注解，即包含@Setter、@Getter、@ToString 以及@EqualsAndHashcode 注解，因此，这个注解在实际项目开发时是最为常见的。

@Value：用于注解当前类是一个 final 类。

(2)采用 Lombok 的@Data 注解改造上述的 HouseDto 类，让其代码更加简洁，如下所示：

```
@Data
@NoArgsConstructor
@AllArgsConstructor
public class HouseDto implements Serializable{
    private Integer id;
    private String area;
    private String type;
}
```

(3)在单元测试类 MainTest 中编写相应的测试方法，检验实体类中相应的注解是否起到了作用，如下代码所示：

```
@Test
public void testH(){
    //空构造器
    HouseDto dtoA=new HouseDto();
    //setter 方法
    dtoA.setId(1);
    dtoA.setArea("碧桂园");
    dtoA.setType("三房两厅");
    log.info("获取字段的取值:{},{},{}",dtoA.getId(),dtoA.getArea(),dtoA.getType());
    log.info("实体类的 toString:{}",dtoA);

    //含所有字段的构造器
    HouseDto dtoB=new HouseDto(1,"恒大","两房一厅");
    log.info("实体类的 toString:{}",dtoB);
}
```

在编写上述代码期间，如果没有出现相应的“红线”，即意味着编译期间没有相应的语法错误。点击运行该单元测试方法，稍等片刻即可在控制台看到相应的输出结果，如图 5.2 所示。

```
INFO [main] --- ThreadPoolTaskScheduler: Initializing ExecutorService 'taskScheduler'
INFO [main] --- MainTest: Started MainTest in 4.203 seconds (JVM running for 5.349)
INFO [main] --- MainTest: 获取字段的取值: 1,碧桂园,三房两厅
INFO [main] --- MainTest: 实体类的toString: HouseDto(id=1, area=碧桂园, type=三房两厅)
INFO [main] --- MainTest: 实体类的toString: HouseDto(id=1, area=恒大, type=两房一厅)
INFO [SpringContextShutdownHook] --- ThreadPoolTaskScheduler: Shutting down
```

图 5.2　点击运行单元测试方法后得到的结果

至此已经完成了 Lombok 插件在实际项目中的应用及其代码实战。值得一提的是，在实际项目开发中，经常使用的 Lombok 注解是@Data，因此建议读者多加操练，感受该注解的好处。从本篇章开始，笔者将采用 Lombok 相关的注解取代实体 Bean 中存在的那些模板式代码，实战更多的技术栈，让代码更加简洁。

5.1.2　文件上传与下载开发流程介绍

接下来，重点介绍一下实际项目开发中上传与下载文件的开发流程。图 5.3 所示为上传文件的开发流程。下载文件的流程是类似的，这里就不再给出。

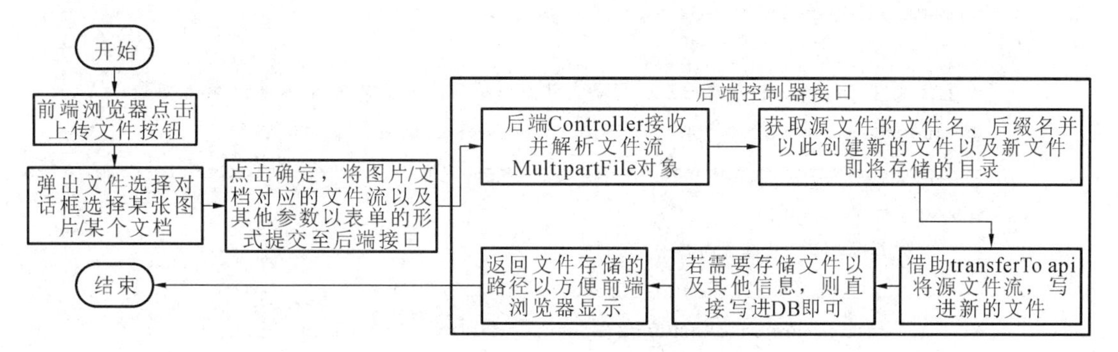

图 5.3　上传文件的开发流程

(1)用户在前端浏览器某个页面点击上传文件按钮，此时页面将弹出一个文件选择对话框，用户选择某张图片或者某个文档之后点击确定，即开始触发上传文件的请求。

(2)前端浏览器会将选择后得到的图片或文档对应的文件流以及其他参数取值以表单的形式提交至后端接口，后端控制器 Controller 相应的接口在接收到相应的参数后便开始解析源文件流。

(3)在解析源文件流的过程中，后端接口会获取源文件的文件名、文件后缀名，并以此创建新的文件以及新文件即将存储的目录。

(4)借助文件流对象 MultipartFile 的 API，即 transferTo 方法将源文件流写进新的文件中，成功后便将文件的存储目录或者访问路径返回给前端浏览器，至此，上传文件这一整个开发流程便完成了。

而对于文件下载的开发流程，在这里就不做详细介绍了，因为它是文件上传的逆过程，简而言之，主要是通过给定的路径找到该文件，读取该文件对应的二进制流，并转化为浏览器可以识别的文件格式进行下载。

接下来，笔者将介绍在实际项目开发中常见的两种实现文件上传、下载的方式，即 Java IO 和 Java NIO，并以实际的代码进行实战。

5.1.3 基于 Java IO 实战实现文件上传

Java IO，是 java inputstream、outputstream 即输入流、输出流的简称，是一种可以用于操作文件的技术，同时也是 Java SE 体系技术栈中的一种基础技术。其常用的 api 方法主要用于读、写文件，而文件上传在某种程度上属于 Java IO 技术应用实施的一种典型的业务场景。接下来采用这种技术以实际的代码加以实现。

(1)在 server 模块建立一控制器类 FileController，并在其中创建一请求方法，用于接收前端上传文件请求所传递过来的数据，包括实际的文件所对应的文件流对象 MultipartFile。其完整的源码如下所示：

```
@RestController
@RequestMapping("file")
public class FileController {

    @Autowired
    private FileService fileService;

    //上传文件-java io 的方式;file 前端文件流对象对应的参数名;request 其他参数
    @RequestMapping(value="upload/io",method=RequestMethod.POST)
    public BaseResponse uploadIO(@RequestParam("appendix") MultipartFile file, File
UploadRequest request){
        //先判断用户 id 是否为空
        if(Objects.isNull(request.getUserId())){
            return new BaseResponse(StatusCode.InvalidParams);
        }
        BaseResponse response=new BaseResponse(StatusCode.Success);
        Map<String,Object>resMap=Maps.newHashMap();
        try {
            String url=fileService.uploadIO(file,request);
            resMap.put("fileUrl",url);
        }catch(Exception e){
            e.printStackTrace();
            response=new BaseResponse(StatusCode.Fail.getCode(),e.getMessage());
        }
        response.setData(resMap);
        return response;
    }
}
```

从上述代码中可以得出，该请求方法主要接收两个参数，一个是前端实际文件对应的文件流对象，另一个是前端在上传文件期间需要附带传递的其他参数对象，这里包含了用户的 id，其定义如下所示：

```
@Data
public class FileUploadRequest implements Serializable{
```

```
    private Integer userId;
}
```

(2)fileService.uploadIO(file,request)方法是真正的用于处理上传的文件的核心业务逻辑,其完整的源代码如下所示:

```
@Service
public class FileService {
    private static final Logger log=LoggerFactory.getLogger(FileService.class);

    //文件存储所在的根目录(读者可以根据实际情况自行指定)
    private static final String FileStoragePrefix="E:\\srv\\dubbo\\files\\";

    //上传文件-java io
    public String uploadIO(MultipartFile multipartFile,FileUploadRequest request)
throws Exception{
        //获取文件名(全称)
        String fileName=multipartFile.getOriginalFilename();
        //获取文件后缀名
            String suffix = StringUtils.substring(fileName, StringUtils.indexOf
(fileName,"."));

        //获取文件对应的输入流
        InputStream is=multipartFile.getInputStream();

        //创建新文件存储的磁盘目录前缀、创建磁盘目录
        // String filePrefix=FileStoragePrefix+FORMAT.format(DateTime.now().toDate
())+"/"+request.getUserId()+"/";

        //创建并命名新的文件
        String newFileName=System.nanoTime()+suffix;
        //String newFile=filePrefix+newFileName;
        String newFile=FileStoragePrefix+newFileName;

        //创建目录对象:如果上级目录不存在,则先创建上级目录
        File file=new File(newFile);
        if(!file.getParentFile().exists()){
            file.getParentFile().mkdirs();
        }
        //执行数据流的转换(源文件流->存储至新的文件)
        multipartFile.transferTo(file);
        return newFile;
    }
}
```

从上述源代码中可以得知,上传的文件将存放在预先设置好的“E:\\srv\\dubbo\\files\\”目录下(由于笔者本地开发时采用 Windows 操作系统,因此设定了这个存储目录;如果是 Mac 或者 Linux 操作系统,则只需要调整为其他目录即可)。值得一提的是,上传完成后

新文件是采用 System. nanoTime()即系统当前时间(单位是纳秒)来命名的。

(3)对该请求方法进行测试。打开 Postman,并在 URL 地址栏中输入链接地址 http://127.0.0.1:9011/file/upload/io,选择 POST 请求方式,请求体的类型选择 form-data,并在请求参数中输入相应参数的取值,其中参数 appendix 是 File 类型,其取值来源于我们从磁盘中选择的一张图片,如图 5.4 所示。

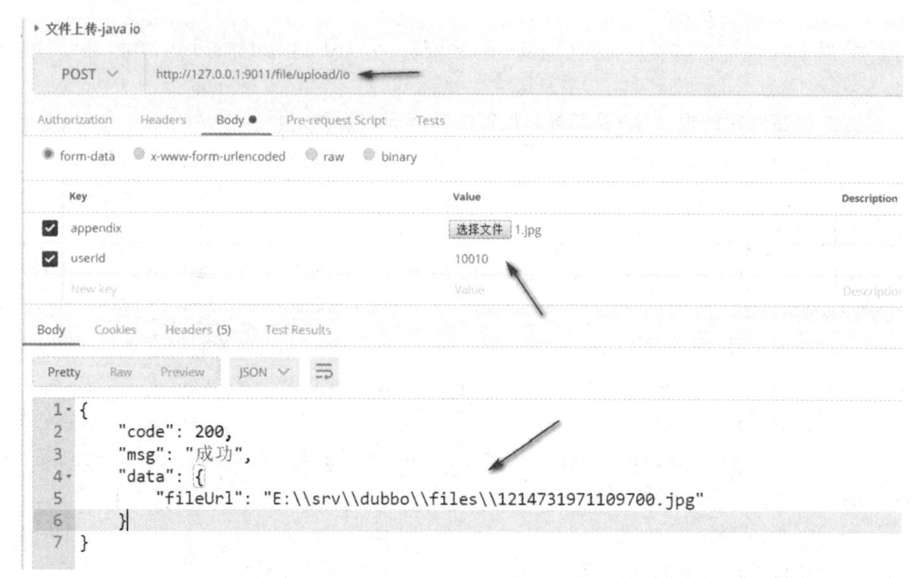

图 5.4　上传文件的 Postman 测试(IO)

请求处理完成后,Postman 将返回文件最终的存储路径,可以双击打开"我的电脑"或"计算机",并找到该文件所在的磁盘目录,会发现图片已经成功上传至该目录中了,如图 5.5 所示。

图 5.5　文件最终的存储目录(IO)

至此,我们已经完成了如何基于 Java IO 的方式实现文件的上传。在这里笔者建议各位读者在采用代码实战上述上传文件的流程时,可以将得到的相应的文件信息存放进数据库中,方便开发者跟踪前端每次上传的文件记录。

5.1.4　基于 Java IO 实战实现文件下载

既然有上传文件操作,那么理论上就会有对应的下载文件功能。前文已经介绍过文件下载是文件上传的逆过程,故文件下载也涉及文件的读、写操作,即首先程序根据给定的路径读取指定的文件,将其转化为文件的输入流,紧接着将其读取至内存,不断地以数组的形式分段获取该内存的数据,最终将其转化至输出流中,并将其写回浏览器;而浏览器在接收到响应数据后，会根据响应头 Header 和响应数据的类型 ContentType 执行相应的下载动作。基于 Java IO 实战实现文件下载的过程如下：

（1）在前端控制器类 FileController 中创建一请求方法，用于接收前端下载文件请求所传递过来的数据，主要是“待下载文件的名称”。其完整的源码如下所示：

```
//下载文件-io
@RequestMapping(value="download/io/{fileName}",method=RequestMethod.GET)
public @ResponseBody String addItemAndUpload(@PathVariable String fileName, Http
ServletResponse response){
    if(StringUtils.isBlank(fileName)){
        return null;
    }
    try {
        String fileUrl=env.getProperty("file.download.path")+fileName;

        FileInputStream is=new FileInputStream(fileUrl);
        fileService.downloadFileIO(response,is,fileName);
        return fileName;
    }catch(Exception e){
        e.printStackTrace();
    }
    return null;
}
```

从该源代码中可以得知，参数文件的名称“fileName”将以占位符的形式拼接在请求路径 URL 中，在请求方法里将以@PathVariable String filename 进行接收。除此之外，还需要用到 Spring MVC 中内置的 HttpServlet 家族对象 HttpServletResponse，它是一个面向 HTTP 的响应对象，在实现文件下载时需要借助该实例对象将待下载的文件流写回浏览器。

（2）fileService. downloadFileIO(response，is，fileName）方法是真正的用于实现文件下载的业务处理逻辑。其完整的源码如下所示：

```
//通用的下载文件服务-io
public void downloadFileIO (HttpServletResponse response, FileInputStream is, final
String fileName)throws Exception{
    BufferedInputStream bis=null;
    BufferedOutputStream bos=null;
try {
        //获取文件，将其转化至输入流，定义输出流对象
        bis=new BufferedInputStream(is);
        bos=new BufferedOutputStream(response.getOutputStream());

        //TODO:往响应流设置响应类型和响应头
        response.setContentType("application/octet-stream;charset=UTF-8");
        response.setHeader("Content-Disposition", "attachment;filename="+new String
 (fileName.getBytes("utf-8"),"iso-8859-1"));
```

```
            //TODO:一个不断读写的过程——不断地读取,不断地转化为输出流
            byte[] buffer=new byte[10240];
            int len=bis.read(buffer);
            while(len!= -1){
                bos.write(buffer,0,len);
                len=bis.read(buffer);
            }
            bos.flush();
        }finally {
            if(bos!=null){
                bos.close();
            }
            if(bis!=null){
                bis.close();
            }
            if(is!=null){
                is.close();
            }
        }
    }
```

从该源代码中可以得知,程序需要根据给定的路径读取指定的文件,将其转化为文件的输入流 BufferedInputStream,紧接着将其读取至内存,不断地以数组的形式分段获取该内存的数据,最终将其转化至输出流 Buffered Output Stream 中,并将其写回浏览器。

(3)对该请求方法进行测试。打开浏览器,并在 URL 地址栏中输入链接地址 http://127.0.0.1:9011/file/download/io/1214731971109700.jpg(1214731971109700.jpg 指的是上一小节测试上传文件时后端返回的文件名称),按下回车键,会发现浏览器开始下载该文件,如图 5.6 所示。

点击打开按钮,即可看到该文件(图片)的内容,如图 5.7 所示。

至此,我们已经完成了如何基于 Java IO 的方式实现文件的下载。在这里笔者建议各位读者亲自动手编写代码,并对该接口多测试几遍,测试的文件可以不仅限于图片,还可以上传 Word 文档等。

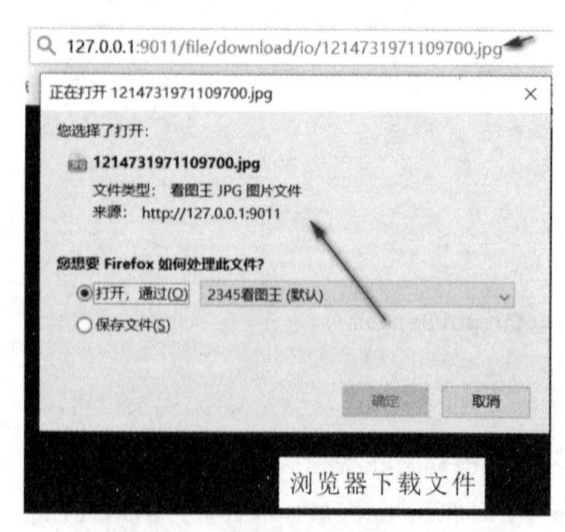

图 5.6 通过浏览器下载文件

图 5.7 通过浏览器打开成功下载的文件(IO)

5.1.5 基于 Java NIO 实战实现文件上传

Java NIO 是 Java non-blocking IO（也有人称为 Java NewIO）的简称，指的是在 JDK 1.4 及以上版本里提供的新型 API、为所有的原始类型（Boolean 类型除外）提供缓存支持的一种数据容器。使用它可以提供非阻塞式的高伸缩性网络。

Java NIO 主要有三大核心部分：Channel（通道）、Buffer（缓冲区）、Selector（选择区）。传统的 IO 是基于字节流和字符流进行操作的；而 NIO 则基于 Channel 和 Buffer 进行操作，即数据总是从通道 Channel 读取到缓冲区 Buffer 中，或者从缓冲区 Buffer 写入通道 Channel 里。而 Selector 选择区则用于监听多个通道的事件（比如连接打开、数据到达等），因此，单个线程可以监听多个数据通道。

值得一提的是，NIO 和传统的 IO 之间最大的区别在于，IO 是面向流的，而 NIO 是面向缓冲区的。Java IO 面向流意味着每次从流中读一个或多个字节，直至读取所有字节，它们没有被缓存在任何地方，此外，它不能前后移动流中的数据，如果需要前后移动从流中读取的数据，需要先将它缓存到一个缓冲区；而 NIO 的处理方式则略有不同，即数据会被读取到一个缓冲区中，如果需要移动，可以在缓冲区内前后移动，而这无疑提高了处理过程中的灵活性。

另外一个区别在于 IO 的各种流是阻塞的，这意味着，当一个线程调用 read()或 write()时，该线程被阻塞，直到有一些数据被读取，或数据完全写入，该线程在此期间不能再干任何事情了；而 NIO 则提供了一种非阻塞模式，即当一个线程从某通道发出请求需要读取数据，却发现仅能得到一部分可用的数据时，如果目前仍然没有数据可用，就什么都不会获取，而不是保持线程阻塞，所以直到数据变得可以读取之前，该线程可以继续做其他的事情。

关于 Java NIO 更多的介绍，读者可以自行查阅相关资料进行学习。接下来将采用 Java NIO 相关的 API 实战实现文件的上传。

（1）在前端控制器类 FileController 中创建一请求方法，用于接收前端上传文件请求所传递过来的数据，包括实际的文件所对应的文件流对象 MultipartFile，其完整的源码如下所示：

```
/**
*上传文件-nio
*@ param file 前端文件流对象对应的参数名
*@ param request 其他参数
*@ return
*/
@RequestMapping(value="upload/nio",method=RequestMethod.POST)
public BaseResponse uploadNIO(@RequestParam("appendix")MultipartFile file, File
UploadRequest request){
    //先判断用户 id 是否为空
    if(Objects.isNull(request.getUserId())){
        return new BaseResponse(StatusCode.InvalidParams);
    }
    BaseResponse response=new BaseResponse(StatusCode.Success);
    Map<String,Object>resMap=Maps.newHashMap();
    try {
```

```
        String url=fileService.uploadNIO(file,request);
        resMap.put("fileUrl",url);
    }catch(Exception e){
        e.printStackTrace();
        response=new BaseResponse(StatusCode.Fail.getCode(),e.getMessage());
    }
    response.setData(resMap);
    return response;
}
```

fileService. uploadNIO(file,request)方法是真正的用于处理上传的文件的核心业务逻辑,即将上传的文件保存至预先设定的文件目录下,其完整的源代码如下所示:

```
//上传文件-java nio
public String uploadNIO (MultipartFile file, FileUploadRequest request) throws
Exception{
    //获取文件名(全称)
    String fileName=file.getOriginalFilename();
    //获取文件后缀名
     String suffix = StringUtils. substring ( fileName, StringUtils. indexOf
(fileName,"."));

    //文件输入流
    InputStream is=file.getInputStream();

    //创建新文件存储的磁盘目录前缀、创建磁盘目录
    // String filePrefix=FileStoragePrefix+FORMAT.format(DateTime.now().toDate())
+"/"+request.getUserId();
    String filePrefix=FileStoragePrefix;

    //创建目录对象:如果上级目录不存在,则先创建上级目录
    Path path=Paths.get(filePrefix);
    if(!Files.exists(path)){
        Files.createDirectories(path);
    }
    //创建新的文件
    String newFileName=System.nanoTime()+suffix;
    String newFile=filePrefix+"/"+newFileName;
    path=Paths.get(newFile);

    //方式一
    //Files.copy(is,path, StandardCopyOption.REPLACE_EXISTING);//如果存在则覆盖
    //方式二
    Files.write(path,file.getBytes());

    return newFile;
}
```

从该源码中可以得出，这里主要采用了Java NIO的两大API：Path和Files。前者用于创建相应的文件目录/存储路径，后者则内置了一系列用于操作文件的API（主要是跟非堵塞式读写相关的操作）。上述Files.write便是其中一个典型的API方法，查看其底层源码，会发现它主要是借助Channel通道、Buffer缓冲区实现的。

(2)对该请求方法进行测试。打开Postman，并在URL地址栏中输入链接地址 http://127.0.0.1:9011/file/upload/nio ，选择POST请求方式，请求体的类型选择form-data，并在请求参数中输入相应参数的取值，其中参数appendix是File类型，其取值来源于我们从磁盘中选择的一张图片，如图5.8所示。

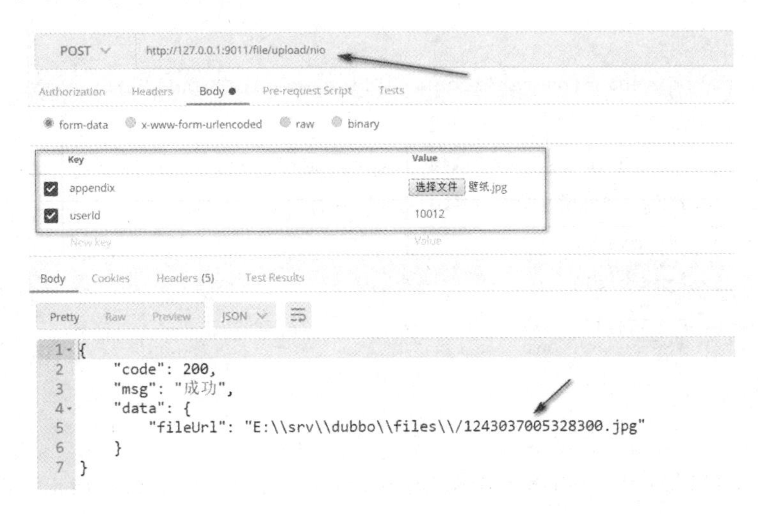

图5.8 上传文件的Postman测试(NIO)

上传文件的请求处理完成后，Postman将返回该文件最终的存储路径，可以双击打开"我的电脑"或"计算机"，并找到该文件所在的磁盘目录，会发现图片已经成功上传至该目录中了，如图5.9所示。

图5.9 文件最终的存储目录(NIO)

至此，我们已经完成了如何基于Java NIO的方式实现文件的上传。在这里笔者建议各位读者在采用代码实战上述上传文件的流程时，可以将得到的相应的文件信息存放进数据库中，方便开发者跟踪前端每次上传的文件记录。

5.1.6 基于Java NIO实战实现文件下载

接下来将基于Java NIO的方式实现文件下载。

(1)在前端控制器类 FileController 中创建一请求方法,用于接收前端下载文件请求所传递过来的数据,主要是“待下载文件的名称”。其完整的源码如下所示:

```
//下载文件-nio
@RequestMapping(value="download/nio/{fileName}",method=RequestMethod.GET)
public @ResponseBody String downloadNIO(@PathVariable String fileName, Http
ServletResponse response){
    if(StringUtils.isBlank(fileName)){
        return null;
    }
    try {
        String fileUrl=env.getProperty("file.download.path")+fileName;

        FileInputStream is=new FileInputStream(fileUrl);
        fileService.downloadFileNIO(response,is,fileName);
        return fileName;
    }catch(Exception e){
        e.printStackTrace();
    }
    return null;
}
```

从该源码中可以看出,该请求方法跟采用 Java IO 实现文件下载的请求方法的代码几乎没什么两样,同样是需要在请求链接拼接上文件的名称,而其真正的业务处理逻辑是在 fileService. downloadFileNIO(response,is,fileName)方法实现的。其完整源码如下所示:

```
//通用的下载文件服务-nio
public void downloadFileNIO(HttpServletResponse response, FileInputStream is, final
String fileName)throws Exception{
    //TODO:往响应流设置响应类型和响应头
    response.setContentType("application/octet-stream;charset=UTF-8");
    response.setHeader("Content-Disposition", "attachment;filename="+new String
(fileName.getBytes("utf-8"),"iso-8859-1"));

    //基于 Channel、Buffer 的零拷贝技术实现文件数据流的搬迁(不断地读、写)
    //10KB
    int bufferSize=10240;
    byte[] byteArr=new byte[bufferSize];

    //6*10KB=61440
    FileChannel fileChannel=is.getChannel();
    ByteBuffer buffer=ByteBuffer.allocateDirect(61440);
    int nRead;
    int nGet;
    try {
```

```
            while((nRead=fileChannel.read(buffer))!= -1){
                if(nRead==0){
                    continue;
                }
                buffer.position(0);
                buffer.limit(nRead);
                while(buffer.hasRemaining()){
                    nGet=Math.min(buffer.remaining(),bufferSize);

                    //TODO:从磁盘中读 I-Input
                    buffer.get(byteArr,0,nGet);
                    //TODO:往浏览器响应流写 O-Output
                    response.getOutputStream().write(byteArr);
                }
                buffer.clear();
            }
        }finally{
            buffer.clear();
            fileChannel.close();
            is.close();
        }
    }
```

阅读上面这段代码需要有一定的 Java NIO 基础，它主要是基于 Channel 与 Buffer 两个组件的零拷贝技术实现文件数据流的搬迁（不断地读、写），最终实现文件的下载的。

（2）对该请求方法进行测试。打开浏览器，在 URL 地址栏中输入链接地址 http://127.0.0.1:9011/file/download/nio/1243037005328300.jpg，而 1243037005328300.jpg 指的是上一小节测试基于 Java NIO 上传文件时后端返回的文件名称，按下回车键，会发现浏览器开始下载该文件。点击打开按钮，即可看到该文件（图片）的内容，如图 5.10 所示。

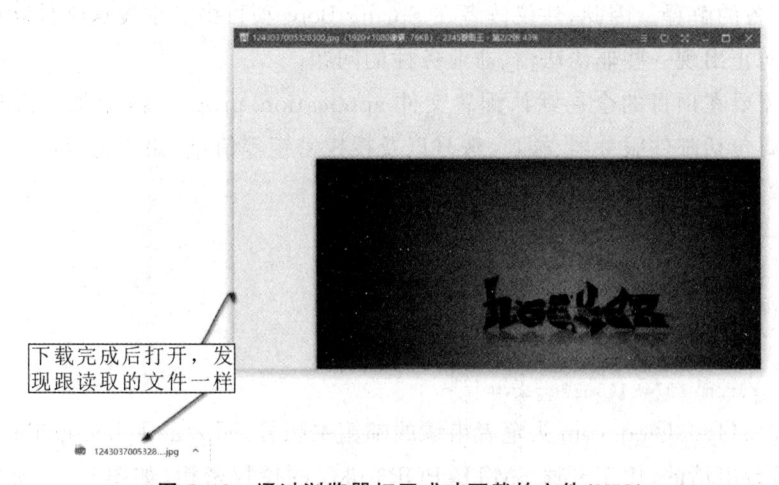

图 5.10　通过浏览器打开成功下载的文件（NIO）

至此，我们已经完成了如何基于 Java NIO 的方式实现文件的下载。在这里笔者建议各位读者亲自动手编写代码，并对该接口多测试几遍，测试的文件可以不仅限于图片，还可以上传 Word 文档等。

5.2 发送邮件与定时任务实战

对于“发送邮件”与“定时任务”，想必各位读者都有所耳闻，这两项核心技术在实际的 Java 项目开发中甚是常见。它们在实际应用中具有许多典型的应用场景，比如定时批量获取数据并将其同步至其他数据库，用户商城下单成功后发送短信、邮件通知客户，系统运行负载过高超过指定阈值时发送邮件给管理员，等等，都是现实中常见的案例。

5.2.1 基于 Spring Boot 整合与配置起步依赖

在 Spring Boot 出现以前，开发者如果需要在项目中实现发送邮件的功能，一般需在项目中引入 JavaMail 框架，并利用 JavaMailSender 这一核心组件的相关 API 实现发送邮件功能。

值得一提的是，在引入 JavaMail 框架的同时，项目还需要引入其他辅助的 Jar 依赖，这在某些情况下很容易出现 Jar 依赖版本的冲突等问题。因此，在 Spring Boot 出现之后，只需要在项目中引入 JavaMail 的起步依赖即可，即 spring-boot-starter-mail。

下面将基于前面章节利用 Spring Boot 搭建的多模块项目，整合加入发送邮件相关的 Jar 依赖以及配置信息。其完整的 Jar 依赖信息如下所示：

```
<!--email-->
<dependency>
    <groupId>org.springframework.boot</groupId>
    <artifactId>spring-boot-starter-mail</artifactId>
    <version>1.5.7.RELEASE</version>
</dependency>
```

需要注意的是，这里引入的起步依赖版本号为 1.5.7.RELEASE，而不是 2.×版本，这是因为 2.×版本的 Jar 依赖在实际使用时会出现各种难以预料的问题，而这些问题至今官方还没给出完备的解释。因此，建议读者在 Spring Boot 项目中实现发送邮件功能时应引入上述的版本，防止出现一些非语法性、非业务性的问题。

紧接着，需要在项目的全局默认配置文件 application.properties 中加入发送邮件相关的配置项，主要包括邮件服务器、端口、账号以及授权密钥等信息，如下所示：

```
#邮件配置
spring.mail.host=smtp.qq.com
spring.mail.username=1974544863@qq.com
spring.mail.password=zsnafkzheetqcdbi

mail.send.from=1974544863@qq.com
```

其中，1974544863@qq.com 为笔者申请的邮箱主账号，而 zsnafkzheetqcdbi 为笔者在腾讯 QQ 邮箱后台申请的、用于开通 SMTP/POP3 协议的授权密钥，如图 5.11 所示。建议读者自行用自己的邮箱开通专属于自己的授权密钥。

至此，准备工作便做完了，接下来进入代码实战环节。在后续内容中，笔者将介绍并实

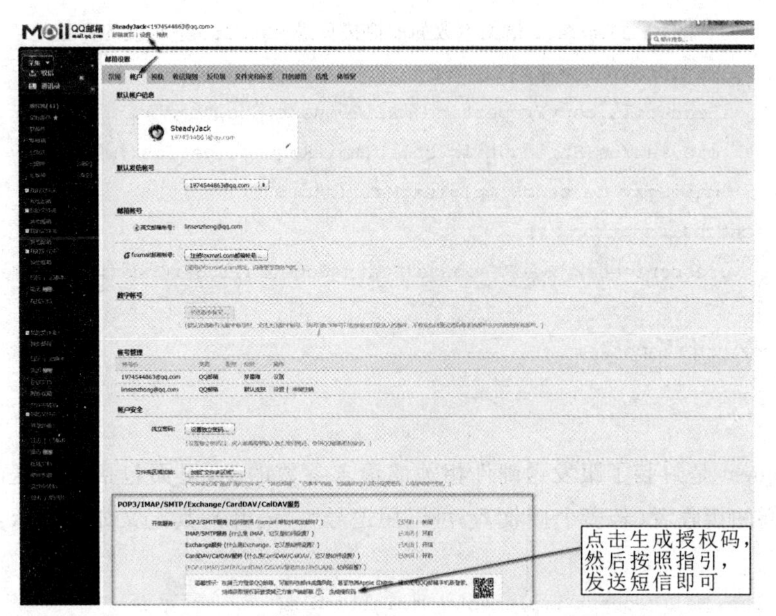

图 5.11 腾讯 QQ 邮箱后台开通 SMTP/POP3 授权功能

战多种模式邮件的发送，包括简单文本的邮件、带 HTML 富文本的邮件、带附件的邮件等。

5.2.2 基于 Spring Boot 实现简单文本邮件的发送

所谓“简单文本”，可以理解为一串不包含任何样式的字符串常量，如“abc1234 数据”“数据 12345”等。下面进入代码实战环节：

(1)在 server 模块建立一控制器类 MailController，并在其中创建一请求方法，用于接收前端传递过来的发送邮件的相关参数，其完整源码如下所示：

```
@RestController
@RequestMapping("mail")
public class MailController{
    private static final Logger log=LoggerFactory.getLogger(MailController.class);

    @Autowired
    private MailService mailService;

    //发送简单文本文件
    @RequestMapping(value="simple",method=RequestMethod.POST)
    public BaseResponse simpleTextMail(@RequestBody @Validated MailRequest mail
Request, BindingResult result){
        if(result.hasErrors()){
            return new BaseResponse(StatusCode.InvalidParams);
        }
        BaseResponse response=new BaseResponse(StatusCode.Success);
        try {
            log.info("--发送邮件 controller-发送简单文本文件:{} ",mailRequest);
```

```
            //将 MailRequest 相关参数的取值拷贝进 MailDto 中对应的参数
            MailDto dto=new MailDto();
            BeanUtils.copyProperties(mailRequest,dto,"tos");
            dto.setTos(StringUtils.split(mailRequest.getTos(),","));
            mailService.sendSimpleTextMail(dto);
        }catch(Exception e){
            response=new BaseResponse(StatusCode.Fail.getCode(),e.getMessage());
        }
        return response;
    }
}
```

MailRequest 是封装了跟发送邮件相关的请求参数的类，里面包括待发送邮件的主题、内容以及邮件的接收者（若多个接收者，可以用逗号“,”隔开），其定义如下所示：

```
@Data
public class MailRequest implements Serializable{
    @NotBlank(message="邮箱主题不能为空!")
    private String subject;

    @NotBlank(message="邮箱内容不能为空!")
    private String content;
    //多个邮箱用 , 隔开
    @NotBlank(message="接收人不能为空!")
private String tos;
}
```

MailDto 的含义与 MailRequest 的含义类似，区别在于一个面向前端请求，一个面向后端业务逻辑。之所以要区分开来，是为了开发层面的规范性。当然，并不排除在实际项目开发中存在着一些“懒”的开发者用一个类实例开发到底。

(2)从上面 MailController 的源码中不难看出，发送邮件业务的真正处理逻辑是在 mailService. sendSimpleTextMail(dto)方法中实现的，其完整的源码如下所示：

```
@Service
public class MailService {
    private static final Logger log=LoggerFactory.getLogger(MailService.class);

    @Autowired
    private JavaMailSender mailSender;

    @Autowired
    private Environment env;

    //发送简单文本邮件
    public void sendSimpleTextMail(MailDto dto)throws Exception{
        SimpleMailMessage message=new SimpleMailMessage();
```

```
        //设置邮件发送者
        message.setFrom(env.getProperty("spring.mail.username"));
        //设置邮件接收者
        message.setTo(dto.getTos());
        //设置邮件主题
        message.setSubject(dto.getSubject());
        //设置邮件内容
        message.setText(dto.getContent());

        //调用 API 发送邮件
        mailSender.send(message);
        log.info("----发送简单文本邮件成功---->");
    }
}
```

从该源码中可以看出，发送邮件功能的实现是通过 JavaMailSender 组件的 send()方法实现的，它有多个重载的方法，而上面只是其中一个最简单的 API，接收一个“简单邮件消息”实例对象，而该实例对象主要包含“邮件发送者”“邮件接收者”“邮件主题”和“邮件内容”等信息。

(3)对该接口进行测试。打开 Postman，在 URL 地址栏中输入链接 http://127.0.0.1:9011/mail/simple，选择请求方式为 POST，请求体类型选择 application/json，请求体的数据如下所示：

```
{
    "subject":"简单文本邮件",
    "content":"晚上好,开始学习发送邮件技术了...",
    "tos":"linsenzhong@126.com"
}
```

其中，linsenzhong@126.com 为笔者的 126 邮箱，点击 Send 按钮，即可发起请求，稍等片刻后会得到后端返回的响应数据，如图 5.12 所示。

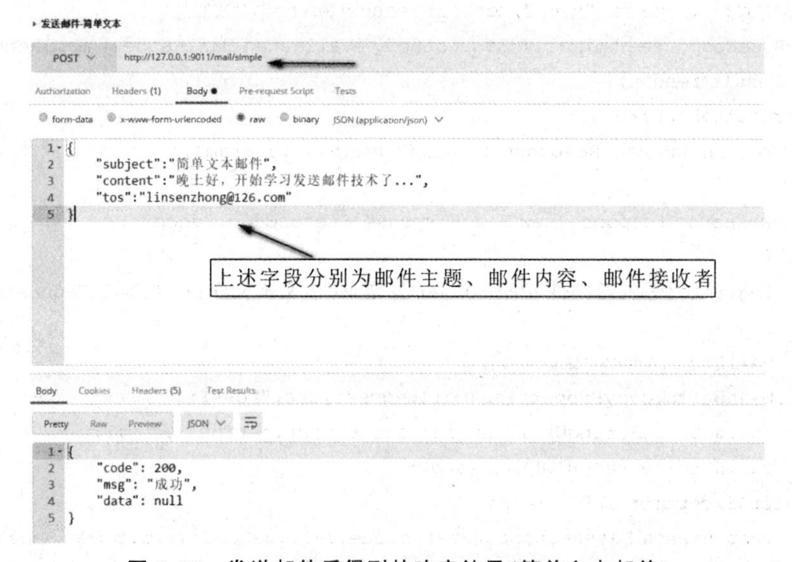

图 5.12　发送邮件后得到的响应结果(简单文本邮件)

与此同时，笔者登录自己的 126 邮箱，会发现已经成功收到这一封邮件了，如图 5.13 所示。

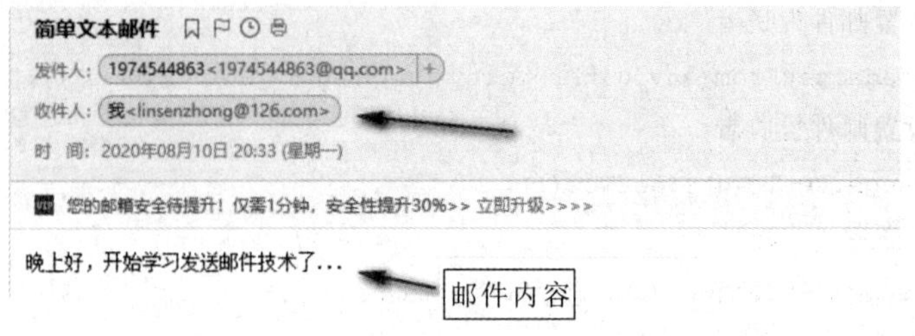

图 5.13　登录邮箱接收到上述邮件

从图 5.13 中可以看出，邮件的内容没有任何样式对其进行修饰，因此看起来有点“干巴巴”“惨白无力”，这就是所谓的“简单文本”或“简单纯文本”邮件。

至此，发送简单文本邮件已经圆满完工。接下来将进入新的环节，即给本小节介绍的简单文本邮件的内容加上一些样式，使其看起来更加有模有样(哪怕是把字体调大点、改变一下字体的颜色都可以)，而这便是下一小节要介绍的发送富文本邮件。

5.2.3　基于 Spring Boot 实现富文本邮件的发送

对于“富文本”，想必各位读者并不陌生，比如大家熟悉的前端组件“富文本框 RichText”“富文本编辑器 RichTextEditor”(如 UEditor、KindEditor 等)便是跟“富文本”息息相关的内容。

富文本典型的特征在于当前端将填写的内容提交到后端接口并存储进数据库时，会发现其并不仅仅是一串简单的“纯文本”，而是既包含了纯文本信息，同时也包含了一系列 HTML 标签，而正是这些标签，才使得内容的最终展示效果丰富多彩。接下来，便进入代码实战环节，基于 Spring Boot 实现富文本邮件的发送。

(1)在 MailController 中创建一请求方法，用于接收前端发送邮件请求所传递过来的数据，而这些请求数据跟上一小节发送简单文本邮件时的请求数据一致，即 MailRequest 对象实例，该请求方法完整的源代码如下所示：

```
//发送 HTML 文本文件
@RequestMapping(value="html",method=RequestMethod.POST)
public BaseResponse htmlMail(@RequestBody @Validated MailRequest mailRequest,
BindingResult result){
    if(result.hasErrors()){
        return new BaseResponse(StatusCode.InvalidParams);
    }
    BaseResponse response=new BaseResponse(StatusCode.Success);
    try {
        log.info("--发送邮件 controller-发送 HTML 文本文件:{} ",mailRequest);

        MailDto dto=new MailDto();
        BeanUtils.copyProperties(mailRequest,dto,"tos");
        dto.setTos(StringUtils.split(mailRequest.getTos(),","));
        mailService.sendHTMLMail(dto);
    }catch(Exception e){
        response=new BaseResponse(StatusCode.Fail.getCode(),e.getMessage());
    }
    return response;
}
```

mailService.sendHTMLMail(dto)方法是真正用于处理“发送富文本邮件”的业务逻辑，其完整的源代码如下所示：

```
//发送 HTML 文本邮件
public void sendHTMLMail(MailDto dto)throws Exception{
    //创建多媒体文本消息
    MimeMessage message=mailSender.createMimeMessage();
    MimeMessageHelper messageHelper=new MimeMessageHelper(message,true,"utf-8");
    //设置邮件发送者
    messageHelper.setFrom(env.getProperty("mail.send.from"));
    //设置邮件接收者
    messageHelper.setTo(dto.getTos());
    //设置邮件主题
    messageHelper.setSubject(dto.getSubject());
    //设置邮件内容，并设定该内容为 HTML 富文本，即第二个参数为 true
    messageHelper.setText(dto.getContent(),true);

    mailSender.send(message);
    log.info("----发送 HTML 文本邮件成功---->");
}
```

从上述源码中可以看出，发送富文本邮件跟发送简单纯文本邮件的区别在于，前者创建消息的代码为 MimeMessage message＝mailSender.createMimeMessage()；即多媒体类型的消息，而后者创建的消息为简单文本消息 SimpleMailMessage 实例。

除此之外，发送富文本邮件是通过 messageHelper.setText(dto.getContent(),true)；的方式设定邮件的内容为含 HTML 标签的富文本。

(2)对上述编写的接口进行测试。打开 Postman，并在 URL 地址栏中输入链接 http://127.0.0.1:9011/mail/html，请求方式为 POST，请求体类型为 application/json，请求体的数据为：

```
{
    "subject":"富文本邮件",
    "content":"<html><head></head><body><span style='font-size:25px;color:red;'>晚上好，开始学习富文本邮件了...</span></body></html>",
    "tos":"linsenzhong@126.com"
}
```

从中可以看出，邮件的内容是一串包含了 HTML 标签的富文本内容。点击 Send 按钮，稍等片刻，会发现后端接口返回发送成功的响应信息，如图 5.14 所示。

与此同时，登录上述接收人的邮箱，会发现该邮件也已经接收到了，如图 5.15 所示。

从接收到的邮件内容可以得知，JavaMailSender 组件的相关 API 可以成功解析前端提交过来的“富文本内容”，并将解析后的结果塞进邮件中，最终交给邮件接收方进行展示。接下来，我们将进入新的环节，即基于 Spring Boot 实战实现带附件邮件的发送。

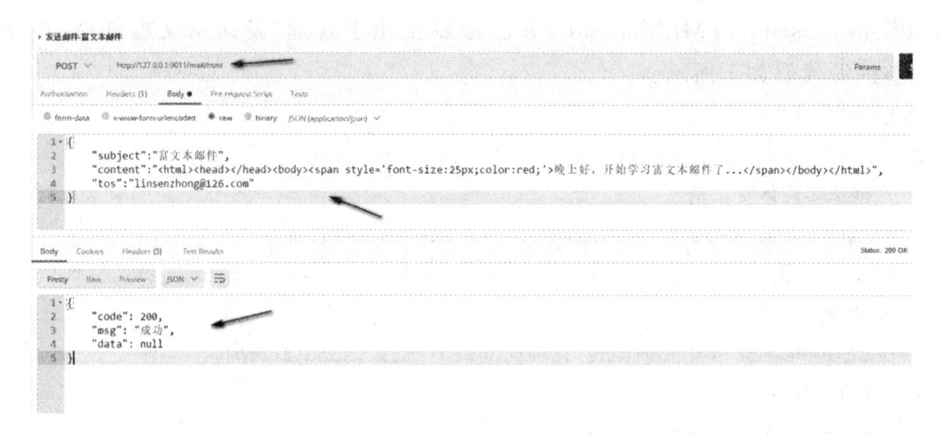

图 5.14　发送邮件后得到的响应结果(富文本邮件)

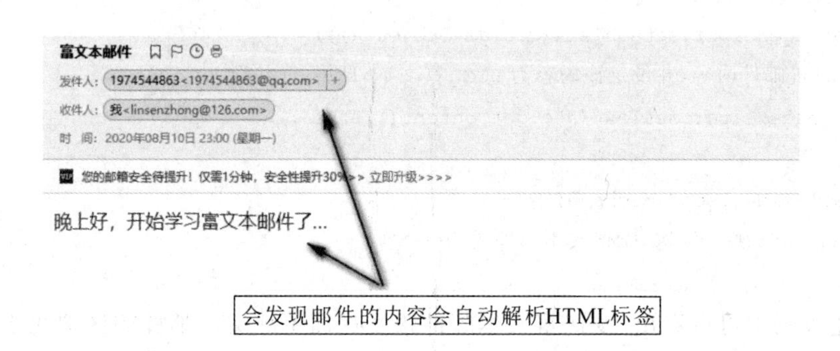

图 5.15　登录邮箱后发现邮件已经成功接收(富文本邮件)

5.2.4　基于 Spring Boot 实现带附件邮件的发送

发送带附件的邮件，想必大多数读者都经历过，典型的案例莫过于"写周报"了，即每周结束后，开发者需要汇报自己的工作，并附带上相应的文件，最后将其发送给相应的人员，而这个过程所上传的"文件"即为该邮件相应的"附件"。接下来进入代码实战环节，我们将一起学习如何基于 Spring Boot 实现带附件邮件的发送。

(1)在 MailController 中创建一请求方法，用于接收前端发送邮件请求所传递过来的数据，而这些请求数据跟上一小节发送富文本邮件时的请求数据一致，即 MailRequest 对象实例。该请求方法完整的源代码如下所示：

```
//发送带附件的邮件
@RequestMapping(value="appendix",method=RequestMethod.POST)
public BaseResponse appendixMail(@RequestBody @Validated MailRequest mailRequest,
BindingResult result){
    if(result.hasErrors()){
        return new BaseResponse(StatusCode.InvalidParams);
    }
    BaseResponse response=new BaseResponse(StatusCode.Success);
    try {
        log.info("--发送邮件 controller-发送带附件的邮件:{} ",mailRequest);
```

```
            MailDto dto=new MailDto();
            BeanUtils.copyProperties(mailRequest,dto,"tos");
            dto.setTos(StringUtils.split(mailRequest.getTos(),","));
            mailService.sendAppendixMail(dto);
        }catch(Exception e){
            response=new BaseResponse(StatusCode.Fail.getCode(),e.getMessage());
        }
        return response;
    }
```

mailService.sendAppendixMail(dto);是真正用于处理发送带附件邮件业务的逻辑代码，其完整的源代码如下所示：

```
    //发送带附件的邮件
    public void sendAppendixMail(MailDto dto)throws Exception{
        MimeMessage message=mailSender.createMimeMessage();
        MimeMessageHelper messageHelper=new MimeMessageHelper(message,true,"utf-8");
        messageHelper.setFrom(env.getProperty("mail.send.from"));
        messageHelper.setTo(dto.getTos());
        messageHelper.setSubject(dto.getSubject());
        messageHelper.setText(dto.getContent(),true);

        //TODO:在 messageHelper 里面加入附件
        messageHelper.addAttachment(env.getProperty("mail.send.attachment.one.name"),
    new File(env.getProperty("mail.send.attachment.one.location")));
        messageHelper.addAttachment(env.getProperty("mail.send.attachment.two.name"),
    new File(env.getProperty("mail.send.attachment.two.location")));
         messageHelper. addAttachment (env. getProperty ( " mail. send. attachment. three.
    name"),new File(env.getProperty("mail.send.attachment.three.location")));


        mailSender.send(message);
        log.info("----发送带附件的邮件成功---->");
    }
```

从该源代码中可以看出，上半部分的源码跟前面小节发送富文本文件的源码一致，而下半部分的源码主要用于添加相应的附件，即通过 messageHelper.addAttachment()方法即可添加进相应的附件，其中该方法第一个参数指的是附件具体所在的路径，第二个参数指的是附件在邮件里显示的别名。

这里设定了 3 个附件：2 个图片，1 个 Word 文档。其所在的文件目录以及命名是配置在配置文件 application.properties 中的，如下所示：

```
mail.send.attachment.root.url=E:\\srv\\dubbo\\files


mail.send.attachment.one.name=图片 1.jpg
mail. send. attachment. one. location = ${mail. send. attachment. root. url} \ \
1214731971109700.jpg
```

```
mail.send.attachment.two.name=图片 2.jpg
mail. send. attachment. two. location = ${ mail. send. attachment. root. url } \ \
1243037005328300.jpg
mail.send.attachment.three.name=文档 3.docx
mail.send.attachment.three.location=${mail.send.attachment.root.url}\\这是一个 word
文档.docx
```

附件所在的目录如图 5.16 所示。

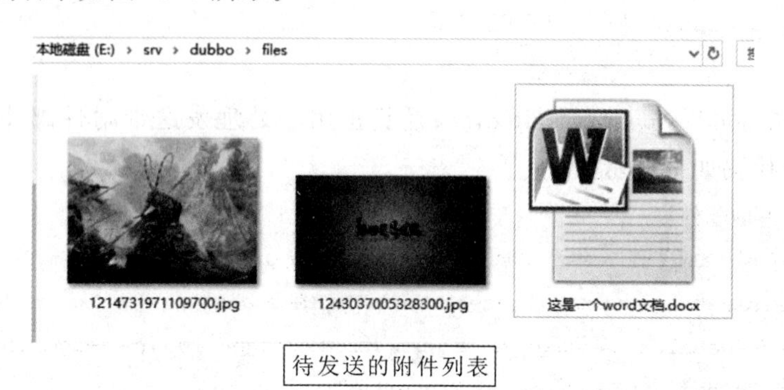

图 5.16 待发送的附件所在路径

(2)对上述编写的接口进行测试。打开 Postman,并在 URL 地址栏中输入链接 http://127.0.0.1:9011/mail/appendix ,请求方式为 POST,请求体类型为 application/json,请求体的数据为:

```
{
    "subject":"带附件的文本邮件",
    "content":"晚上好,开始学习带附件的文本邮件了...",
    "tos":"linsenzhong@126.com"
}
```

点击 Send 按钮,稍等片刻,会发现后端接口返回发送成功的响应信息,如图 5.17 所示。

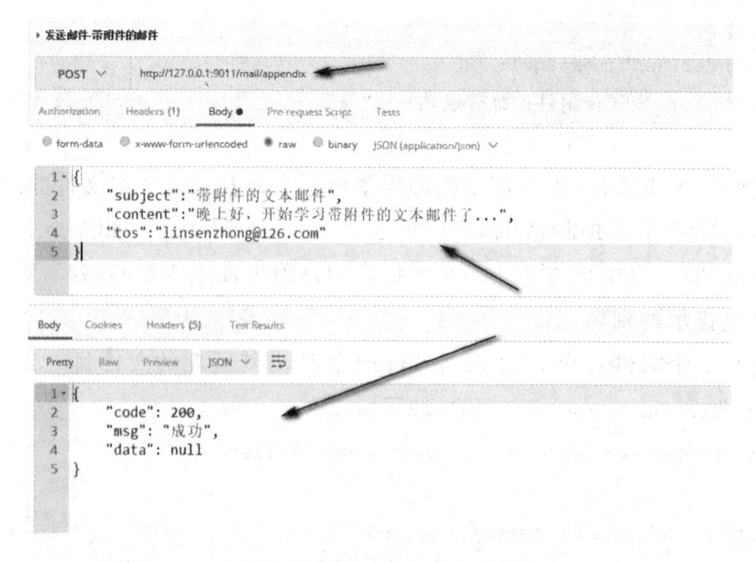

图 5.17 发送邮件后得到的响应结果(带附件邮件)

与此同时，登录上述接收人的邮箱，会发现该邮件已经接收到了，同时也收到了对应的附件列表，如图5.18所示。

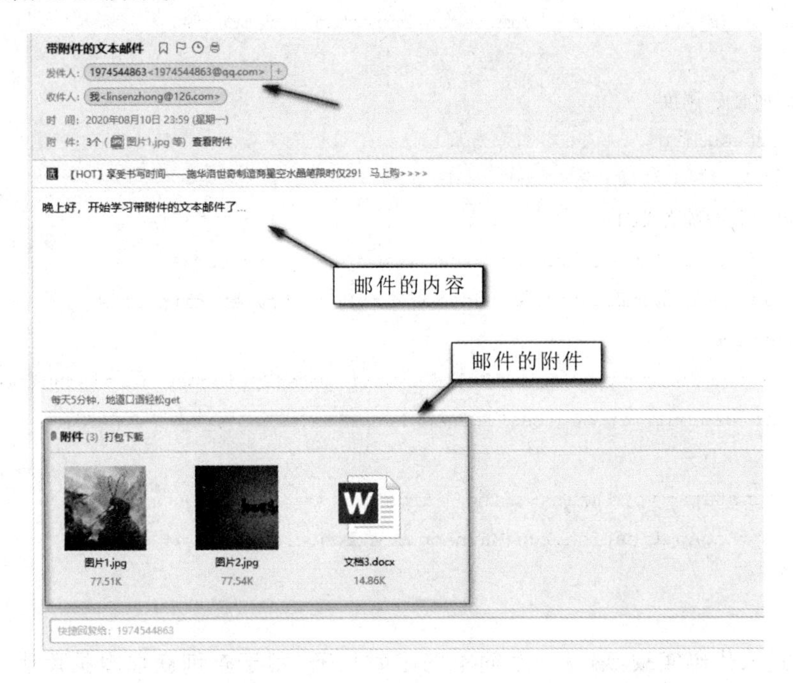

图5.18　登录邮箱后发现邮件已经成功接收(带附件邮件)

从接收到的邮件内容可以得知，JavaMailSender组件的相关API可以成功解析前端提交过来的文本内容以及相应的附件列表，并将解析后的结果塞进邮件中，最终交给邮件接收方进行展示。

至此，基于Spring Boot实战各种模式邮件的发送已经到此结束了。笔者强烈建议各位读者一定要申请到属于自己的QQ邮箱(或者126/163邮箱也行)的授权密钥，并按照前面章节所介绍的内容脚踏实地地进行代码实战，毕竟实战方能出真知。

◆　5.2.5　定时任务与@Scheduled注解实战

在章节的最后，介绍另外一种在Spring Boot项目实战过程中相当常见的技术：定时任务。“定时任务”，字如其名，表示设定某个时间频率，程序重复不断地执行某项任务，这种技术在实际的项目开发中几乎随处可见，如“定时批量查询即将过期失效的订单，并对其做失效处理”，“定时批量获取一个数据库中的数据，并同步至另外一个数据库中”等都是屡见不鲜的典型案例。

接下来，我们将一起学习如何在前文Spring Boot搭建的项目中使用定时任务。使用定时任务最常见的方式是通过@Scheduled注解来实现的，并在该注解中提供一个时间频率参数cron即可定时开启一个定时任务。除此之外，还需要在Spring Boot项目的启动入口类MainApplication中手动加入“开启定时任务调度”的注解，即@EnableScheduling。MainApplication启动入口类的完整代码如下所示：

```
@SpringBootApplication
@ImportResource(value={"classpath:spring/spring-jdbc.xml"})
@MapperScan(basePackages={"com.debug.book.model.mapper"})

//开启定时任务调度
@EnableScheduling

//加载自定义的配置文件
@PropertySource({"classpath:prop/sys_config.properties"})
public class MainApplication extends SpringBootServletInitializer {
    @Override
    protected SpringApplicationBuilder configure(SpringApplicationBuilder builder){
        return builder.sources(MainApplication.class);
    }
    public static void main(String[] args){
        SpringApplication.run(MainApplication.class,args);
    }
}
```

接下来进入代码实战，编写一个简单的定时任务，用于查询获取数据库表 customer 中所有客户的数据（这个数据库表以及客户数据在前面篇章中已经介绍过了），并采用打印日志的方式打印出所有客户信息。其 Dao 层定义查询所有客户信息的方法代码如下所示：

```
public interface CustomerMapper {
   //查询所有客户信息
   List<Customer>selectAll();
}
```

其对应的 Mapper. xml 如下所示：

```
<select id="selectAll" resultType="com.debug.book.model.entity.Customer">
select<include refid="Base_Column_List"/>
from customer
</select>
```

接下来编写一个定时任务类 DataScheduler，并在其中开启一个定时任务，用于批量查询所有的客户信息。其源码定义如下所示：

```
@Component
public class DataScheduler {
    private static final Logger log=LoggerFactory.getLogger(DataScheduler.class);

    @Autowired
    private CustomerMapper customerMapper;

    //在线 cron 表达式链接:https://cron.qqe2.com/
    //这里表示每 5 秒执行一次任务
    @Scheduled(cron="0/5* * * *  ?")
```

```
    public void queryBatchData(){
        try{
            log.info("---定时任务开始---");

            List<Customer>list=customerMapper.selectAll();
            log.info("定时批量查询到数据:{}",list);
        }catch(Exception e){
            log.error("定时任务执行发生异常:",e);
        }
    }
}
```

这里的cron变量取值为“0/5 * * * * ?”,它表示该方法的代码将每隔5秒执行一次,执行的业务为批量查询所有客户信息并采用打印日志的方式打印出来。

值得一提的是,cron变量的取值其实就是一个cron表达式。对于该表达式,这里有必要做一下介绍,即cron表达式由7个部分组成,各部分用空格隔开,每个部分从左到右代表的含义如下:

```
Seconds  Minutes  Hours  Day-of-Month Month Day-of-Week Year
```

其中:“Year”是可选的,如“0/5 * * * * ?”,除了Seconds(秒)部分有值以外,其他的部分代表任意的取值,而0/5中的/代表“每多长时间执行一次”,即0/5表示每隔5秒执行一次;而“*”代表整个时间段;“?”代表不确定的值,可以认为是每月的某一天。其他关于cron表达式的详细介绍以及使用,读者可以自行查询相关资料。

点击运行项目,稍等片刻(大概5秒)之后,会发现IDEA控制台打印出开始执行定时任务的日志信息,同时会打印出查询所有客户信息的SQL以及对应的查询结果,如图5.19所示。

```
JDBC Connection [com.alibaba.druid.proxy.jdbc.ConnectionProxyImpl@22a79c7] will not be managed by Spring
==>  Preparing: select id, name, phone, email, age, address from customer
==> Parameters:
<==    Columns: id, name, phone, email, age, address
<==        Row: 2, 黄药师, 15627280980, 15627280980@126.com, 20, 广东广州
<==        Row: 5, 大圣, 15812490878, 15812490878@126.com, 24, 广东广州
<==        Row: 7, 大圣2, 15812490872, 15812490872@126.com, 26, 广东佛山
<==      Total: 3
Closing non transactional SqlSession [org.apache.ibatis.session.defaults.DefaultSqlSession@2870571a]
[2020-08-12 08:00:10.053] boot -  INFO [scheduling-1] --- DataScheduler: 定时批量查询到数据: [Customer(id=2, name='黄药师', phone='15627280980', email='15627280980@126.com', age=20,
 address='广东广州'), Customer(id=5, name='大圣', phone='15812490878', email='15812490878@126.com', age=24, address='广东广州'), Customer(id=7, name='大圣2', phone='15812490872',
 email='15812490872@126.com', age=26, address='广东佛山')]
```

图5.19 定时任务执行结果

从该结果中可以看出,该定时任务确实已经执行了。有耐心的读者可以再稍等5秒,会发现该定时任务又被执行一次,这是由其cron表达式的取值所决定的,即每隔5秒执行一次定时任务。

5.2.6 基于Java线程池高效执行多个定时任务

在实际项目开发中,一般会存在多个定时任务,每个定时任务要执行的业务逻辑一般是不一样的,其设定的cron表达式在很多情况下也是不尽相同的。

若多个定时任务要处理的业务耗时比较长,且各自的cron表达式取值很接近,那么多个任务的触发将很可能“同时”发生;然而每个定时任务的业务处理耗时又不一样,导致本该在理论上同时触发执行的任务却出现了“有些任务先执行,有些任务晚了几分钟、十几分钟

才被执行"的现象。

举个例子:A任务执行完毕需要5s,B任务执行完毕需要10s,C任务执行完毕需要5s,三个定时任务的cron表达式都是每隔10s执行一次,当项目启动完毕后,等待10s,理论上A、B、C三个任务应当同时执行,但三个任务处在同个"线程"中,导致A、B、C三个任务中的其中一个会先执行,假设执行顺序是A,然后是B,最后是C,那么A的执行是正确的,但是B却要等待5s(即A处理完任务的时间)后才能执行,而同样的道理,C需要再等待10s(即B处理完任务的时间)后才能执行;长此下去,势必会导致C任务严重延时执行,即并非程序中设定的"每隔10s执行一次",而很可能是每隔20s执行一次了。代码如下所示:

```
@Scheduled(cron="0/5* * * * ?")
public void queryBatchDataV1(){
    try {
        log.info("---定时任务 1 开始---");
        //任务执行完毕需要 5s
        Thread.sleep(5000);
    }catch(Exception e){
        log.error("定时任务 1 执行发生异常:",e);
    }
}
@Scheduled(cron="0/5* * * * ?")
public void queryBatchDataV2(){
    try {
        log.info("---定时任务 2 开始---");
        //任务执行完毕需要 10s
        Thread.sleep(10000);
    }catch(Exception e){
        log.error("定时任务 2 执行发生异常:",e);
    }
}
@Scheduled(cron="0/5* * * * ?")
public void queryBatchDataV3(){
    try {
        log.info("---定时任务 3 开始---");
        //任务执行完毕需要 5s
        Thread.sleep(5000);
    }catch(Exception e){
        log.error("定时任务 3 执行发生异常:",e);
    }
}
```

点击运行项目,观察IDEA控制台的输出信息,会发现运行结果正如上述分析的那样,如图5.20所示。

而对于一些业务或者数据处理要求比较严格的情况,这种"延时"行为是不可取的,又由于业务的强制规定,每个任务又必须在指定的"时间频率"下执行,因此,我们需要寻找一种

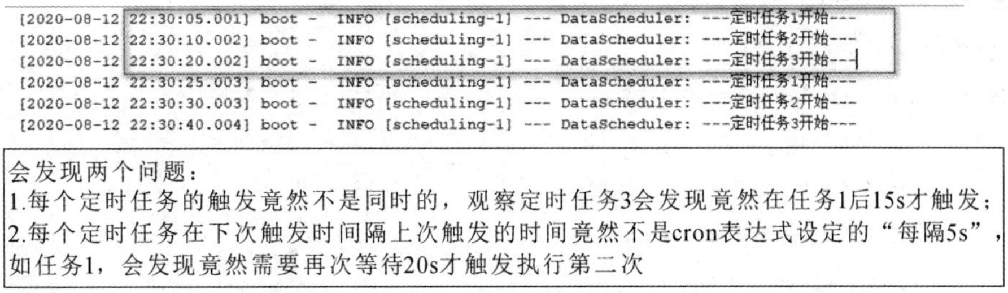

```
[2020-08-12 22:30:05.001] boot -  INFO [scheduling-1] --- DataScheduler: ---定时任务1开始---
[2020-08-12 22:30:10.002] boot -  INFO [scheduling-1] --- DataScheduler: ---定时任务2开始---
[2020-08-12 22:30:20.002] boot -  INFO [scheduling-1] --- DataScheduler: ---定时任务3开始---
[2020-08-12 22:30:25.003] boot -  INFO [scheduling-1] --- DataScheduler: ---定时任务1开始---
[2020-08-12 22:30:30.003] boot -  INFO [scheduling-1] --- DataScheduler: ---定时任务2开始---
[2020-08-12 22:30:40.004] boot -  INFO [scheduling-1] --- DataScheduler: ---定时任务3开始---
```

会发现两个问题：
1.每个定时任务的触发竟然不是同时的，观察定时任务3会发现竟然在任务1后15s才触发；
2.每个定时任务在下次触发时间隔上次触发的时间竟然不是cron表达式设定的“每隔5s”，如任务1，会发现竟然需要再次等待20s才触发执行第二次

图 5.20　多个定时任务执行结果(有延时)

方案用以解决上述的延时问题。

仔细分析上面的问题，会发现其根源在于每个定时任务都在单一的、同一个线程内执行，导致 cron 表达式取值很接近的定时任务很有可能出现“撞点”的情况。因此，解决方案的核心在于将那些很可能同时触发的定时任务拆分开来、分散到每个线程中执行。

对此，“线程池”(ThreadPool)便是一种很好的解决方案。通过预先设置线程池中初始的线程数和最大核心线程数，并在每个可能会同时触发的定时任务上加上线程池的 Bean 实例，当多个定时任务同时触发时，会自动分散到线程池中预先分配好的线程中异步去执行，即所谓的异步多线程执行定时任务。如下代码所示为 3 个 cron 表达式取值一样的定时任务。

```
@Scheduled(cron="0/5* * * * ?")
@Async("taskExecutor")
public void queryBatchDataV1(){
    try {
        log.info("---定时任务 1 开始---");
        //任务执行完毕需要 5s
        Thread.sleep(5000);
    }catch(Exception e){
        log.error("定时任务 1 执行发生异常:",e);
    }
}
@Scheduled(cron="0/5* * * * ?")
@Async("taskExecutor")
public void queryBatchDataV2(){
    try {
        log.info("---定时任务 2 开始---");
        //任务执行完毕需要 10s
        Thread.sleep(10000);
    }catch(Exception e){
        log.error("定时任务 2 执行发生异常:",e);
    }
}
```

```
    @Scheduled(cron="0/5* * * * ?")
    @Async("taskExecutor")
    public void queryBatchDataV3(){
        try {
            log.info("---定时任务 3 开始---");
            //任务执行完毕需要 5s
            Thread.sleep(5000);
        }catch(Exception e){
            log.error("定时任务 3 执行发生异常:",e);
        }
    }
```

其中,线程池实例 taskExecutor 定义的代码如下所示:

```
    @Configuration
    public class ThreadConfig {
        //任务调度线程池配置
        @Bean("taskExecutor")
        public Executor taskExecutor(){
            ThreadPoolTaskExecutor executor=new ThreadPoolTaskExecutor();
            //核心线程数
            executor.setCorePoolSize(4);
            //最大核心线程数
            executor.setMaxPoolSize(10);
            //设置队列中等待被调度的任务的数量
            executor.setQueueCapacity(8);
            executor.initialize();
            return executor;
        }
    }
```

点击运行项目,观察 IDEA 控制台的输出信息,会发现运行结果已经正常了,如我们所预料的那样,如图 5.21 所示。

```
[2020-08-12 22:35:35.010] boot -  INFO [taskExecutor-1] --- DataScheduler: ---定时任务1开始---
[2020-08-12 22:35:35.010] boot -  INFO [taskExecutor-2] --- DataScheduler: ---定时任务2开始---
[2020-08-12 22:35:35.010] boot -  INFO [taskExecutor-3] --- DataScheduler: ---定时任务3开始---
[2020-08-12 22:35:40.002] boot -  INFO [taskExecutor-4] --- DataScheduler: ---定时任务2开始---
[2020-08-12 22:35:40.011] boot -  INFO [taskExecutor-1] --- DataScheduler: ---定时任务1开始---
[2020-08-12 22:35:40.011] boot -  INFO [taskExecutor-3] --- DataScheduler: ---定时任务3开始---
[2020-08-12 22:35:45.011] boot -  INFO [taskExecutor-2] --- DataScheduler: ---定时任务2开始---
[2020-08-12 22:35:45.012] boot -  INFO [taskExecutor-1] --- DataScheduler: ---定时任务1开始---
[2020-08-12 22:35:45.012] boot -  INFO [taskExecutor-3] --- DataScheduler: ---定时任务3开始---
[2020-08-12 22:35:50.002] boot -  INFO [taskExecutor-4] --- DataScheduler: ---定时任务2开始---
[2020-08-12 22:35:50.012] boot -  INFO [taskExecutor-1] --- DataScheduler: ---定时任务1开始---
[2020-08-12 22:35:50.012] boot -  INFO [taskExecutor-3] --- DataScheduler: ---定时任务3开始---
```

会发现所有定时任务按时触发且每个定时任务间隔触发都保持在5s了

图 5.21 多个定时任务执行结果(无延时)

至此,高效执行多个定时任务的解决方案的代码实战已经介绍完毕。笔者强烈建议各位读者一定要亲自编写相应的代码并逐个进行测试,如此方能对书中介绍的各种技术要点、解决方案有所了解。

本章总结

本章重点介绍了如何基于 Spring Boot 实战实际项目中常见的、典型的核心技术，包括 Lombok、文件上传、文件下载、定时任务以及发送邮件。每种技术都配备了相应的代码，总体上来说并不是很复杂。在实际项目开发中，它们起到了辅助业务实现的作用，具有一定的通用性。因此，笔者建议读者可以根据自身的实际情况，将本章涉及的核心技术自行封装到通用的模块，并尝试将其打包成 Jar，以方便每次启动项目时，直接引入该 Jar 即可实现一小部分功能，减轻自身的工作量，提高工作效率。

本章作业

(1)基于本章介绍的发送简单纯文本邮件技术，实现给多个邮箱发送一封简单的文本邮件，其中邮件内容为“简单纯文本邮件～多人群发”，标题为“群发邮件”，接收者邮箱包括 linsenzhong@126.com 和 1974544863@qq.com。

(2)基于本章介绍的文件上传和下载技术，实现上传一个 Word 文档，并保存在本地磁盘某个目录，如 C:\\files 目录下，上传成功后为新文件起名为自定义的一串随机字符串，并将该随机字符串返回到前端；除此之外，打开浏览器，实现输入下载文件对应的链接时，能够下载到该文件。

(3)自定义一个定时任务，实现批量查询数据库表 customer 中的数据，并将每个客户的名称按照 id 的顺序加上 id 的值作为新的字段 name 的取值，将其同步到另外的数据库表 customer_b 中。

比如 customer 表中存在一条客户记录“id=10，name=张三”，则同步到 customer_b 表中时该条客户记录的 name 字段的取值为“张三 10”；在实现该功能时，要求 cron 表达式为每隔 1 分钟执行一次，同步成功后数据库表 customer_b 中不允许存在相同 name 的数据，即本次同步了“id=10，name=张三”的数据记录到 customer_b 后，下次就不需要再同步该条记录了。

第6章

Spring Boot 核心技术之导入导出Excel

在上一章我们学习了如何基于 Spring Boot 实战实际项目开发中常见、典型的核心技术，其中包括 Lombok 的使用、文件上传、文件下载、定时任务以及发送邮件等相关技术，每种技术都配备了相应的代码，在实际项目开发中，它们更多的是起到辅助业务实现的作用。

而本章我们将继续学习并实战 Spring Boot 项目中另一常见且典型的核心技术，即导入导出 Excel 文件。这一技术在实际项目开发中具有相当广泛的应用，毫不客气地说，几乎在每个后台管理系统的功能模块中都可以见到，因为它可以将数据快速地导出到本地、离线进行观看分析，同时可以将数据一次性导入系统，省去需要手动一条一条录入数据的麻烦。

本章的内容包括：

- Excel 导入导出数据这一应用场景的介绍及其相应的实现技术栈；
- 详解 Excel 导出的流程及其代码实现；
- 详解 Excel 导入的流程及其代码实现；
- 基于 POI 实现 Excel 导入导出数据；
- 基于 EasyExcel 实现 Excel 导入导出数据；
- 对两种实现 Excel 导入导出数据的方式——POI、EasyExcel 进行比较与总结。

在实际项目开发中，导入导出数据可以说是一项很常见的操作，在每个后台管理系统的功能模块中几乎都可以见到其踪影，而导出的数据又以.xls 或者.xlsx 文件格式最为常见，即所谓的 Excel 数据文件，整个过程可以称为“导入导出 Excel 数据”。

值得一提的是，目前在 Java/Java Web 项目开发中，有几种比较常见、典型的方式实现导入导出 Excel 这一功能，包括 Apache POI、JXL、EasyPOI、EasyExcel 等。而在本章将重点介绍容易使用、性能较高的两种方式，即基于 POI 以及基于 EasyExcel 框架实现 Excel 的导入导出。

除此之外，本章还将介绍在实际项目开发中导入 Excel 和导出 Excel 的开发流程及其对应的代码，并重点介绍如何基于 POI 以及基于 EasyExcel 框架采用代码的方式实现相应的功能。

6.1 典型应用场景介绍

正如前文所述，导入导出 Excel 数据文件在每个后台管理系统中几乎都可以见到。导出数据到 Excel 文件这一功能的作用主要在于帮助系统运营者、管理员导出相应功能模块的数据，辅助运营者、管理员对导出的数据进行搜索、筛选，在大量的数据中快速找到自己想要的数据，方便且快捷。

与此同时，还可以利用 Excel 软件本身自带的数据分析功能对导出的大批量数据进行多维度分析，并生成多种数据报表，可以为运营者、管理员提供相应的决策。

而“将数据采用 Excel 文件的方式导入系统”这一功能的作用主要在于提供一种快速、便捷的方式将大批量的数据导入系统中，可以省去手工将数据一条一条导入系统的麻烦。

典型的应用场景包括客户信息管理功能模块中客户数据的导入导出、商城订单管理功能模块中订单数据的导出、系统用户信息管理功能模块中用户信息的导入导出以及商城商品信息管理功能模块中商品信息的导入导出等。图 6.1 所示为商城后台管理系统中商品数据信息的导入导出示例。

	编号	产品名称	单位	价格	库存	备注	采购日期
1	1	联想笔记本	台	4500	120	好	2018-05-02
2	2	IBM服务器2018	个	1400	120	不错22	2018-07-14
3	3	路由器	台	10	5	很好	2018-06-30
4	4	hp台式机	台	10	2	可以	2017-06-21
5	5	台式机	台	4569.65	140	好电脑	2018-01-02
6	6	台式机1	台	4569.65	140	好电脑	2018-01-02
7	7	联想笔记本2	台	4500	120	好	2018-05-02
8	8	IBM服务器2	台	1200	100	不错	2018-06-14
9	44	IBM服务器20182	个	2	120	不错222222	2018-02-14
10	45	路由器2	台	2	5	很好2222	2018-03-02
11	46	路由器123	台	2	5	很好2222	2018-03-02
12	47	IBM服务器20	个	2	140	不错222222	2018-02-14

图 6.1 商品数据信息的导入导出示例

点击导出 Excel 按钮，即可将当前列表中的数据导入一个 Excel 文件中，如图 6.2 所示。

点击导入 Excel 按钮，会弹出一个文件选择框，点击选择文件按钮，并将待上传的 Excel 数据文件上传上来后，即可准备将 Excel 表格中的数据导入系统中，如图 6.3 所示。

最后，点击上传 Excel 按钮，即可将 Excel 表格中的数据导入系统中，如图 6.4 所示。

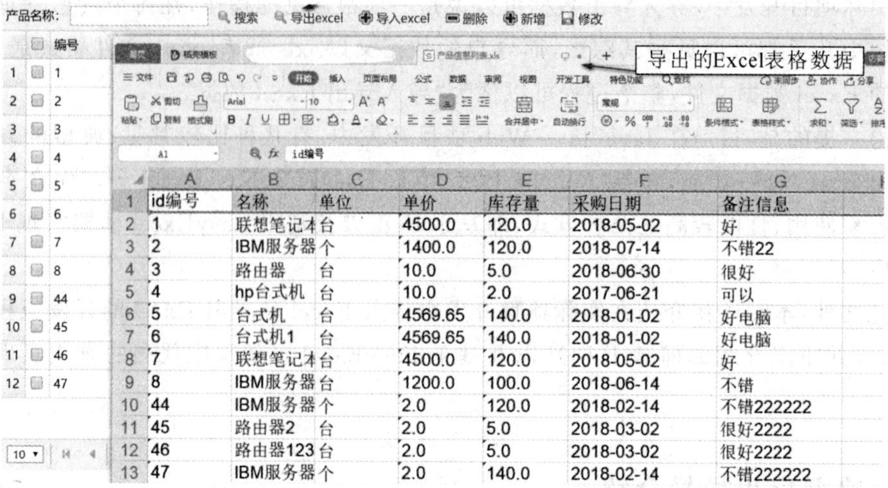

产品名称：　搜索　导出excel　导入excel　删除　新增　修改

导出的Excel表格数据

	A	B	C	D	E	F	G
1	id编号	名称	单位	单价	库存量	采购日期	备注信息
2	1	联想笔记本	台	4500.0	120.0	2018-05-02	好
3	2	IBM服务器	个	1400.0	120.0	2018-07-14	不错22
4	3	路由器	台	10.0	5.0	2018-06-30	很好
5	4	hp台式机	台	10.0	2.0	2017-06-21	可以
6	5	台式机	台	4569.65	140.0	2018-01-02	好电脑
7	6	台式机1	台	4569.65	140.0	2018-01-02	好电脑
8	7	联想笔记本	台	4500.0	120.0	2018-05-02	好
9	8	IBM服务器	台	1200.0	100.0	2018-06-14	不错
10	44	IBM服务器	个	2.0	120.0	2018-02-14	不错222222
11	45	路由器2	台	2.0	5.0	2018-03-02	很好2222
12	46	路由器123	台	2.0	5.0	2018-03-02	很好2222
13	47	IBM服务器	个	2.0	140.0	2018-02-14	不错222222

图 6.2　商品数据信息的导出

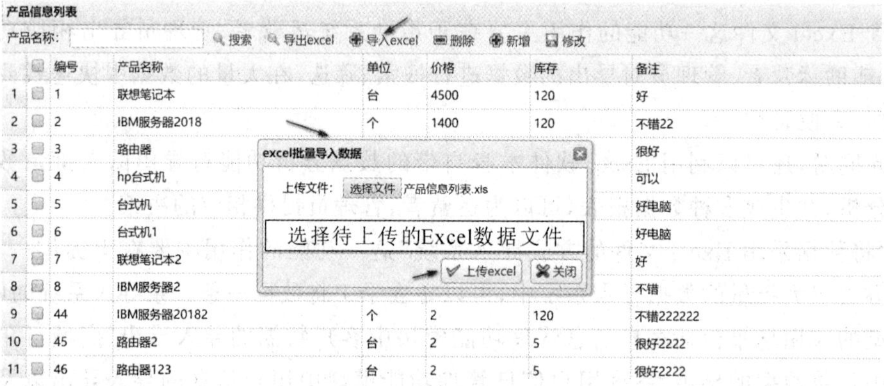

产品信息列表

产品名称：　搜索　导出excel　导入excel　删除　新增　修改

excel批量导入数据　上传文件：选择文件 产品信息列表.xls　选择待上传的Excel数据文件　上传excel　关闭

	编号	产品名称	单位	价格	库存	备注
1	1	联想笔记本	台	4500	120	好
2	2	IBM服务器2018	个	1400	120	不错22
3	3	路由器				很好
4	4	hp台式机				可以
5	5	台式机				好电脑
6	6	台式机1				好电脑
7	7	联想笔记本2				好
8	8	IBM服务器2				不错
9	44	IBM服务器20182	个	2	120	不错222222
10	45	路由器2	台	2	5	很好2222
11	46	路由器123	台	2	5	很好2222

图 6.3　商品数据信息的导入

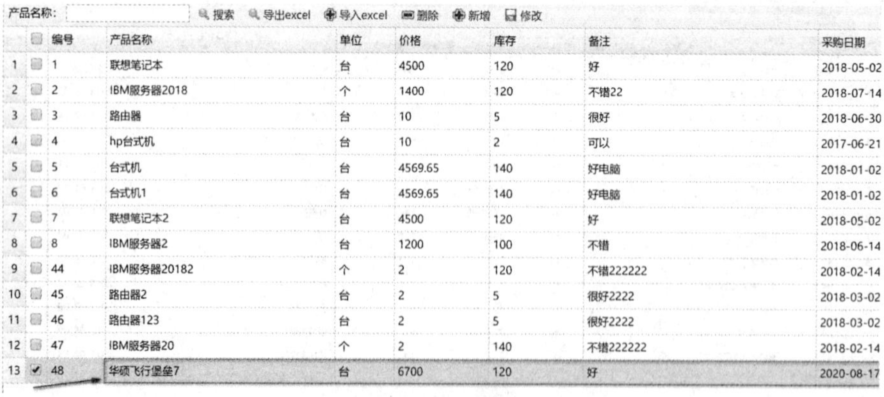

产品名称：　搜索　导出excel　导入excel　删除　新增　修改

	编号	产品名称	单位	价格	库存	备注	采购日期
1	1	联想笔记本	台	4500	120	好	2018-05-02
2	2	IBM服务器2018	个	1400	120	不错22	2018-07-14
3	3	路由器	台	10	5	很好	2018-06-30
4	4	hp台式机	台	10	2	可以	2017-06-21
5	5	台式机	台	4569.65	140	好电脑	2018-01-02
6	6	台式机1	台	4569.65	140	好电脑	2018-01-02
7	7	联想笔记本2	台	4500	120	好	2018-05-02
8	8	IBM服务器2	台	1200	100	不错	2018-06-14
9	44	IBM服务器20182	个	2	120	不错222222	2018-02-14
10	45	路由器2	台	2	5	很好2222	2018-03-02
11	46	路由器123	台	2	5	很好2222	2018-03-02
12	47	IBM服务器20	个	2	140	不错222222	2018-02-14
13	48	华硕飞行堡垒7	台	6700	120	好	2020-08-17

图 6.4　商品数据信息导入成功

以上便是实际项目中 Excel 数据导入导出功能模块典型且常见的应用场景，在后续代码实战篇章中，读者将掌握这一功能模块的实际实现。

6.2 Excel 导出实战

6.2.1 Excel 导出开发流程详解

先从导出 Excel 数据入手，介绍 Excel 导出这一功能模块的开发流程。“Excel 导出”，指的便是将系统中某一功能模块特定的数据以.xls 或者.xlsx 的格式导出到 Excel 文件中。

而众所周知，目前大多数的后台管理系统使用的数据库一般是关系型数据库，比较常见的是 MySQL、SQL Server 以及 Oracle 等，而这些数据库中数据库表的数据一般以二维矩阵或者平面直角坐标系（X、Y 轴分别代表横向数据和纵向字段）的形式存在，如图 6.5 所示。

id	name	unit	price	stock	remark	purchase_date	create_time	update_time	is_delete
1	联想笔记本	台	4500	120	好	2018-05-02	2018-06-26 21:	2018-09-05 22:	0
2	IBM服务器2018	个	1400	120	不错22	2018-07-14	2018-06-26 21:	2018-07-15 10:	0
3	路由器	台	10	5	很好	2018-06-30	2018-06-26 21:	2018-07-15 10:	0

图 6.5　关系型数据库中数据库表的数据存储格式

从图 6.5 中可以看出，id、name、unit、price、stock、remark 等为纵向 Y 轴的字段列，而从第二行开始每一行的数据代表纵向 Y 轴每个字段分别所对应的具体取值，即每一行数据又称为横向 X 轴的数据列，仔细观察会发现，此种数据格式跟导出来的 Excel 文件的数据格式（见图 6.2）是惊人的相似。

因此，Excel 导出这一功能的核心就在于将待导出的数据列表查询出来，并将其转化为 Excel 表格“认识”的二维矩阵格式。掌握了这一核心，接下来便可以深入地细化其中的代码开发流程，为后续代码实战做铺垫。图 6.6 所示为 Excel 导出这一功能操作的具体实现流程：

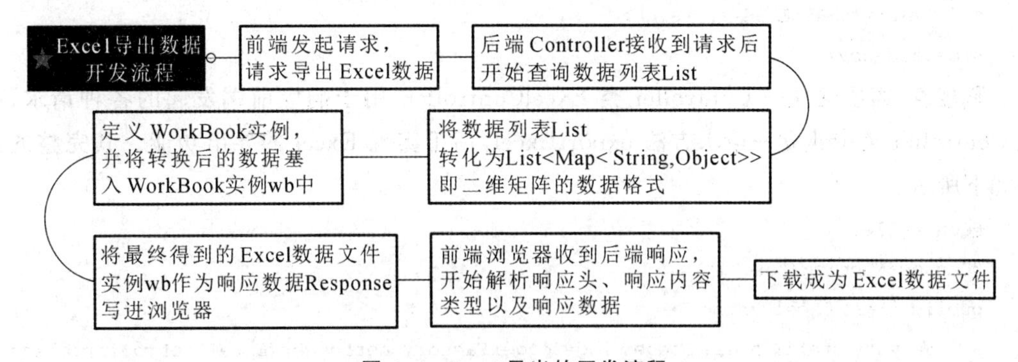

图 6.6　Excel 导出的开发流程

(1)前端发起导出 Excel 数据的请求，并将相应的请求数据传递至后端相应的接口，后端 Controller 在接收到请求后，便开始处理请求数据，并查询待导出的数据列表 List。

(2)由于 Excel 表格不认识数据列表 List，因此，需要将数据列表 List 转化为 List＜Map＜String,Object＞＞，即二维矩阵的数据列表格式 listMap，其中 listMap 中每一个元素由一系列的 Map＜String,Object＞所组成，而 Map＜String,Object＞中的 Key 正是数据库表的字段名，Value 则是对应字段的取值，多个 Key-Value 组合便组合成了一行数据，而这一行数据便是数据库表对应的行数据。

(3)定义 Excel 数据表格文件对应的 WorkBook 实例，并将转换后的数据 listMap 塞入 WorkBook 实例 wb 中，将最终得到的数据实例 wb 作为响应数据 Response 写进浏览器。

(4)前端浏览器在接收到后端响应数据后，便开始解析响应头、响应的内容类型以及响应数据，最终下载成为一 Excel 数据文件。

以上便是 Excel 导出这一功能在实际项目中的开发流程。从下一小节开始，我们将一同进入代码实战环节，学习并掌握如何基于 Apache POI 框架以及 EasyExcel 开源框架来实现 Excel 的导出功能。

6.2.2 基于 POI 实现 Excel 的导出

POI 是 Apache 软件基金会旗下的一个开源函式库，其提供的 API 可以辅助 Java 程序对 Microsoft Office 格式的办公档案进行读、写。下面我们将一同进入代码实战环节，一同学习如何基于 Spring Boot 搭建的项目整合 POI 框架并实现 Excel 的导出功能。

(1)为了能使用 POI 框架的相关 API，首先需要在项目的 pom.xml 文件中加入 POI 相关的 Jar 依赖，代码如下所示：

```
<!--POI 的 Jar 依赖-->
<dependency>
    <groupId>org.apache.poi</groupId>
    <artifactId>poi</artifactId>
    <version>RELEASE</version>
</dependency>
<dependency>
    <groupId>org.apache.poi</groupId>
    <artifactId>poi-ooxml</artifactId>
    <version>RELEASE</version>
</dependency>
```

紧接着，需要建立一 Controller 类 ExcelController，用于响应前端发起的各种请求，在该 Controller 类中建立一请求方法 exportExcel，用于实现 Excel 的导出功能。其完整的源码如下所示：

```
@Controller
@RequestMapping("excel")
public class ExcelController {
    private static final Logger log=LoggerFactory.getLogger(ExcelController.class);

    @Autowired
    private ExcelService excelService;

    @Autowired
    private UserMapper userMapper;

    //导出 Excel
```

```
    @RequestMapping(value="export",method=RequestMethod.GET)
    public @ResponseBody String exportExcel(HttpServletResponse response){
            try {
             //定义 Excel 文件名以及 Excel 的表头
             final StringexcelName="用户数据.xls";
             String[] headers=new String[]{"ID 编号", "用户名", "密码"};

             //查询出待导出的数据列表 List
             List<User>list=userMapper.selectAll();
             //将数据列表 List 转化为二维矩阵 listMap
             List<Map<Integer, Object>>dataList=ExcelBeanUtil.manageUserData(list);
             log.info("导出 Excel 填充数据：{} ",dataList);

             //定义 Excel 表实例 wb,并将 listMap 塞入 wb 中
             Workbookwb=new HSSFWorkbook();
             ExcelUtil.fillExcelSheetData(dataList, wb, headers, "用户数据");
             //将 wb 实例中的数据作为响应 response 返回给前端,实现最终的下载
             WebUtil.downloadExcel(response, wb, "用户数据.xls");
             return excelName;
         } catch(Exception e){
             log.error("导出 Excel 发生异常:",e.fillInStackTrace());
         }
         return null;
     }
}
```

(2)详解每个步骤的具体实现。首先是基于 userMapper 查询出所有待导出的数据列表,即 List<User>list=userMapper. selectAll();其中,selectAll()对应的 SQL 如下所示,其实就是一个简单的 select 查询语句：

```
<!--查询用户列表-->
    <select id="selectAll" resultType="com.debug.book.model.entity.User">
    select<include refid="Base_Column_List"/>from user
    </select>
```

紧接着将数据列表 List 转化为 Excel 表格可以“认识”的二维矩阵格式的数据 listMap,代码如下所示：

```
//将数据列表 List 转化为二维矩阵 listMap
List<Map<Integer, Object>>dataList=ExcelBeanUtil.manageUserData(list);
```

其中,ExcelBeanUtil. manageUserData(list);的源码便是真正地将 List 转化为 listMap 的核心所在,如下所示：

```
public class ExcelBeanUtil {
  //处理待下载的用户数据~将 List 转化为二维的矩阵 listMap
  public static List<Map<Integer, Object>>manageUserData(final List<User>users){
    List<Map<Integer, Object>>dataList=new ArrayList<>();
```

```
        if(users!=null && users.size()>0){
            int length=users.size();

            Map<Integer, Object>dataMap;
            User bean;
            for(int i=0;i<length;i++){
              bean=users.get(i);
              dataMap=new HashMap<>();
              dataMap.put(0, bean.getId());
              dataMap.put(1, bean.getUsername());
              dataMap.put(2, bean.getPassword());
              dataList.add(dataMap);
          }
        }
        return dataList;
    }
}
```

(3)成功将数据列表 List 转换为二维矩阵格式的 listMap 后，便可以将其塞入 Excel 表格实例 WorkBook 中去，即 ExcelUtil. fillExcelSheetData(dataList, wb, headers, "用户数据");其中 fillExcelSheetData 方法的第一个参数表示二维矩阵数据 listMap，第二个表示 Excel 表格实例，第三个表示最终生成的 Excel 表格中的“头部”，最后一个参数则表示 Excel 表格第一个 Sheet 的名称。其具体的实现源码如下所示：

```
public class ExcelUtil {
    private static final Logger log=LoggerFactory.getLogger(ExcelUtil.class);
    private static final String dateFormat="yyyy-MM-dd";
     private static final SimpleDateFormat simpleDateFormat = new SimpleDateFormat
(dateFormat);

    public static void fillExcelSheetData (List < Map < Integer, Object > > dataList,
Workbook wb,String[] headers,String sheetName){
        //创建 Excel 表格的 Sheet 实例
        Sheet sheet=wb.createSheet(sheetName);
        //定义 Excel 表格的头部字段(即第一行)
        Row headerRow=sheet.createRow(0);
        for(int i=0;i<headers.length;i++){
            headerRow.createCell(i).setCellValue(headers[i]);
        }
        //从第二行开始遍历,将 listMap 塞入 Excel 表格文件中
        int rowIndex=1;
        Row row;
        Object obj;
        for(Map<Integer, Object>rowMap:dataList){
```

```
            try {
                //listMap 中的一个元素便代表一行数据 row
                row=sheet.createRow(rowIndex++);
                for(int i=0;i<headers.length;i++){
                    //将 map 中每个 key 对应的 value 取出来,即每个字段对应的具体取值
                    //将该具体取值塞入 Excel 表格中每一行 row 的单元格内,即 column
                    obj=rowMap.get(i);
                    if(obj==null){
                        row.createCell(i).setCellValue("");
                    }else if(obj instanceof Date){
                        String tempDate=simpleDateFormat.format((Date)obj);
                        row.createCell(i).setCellValue((tempDate==null)?"":tempDate);
                    }else {
                        row.createCell(i).setCellValue(String.valueOf(obj));
                    }
                }
            } catch(Exception e){
            }
        }
    }
}
```

(4)成功将数据 listMap 塞入 Excel 表格实例 wb 后,将 wb 以二进制数据流的格式作为浏览器的响应数据返回,即 WebUtil. downloadExcel(response,wb,"用户数据. xls")。其具体的实现源码如下所示:

```
public class WebUtil {
    //将 Excel 表格实例 wb 作为响应数据写进浏览器
    public static void downloadExcel(HttpServletResponse response,Workbook wb,String
fileName)throws Exception{
        response.setHeader("Content-Disposition", "attachment;filename="+new String
        (fileName.getBytes("utf-8"),"iso-8859-1"));
        response.setContentType("application/ynd.ms-excel;charset=UTF-8");
        OutputStream out=response.getOutputStream();
        wb.write(out);
        out.flush();
        out.close();
    }
}
```

至此,基于 Apache POI 实现 Excel 的导出功能的源码已经实战完毕。

(5)对该功能接口做测试。成功运行项目后,打开浏览器,在 URL 地址栏中输入链接地址 http://127.0.0.1:9011/excel/export ,按下回车键后即可触发后端 Controller 类"导出 Excel"的请求方法,其间如果 IDEA 后端控制台没有打印出相应的报错信息,即代表导出过程是正常的,稍等片刻,即可得到后端返回的响应数据,浏览器开始下载 Excel,最终结果如

图 6.7 所示。

点击打开下载后的 Excel 表格数据文件，如图 6.8 所示。

图 6.7 下载 Excel 的导出结果

ID编号	用户名	密码
1	jack	123456
2	修罗2	1234567
3	debug	123456
4	大圣	linsen
5	修罗	linsen
6	linsen	linsen

图 6.8 Excel 表格文件中的数据

对比一下数据库表 user 中的数据会发现，它跟最终导出来的 Excel 表格文件的数据是一模一样的，说明整个过程的源码实现是没有问题的，如图 6.9 所示。

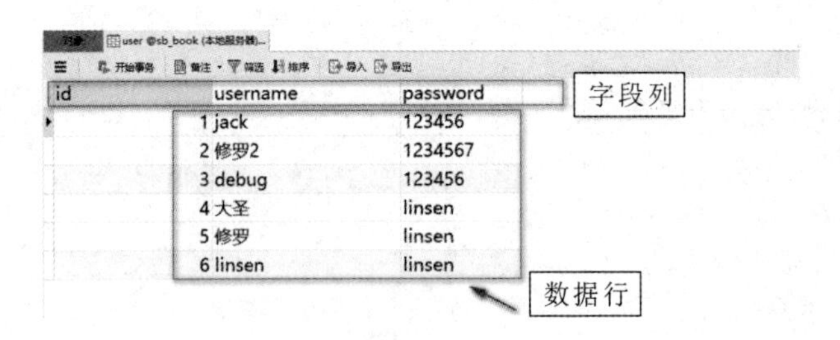

id	username	password
1	jack	123456
2	修罗2	1234567
3	debug	123456
4	大圣	linsen
5	修罗	linsen
6	linsen	linsen

图 6.9 数据库表 user 中的数据

至此，我们已经完成了基于 Apache POI 框架实现 Excel 的导出功能。从最终得到的结果来看，整个过程的源码实现是没有什么问题的，至少在保证数据正确性方面是没有问题的。

然而，“数据正确”并不代表“性能良好”，在下一小节笔者将介绍另外一种实现更加简单、便捷，性能更加良好的方式，即基于 EasyExcel 框架的方式。

6.2.3 基于 EasyExcel 实现 Excel 的导出

在上一小节，我们一起学习并实战了如何基于 Apache POI 框架实现 Excel 导出功能，从测试结果来看，虽然是正确无误的，然而从性能方面来看，Apache POI 却存在一个严重的缺陷，即非常耗内存，甚至会导致内存溢出，即 OOM(out of memory)的现象。

其主要原因在于 POI 底层是采用 userModel 的模式实现导出、导入功能的，而 userModel 的好处是上手容易、使用简单，随便拷贝一份代码即可运行，剩下的就只需要编写实际的业务代码；然而 userModel 模式最大的问题在于它对内存的消耗是非常大的，一个几兆的文件解析可能需要消耗上百兆的内存，这在并发量很大的情况下，很有可能会出现 OOM 的现象或者频繁的 Full GC 现象。

既然有这种缺陷，那么我们自然就得想办法对其弥补，找到使用起来更为简单、便捷，性能更加强悍的框架，而 EasyExcel 便是为此而诞生的。

EasyExcel，就是提供一种 Easy 的方式操作 Excel，它是由阿里开源的一款轻量级的框架。图 6.10 所示为 EasyExcel 托管在 GitHub 上的首页。

图 6.10　EasyExcel 托管在 GitHub 上的首页

接下来,将进入代码实战环节,即基于 EasyExcel 实现 Excel 的导出功能。

(1)在全局父模块的 pom.xml 中加入 EasyExcel 的 Jar 依赖:

```
<!--easy excel-->
<dependency>
    <groupId>com.alibaba</groupId>
    <artifactId>easyexcel</artifactId>
    <version>1.1.2- beta5</version>
</dependency>
```

紧接着,新建一个 Controller 类 EasyExcelController,并在其中创建用于接收前端 Excel 导出请求的方法。其完整源代码如下所示:

```
@Controller
@RequestMapping("excel/easy")
public class EasyExcelController {
    private static final Logger log=LoggerFactory.getLogger(EasyExcelController.
class);

    @Autowired
    private ExcelService excelService;

    @Autowired
    private UserMapper userMapper;

    //导出 Excel
    @GetMapping("export")
    @ResponseBody
    public BaseResponse export(HttpServletResponse response)throws IOException {
        BaseResponse res=new BaseResponse(StatusCode.Success);
        List<UserDto>list=userMapper.selectAllV2();
        if(list!=null && list.size()>0){
            ServletOutputStream out=response.getOutputStream();
            ExcelWriter writer=new ExcelWriter(out, ExcelTypeEnum.XLSX, true);
            StringfileName="用户数据";
```

```
            SheetsheetA=new Sheet(1, 0,UserDto.class);
            //设置自适应宽度
            sheetA.setAutoWidth(Boolean.TRUE);
            //第一个 sheet 名称
            sheetA.setSheetName("用户数据 Sheet");
            writer.write(list, sheetA);
            //通知浏览器以附件的形式下载处理,设置返回头要注意文件名有中文
             response.setHeader("Content-disposition", "attachment;filename="+new
String( fileName.getBytes("gb2312"), "ISO8859-1" )+".xlsx");
            writer.finish();
            response.setContentType("multipart/form-data");
            response.setCharacterEncoding("utf-8");
            out.flush();
        }
        return res;
    }
}
```

从该源码中可以看出，我们仍然是首先执行查询获取所有待导出数据的功能，得到的数据列表是 List<UserDto>，而这里的 UserDto 跟此前的 User 类的内容几乎是一样的，不同之处在于 UserDto 的每个字段加上了 EasyExcel 的专属注解，用于标注最终导出的 Excel 表格的头部字段列。其定义的源码如下所示：

```
@Data
public class UserDto extends BaseRowModel implements Serializable{
    @ExcelProperty(value={"ID 编号"},index=0)
    private Integer id;

    @ExcelProperty(value={"用户名"},index=1)
    private String username;

    @ExcelProperty(value={"用户密码"},index=2)
    private String password;
}
```

细心的读者会发现，相比于传统的 POI 导出 Excel 的方式，这种通过注解指定 Excel 表格头部字段列的方法更加简单、便捷。

将查询得到的数据列表 List 塞入 Excel 表格是通过这段代码来实现的，即 writer.write(list, sheetA)；这其中省去了将 List 转化为 listMap、将 listMap 塞入 Excel 表格实例 WorkBook 等麻烦，跟 Apache POI 导出 Excel 相比，可以说既大大地减少了代码量，也使得代码更加简单。

(2)进入测试阶段，点击运行项目，观察控制台的输出信息，若没有报相关的错误，则打开浏览器，在 URL 地址栏中输入 http://127.0.0.1:9011/excel/easy/export，按下回车键，稍等片刻即可看到浏览器已经开始导出数据并以 Excel 表格的形式下载下来了，如图 6.11 所示。

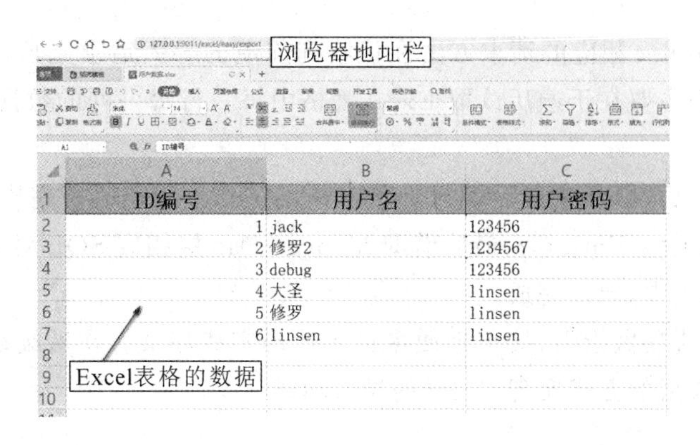

图 6.11　EasyExcel 导出 Excel

从该结果来看，结果是正确的，这就意味着 EasyExcel 框架是可以实现 Excel 的导出功能的。笔者相信那些首次使用 EasyExcel，并照着上述源码实战完毕的读者会发出一声惊叹："这也太简单了吧！"而实际上这也确实证明了 EasyExcel 旨在提供一种简单(easy)的方式操作 Excel 这一论断。

在性能方面，EasyExcel 是明显优于 Apache POI 的，特别是在数据量级为十万、百万甚至千万的场景下两者的性能差异将更为突出。由于上述应用案例涉及的数据量太少，因此难以做深层次的比较。然而，有志者事竟成，读者可以自行模拟，即编写些许代码批量生成随机的数据并插入数据库表，最终分别采用 Apache POI、EasyExcel 测试导出 Excel 的接口，观察 IDEA 控制台的输出信息以及所在机器的 CPU、内存和硬盘 IO 的占用率，读者会发现 EasyExcel 更胜一筹。

6.3　Excel 导入实战

6.3.1　Excel 导入开发流程详解

有导出则一般就会有导入，可以说"导入"是"导出"的逆操作，它将数据整理填充进 Excel 文件中，并一次性且批量地将其上传到系统，最终将数据批量插入数据库表中。图 6.12所示为 Excel 导入数据的开发流程。

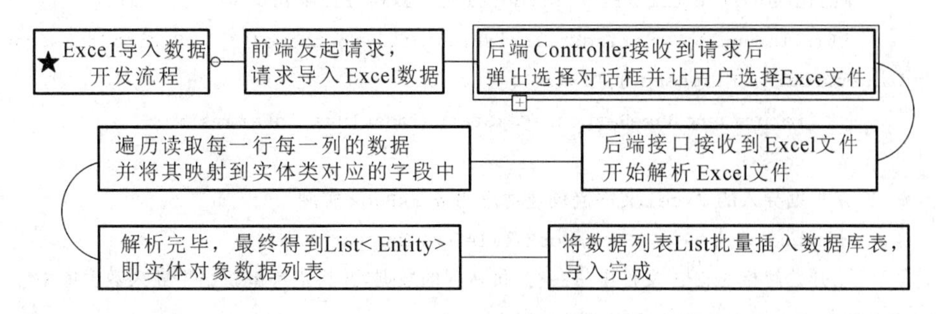

图 6.12　Excel 导入的开发流程

Excel 导入主要包含以下几个步骤：

(1)前端用户点击导入 Excel 按钮，主动发起导入 Excel 数据的请求，选择待导入数据所在的 Excel 文件并点击确定上传之后，前端会将该请求相应的数据传递到后端 Controller。

(2)后端 Controller 相应的请求方法在接收到前端的导入请求之后，便开始解析 Excel 文件，其解析的核心主要在于遍历读取 Excel 表格中每一行每一列的数据，并将其映射到实体类对应的字段中。

(3)遍历完成之后，即意味着后端对上传上来的 Excel 已经解析完毕，并最终得到实体对象数据列表，即 List<Entity>，最后借助 Mapper/Dao 层相应 SQL 对应的方法将数据列表批量插入数据库表中，导入完成。

有了上面这个流程做指引，接下来便可进入代码实战环节。在后续篇章中笔者将介绍两种常见、主流且典型的方式实现 Excel 的导入功能。

6.3.2 基于 POI 实现 Excel 的导入

如何基于 Apache POI 实现 Excel 的导入功能呢？虽然在此之前，我们已然知晓 POI 存在一定的缺陷，但那些缺陷只会在特定的场景下出现，即瞬时、高并发产生大量的访问“操作 Excel”的请求时，很有可能会出现内存占用过大或者 OOM 即内存溢出的现象。

但众所周知，企业内部依然存在着些许日访问量不高的后台管理系统，对于这些应用系统，Apache POI 是没有什么问题的，因此，事物都具有两面性，都需要从不同的角度、不同的场景出发进行斟酌对比。

言归正传，接下来进入代码实战环节，一起学习并实战如何基于 Apache POI 实现 Excel 的导入功能。

(1)在控制器 ExcelController 中编写一请求方法，用于接收前端发起的导入 Excel 的请求，其完整的源码如下所示：

```
//导入 Excel:提交表单
@RequestMapping (value =" import ", method = RequestMethod. POST, consumes = MediaType.
MULTIPART_FORM_DATA_VALUE)
@ResponseBody
    public BaseResponse uploadExcel (MultipartHttpServletRequest request){
    BaseResponse response=new BaseResponse<>(StatusCode.Success);
    try {
        //获取前端导入的 Excel 文件
        MultipartFile file=request.getFile("excelFile");
        if(file==null || StringUtils.isBlank(file.getName())|| !StringUtils.contains
(file.getOriginalFilename(),".xls")){
            return new BaseResponse<>(StatusCode.InvalidParams);
        }
        //根据导入的 Excel 文件流创建对应的 WorkBook 实例
        Workbookwb=new HSSFWorkbook(file.getInputStream());
        //开始解析 Excel 文件中每一行、每一列的数据，并将最终解析结果插入数据库中
        excelService.importExcel(wb);
    } catch(Exception e){
        log.error("导入 Excel,提交表单发生异常:",e.fillInStackTrace());
        return new BaseResponse<>(StatusCode.Fail);
    }
```

```
        return response;
    }
```

从该源码中可以得知，后端相应的接口首先需要获取前端传递过来的 Excel 文件对象，即通过 MultipartHttpServletRequest 的 getFile()方法即可获取，之后便是将其转化为对应的 Excel 表格实例，即 WorkBook 对象实例，最后便交由 excelService 的 importExcel()方法进行解析，并将最终解析到的结果数据插入数据库中。

(2)excelService. importExcel(wb);的具体实现，如下所示为其整体的实现源码：

```
    //导入 Excel 表格数据
    public void importExcel(Workbook wb)throws Exception{
        //解析并读取 Excel 表格中每一个 Sheet、每一行、每一列的数据
        List<User>list=this.readExcelData(wb);

        //插入数据:插入之前需要检查用户名是否已存在
        for(User u:list){
            if(userMapper.countByUserName(u.getUsername())<=0){
                userMapper.insertSelective(u);
            }
        }
    }
    //解析并读取 Excel 表格中每一个 Sheet、每一行、每一列的数据
    public List<User>readExcelData(Workbook wb)throws Exception{
        Useruser;
        List<User>list=newLinkedList<>();
        //遍历每一个 Sheet、每一行、每一列的数据
        Rowrow;
        int numSheet=wb.getNumberOfSheets();
        if(numSheet>0){
            for(int i=0;i<numSheet;i++){
                Sheet sheet=wb.getSheetAt(i);
                int numRow=sheet.getLastRowNum();
                if(numRow>0){
                    for(int j=1;j<=numRow;j++){
                        //TODO:跳过 Excel Sheet 表格头部
                        row=sheet.getRow(j);
                        user=new User();
                        //获取用户名、密码两个字段的值
                        StringuserName=ExcelUtil.manageCell(row.getCell(1), null);
                        String password=ExcelUtil.manageCell(row.getCell(2), null);
                        //将获取到的值设置到对象实例中
                        user.setUsername(userName);
                        user.setPassword(password);
```

```
                    list.add(user);
                }
            }
        }
    }
    log.info("获取数据列表: {} ",list);
    return list;
}
```

上述源码中核心行的代码笔者均已做了相应的注释，值得一提的是，上述代码在解析Excel文件中每一个Sheet、每一行、每一列的数据时需要借助ExcelUtil工具类，即主要根据单元格的数据类型将单元格中的具体取值获取出来，并将其设置进实体对象中相应的字段，最终得到一个实体对象列表List。

（3）将最终得到的实体对象列表List插入数据库中，而在插进数据库之前，需要判断该用户名是否已经存在。如果已然存在，则跳过，不需要插入。代码如下所示：

```
//插入数据:插入之前需要检查用户名是否已存在
for(User u:list){
    if(userMapper.countByUserName(u.getUsername())<=0){
    userMapper.insertSelective(u);
    }
}
```

其中，userMapper.countByUserName(u.getUsername())是用来判断当前给定的用户名是否已经存在于数据库中，其对应的SQL如下所示：

```
<!--根据用户名统计出现的条目数-->
<select id="countByUserName" resultType="java.lang.Integer">
select COUNT(1)AS total from user WHERE username=#{userName} limit 1
</select>
```

（4）至此，已经完成了如何基于Apache POI实现导入Excel的功能，接下来需要进行测试。点击运行项目后，如果IDEA控制台没有出现相关的错误，则意味着我们所编写的代码没有语法性的错误；紧接着打开前端请求模拟工具Postman，在URL地址栏中输入链接http://127.0.0.1:9011/excel/import，选择请求方式为POST，请求体类型为form-data，并在请求参数中定义名字为excelFile、类型为File的参数，选择上传一个待导入的Excel数据文件，如图6.13所示。

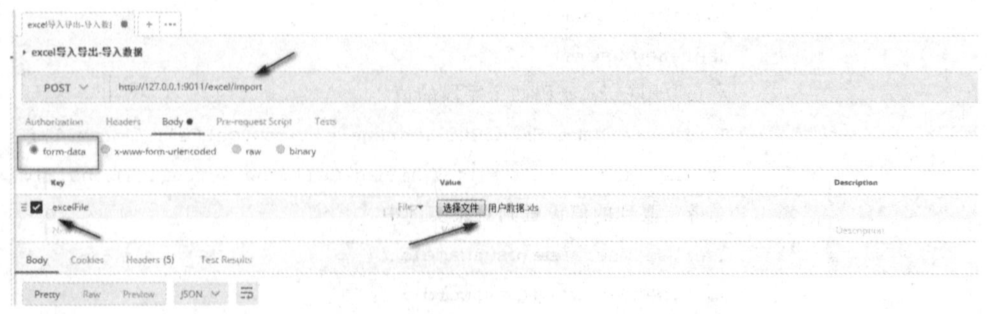

图6.13 Postman发起导入Excel的请求

待导入的 Excel 数据文件名为“用户数据. xls”，其中的数据为笔者随意添加的，如图 6.14 所示，即新添加了 3 条数据，每条数据的用户名在数据库中是不存在的；回到 Postman 请求工具，点击 Send 按钮，即可将该 Excel 文件上传至后端 Controller 相应的请求方法，稍等片刻，即可看到后端返回的处理结果，如图 6.15 所示。

A	B	C
ID编号	用户名	密码
1	jack2	123456
3	debug2	123456
4	大圣2	linsen

图 6.14　待导入的 Excel 文件的数据

图 6.15　导入 Excel 后得到的返回结果

与此同时，查看数据库表 user 中的数据，会发现新增的那 3 条数据已经成功添加进数据库中了，如图 6.16 所示。

id	username	password
1	jack	123456
3	debug	123456
4	大圣	linsen
5	修罗	linsen
6	linsen	linsen
7	jack2	123456
8	debug2	123456
9	大圣2	linsen

新导入的数据

图 6.16　成功导入 Excel 后数据库表的数据

从最终的运行结果来看，上述 Excel 表格中的数据已经成功导入数据库中了，这也意味着上述基于 Apache POI 框架实现 Excel 导入数据的功能代码是没有问题的。

值得一提的是，如果此时读者在 Postman 中再次点击 Send 按钮，再次将同样的 Excel 表格数据上传至后端相应的接口，由于接口中的代码处理逻辑已经对“用户名”做了判重逻辑，因此也就不会重复将数据导入数据库中了。

至此，基于 Apache POI 框架实现 Excel 导入数据的功能的代码实战就完成了。在下一小节我们将乘胜追击，尝试用另外一种方式，即 EasyExcel 框架实现 Excel 的导入功能。

6.3.3　基于 EasyExcel 实现 Excel 的导入

对于 EasyExcel 框架，在前文已经做了些许介绍，在此就不赘述了。简而言之，它是一款可以简单、快捷地实现对 Excel 的读写操作、性能极高的开源框架。接下来进入代码实战环节，实战如何基于 EasyExcel 框架实现 Excel 的导入功能。

(1)在控制器类 EasyExcelController 中创建一个请求方法 uploadExcel，用于接收前端发起的导入 Excel 的请求。其源码如下所示：

```
//导入 Excel:提交表单
@RequestMapping(value="import",method=RequestMethod.POST,consumes=MediaType.
MULTIPART_FORM_DATA_VALUE)
@ResponseBody
public BaseResponse uploadExcel(MultipartHttpServletRequest request){
    BaseResponse response=new BaseResponse<>(StatusCode.Success);
    try {
        MultipartFile file=request.getFile("excelFile");
        if(file==null || StringUtils.isBlank(file.getName())||!StringUtils.contains
(file.getOriginalFilename(),".xlsx")){
            return new BaseResponse<>(StatusCode.InvalidParams);
        }
        //真正解析 Excel、导入数据的代码逻辑
        excelService.importExcel(file);
    }catch(Exception e){
        log.error("导入 Excel,提交表单发生异常:",e.fillInStackTrace());
        return new BaseResponse<>(StatusCode.Fail);
    }
    return response;
}
```

其中，真正用于解析 Excel、导入数据的代码逻辑是交由 excelService 的 importExcel 方法实现的，其完整的源码如下所示：

```
//EasyExcel 导入数据
public void importExcel(MultipartFile file)throws Exception{
    InputStream is=file.getInputStream();
    //实例化实现了 AnalysisEventListener 接口的类
    ExcelListener listener=new ExcelListener();
    //传入参数
    ExcelReader reader=new ExcelReader(is,null,listener);

     // ExcelReader  excelReader = new  ExcelReader (is,  ExcelTypeEnum. XLSX,  null,
listener);
    //读取信息
    reader.read(new com.alibaba.excel.metadata.Sheet(1, 1, UserDto.class));
    //获取数据
    List<Object>excelData=listener.getList();
    UserDto dto;
    //转换数据类型,并插入数据库
    for(int i=0;i<excelData.size();i++){
```

```
            dto=(UserDto)excelData.get(i);
            if(userMapper.countByUserName(dto.getUsername())<=0){
                userMapper.insertData(dto);
            }
        }
    }
```

其中,ExcelListener 主要充当一个监听器的作用,用于解析 Excel 每一行数据时监听获取对应行的数据,并将其封装至相应的实体类对象中。其源码如下所示:

```
public class ExcelListener extends AnalysisEventListener {
    //可以通过实例获取该值
    private List<Object>list=new ArrayList<Object>();
    public void invoke(Object o, AnalysisContext analysisContext){
        list.add(o);//数据存储到 list,供批量处理,或后续自己业务逻辑处理
        doSomething(o);//根据自己业务做处理
    }
    private void doSomething(Object object){
        //1.入库调用接口
    }
    public void doAfterAllAnalysed(AnalysisContext analysisContext){
        //解析结束销毁不用的资源
        // list.clear();
    }
    public List<Object>getList(){
        return list;
    }
    public void setList(List<Object>list){
        this.list=list;
    }
}
```

(2)至此,我们已经完成了如何基于 EasyExcel 框架实现 Excel 导入的功能,接下来是测试环节。打开 Postman,在地址栏中输入链接 http://127.0.0.1:9011/excel/easy/import,选择请求方式为 POST,请求体类型为 form-data,并在请求参数中定义名字为 excelFile、类型为 File 的参数,选择上传一个待导入的 Excel 数据文件,如图 6.17 所示。

图 6.17 Postman 导入数据

其中,待导入的 Excel 表格中的数据如图 6.18 所示。

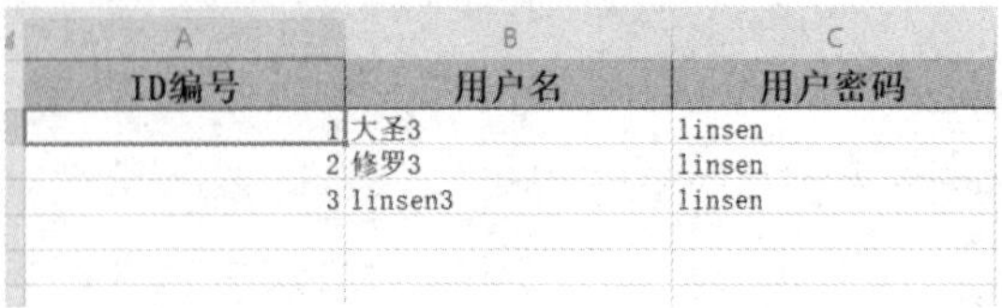

ID编号	用户名	用户密码
1	大圣3	linsen
2	修罗3	linsen
3	linsen3	linsen

图 6.18　待导入的 Excel 表格的数据

点击 Send 按钮之后,稍等片刻,即可得到后端返回的响应数据。返回的状态码为 200,即代表数据已经成功导入数据库中。此时可以打开数据库表 user,观察其中的数据,会发现数据已经成功导入数据库中了,如图 6.19 所示。

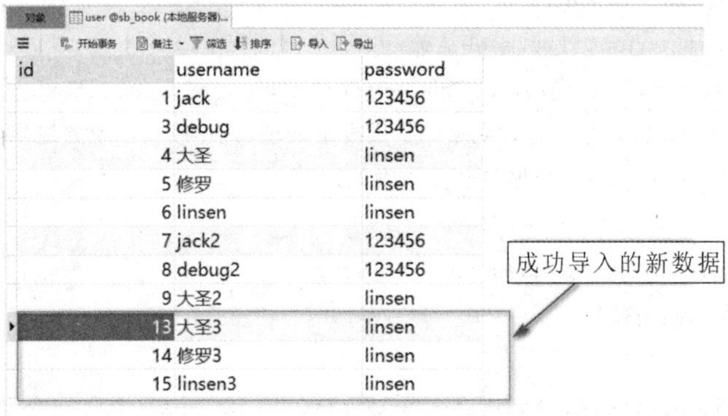

id	username	password
1	jack	123456
3	debug	123456
4	大圣	linsen
5	修罗	linsen
6	linsen	linsen
7	jack2	123456
8	debug2	123456
9	大圣2	linsen
13	大圣3	linsen
14	修罗3	linsen
15	linsen3	linsen

成功导入的新数据

图 6.19　Postman 成功导入数据后数据库表的数据

至此,基于 EasyExcel 框架实现 Excel 导入数据的功能的代码实战也已经完成了。笔者建议读者一定亲自动手编写相应的代码并进行一番测试,实战过后方能知晓前面篇章介绍的理论知识。

6.3.4　两种实现方式的对比

至此,关于 Excel 导入导出功能的代码实现已经实战完毕,由最后的接口测试结果来看,结果是正确的。接下来对上述两种实现方式进行简单的比较,为各位读者在实际项目开发中做技术选择提供参考。

(1)Apache POI 或者 JXL 框架更适用于系统并发访问量不大的场景,针对并发访问量很大或者瞬时访问量很大的系统,POI 或者 JXL 框架是支撑不住的,很有可能会出现内存溢出、泄露的问题;而 EasyExcel 框架则可以很好地解决这个问题。

(2)Apache POI 框架在解析 Excel 表格数据文件时需要消耗很大的内存,有时候一个几兆的文件在解析期间需要占用十几兆甚至几百兆的内存空间,在空间利用率方面可以说不如 EasyExcel 框架。

(3)POI 框架在实际使用时需要手动、显式地创建表头、创建 Sheet、创建单元格 Cell 并手动将数据设置进单元格等;而使用 EasyExcel 框架,只需在类字段上添加相应的注解进行标注,表示 Excel 表格中对应的表头,同时只需要简单地调用 EasyExcel 的 API 即可实现数据的导入、导出。

(4)POI 也并非无用武之地,特别是在采用代码实现 Excel 导出功能的整个过程期间,可以让开发者理解其中的核心思想，即如何将数据库表中的二维矩阵转化为 Excel 表格可以“识别”的数据，之后便是一步一步正向推导，即需要查询获取待导出的数据列表 List，并将其转化为二维矩阵的数据，而 Java 中并没有二维矩阵的数据类型，因此需要借助 Map 加以实现，即 Map 中的 Key 为 Excel 数据表格中的表头字段，而 Value 则为每一行数据中表头字段列所对应的取值。整个过程有助于开发者理解其中的思想，这点是难能可贵的。

在此，笔者建议各位读者首先基于 Apache POI 框架实现 Excel 数据的导入和导出功能，之后再基于 EasyExcel 框架实现 Excel 数据的导入和导出功能，而实战过后，再自行回顾并做相应的对比。

值得一提的是，在实际项目开发中，对于导入导出 Excel 功能的实现，笔者偏向于采用 EasyExcel 框架进行实现，一来它简单、便捷，二来它在性能方面，特别是在内存占用以及内存利用率等方面有很大的优势。因此，基于 EasyExcel 框架实现 Excel 数据的导入导出也就成为不二之选。

本章总结

本章是 Spring Boot 实战实际项目中常见、典型技术的第二章。本章重点介绍了实际项目中 Excel 导入导出这一功能模块，包括其常见的应用场景、开发流程，紧接着重点介绍了如何基于 Apache POI 以及 EasyExcel 框架实现 Excel 的导入和导出功能，最后对这两种实现方式进行了总结与对比。总体来说，笔者建议在实际项目开发中，应当首选 EasyExcel 框架实现项目中的导入导出功能。

本章作业

(1)如下所示为客户信息表 customer 的 DDL，即数据库表的数据结构定义，要求基于此数据库表自行生成该表的实体类、Mapper 操作接口以及 Mapper. xml 文件，并基于 Apache POI 框架实现该数据库表数据的 Excel 导入导出功能。

```
CREATE TABLE `customer`(
  `id` int(11)NOT NULL AUTO_INCREMENT,
  `name`varchar(255)CHARACTER SET utf8mb4 DEFAULT NULL COMMENT '姓名',
  `phone`varchar(255)CHARACTER SET utf8mb4 DEFAULT NULL COMMENT '手机号',
  `email`varchar(255)CHARACTER SET utf8mb4 DEFAULT NULL COMMENT '邮箱',
  `age`int(11)DEFAULT NULL COMMENT '年龄',
  `address`varchar(255)CHARACTER SET utf8mb4 DEFAULT NULL COMMENT '住址',
  PRIMARY KEY(`id`)
)ENGINE= InnoDB DEFAULT CHARSET= utf8 COMMENT= '客户信息表';
```

(2)利用(1)给出的客户信息表 customer，基于 EasyExcel 框架实现该数据库表数据的 Excel 导入导出功能。

(3)在完成(1)或者(2)所要求的功能之后，在该功能模块中加入 Thymeleaf 前端模板引擎，并创建一个新的页面 customer. html，在该页面中加入“导入 Excel”“导出 Excel”两个按钮，并将其与(1)或(2)开发完成的接口进行对接，最终实现 Excel 导入导出功能的可视化操作。

第7章

缓存中间件Redis实战

Redis，是 remote dictionary server 的简称，一个遵循 BSD 协议的、免费开源的、基于内存 Key-Value 结构化存储的存储系统，在实际生产环境中可以作为数据库、缓存和消息中间件等来使用。

Redis 是如今市面上应用相当广泛的缓存中间件，它支持多种数据结构，包括字符串 String、列表 List、集合 Set、有序集合 Sorted Set、散列 Hash 和用于基数统计的 Hyper Log Log 等。在实际业务环境中，它可以实现类似基本数据缓存、热点数据存储、消息发布订阅、非结构化数据存储、消息分发/消息队列等功能。而在如今高可用、高并发、低延迟等架构横行的分布式时代，Redis 带来了很大的便利。

本章涉及的知识点主要有：

- Redis 简介，包括 Redis 的基本概念，典型应用场景介绍，在 Windows 开发环境中的简单使用；
- 基于 Spring Boot 2.0 整合 Redis，并使用 StringRedisTemplate 以及 RedisTemplate 实战 Hello World，初次感受 Redis 在实际项目中的应用；
- 基于搭建的 Spring Boot 2.0 项目实战 Redis 各种典型的数据结构；
- 以实际项目中的业务场景为案例实战 Redis，巩固 Redis 在实际互联网项目中的应用。

7.1 Redis 简介与典型应用场景

Redis 是一款免费开源的、遵循 BSD 协议的高性能结构化存储中间件，可以满足目前企业大部分应用对于高性能数据存储的需求。同时，它也是 NoSQL(not only SQL)，即非关系型数据库的一种，内置多种数据结构，如字符串 String、列表 List、集合 Set、散列 Hash 等，可以高效地解决企业应用频繁读取数据库而带来的诸多问题。

Redis 的诞生其实还得追溯到 Web 2.0 网站的时代。互联网 Web 2.0 时代，可以说是“百花齐放”的时代，其典型之物当属各种基于内容、服务模式产品的诞生，这些产品的出现，在给人们的生活以及思想上带来一定的冲击之时，也给企业带来了巨大的用户流量。

在诸多系统架构实施以及对巨大用户流量的分析过程中，发现用户的“读”请求远远多于用户的“写”请求，频繁的读请求在高并发的情况下会增加数据库的压力，导致数据库服务器的整体压力上升，这也是早期很多互联网产品在面对高并发时经常出现响应慢、网站卡顿等用户体验差现象的原因。

为了解决这种问题，许多架构引入了缓存组件，Redis 即为其中的一种，它可以很好地将用户频繁需要读取的数据存放至缓存中，减少数据库的 IO(输入输出)操作，降低服务器整体的压力。

由于 Redis 是基于内存的、采用 Key-Value 结构化存储的 NoSQL 数据库，加上其底层采用单线程和多路 I/O 复用模型，所以 Redis 的速度很快。根据 Redis 官方提供的数据，它每秒查询的次数可以达到 10 万次以上，这在某种程度上足以满足大部分的高并发请求。

随着微服务、分布式系统架构时代的到来，Redis 在如今各大知名互联网产品中也得到了一席施展之地，比如淘宝、天猫、京东、QQ、新浪微博、今日头条、抖音等 APP 应用，其背后系统架构中分布式缓存的实现或多或少都可以见到 Redis 的踪影。概括地讲，Redis 具有以下四种典型的应用场景。

1. 热点数据的存储与展示

热点数据可以理解为大部分用户频繁访问的数据。这些数据对于所有的用户来说，访问将得到同一个结果，比如微博热搜(每个用户在同一时刻的热搜是一样的)，如果采用传统的查询数据库的方法获取热点数据，那将大大增加数据库的压力、降低数据库的读写性能。

2. 最近访问的数据

用户最近访问过的数据记录在数据库中将采用“日期字段”作为标记。频繁查询的实现是采用该日期字段与当前时间做“时间差”的比较查询，这种方式是相当耗时的。而采用 Redis 的 List 作为“最近访问的足迹”的数据结构，将大大降低数据库频繁的查询请求。

3. 并发访问

对于高并发访问某些数据的情况，Redis 可以将这些数据预先装载在缓存中。每次高并发产生请求时，可以直接从缓存中获取，减少高并发访问给数据库带来的压力。

4. 排名

排行榜在很多互联网产品中也是比较常见的，采用 Redis 的有序集合可以很好地实现用户的排名，避免了传统的基于数据库级别的 Order By 以及 Group By 查询带来的性能问题。

除此之外，Redis 还有诸多应用场景，比如订阅发布机制、消息分发/消息队列、分布式锁等。在后面篇章中，我们将选取一种典型的应用场景结合实际的微服务项目、以代码实战的方式来实现。

7.2 使用 Redis

接下来以前文搭建的 Spring Boot 2.0 微服务项目为基础，采用代码实战 Redis。而在真正开始实操之前，本节将首先介绍如何在本地开发环境中快速安装 Redis，以及如何使用简单的命令行实现 Redis 的相关操作。在前面章节中，已经采用 Spring Boot 2.0 搭建了一个微服务项目，在本节将以此为基础整合 Redis，介绍其在实际项目中两个核心操作组件 StringRedisTemplate 以及 RedisTemplate 的自定义注入与配置。

7.2.1 快速安装 Redis

“工欲善其事，必先利其器”，在代码实战之前，需要在本地开发环境中安装好 Redis。对于不同的开发环境，Redis 的安装以及配置方式也不尽相同。本书将以 Windows 开发环境为例，介绍 Redis 的快速安装与使用；对于在 Linux 以及 Mac 开发环境中的安装，各位读者可以访问 Redis 的官网或者查找其他资料进行学习。

Pivotal 开发团队考虑到部分开发者是在 Windows 开发环境下使用 Redis 的，故而发布了一款轻量级、便捷型的可在 Windows 下使用、免安装且开源的绿色版 Redis。下面介绍 Windows 开发环境下如何进行下载以及安装。

(1)打开浏览器，访问 Redis 托管在 GitHub 开源平台上的下载链接 https://github.com/MicrosoftArchive/redis/tags，如图 7.1 所示。

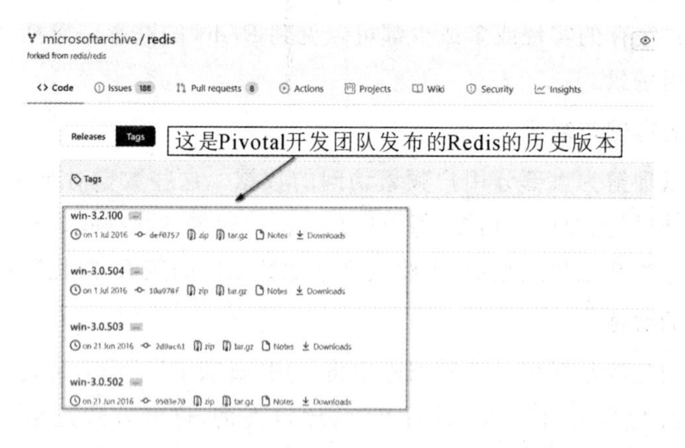

图 7.1 开源平台 GitHub 上 Redis 历史发布版本

(2)下载、解压并存放安装文件。这里需要补充说明的是：由于 Redis 的版本一直在迭代更新，故而每隔一段时间发布在 GitHub 上的最新版本也不尽相同。以图 7.1 为例，选择最新版本号为 win-3.2.100、格式为 zip 的版本进行下载，将其解压到某个没有包含中文目录或特殊符号的磁盘目录下，如图 7.2 所示，笔者将其放在 D 盘目录下。

打开 Redis 解压后的文件目录，如图 7.2 所示，可以看到 Redis 的一些核心文件，其中：redis-server.exe 文件用于启动 Redis 服务；redis-cli.exe 文件为 Redis 在 Windows 开发环

本地磁盘 (D:) › Redis-x64-3.2.100

名称	修改日期	类型	大小
EventLog.dll	2016/7/1 16:27	应用程序扩展	1 KB
redis-server.exe	2016/7/1 16:28	应用程序	1,628 KB
redis-cli.exe	2016/7/1 16:28	应用程序	488 KB
redis-check-aof.exe	2016/7/1 16:28	应用程序	251 KB
redis-benchmark.exe	2016/7/1 16:28	应用程序	400 KB
dump.rdb	2018/12/9 18:17	RDB 文件	1 KB
redis-server.pdb	2016/7/1 16:28	Program Debug...	6,916 KB
redis-cli.pdb	2016/7/1 16:28	Program Debug...	4,420 KB
redis-check-aof.pdb	2016/7/1 16:28	Program Debug...	3,436 KB
redis-benchmark.pdb	2016/7/1 16:28	Program Debug...	4,268 KB
Windows Service Documentation.docx	2016/7/1 9:17	Microsoft Word ...	14 KB
Redis on Windows.docx	2016/7/1 16:07	Microsoft Word ...	17 KB
Redis on Windows Release Notes.do...	2016/7/1 16:07	Microsoft Word ...	13 KB
redis.windows-service.conf	2016/7/1 16:07	CONF 文件	48 KB
redis.windows.conf	2016/7/1 16:07	CONF 文件	48 KB

图 7.2　解压 Redis 并将其存放到磁盘目录下

境下的 Dos 客户端，提供给开发者以命令行的方式跟 Redis 服务进行交互；redis-check-aof. exe 是 Redis 内置的用于数据持久化备份的工具；redis-benchmark. exe 文件是 Redis 内置的用于性能测试的工具；redis. windows. conf 则是 Redis 在 Windows 下的核心配置文件，主要用于 Redis 的 IP 绑定、数据持久化备份、连接数以及相关操作超时等配置。

（3）双击 redis-server. exe，如果可以看到图 7.3 所示的界面，即代表 Redis 服务已经启动成功。这里省去了一步一步安装和其他复杂配置的烦琐流程。其中 6379 为 Redis 服务所在的端口号。

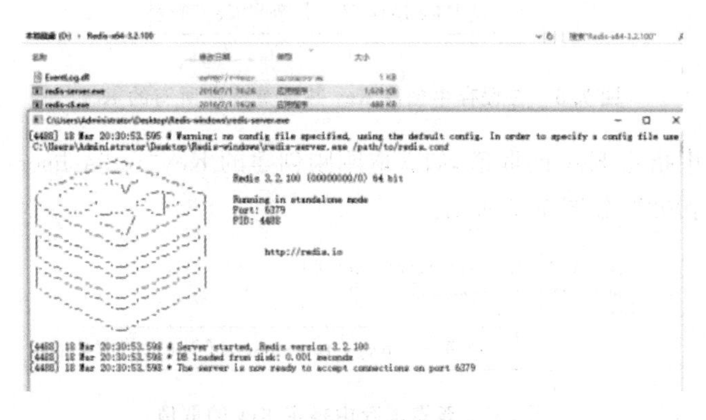

图 7.3　启动 Redis 服务

至此，Redis 在 Windows 开发环境下的安装已经完成了，下面借助 redis-cli. exe 文件、采用命令行的方式操作 Redis。

◆ 7.2.2　在 Windows 环境下使用 Redis

双击 redis-cli. exe 文件，如果可以看到图 7.4 所示的界面，则表示开发者可以以命令行的方式操作本地的 Redis 服务了。

先简单使用 Redis 的一些命令，初步认识一下 Redis。

（1）查看 Redis 缓存中存储的所有 Key，命令为“keys * ”，如图 7.5 所示。

（2）在缓存中创建一个 Key，设置其名字为“redis：user：002”（按照自己的习惯取名即可，但是建议最好具有某种含义），设置它的取值为“jack”，命令为“set redis：user：002 jack”，设置完之后再查看所有的 Key 列表，如图 7.6 所示。

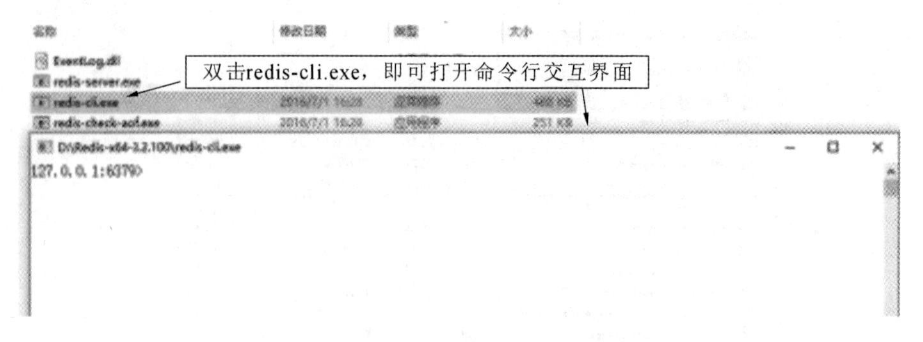
双击redis-cli.exe，即可打开命令行交互界面
127.0.0.1:6379>

图 7.4　启动 Redis 命令行交互界面

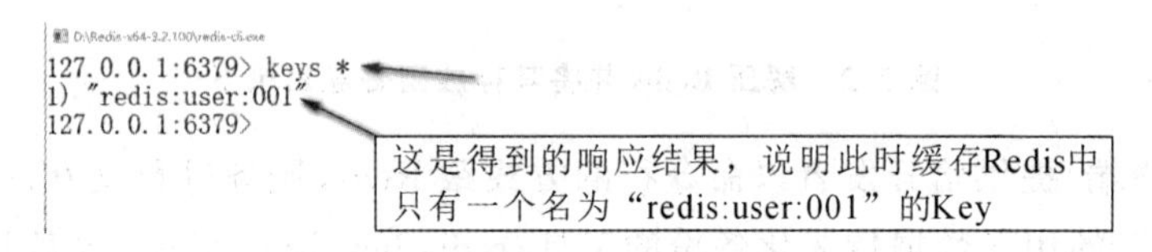
127.0.0.1:6379> keys *
1) "redis:user:001"
127.0.0.1:6379>
这是得到的响应结果，说明此时缓存Redis中只有一个名为“redis:user:001”的Key

图 7.5　查看缓存中所有的 Key

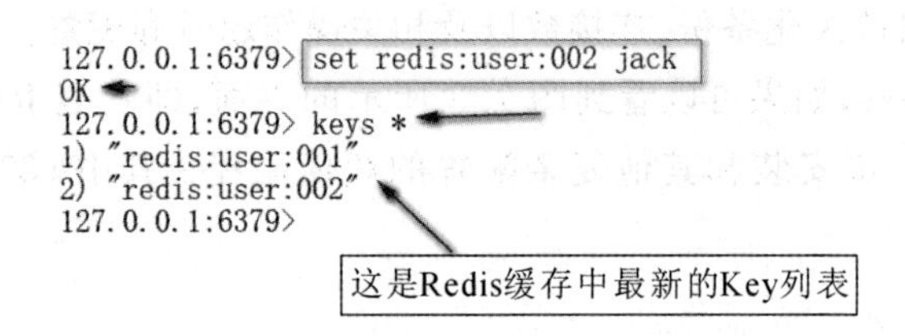
127.0.0.1:6379> set redis:user:002 jack
OK
127.0.0.1:6379> keys *
1) "redis:user:001"
2) "redis:user:002"
127.0.0.1:6379>
这是Redis缓存中最新的Key列表

图 7.6　在缓存中创建 Key 并查看现在所有的 Key

(3)查看缓存中指定 Key 的取值，如获取刚刚创建的 Key“redis:user:002”的取值，命令为“get redis:user:002”，如图 7.7 所示。

```
127.0.0.1:6379> get redis:user:002
"jack"
127.0.0.1:6379>
```

这是缓存中Key为redis:user:002对应的取值

图 7.7　查看缓存中指定 Key 的取值

(4)删除缓存中指定的 Key，如删除 Key“redis:user:002”，命令为“del redis:user:002”，执行命令之后，如果返回值为 1，则代表删除成功。此时再执行命令“keys *”，查看缓存中现有的 Key 列表，则发现刚刚被删除的 Key 不见了，如图 7.8 所示。

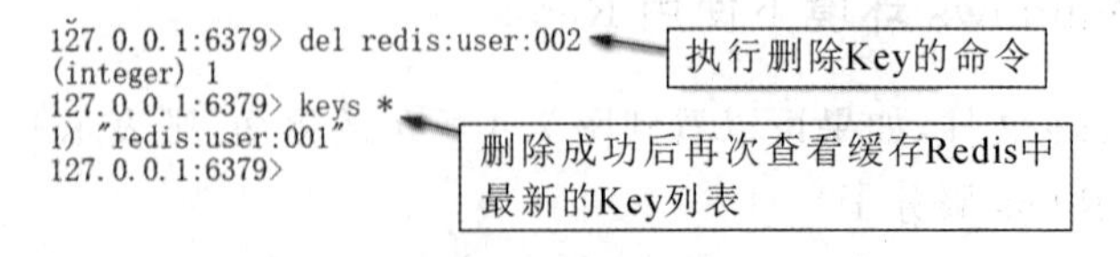
127.0.0.1:6379> del redis:user:002
(integer) 1
127.0.0.1:6379> keys *
1) "redis:user:001"
127.0.0.1:6379>
执行删除Key的命令
删除成功后再次查看缓存Redis中最新的Key列表

图 7.8　删除缓存中指定的 Key

(5)在成功删除掉缓存中某个 Key 之后，为了查看该 Key 是否仍然存于缓存中，可以采用命令 exists Key 进行判断。以上面被删除的 Key“redis:user:002”为例，判断该 Key 现在是否仍然存在缓存中，即执行命令“exists redis:user:002”即可得到结果，如图 7.9 所示。

```
127.0.0.1:6379> exists redis:user:002
(integer) 0
127.0.0.1:6379>
```

返回结果为0，代表缓存中已经不存在Key了

图 7.9　判断缓存中是否存在指定的 Key

(6)除了可以通过 del 命令的方式删除缓存 Redis 中指定的 Key，还可以通过“设置过期时间”，即 expire 命令的方式删除缓存中指定的 Key，即执行命令 expire Key ttl 即可设定缓存 Redis 中指定的 Key 在 ttl 秒后自动从缓存中移除。图 7.10 所示为对名字为 redis:user:003 的 Key 设置存活时间为 10 秒钟，在 10 秒钟内不断采用 ttl 的命令查看该 Key 当前剩下的存活时间。

```
127.0.0.1:6379> set redis:user:003 pony
OK
127.0.0.1:6379> get redis:user:003
"pony"
127.0.0.1:6379> expire redis:user:003 10
(integer) 1
127.0.0.1:6379> ttl redis:user:003
(integer) 5
127.0.0.1:6379> ttl redis:user:003
(integer) -2
127.0.0.1:6379> get redis:user:003
(nil)
127.0.0.1:6379>
```

创建一个新的Key：redis:user:003

设定该Key的存活时间(过期时间)为10秒钟

过了5秒钟之后开始查看该Key是否存在，返回5代表该Key的存活时间还有5秒；等过了10秒钟之后，返回－2，负数即意味着该Key已经失效了

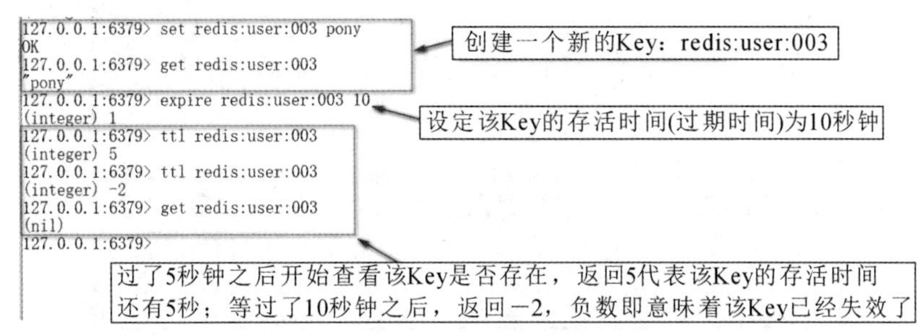

图 7.10　expire 命令设置 Key 的过期时间

Redis 提供的命令远远不止上面所介绍的这些，如果想要了解更多的命令，可以访问 Redis 的官网，找到其命令行一栏，按照其提供的文档即可进行学习。目前网上不仅提供了官方英文版的网站，也提供了中文版的网站，链接分别为 https://redis.io/commands 和 http://www.redis.cn/commands.html，界面分别如图 7.11、图 7.12 所示。

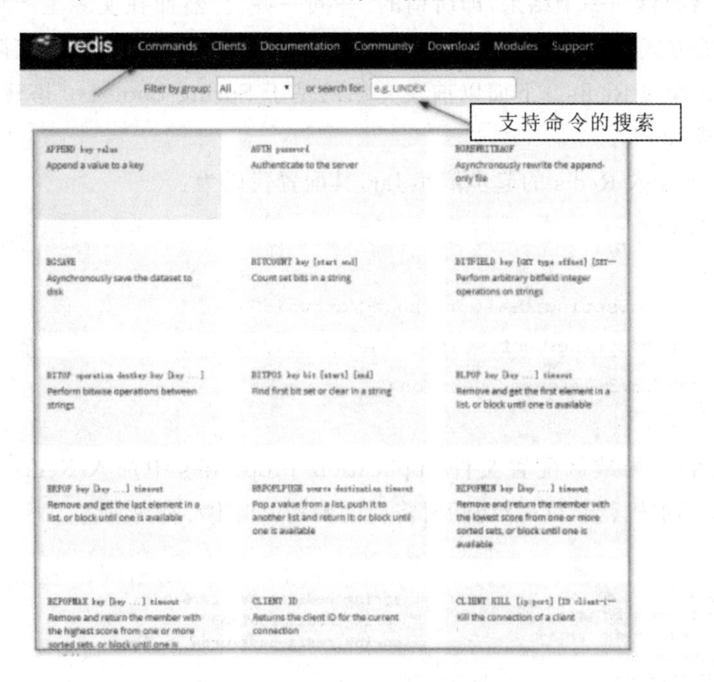

图 7.11　访问 Redis 官网(英文版)

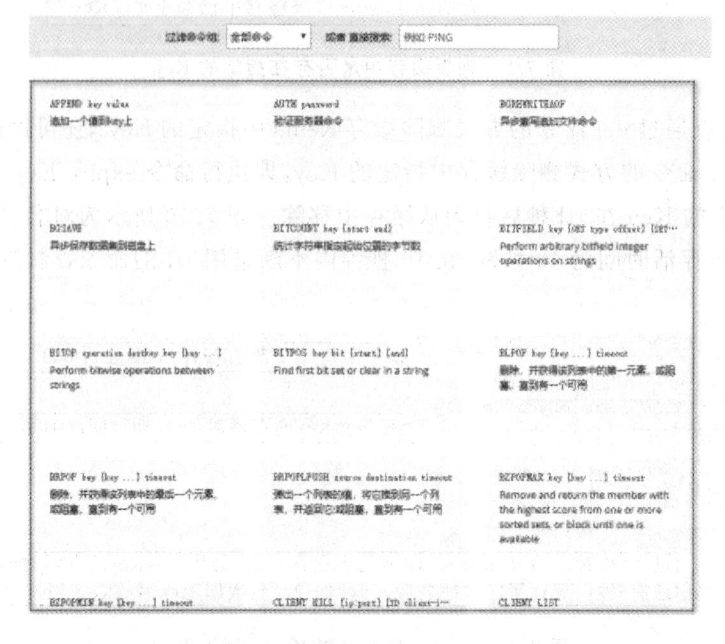

图 7.12 访问 Redis 官网(中文版)

◆ 7.2.3 Spring Boot 2.0 整合与配置 Redis

采用命令行的方式终究是需要“人为”去干预的，即当你往命令行界面中键入一个命令时，Redis 服务器会返回一个结果，即所谓的“一问一答”。然而在实际生产环境中是很少直接采用命令行的方式去操作 Redis 的，更多的是将其整合到项目中，结合实际业务常见的需要以代码的方式操作 Redis。下面以前文介绍的基于 Spring Boot 2.0 搭建的项目为基础，整合配置并实战 Redis。

(1)在项目中加入 Redis 的起步依赖 Jar，其配置代码为：

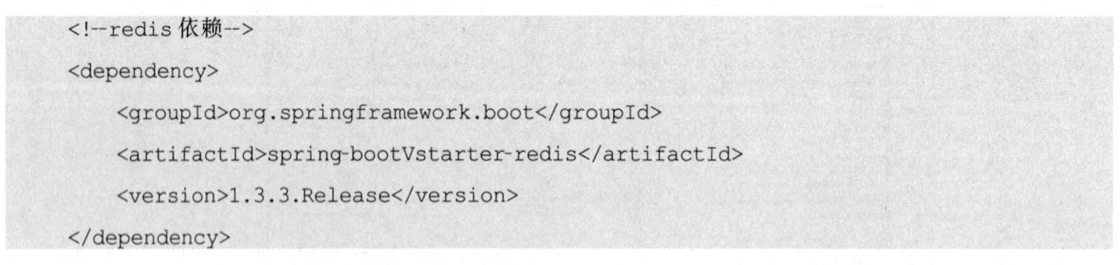

```
<!--redis 依赖-->
<dependency>
    <groupId>org.springframework.boot</groupId>
    <artifactId>spring-bootVstarter-redis</artifactId>
    <version>1.3.3.Release</version>
</dependency>
```

(2)在项目的全局默认配置文件 application. properties 中加入 Redis 的连接配置，即 Redis 服务所在的主机、端口以及访问时需要的密钥，如图 7.13 所示。

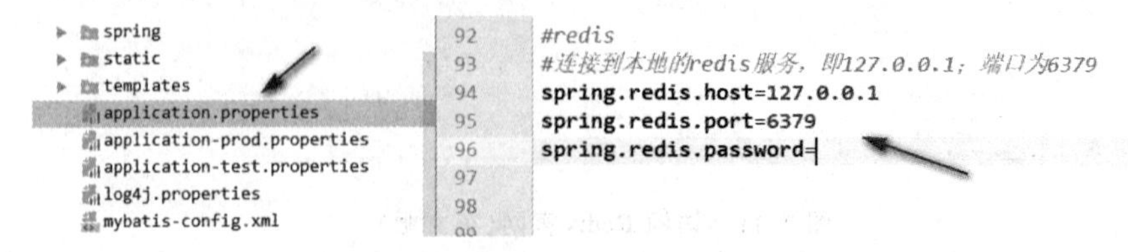

图 7.13 加入 Redis 连接配置

其对应的配置代码为：

```
#redis
#连接到本地的 redis 服务，即 127.0.0.1；端口为 6379
spring.redis.host=127.0.0.1
spring.redis.port=6379
spring.redis.password=
```

至此，基于 Spring Boot 2.0 搭建的项目整合 Redis 的任务就完成了。在下一小节我们将开始采用实际的代码实战 Redis。

7.2.4 自定义注入与配置 Redis 模板操作组件 Bean

在前面篇章中我们已然知晓 Spring Boot 有一大核心特性，称为自动装配，即自动将引入的起步依赖 Jar 中内置的组件 Bean 自动转配、注入 Spring 的 IOC 容器(应用的上下文环境)中。

而在实际项目开发中，为了能加入一些我们定制化的功能，一般会通过 Java 显式注入，即 Java Config 的方式自定义注入与配置 Bean 组件。它允许特定 Bean 组件的属性自定义为开发者指定的取值，在 Spring Boot 整合第三方依赖或主流框架时，这一特性几乎随处可见，Redis 也不例外。

对于 Spring Boot 项目中的 Redis 而言，它最主要的 Bean 操作组件莫过于 RedisTemplate 和 StringRedisTemplate，通过阅读 Redis 底层的源码，会发现 StringRedisTemplate 其实是 RedisTemplate 的一种特殊体现。

在项目中使用 Redis 的过程中，一般情况下需要自定义配置上述两个操作 Bean 组件，比如指定缓存中 Key 与 Value 的序列化策略等配置。如下代码所示为自定义注入配置操作组件 RedisTemplate 与 StringRedisTemplate 的相关属性：

```
Configuration
public class RedisConfig {

    //Redis 链接工厂
    @Autowired
    private RedisConnectionFactory redisConnectionFactory;

    //缓存操作组件 RedisTemplate 的自定义配置
    @Bean
    public RedisTemplate<String,Object>redisTemplate(){
        //定义 RedisTemplate 实例
        RedisTemplate<String,Object>redisTemplate=new RedisTemplate<>();
        //设置 Redis 的链接工厂
        redisTemplate.setConnectionFactory(redisConnectionFactory);

        //TODO:指定 Key 序列化策略为 String 序列化,Value 为 JDK 自带的序列化策略
        redisTemplate.setKeySerializer(new StringRedisSerializer());
        redisTemplate.setValueSerializer(new GenericJackson2JsonRedisSerializer());
```

```
        //TODO:指定 hashKey 序列化策略为 String 序列化,针对 Hash 散列存储
        redisTemplate.setHashKeySerializer(new StringRedisSerializer());
        return redisTemplate;
    }

    //缓存操作组件 StringRedisTemplate
    @Bean
    public StringRedisTemplate stringRedisTemplate(){
        //采用默认配置即可,后续有自定义配置时就在此处添加
        StringRedisTemplate stringRedisTemplate=newStringRedisTemplate();
        stringRedisTemplate.setConnectionFactory(redisConnectionFactory);
        return stringRedisTemplate;
    }
}
```

在上述代码中,对于 RedisTemplate 自定义注入配置的属性主要是缓存中 Key 与 Value 的序列化策略,即设定缓存中键 Key 的数据存储方式为 StringRedisSerializer,而设定缓存中键对应的值 Value 的数据存储方式为 GenericJackson2JsonRedisSerializer;而对于操作组件 StringRedisTemplate,则采用默认的配置,后续如果有自定义的配置,则可以在此处添加。

值得一提的是,在 Spring Boot 项目中使用 Redis 进行相关业务操作之前,笔者强烈建议将上面那段自定义注入 RedisTemplate 与 StringRedisTemplate 组件的代码加入项目中,避免出现“非业务性”的令人头疼的问题。

7.2.5 RedisTemplate 实战

下面以实际生产环境中两个简单的功能需求实战 RedisTemplate 操作组件。

(1)采用 RedisTemplate 将一字符串信息写入缓存中,并读取出来展示在控制台。

(2)采用 RedisTemplate 将一实体对象信息序列化为 Json 格式字符串后写入缓存中,然后将其读取出来,最后反序列化解析其中的内容并展示在控制台。

对于这两个功能需求,我们可以直接借助 RedisTemplate 的 ValueOperations 操作组件进行操作,并采用 Java Unit 即“Java 单元测试”查看其运行效果。

首先是第一个功能需求的代码实现,为此需要新建一个新的 Java 单元测试类 RedisTest,并在其中新建一个单元测试方法,其实战源码如下所示:

```
@SpringBootTest(classes=MainApplication.class)
@RunWith(value=SpringJUnit4ClassRunner.class)
public class RedisTest {
    private static final Logger log=LoggerFactory.getLogger(RedisTest.class);

    //由于之前已经自定义注入 RedisTemplate 组件,故而在此可以直接自动装配
    @Autowired
    private RedisTemplate redisTemplate;

    //采用 RedisTemplate 将一字符串信息写入缓存中,并读取出来
```

```
    @Test
    public void one(){
        log.info("------开始 RedisTemplate 操作组件实战----");

        //定义待存入缓存 Redis 中的键 Key 以及对应的取值 Value
        final String key="redis:user:100";
        final String value="修罗 debug";
        //Redis 通用操作组件
        ValueOperations valueOperations=redisTemplate.opsForValue();

        //将字符串信息写入缓存中
        log.info("将 Key:{} 写入缓存中,其对应的取值 Value:{} ",key,value);
        valueOperations.set(key,value);

        //从缓存中读取内容
        Object result=valueOperations.get(key);
        log.info("将 Key:{} 从缓存中读取出来,其内容 Value:{} ",key,result);
    }
}
```

单击运行该单元测试方法,稍等片刻即可看到该代码成功运行后输出的结果,如图 7.14 所示。

```
INFO [main] --- RedisTest: ------开始RedisTemplate操作组件实战----
INFO [main] --- RedisTest: 将Key: redis:user:100 写入缓存中，其对应的取值Value: 修罗debug
INFO [main] --- RedisTest: 将Key: redis:user:100 从缓存中读取出来，其内容Value: 修罗debug
```

图 7.14　运行单元测试方法后控制台输出的结果(第一个功能需求)

至此已经完成了第一个功能需求的代码实战。对于第二个功能需求,我们需要构造一个实体类,并采用 Json 序列化框架对该类实例进行序列化与反序列化,为此我们需要借助 ObjectMapper 组件提供的 Jackson 序列化框架对该类实例进行序列化与反序列化。这一功能需求对应的实战代码如下所示:

```
@Autowired
private ObjectMapper objectMapper;

@Test
public void methodB()throws Exception{
    log.info("------开始 RedisTemplate 操作组件实战----");

    //构造实体对象信息
    TUserDto user=new TUserDto(1,"debug","阿修罗");

    //Redis 通用的操作组件
    ValueOperations valueOperations=redisTemplate.opsForValue();
```

```
    //将序列化后的信息写入缓存中
    final String key="redis:user:101";
    final String value=objectMapper.writeValueAsString(user);
    valueOperations.set(key,value);
    log.info("将 Key:{} 写入缓存中,其对应的取值为:{} ",key,value);

    //从缓存中读取该 Key 的内容
    Object result=valueOperations.get(key);
    if(result!=null){
         TUserDto resultUser=objectMapper.readValue(result.toString(),TUserDto.
class);
        log.info("将 Key:{} 从缓存中读取出来,并反序列化后的结果:{} ",key,result);
    }
}
```

其中,实体类 TUserDto 的定义代码如下所示:

```
@Data
@NoArgsConstructor
@AllArgsConstructor
public class TUserDto implements Serializable{
    //id
    private Integer id;
    //用户名
    private String userName;
    //姓名
    private String name;
}
```

点击运行该单元测试方法,观察控制台的输出信息,稍等片刻即可看到最终运行得到的结果,如图 7.15 所示。

```
[2020-08-23 12:32:17.247] boot -  INFO [main] --- RedisTest: ------开始RedisTemplate操作组件实战----
[2020-08-23 12:32:17.310] boot -  INFO [main] --- RedisTest: 将Key: redis:user:101 写入缓存中, 其对应的取值为: {"id":1,
 "userName":"debug","name":"阿修罗"}
[2020-08-23 12:32:17.348] boot -  INFO [main] --- RedisTest: 将Key: redis:user:101 从缓存中读取出来, 并反序列化后的结果: {"id":1,
 "userName":"debug","name":"阿修罗"}
[2020-08-23 12:32:17.360] boot -  INFO [SpringContextShutdownHook] --- ThreadPoolTaskScheduler: Shutting down ExecutorServi
  'taskScheduler'
```

图 7.15　运行单元测试方法后控制台输出的结果(第二个功能需求)

至此也已经完成了第二个功能需求的编码实战。通过对这两个功能需求的代码实战,相信读者已经基本上了解了 RedisTemplate 组件的基本操作。在下一小节我们将以同样的功能需求,采用 StringRedisTemplate 组件进行代码实战。

7.2.6　StringRedisTemplate 实战

StringRedisTemplate 是 RedisTemplate 的特例,即当 RedisTemplate 的两个泛型 Key、Value 均为 String 类型时 RedisTemplate 将降级为 StringRedisTemplate,它专门用于处理缓存中键 Key 和值 Value 的数据类型为字符串 String 的数据,包含 String 类型的数据和序

列化后为 String 类型的字符串数据。

下面仍然以上一小节提到的两个功能需求作为案例，采用 StringRedisTemplate 操作组件实现数据的存储与读取。

首先是第一个功能需求的代码实现，即采用 StringRedisTemplate 将一字符串信息写入缓存中，并将其读取出来展示在控制台中。其核心源码如下所示：

```
//定义 StringRedisTemplate 操作组件
@Autowired
private StringRedisTemplate stringRedisTemplate;

//采用 StringRedisTemplate 将一字符串信息写入缓存中，并读取出来
@Test
public void methodC(){
    log.info("------开始 StringRedisTemplate 操作组件实战----\n");

    //定义存入缓存中的键 Key 以及对应的取值 Value
    final String key="redis:user:200";
    final String value="Jack_修罗";
    //Redis 通用的操作组件
    ValueOperations valueOperations=stringRedisTemplate.opsForValue();

    //将字符串信息写入缓存中
    log.info("将 Key:{} 写入缓存中，其对应的取值:{} ",key,value);
    valueOperations.set(key,value);

    //从缓存中读取内容
    Object result=valueOperations.get(key);
    log.info("将 Key:{} 从缓存中读取出来，其对应的取值:{} ",key,result);
}
```

从上述源码中可以得知，由于 StringRedisTemplate 是 RedisTemplate 的特例，因此也可以通过 opsForValue()方法获取 ValueOperations 操作组件类，进而实现相关的业务操作。这一点可以从其底层源代码中得知，图 7.16 所示为 StringRedisTemplate 的底层源代码。

```
public class StringRedisTemplate extends RedisTemplate<String, String> {
    public StringRedisTemplate() {
        this.setKeySerializer(RedisSerializer.string());
        this.setValueSerializer(RedisSerializer.string());
        this.setHashKeySerializer(RedisSerializer.string());
        this.setHashValueSerializer(RedisSerializer.string());
    }

    public StringRedisTemplate(RedisConnectionFactory connectionFactory) {
        this();
        this.setConnectionFactory(connectionFactory);
        this.afterPropertiesSet();
    }

    protected RedisConnection preProcessConnection(RedisConnection connection, boolean existingConnection) {
        return new DefaultStringRedisConnection(connection);
    }
}
```

图 7.16　StringRedisTemplate 的底层源代码

单击运行该单元测试方法，稍等片刻，即可看到控制台的输出结果，如图 7.17 所示。

```
INFO [main] --- RedisTest: ------开始StringRedisTemplate操作组件实战----

INFO [main] --- RedisTest: 将Key: redis:user:200 写入缓存中，其对应的取值: Jack_修罗
INFO [main] --- RedisTest: 将Key: redis:user:200 从缓存中读取出来，其对应的取值: Jack_修罗
INFO [SpringContextShutdownHook] --- ThreadPoolTaskScheduler: Shutting down ExecutorService 'taskScheduler'
INFO [SpringContextShutdownHook] --- ThreadPoolTaskExecutor: Shutting down ExecutorService 'taskExecutor'
address: '127.0.0.1:63376', transport: 'socket'
INFO [SpringContextShutdownHook] --- DruidDataSource: {dataSource-1} closed
```

图 7.17　运行单元测试方法后控制台输出的结果(一)

至此已经完成了如何基于 StringRedisTemplate 实现第一个功能需求的代码实战。

接下来是基于 StringRedisTemplate 将一实体对象序列化为 Json 格式字符串后写入缓存中，然后将其读取出来，最后反序列化，解析为实体对象并输出到控制台中。整个过程的核心源码如下所示：

```
//采用 StringRedisTemplate 将一对象信息序列化为 Json 格式字符串后写入缓存中，
//然后将其读取出来，最后反序列化，解析其中的内容并展示在控制台
@Test
public void methodD()throws Exception{
    log.info("------开始 StringRedisTemplate 操作组件实战----");

    //构造对象信息
    TUserDto user=new TUserDto(2,"SteadyJack","阿修罗");
    //Redis 通用的操作组件
    ValueOperations valueOperations=stringRedisTemplate.opsForValue();

    //将序列化后的信息写入缓存中
    final String key="redis:user:201";
    final String value=objectMapper.writeValueAsString(user);
    valueOperations.set(key,value);
    log.info("将 Key:{} 写入缓存中,其对应的取值:{} ",key,value);

    //从缓存中读取内容
    Object result=valueOperations.get(key);
    if(result!=null){
        TUser Dto result User=object Mapper.read Value(result.toStr    ing(),TUser
Dto.class);
        log.info("将 Key:{} 从缓存中读取出来,其对应的取值:{} ",key,result User);
    }
}
```

单击运行该单元测试方法，稍等片刻，即可看到控制台的输出结果，如图 7.18 所示。

```
INFO [main] --- RedisTest: Started RedisTest in 3.957 seconds (JVM running for 4.877)
INFO [main] --- RedisTest: ------开始StringRedisTemplate操作组件实战----
INFO [main] --- RedisTest: 将Key: redis:user:201 写入缓存中，其对应的取值: {"id":2,"userName":"SteadyJack","name":"阿修罗"}
INFO [main] --- RedisTest: 将Key: redis:user:201 从缓存中读取出来，其对应的取值: TUserDto(id=2, userName=SteadyJack, name=阿修罗)
INFO [SpringContextShutdownHook] --- ThreadPoolTaskScheduler: Shutting down ExecutorService 'taskScheduler'
INFO [SpringContextShutdownHook] --- ThreadPoolTaskExecutor: Shutting down ExecutorService 'taskExecutor'
address: '127.0.0.1:63613', transport: 'socket'
```

图 7.18　运行单元测试方法后控制台输出的结果(二)

至此也已经完成了第二个功能需求的代码实战。通过这两个功能需求的代码实战，我们可以得出结论：RedisTemplate 与 StringRedisTemplate 操作组件都可以用于操作存储字符串类型的数据信息。当然，RedisTemplate 还适用于其他的数据类型的存储，如列表 List、集合 Set、有序集合 SortedSet、哈希 Hash 等，在后续篇章中将一一进行讲解与实战。

7.3 Redis 常见数据结构

Redis 是一款高性能的、基于 Key-Value 结构化存储的缓存中间件，支持丰富的数据结构，包括字符串 String、列表 List、集合 Set、有序集合 SortedSet 以及哈希数据结构 Hash。本节将以前文搭建的 Spring Boot 2.0 整合 Redis 的项目为基础，以实际业务场景为案例，实战上述各种数据结构，让读者真正掌握 Redis 在实际项目中的使用。

7.3.1 字符串 String

在上一节介绍 Redis 两大核心操作组件 RedisTemplate、StringRedisTemplate 时，我们其实已经实战过了关于字符串类型数据的存储和读取，这一小节将继续巩固关于字符串类型数据的存取。

接下来以这样的业务场景为案例：将订单信息存储至缓存中，实现每次请求获取订单详情时直接从缓存中读取。

为了实现这个功能需求，首先需要建立一个订单实体类，里面包含订单的各种信息，如 ID、订单编号、客户编号、客户姓名以及订单金额等；然后采用 RedisTemplate 操作组件将该实体类对象序列化为字符串信息并写入缓存中；最后从缓存中读取即可。整个过程的源代码实现如下所示：

```
//数据结构-string 实战
@Test
public void methodE()throws Exception{
    log.info("------开始字符串数据结构实战----\n");

    //构造实体对象信息
    TCustomerDto dto=new TCustomerDto(100,"order20200823001","20200823001","修罗
Debug", BigDecimal.valueOf(66.88));
    //Redis 通用的操作组件
    ValueOperations valueOperations=redisTemplate.opsForValue();

    //将序列化后的信息写入缓存中
    final String key="redis:order:100";
    final String value=objectMapper.writeValueAsString(dto);
    valueOperations.set(key,value);
    log.info("将 Key:{} 写入缓存中,其对应的取值:{} \n",key,value);

    //从缓存中读取内容
    Object result=valueOperations.get(key);
```

```
    if(result!=null){
            TCustomerDto resultDto = objectMapper. readValue (result. toString ( ),
TCustomerDto.class);
        log.info("将 Key:{} 从缓存中读取出来,其对应的取值:{} ",key,resultDto);
    }
}
```

点击运行该单元测试方法,稍等片刻,即可在控制台看到相应的输出结果,如图 7.19 所示。

```
[2020-08-23 22:52:55.322] boot -  INFO [main] --- RedisTest: ------开始字符串数据结构实战----

[2020-08-23 22:52:55.390] boot -  INFO [main] --- RedisTest: 将Key: redis:order:100 写入缓存中, 其对应的取值: {"id":100,"orderNo":"order20200823001",
"customerNo":"20200823001","customerName":"修罗Debug","orderPrice":66.88}

[2020-08-23 22:52:55.426] boot -  INFO [main] --- RedisTest: 将Key: redis:order:100 从缓存中读取出来, 其对应的取值: TCustomerDto(id=100, orderNo=order20200823001,
customerNo=20200823001, customerName=修罗Debug, orderPrice=66.88)
```

图 7.19 运行单元测试方法后控制台输出的结果(字符串)

结合上述源代码以及最终运行得到的结果来看,数据结构字符串的存、取其实并不是很难。如果待存取的 Key、Value 本身就是字符串类型,那么只需要将其直接设置进缓存即可;如果是非字符串类型的数据,则需要将其当作实体对象处理,采用某种序列化框架将其序列化为字符串格式的数据,并在读取出该数据时采用反序列化的方式将其转化为实体对象。

事实上,字符串数据信息的存取在实际项目开发中的应用还是很广泛的,因为在 Java 世界里"处处皆对象",甚至从数据库中查询出来的结果都可以封装成 Java 中的对象,而对象又可以通过 Json 解析框架如 Jackson、Gson 等进行序列化与反序列化,从而将对象转化为 Json 格式的字符串或者将序列化后的字符串反序列化解析为实体对象。

7.3.2 列表 List

Redis 的列表类型跟 Java 的 List 类型很相似,它用于存储一系列具有相同类型的数据。其底层在实现数据的存储和读取时可以理解为一个"数据队列",即往 List 中添加数据时,就相当于往队列中的某个位置插入数据(比如从队尾插入数据);而从 List 获取数据时,即相当于从队列中的某个位置获取数据(比如从队头获取数据)。其底层存储的数据结构可以大致采用图 7.20 进行表示。

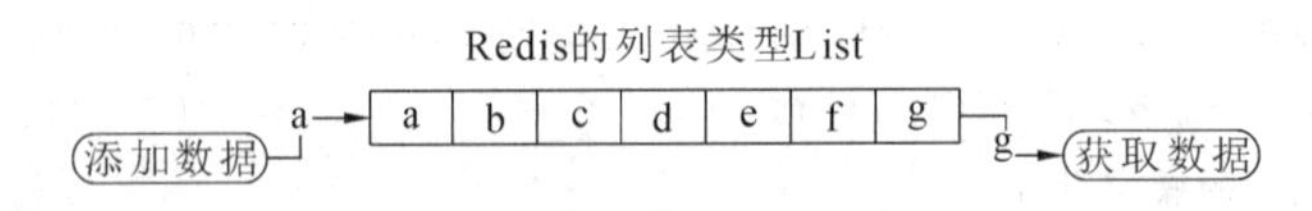

图 7.20 Redis 的列表类型底层存储的数据结构图

接下来以实际生产环境中的一个案例来实战 Redis 的列表类型,其功能需求为:将一组已经排好序的用户实体对象信息列表存储在缓存中,并按照添加进列表的顺序先后获取出来,输出打印到控制台中。

对于这样的功能需求,首先需要定义一个已经排好序的用户实体对象列表,然后将其存储到 Redis 的列表 List 中,最后按照添加的先后顺序将每个用户实体对象信息获取出来。值得一提的是,为了能在代码中实现将实体对象列表 List 中的数据信息存储进缓存中,需要先通过 redisTemplate 的 opsForList()方法获取列表 List 的操作组件 ListOperations,然后再利用其中的 API 实现相应的业务操作。如下所示为该功能需求的代码实现:

```
    //数据结构 List 实战
    @Test
    public void methodF()throws Exception{
        //构造已经排好序的用户对象列表
        List<TUserDto>list=new LinkedList<>();
        list.add(new TUserDto(1, "debug", "火星"));
        list.add(new TUserDto(2,"jack","水帘洞"));
        list.add(new TUserDto(3,"Lee","上古"));
        log.info("构造好的用户实体对象列表：{}\n",list);

        //将列表数据存储至 Redis 的 List 中
        final String key="redis:user:list";
        ListOperations listOperations=redisTemplate.opsForList();
        for(TUserDto t:list){
            //往列表中添加数据(从队尾添加)
            listOperations.leftPush(key,t);
        }


        //获取 Redis 中 List 的数据(从队头遍历获取,直到没有元素为止)
        log.info("--获取 Redis 中 List 的数据-从队头中获取--\n");
        Object res=listOperations.rightPop(key);
        TUserDto resP;
        while(res!=null){
            resP=(TUserDto)res;
            log.info("当前实体对象信息:{} \n",resP);
            res=listOperations.rightPop(key);
        }
    }
```

点击运行该单元测试方法,稍等片刻即可在控制台得到相应的输出结果,如图 7.21 所示。

```
[2020-08-23 23:15:41.368] boot -  INFO [main] --- RedisTest: 构造好的用户实体对象列表: [TUserDto(id=1, userName=debug, name=火星), TUserDto(id=2, userName=jack, name=水帘洞), TUserDto(id=3, userName=Lee, name=上古)]

[2020-08-23 23:15:41.429] boot -  INFO [main] --- RedisTest: --获取Redis中List的数据-从队头中获取--

[2020-08-23 23:15:41.465] boot -  INFO [main] --- RedisTest: 当前实体对象信息: TUserDto(id=1, userName=debug, name=火星)

[2020-08-23 23:15:41.465] boot -  INFO [main] --- RedisTest: 当前实体对象信息: TUserDto(id=2, userName=jack, name=水帘洞)

[2020-08-23 23:15:41.466] boot -  INFO [main] --- RedisTest: 当前实体对象信息: TUserDto(id=3, userName=Lee, name=上古)

[2020-08-23 23:15:41.478] boot -  INFO [SpringContextShutdownHook] --- ThreadPoolTaskScheduler: Shutting down ExecutorService 'taskScheduler'
```

图 7.21 运行单元测试方法后得到的输出结果(列表)

从该源代码以及输出的运行结果来看,对数据结构 List 的常见操作无非就是添加 push (从左 left 或者从右 right 添加)、获取 pop 以及移除 remove 等。对于需要存储为列表类型的数据或者具有列表特性的数据,都可以考虑将 List 作为这些数据的存储结构。

而在实际应用场景中,Redis 的列表类型 List 还适用于类似排名、排行榜、近期访问数据列表、数据队列等业务场景,是一种很实用的存储类型。

7.3.3 集合 Set

Redis 的集合类型 Set 跟高等数学中的集合很类似，用于存储具有相同类型或特性且不重复的数据，即 Redis 中的集合 Set 存储的数据是唯一的，其底层的数据结构是通过哈希表来实现的，所以其添加、删除、查找操作的复杂度均为 O(1)。

下面以实际生产环境中典型的业务场景作为实战案例，其功能需求为：给定一组用户姓名列表，要求剔除具有相同姓名的人员并组成新的集合，存放至缓存中并用于前端访问。

对于该功能需求，首先需要构造一组用户姓名列表，然后遍历访问，将姓名直接塞入 Redis 的集合 Set 中，而集合 Set 的底层会自动剔除重复的元素。整个实战过程的核心源代码如下所示：

```
//数据结构 Set
@Test
public void methodG()throws Exception{
    //构造一组用户姓名列表
    List<String>userList=new LinkedList<>();
    userList.add("debug");
    userList.add("jack");
    userList.add("修罗");
    userList.add("大圣");
    userList.add("debug");
    userList.add("jack");
    userList.add("steady");
    userList.add("修罗");
    userList.add("大圣");
    log.info("待处理的用户姓名列表:{} ",userList);

    //遍历访问,剔除相同姓名的用户并塞入集合中,最终存入缓存中
    final String key="redis:user:set";
    SetOperations setOperations=redisTemplate.opsForSet();
    for(String str:userList){
        setOperations.add(key,str);
    }
    //从缓存中获取用户对象集合
    Object res=setOperations.pop(key);
    while(res!=null){
        log.info("从缓存中获取的用户集合 Set-当前用户:{} \n",res);
        res=setOperations.pop(key);
    }
}
```

点击运行该单元测试方法，稍等片刻即可在控制台得到相应的输出结果，如图 7.22 所示。

结合上述源代码以及运行结果可以看出，Redis 的集合类型 Set 确实可以保证存储的数

```
INFO [main] --- RedisTest: 待处理的用户姓名列表：[debug, jack, 修罗, 大圣, debug, jack, steady, 修罗, 大圣]
INFO [main] --- RedisTest: 从缓存中获取的用户集合Set-当前用户：修罗

INFO [main] --- RedisTest: 从缓存中获取的用户集合Set-当前用户：大圣

INFO [main] --- RedisTest: 从缓存中获取的用户集合Set-当前用户：steady

INFO [main] --- RedisTest: 从缓存中获取的用户集合Set-当前用户：debug

INFO [main] --- RedisTest: 从缓存中获取的用户集合Set-当前用户：jack
```

图 7.22　运行单元测试方法后得到的输出结果(集合)

据是唯一、不重复的。由于集合 Set 具有这一特性，因此在实际互联网项目中，Redis 的集合类型 Set 经常用于解决重复提交、剔除重复 ID 等业务问题。

7.3.4　有序集合 SortedSet

Redis 的有序集合 SortedSet 跟集合 Set 具有某些相同的特性，即底层存储的数据是不重复、无序且唯一的；但这两者也有不相同之处，即 SortedSet 可以通过其底层的 Score 值(即分数/权重)对数据进行排序，实现存储的数据集合既不重复又有序，可以说它包含了列表 List 和 集合 Set 的特性。

下面以实际业务环境中典型的业务场景作为实战案例，其功能需求为：根据用户积分值的大小找出排名前 N 位的用户列表，要求按照积分值从大到小的顺序对其进行排序，并存至缓存中。

为了实现该功能需求，首先需要构造一组实体对象列表，其中实体类信息包括用户编号、积分值；然后需要遍历访问该实体对象列表，将其加入缓存 Redis 的 SortedSet 中；最终将其获取出来。整个过程的核心实战源码如下所示：

```
//数据结构-有序集合 SortedSet
@Test
public void four()throws Exception{
    //构造一组无序的用户积分对象列表
    List<PhoneUser>list=new LinkedList<>();
    list.add(new PhoneUser("103",130.0));
    list.add(new PhoneUser("101",120.0));
    list.add(new PhoneUser("102",80.0));
    list.add(new PhoneUser("105",70.0));
    list.add(new PhoneUser("106",50.0));
    list.add(new PhoneUser("104",150.0));

    //遍历访问积分对象列表，将信息塞入 Redis 的有序集合中
    final String key="redis:user:SortedSet";

    //因为 zSet 在 add 元素进入缓存后，下次就不能更新了，故而为了测试方便，
    //进行操作之前先清空该缓存(当然实际生产环境中不建议这么使用)
    redisTemplate.delete(key);

    //获取有序集合 SortedSet 操作组件 ZSetOperations
```

```
    ZSetOperations zSetOperations=redisTemplate.opsForZSet();
    for(PhoneUser u:list){
        //将元素添加进有序集合 SortedSet 中
        zSetOperations.add(key,u,u.getFare());
    }

    //前端获取访问积分值排名靠前的用户列表
    Long size=zSetOperations.size(key);

    log.info("----从小到大获取用户手机积分值对象列表----\n");
    //从小到大排序
    Set<PhoneUser>resSet=zSetOperations.range(key,0L,size);
    //从大到小排序
    //Set<PhoneUser>resSet=zSetOperations.reverseRange(key,0L,size);
    //遍历获取有序集合中的元素
    for(PhoneUser u:resSet){
        log.info("从小到大-从缓存中读取积分值记录排序列表,当前记录:{} \n",u);
    }

    log.info("----从大到小获取用户积分值对象列表----\n");
    //从大到小排序
    Set<PhoneUser>resSetV2=zSetOperations.reverseRange(key,0L,size);
    //遍历获取有序集合中的元素
    for(PhoneUser u:resSetV2){
        log.info("从大到小-从缓存中读取积分值排序列表,当前记录:{} \n",u);
    }
}
```

笔者几乎对上述每一行源码都做了注释,相信读者在实操之后,可以加深理解。值得一提的是,笔者在最终的源码中采用两种方式输出排名,一种是从大到小,另一种则是从小到大,让读者接触、掌握更多的实操方法。

其中,PhoneUser 实体对象信息如下:

```
@Data
@AllArgsConstructor
@NoArgsConstructor
@EqualsAndHashCode
public class PhoneUser implements Serializable{
    private String phone;
    private Double fare;
}
```

点击运行该单元测试方法,稍等片刻即可在控制台看到其对应的输出结果,如图 7.23 所示。

由上述源代码以及运行结果来看, Redis 的有序集合类型 SortedSet 确实可以实现数据

```
INFO [main] --- RedisTest: ----从小到大获取用户手机积分值对象列表----
INFO [main] --- RedisTest: 从小到大-从缓存中读取积分值记录排序列表，当前记录：PhoneUser(phone=106, fare=50.0)
INFO [main] --- RedisTest: 从小到大-从缓存中读取积分值记录排序列表，当前记录：PhoneUser(phone=105, fare=70.0)
INFO [main] --- RedisTest: 从小到大-从缓存中读取积分值记录排序列表，当前记录：PhoneUser(phone=102, fare=80.0)
INFO [main] --- RedisTest: 从小到大-从缓存中读取积分值记录排序列表，当前记录：PhoneUser(phone=101, fare=120.0)
INFO [main] --- RedisTest: 从小到大-从缓存中读取积分值记录排序列表，当前记录：PhoneUser(phone=103, fare=130.0)
INFO [main] --- RedisTest: 从小到大-从缓存中读取积分值记录排序列表，当前记录：PhoneUser(phone=104, fare=150.0)
INFO [main] --- RedisTest: ----从大到小获取用户积分值对象列表----
INFO [main] --- RedisTest: 从大到小-从缓存中读取积分值排序列表，当前记录：PhoneUser(phone=104, fare=150.0)
INFO [main] --- RedisTest: 从大到小-从缓存中读取积分值排序列表，当前记录：PhoneUser(phone=103, fare=130.0)
INFO [main] --- RedisTest: 从大到小-从缓存中读取积分值排序列表，当前记录：PhoneUser(phone=101, fare=120.0)
INFO [main] --- RedisTest: 从大到小-从缓存中读取积分值排序列表，当前记录：PhoneUser(phone=102, fare=80.0)
INFO [main] --- RedisTest: 从大到小-从缓存中读取积分值排序列表，当前记录：PhoneUser(phone=105, fare=70.0)
INFO [main] --- RedisTest: 从大到小-从缓存中读取积分值排序列表，当前记录：PhoneUser(phone=106, fare=50.0)
```

图 7.23　运行单元测试方法后得到的输出结果(有序集合)

元素的有序排列。默认情况下，SortedSet 的排序类型是根据得分 Score 参数的取值从小到大排序的，如果需要倒序排列，只需要调用 reverseRange()方法。

在实际生产环境中，Redis 的有序集合 SortedSet 常用于充值排行榜、积分排行榜、成绩排名等应用场景。

7.3.5　哈希 Hash 存储

Redis 的哈希存储跟 Java 的基本数据类型 Map 有点类似，其底层数据结构都是由 Key-Value 组成的映射表。而对于 Redis 的哈希 Hash 存储而言，其 Value 又可以由 Filed-Value 对构成，特别适用于具有映射关系的数据对象的存储。其底层存储结构可以大致抽象为图 7.24。

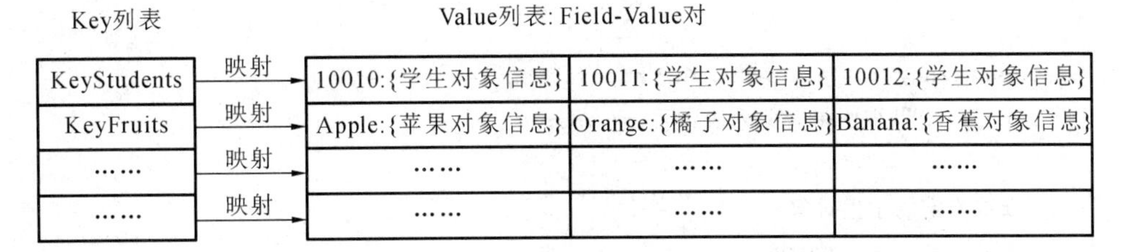

图 7.24　哈希 Hash 存储底层数据结构图

下面以图 7.24 中提及的学生实体对象列表和水果实体对象列表的存储为例实战 Redis 的哈希数据结构 Hash。整个实战过程的核心源代码如下所示：

```
//数据结构-Hash 哈希存储
@Test
public void methodI()throws Exception{
    //构造学生对象列表,水果对象列表
    List<TStudentDto>students=new LinkedList< >();
    List<TFruitDto>fruits=new LinkedList< >();

    //往学生集合中添加学生对象
    students.add(new TStudentDto("10010","debug","大圣"));
```

```
    students.add(new TStudentDto("10011","jack","修罗"));
    students.add(new TStudentDto("10012","sam","上古"));

    //往水果集合中添加水果对象
    fruits.add(new TFruitDto("apple","红色"));
    fruits.add(new TFruitDto("orange","橙色"));
    fruits.add(new TFruitDto("banana","黄色"));

    //分别遍历不同对象列表,并采用哈希 Hash 存储至缓存中
    final String sKey="redis:hash:student";
    final String fKey="redis:hash:fruit";

    //获取 Hash 存储操作组件 HashOperations,遍历获取集合中的对象并添加进缓存中
    HashOperations hashOperations=redisTemplate.opsForHash();
    for(TStudentDto s:students){
        hashOperations.put(sKey,s.getId(),s);
    }
    for(TFruitDto f:fruits){
        hashOperations.put(fKey,f.getName(),f);
    }

    //获取学生对象列表与水果对象列表
    Map<String,TStudentDto>sMap=hashOperations.entries(sKey);
    log.info("获取学生对象列表:{} \n",sMap);

    Map<String,TFruitDto>fMap=hashOperations.entries(fKey);
    log.info("获取水果对象列表:{} \n",fMap);

    //获取指定的学生对象
    String sField="10012";
    TStudentDto s=(TStudentDto)hashOperations.get(sKey,sField);
    log.info("获取指定的学生对象:{}->{} \n",sField,s);

    //获取指定的水果对象
    String fField="orange";
    TFruitDto f=(TFruitDto)hashOperations.get(fKey,fField);
    log.info("获取指定的水果对象:{}->{} \n",fField,f);
}
```

其中,学生类实体信息如下所示:

```
@Data
@AllArgsConstructor
@NoArgsConstructor
public class TStudentDto implements Serializable{
```

```
    private String id;
    private String userName;
    private String name;
}
```

水果类实体信息如下所示：

```
@Data
@AllArgsConstructor
@NoArgsConstructor
public class TFruitDto implements Serializable{
    private String name;
    private String color;
}
```

点击运行此单元测试方法，稍等片刻即可在控制台看到相应的输出结果，如图 7.25 所示。

```
[2020-08-24 08:10:10.504] boot -  INFO [main] --- ThreadPoolTaskScheduler: Initializing ExecutorService 'taskScheduler'
[2020-08-24 08:10:10.555] boot -  INFO [main] --- RedisTest: Started RedisTest in 3.654 seconds (JVM running for 4.603)
[2020-08-24 08:10:10.761] boot -  INFO [main] --- RedisTest: 获取学生对象列表：{10011=TStudentDto(id=10011, userName=jack, name=修罗), 10010=TStudentDto(id=10010,
 userName=debug, name=大圣), 10012=TStudentDto(id=10012, userName=sam, name=上古)}

[2020-08-24 08:10:10.762] boot -  INFO [main] --- RedisTest: 获取水果对象列表：{apple=TFruitDto(name=apple, color=红色), orange=TFruitDto(name=orange, color=橙色),
 banana=TFruitDto(name=banana, color=黄色)}

[2020-08-24 08:10:10.763] boot -  INFO [main] --- RedisTest: 获取指定的学生对象：10012 -> TStudentDto(id=10012, userName=sam, name=上古)

[2020-08-24 08:10:10.764] boot -  INFO [main] --- RedisTest: 获取指定的水果对象：orange -> TFruitDto(name=orange, color=橙色)

[2020-08-24 08:10:10.779] boot -  INFO [SpringContextShutdownHook] --- ThreadPoolTaskScheduler: Shutting down ExecutorService 'taskScheduler'
[2020-08-24 08:10:10.781] boot -  INFO [SpringContextShutdownHook] --- ThreadPoolTaskExecutor: Shutting down ExecutorService 'taskExecutor'
```

图 7.25　运行单元测试方法后得到的输出结果(哈希)

由上述代码以及运行结果可以得知，Redis 的哈希 Hash 特别适用于存储具有映射关系的对象数据。在实际互联网应用中，当需要存入缓存中的对象信息具有某种共性时，为了减少缓存中 Key 的数量，开发者一般会优先考虑采用哈希 Hash 存储。

◆ 7.3.6　Key 失效与判断是否存在

Redis 本质上是一个基于内存、Key-Value 结构化存储的数据库，因此不管采用何种数据类型存储数据，都需要提供一个 Key，称为“键”，用来作为缓存数据的唯一标识，而获取缓存数据的方法正是通过这个 Key 来获取到对应的数据信息的，这一点在前面几节中我们以代码实战 Redis 各种数据类型时已有所体现。

然而在某些业务场景下，缓存中的 Key 对应的数据信息并不需要永久保留，这个时候就需要对缓存中的这些 Key 进行“清理”。在 Redis 缓存体系结构中，Delete 与 Expire 操作都可以用于清理缓存中的 Key，这两者的不同之处在于 Delete 操作需要人为手动触发，而 Expire 只需要提供一个 ttl，即“过期时间”，就可以实现 Key 的自动失效，也就是自动被清理。本小节将采用实际的代码实战如何失效缓存中的 Key。

首先介绍一下第一种方法：在调用 setex 方法时指定 Key 的过期时间。代码如下所示：

```
//Key 失效一
@Test
public void methodJ()throws Exception{
    //构造 Key 与 Redis 操作组件 ValueOperations
```

```
        final String keyA="redis:expire:key";
        ValueOperations valueOperations=redisTemplate.opsForValue();

        //第一种方法:在往缓存中 set 数据时,提供一个 ttl,表示 ttl 时间一到,缓存中的 key
        //将自动失效,即被清理,在这里 ttl 是 10 秒
        valueOperations.set(keyA,"expire 操作",10L, TimeUnit.SECONDS);

        //等待 5 秒,判断 Key 是否还存在
        Thread.sleep(5000);
        Boolean existKeyA=redisTemplate.hasKey(keyA);
        Object value=valueOperations.get(keyA);

        log.info("等待 5 秒-判断 key 是否还存在:{} 对应的值:{}",existKeyA,value);

        //再等待 5 秒,再判断 Key 是否还存在
        Thread.sleep(5000);
        existKeyA=redisTemplate.hasKey(keyA);
        value=valueOperations.get(keyA);
        log.info("再等待 5 秒-再判断 key 是否还存在:{} 对应的值:{}",existKeyA,value);
    }
```

在上述代码中,为了能直观地看到运行效果,笔者特意加上了 Thread.sleep()方法,表示让当前线程等待一定的时间。点击运行此单元测试方法,稍等片刻即可在控制台看到输出结果,如图 7.26 所示。

```
INFO [main] --- ThreadPoolTaskScheduler: Initializing ExecutorService 'taskScheduler'
INFO [main] --- RedisTest: Started RedisTest in 3.381 seconds (JVM running for 4.2)
INFO [main] --- RedisTest: 等待5秒-判断key是否还存在:true 对应的值:expire操作
INFO [main] --- RedisTest: 再等待5秒-再判断key是否还存在:false 对应的值:null
INFO [SpringContextShutdownHook] --- ThreadPoolTaskScheduler: Shutting down ExecutorService 'taskScheduler'
```

图 7.26　运行单元测试方法后得到的输出结果(第一种方法)

从上述代码运行结果可以看出,当缓存中的 Key 失效时,对应的值也将不存在,即获取的值为 null。

失效缓存中 Key 的第二种方法是采用 RedisTemplate 操作组件的 expire()方法,其实战代码如下所示:

```
    //Key 失效二
    @Test
    public void methodK()throws Exception{
        //构造 Key 与 Redis 操作组件
        final String key2="redis:expire:key2";
        ValueOperations valueOperations=redisTemplate.opsForValue();

        //第二种方法:在往缓存中 set 数据后,采用 redisTemplate 的 expire 方法失效该 Key
        valueOperations.set(key2,"expire 操作-2");
        redisTemplate.expire(key2,10L,TimeUnit.SECONDS);
```

```
    //等待 5 秒,判断 Key 是否还存在
    Thread.sleep(5000);
    Boolean existKey=redisTemplate.hasKey(key2);
    Object value=valueOperations.get(key2);
    log.info("等待 5 秒,判断 Key 是否还存在:{} 对应的值:{}",existKey,value);
    //再等待 5 秒,再判断 Key 是否还存在
    Thread.sleep(5000);
    existKey=redisTemplate.hasKey(key2);
    value=valueOperations.get(key2);
    log.info("再等待 5 秒-再判断 key 是否还存在:{} 对应的值:{}",existKey,value);
}
```

点击运行该单元测试方法，稍等片刻即可在控制台看到相应的输出结果，如图 7.27 所示。

```
--- ThreadPoolTaskScheduler: Initializing ExecutorService 'taskScheduler'
--- RedisTest: Started RedisTest in 4.896 seconds (JVM running for 6.379)
--- RedisTest: 等待5秒-判断key是否还存在:true 对应的值:expire操作-2
--- RedisTest: 再等待5秒-再判断key是否还存在:false 对应的值:null
```

图 7.27　运行单元测试方法后得到的输出结果(第二种方法)

在上述两种方式对应的实战代码中，我们还可以看到“如何判断缓存中的 Key 是否存在”，即通过 redisTemplate.hasKey()方法，即可获取缓存中该 Key 是否存在。

值得一提的是，“失效缓存中的 Key 与判断是否存在”在实际业务场景中是很常用的，例如：

(1)将数据库查询到的数据缓存一定的时间，即存活时间为 ttl，在 ttl 时间内前端查询访问数据列表时，只需要在缓存中查询即可，从而减轻数据库的查询压力；

(2)将数据压入缓存队列中，并设置一定的存活时间 ttl，当 ttl 时间一到，将触发监听事件，从而处理相应的业务逻辑，类似于延时队列。

7.4 Redis 消息订阅发布机制

在前面章节中我们主要学习了中间件 Redis 两大模板操作组件 RedisTemplate 和 StringRedisTemplate 的使用与自定义注入配置，同时也介绍并实战了 Redis 各种典型的数据结构，包括其基本概念以及在实现数据缓存功能方面的代码实现。而事实上，Redis 在实际项目开发中应用得最多的当属它在数据缓存层面的应用，最大的作用在于为应用程序带来了性能和效率上的整体提升，特别是在数据查询方面，大大降低了数据库查询的频率。

然而，中间件 Redis 还存在着一些虽然使用频率不高但却很强大的功能，“订阅发布机制”便是其中典型的佼佼者。本节我们将一同学习并实战缓存中间件 Redis 的订阅发布机制功能，感受其在消息通信、消息队列、实时通知以及服务模块之间解耦等方面所起到的作用。

7.4.1 消息订阅发布机制简介

对于 Redis 的订阅发布机制，有些读者可能会觉得很陌生、难以理解，甚至难以想象将这种机制与 Redis 主打的缓存功能挂钩；然而，万事万物都具有可比拟性，Redis 的订阅发布

机制也是如此。

订阅发布机制，见名知义，它是由两个动作组合完成的。在我们的日常生活中这种机制其实随处可见，下面举几个例子加以说明，以方便读者理解。

比如收音机里的频道，如果我们想收听某个频道的新闻，如 CCTV，则只需要将收音机“调节”到 CCTV 的专属频道，此时如果信号正常，作为听众的我们会听到来自 CCTV 新闻发布方“发送”到 CCTV 专属频道中的新闻。

在这个过程中，“新闻”便是消息，收音机的“调节”动作便是“订阅 Subscribe”，CCTV 新闻发布方的“发送”动作则是“发布 Publish”，而收音机里的频道可以理解为“消息通信的通道”，在 Redis 中可以称为“频道 Channel/模式 Topic”。

再比如微博的粉丝订阅，对于新浪微博，想必读者并不陌生，当我们在浏览其他用户，如用户 B、用户 C、用户 D 等发布的微博时，如果觉得他们发布的微博不错，我们就会不自觉地“关注”他们，当用户 B、C、D“发表”新的微博时，我们会收到来自他们的消息推送。

在这个过程中，我们是用户 B、C、D 的粉丝，我们的“关注”动作便是“订阅 Subscribe”，而用户 B、C、D 的“发表”动作则是“发布 Publish”，他们发送的微博便是“消息”，而新浪微博 APP 可以类比 Redis 的“频道 Channel/模式 Topic”。

在现实生活中，订阅发布机制的实际案例可以说屡见不鲜。而技术来源于生活，Redis 的订阅发布机制也是如此。图 7.28 所示为 Redis 的订阅发布机制在实际项目开发中的开发流程。

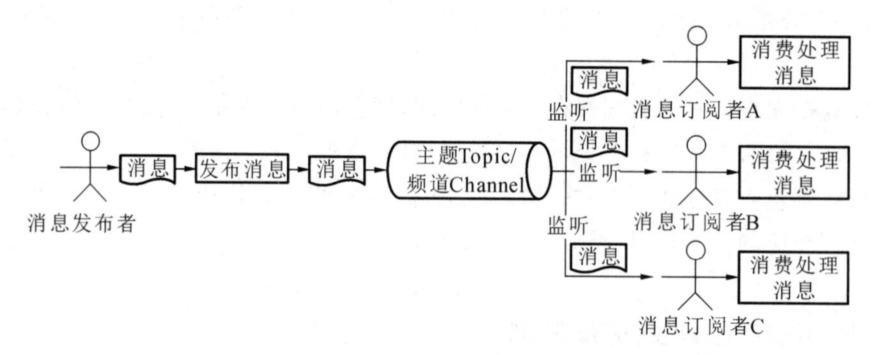

图 7.28　Redis 订阅发布机制的开发流程

从图 7.28 中可以看出，若需要基于 Redis 的订阅发布机制实现一个完整的功能，则至少需要 4 种角色参与，包括：消息的发布者、消息的接收者、消息以及 Redis 的消息频道 Channel 或模式主题 Topic。

（1）消息的发布者：可以理解为“搞事情”的一方，类似于软件项目合作开发时的“甲方”，也可以理解为事情、消息的源头。

（2）消息的接收者：可以理解为“做事情”的一方，类似于软件项目合作开发时的“乙方”，也可以理解为事情、消息的终点。

（3）消息：可以理解为一串文本、信息，也可以理解为软件项目合作开发时甲方给乙方下达的指令、需求。

（4）Redis 的消息频道 Channel/模式主题 Topic：可以理解为一个中间桥梁，用于承载消息的中间媒介，负责将消息传达至接收方。

下面我们将以 Redis 的消息频道 Channel 为承载媒介，以前文 Spring Boot 整合 Redis

搭建的项目为基础，来实现 Redis 的消息订阅发布功能。

7.4.2 Spring Boot 整合 Redis 实现消息订阅发布

在前文我们已经完成了基于 Spring Boot 搭建的项目整合缓存中间件 Redis、在项目中加入 Redis 的相关配置并自定义注入配置 Redis 的两个核心操作组件 RedisTemplate 和 StringRedisTemplate；接下来，我们将基于此一同学习并以代码实现 Redis 的消息订阅、发布功能。

在这里，笔者采用一个类实例信息充当 Redis 消息订阅发布机制中的消息，其类定义代码如下所示：

```
@Data
@AllArgsConstructor
@NoArgsConstructor
public class RedisMsgDto implements Serializable{
    //消息 ID
    private String msgId;

    //发布者
    private String publisher;

    //消息内容
    private String msgContent;

    //发送时间
    private String sendTime;
}
```

其中该类名定义为 RedisMsgDto，包含 4 个字段：消息唯一标识 msgId、消息的发布者 publisher、消息内容 msgContent 以及消息的发送时间 sendTime。

紧接着是消息发布者的代码实现，在这里需要新建一个类 RedisPublisher，代表消息的发布者，代码如下所示：

```
@Component
public class RedisPublier {
    //定义日志
    private static final Logger log=LoggerFactory.getLogger(RedisPublier.class);

    //定义日期对象-保证并发访问时的线程安全
    private ThreadLocal<SimpleDateFormat>localDate=ThreadLocal.withInitial(()->new
SimpleDateFormat("yyyyMMddHHmmss"));

    @Autowired
    private RedisTemplate redisTemplate;

    //消息所在的 "频道""主题"
```

```
    pivate ChannelTopic  topic=new ChannelTopic(Constant.RedisMsgTopic);

    //定时任务定时发送消息-这里是每隔 5 秒发送一次
    @Scheduled(cron="0/5* * * * ?")
    private void timeSendMsg(){
        //随机生成消息 ID
        String msgId=UUID.randomUUID().toString().replaceAll("-","");
        //发送者
        String publisher="定时任务-debug";
        //消息内容
        String msgContent="双 12 秒杀: "+msgId;
        //发送时间
        String sendDate=localDate.get().format(new Date());
        //构造消息对象
        RedisMsgDto dto=newRedisMsgDto(msgId,publisher,msgContent,sendDate);

        this.publish(dto);
    }

    //推送消息
  public void publish(final RedisMsgDto msgDto){
        //发布消息
        redisTemplate.convertAndSend(topic.getTopic(),msgDto);
        log.info("成功发送消息:{}\n",msgDto);
    }
}
```

仔细阅读上述源码，会发现其核心代码就在于定时发送消息的“定时任务”timeSendMsg()以及真正将消息发布到 Redis 频道 Channel 的方法 publish()。

在前面篇章中我们已经学习并掌握了“定时任务”的相关要点，在此不再赘述，而稍微需要提及的是其 cron 表达式“0/5 * * * * ?”，在这里指的是项目启动成功后每隔 5 秒钟执行一次 timeSendMsg()方法的代码逻辑。

而 publish()方法的核心代码逻辑主要是将构建好的实体对象 RedisMsgDto 充当消息，并采用 RedisTemplate 组件里面的 API，即 convertAndSend()方法将该消息发布到指定的频道 ChannelTopic 中。

值得一提的是，在这里笔者采用了一个字符串常量 Constant.RedisMsgTopic，用于表示 Redis 消息订阅发布机制中的“频道 Channel”，即充当消息发布者与消息接收者之间的桥梁或者消息的中转站。其定义如下所示：

```
public class Constant {
    public static final String RedisMsgTopic="redis:pub:sub:scheduler";
}
```

然后是消息的接收者/订阅者 RedisSubscriber，其核心业务逻辑主要是实现消息的监听，其代码如下所示：

```
@Component
public class RedisSubscriber {
    //定义日志
    private static final Logger log=LoggerFactory.getLogger(RedisSubscriber.class);

    //订阅者监听处理消息
    public void onMessage(RedisMsgDto dto,String pattern){
        log.info("监听到主题:{} 中的消息:{}",pattern,dto);
    }
}
```

仔细阅读,会发现上述代码出奇地简洁,而且也没有任何像定时任务、消息监听之类的、用于主动监听 Redis 频道中消息的注解。因此,可以大胆地猜想将该类 RedisSubscriber 的实例以及对应的消息监听方法 onMessage 加入系统自定义注入、显示配置的地方,细心的读者会不自觉联想到此前创建的 Redis 自定义配置类:RedisConfig。

而事实亦正是如此,我们需要在 RedisConfig 中配置跟消息监听相关的信息,包括消息的接收者(或者称为消息的监听器)、消息监听器容器等,其配置信息如下所示:

```
@Autowired
private RedisSubscriber subscriber;

//消息监听器适配
@Bean
public MessageListenerAdapter adapter(){
    //将真正的监听处理逻辑委托给订阅者 RedisSubscriber 的 onMessage 方法进行监听处理
        MessageListenerAdapter  adapter  =  newMessageListenerAdapter  ( subscriber,"
onMessage");
    adapter.setSerializer(new GenericJackson2JsonRedisSerializer());
    adapter.afterPropertiesSet();
    return adapter;
}

//监听器容器-将订阅器绑定到容器
@Bean
public RedisMessageListenerContainer container(MessageListenerAdapter adapter){
    RedisMessageListenerContainer container=newRedisMessageListenerContainer();
    //设置连接工厂
    container.setConnectionFactory(redisConnectionFactory);
    //设置监听器以及订阅的主题/频道
        container. addMessageListener  ( adapter,  new  PatternTopic  ( Constant.
RedisMsgTopic));
    return container;
}
```

从上述 RedisConfig 的这段代码中不难看出,它主要配置了消息的监听器/接收者实例与频道 Channel 的关联关系，指定消息的发布者与接收者的通信频道为字符串变量 Constant. RedisMsgTopic 的取值，即"redis:pub:sub:scheduler"，并设定了消息监听器中真正用于监听、处理消息的方法为 onMessage()方法。

至此，关于 Redis 订阅发布机制这一功能的代码实战已经完毕，接下来进入接口功能测试环节。

7.4.3 接口功能测试

对于上述接口功能代码的测试，其实很简单，我们只需要将项目运行起来并仔细观察控制台的输出信息。如果能每隔 5 秒钟打印出发布者发送消息、接收者监听消息的日志，则代表整个接口功能的代码编写是没有问题的。而事实上也是如此，图 7.29 所示为最终的测试结果。

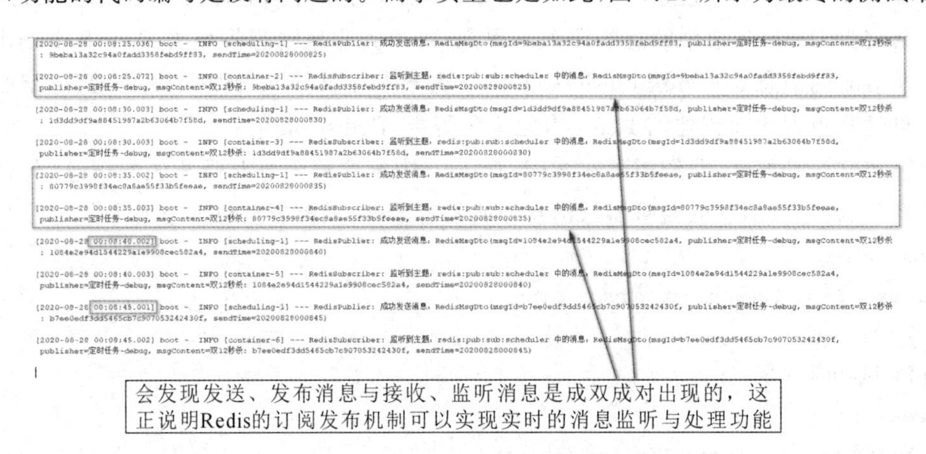
会发现发送、发布消息与接收、监听消息是成双成对出现的，这
正说明Redis的订阅发布机制可以实现实时的消息监听与处理功能

图 7.29 接口功能测试结果

从控制台打印输出的结果来看，上述实现 Redis 订阅发布机制的实战代码几乎是没什么问题的，从中还可以得知 Redis 的订阅发布机制可以实现消息的实时监听，即一旦发布者发布了消息，接收者将几乎在“同一时间”监听、接收到该消息，而这一优点在一些需要实时处理的业务场景下是很受用的。

总结一下，在上述编写的代码中，定时任务充当了消息的生产者、发布者，Redis 的 ChannelTopic 充当了消息的通信频道 Channel，而 RedisSubscriber 则充当了消息的监听者、接收者，其中消息是由一实体类 RedisMsgDto 实例来充当的。

至此，关于 Redis 的订阅发布机制的代码实战已经完成了。在下一篇章，我们将继续学习并实战 Redis 其他典型的应用场景，并同样以代码加以实现，以巩固 Redis 的相关技术栈。

7.5 Redis 实战场景之缓存击穿

毫无疑问，缓存中间件 Redis 在实际项目中的应用可以很好地提升应用程序的整体性能和效率，特别是在数据查询方面，大大减少了数据库查询的频率，降低了高并发情况下频繁查询数据库所带来的压力。

然而，万物皆有两面性，Redis 也是如此，它在实际项目使用中也会带来一些实际性的问题，其中比较典型的问题包括缓存击穿、缓存穿透和缓存雪崩等。对于这些问题的处理，目前业界已有一些比较流行且成熟的解决方案。在接下来的两节我们将以缓存击穿和缓存穿透作为案例，以代码实战缓存击穿和缓存穿透的典型解决方案。

7.5.1 什么是缓存击穿

在介绍“缓存击穿”和“缓存穿透”的概念之前，首先来看看项目中使用中间件 Redis 查询缓存数据的正常流程，如图 7.30 所示。

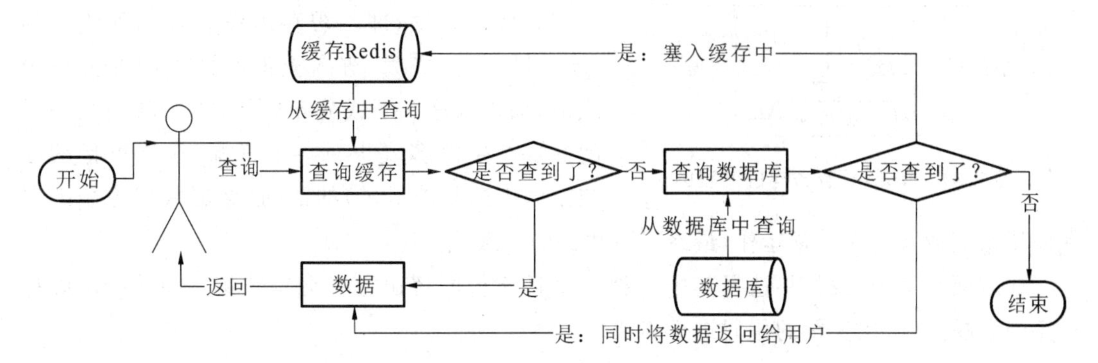

图 7.30 Redis 正常查询缓存数据的大致流程图

Redis 查询缓存中数据的大致流程为：

(1)用户在前端发起查询数据的请求，并将该请求连同请求参数传输到后端相应的接口，后端接口在接收到相应的请求参数和数据后，会前往 Redis 查询缓存中的数据，此时如果可以查询到数据(这个过程也称为缓存命中)，则直接将查询到的数据返回给前端调用者，如果没有查询到数据，则执行第(2)步。

(2)根据相应的请求参数以及对应的取值前往数据库 DB 查询。如果查询不到数据，则直接返回 NULL 给前端调用者，同时整个请求调用链终止；如果在数据库 DB 中可以查询到对应的数据，则执行第(3)步。

(3)将查询到的数据设置回缓存 Redis 中，同时将其返回给前端调用者。

至此便完成了整个缓存查询的过程。值得一提的是，这一过程在前端请求访问并发量不大的情况下，基本上是不会出现什么问题的。

然而，随着时间的推移，系统的用户使用量很有可能会增大，可能在某一时刻、某一时间段前端会出现高并发访问请求的情况，这时系统很有可能会出现数据库负载过高、数据库服务器被压垮乃至宕机的现象，而缓存击穿、缓存穿透以及缓存雪崩等便是其中典型的现象。

7.5.2 缓存击穿的解决方案

缓存击穿，指的是在高并发场景下，前端并发产生的大量请求对一个特定的值进行查询，但是这个时候缓存中这个值对应的 Key 正好过期了，缓存没有命中，导致大量的请求直接落到数据库上，从而导致系统很有可能会出现数据库负载过高、数据库服务器被压垮乃至宕机的情况。

在实际项目开发中，关于缓存击穿的案例还是比较常见的，比如在一些不定期促销优惠活动的场景中，前端用户在促销活动开始的某一时刻发起大批量的访问请求，请求查询缓存中促销优惠的活动信息，但是在这个过程中该活动信息对应的缓存中的 Key 突然过期了，于是乎，蜂拥而来的请求将落在数据库 DB 中，很有可能在某一瞬间系统整体的 CPU 和内存

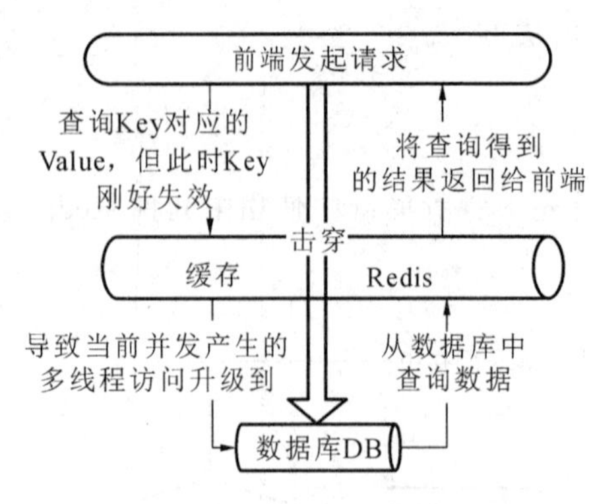

图 7.31 Redis 缓存击穿的流程图

负载过高、数据库压力暴增，从而出现应用系统、数据库服务器被压垮乃至出现宕机的现象。Redis 缓存击穿的流程如图 7.31 所示。

目前业界针对缓存击穿这一问题有多种比较成熟的流行方案，其中比较典型的是加入限流算法或者分布式锁，即当缓存中没有查询到给定的 Key 对应的值之后，进入查询数据库的业务逻辑之前，加入限流机制或分布式锁，用于限制同一时间并发产生的多线程对共享资源（在这里指的是数据库中的某条记录）的访问，保证数据库服务器和应用系统业务功能正常运作，最终保证数据的一致性。

在后面章节中，我们将选择其中一种典型且流行的解决方案分布式锁解决 Redis 缓存击穿的问题，并采用实际的代码进行实战。

7.5.3 代码实战之并发场景复现

在真正进入采用分布式锁解决缓存击穿的代码实战环节之前，需要先将缓存击穿这一场景复现，因为只有当问题复现之后，开发者才能对症下药，采用相应的解决方案进行解决，真正做到有的放矢。

下面我们以这样的业务场景作为缓存击穿的应用案例：将平常热销的某个商品数据添加进缓存 Redis 中，并设置过期时间 ttl；在 ttl 即将结束之际，立马在前端发起多线程请求，模拟用户并发访问查询缓存中的商品数据，在正常情况下，一些线程会因为 ttl 的结束而将请求发送到数据库 DB 中，用以查询数据库中对应的商品数据，并最终将得到的数据返回给前端，同时也设置一份数据进缓存中。

在这一业务场景中，并发产生的多个线程由于 ttl 的突然失效而导致请求打到数据库 DB 中的现象即为本文所介绍的缓存击穿。下面进入并发场景复现的代码实战：

首先，在数据库中创建商品数据表，并在该数据库表中添加一条商品数据，其 DDL（数据库表的数据结构定义语言，也称为数据库表字段的定义）如下所示：

```
CREATE TABLE `item`(
  `id` int(11)NOT NULL AUTO_INCREMENT,
  `code` varchar(255)DEFAULT NULL COMMENT '商品编号',
  `name` varchar(255)CHARACTER SET utf8mb4 DEFAULT NULL COMMENT '商品名称',
  `create_time` datetime DEFAULT NULL,
  PRIMARY KEY(`id`)
)ENGINE=InnoDB DEFAULT CHARSET=utf8 COMMENT='商品信息表';
```

紧接着，需要利用 MyBatis 的代码生成器生成该数据库表的实体类 Entity、SQL 操作接口 Mapper、SQL 语句定义 Mapper.xml。如下代码所示为实体类 Item 的定义：

```
@Data
public class Item implements Serializable{
    //id字段
    private Integer id;
```

```
    //编码
    private String code;
    //名称
    private String name;
    //创建时间
    @JsonFormat(pattern="yyyy-MM-dd HH:mm:ss",timezone="GMT+8")
    private Date createTime;
}
```

该实体类对应的 ItemMapper 和 ItemMapper.xml 在这里就不给出了，读者自行生成即可。与此同时，需要在数据库表中添加一些测试用例数据，如图 7.32 所示。

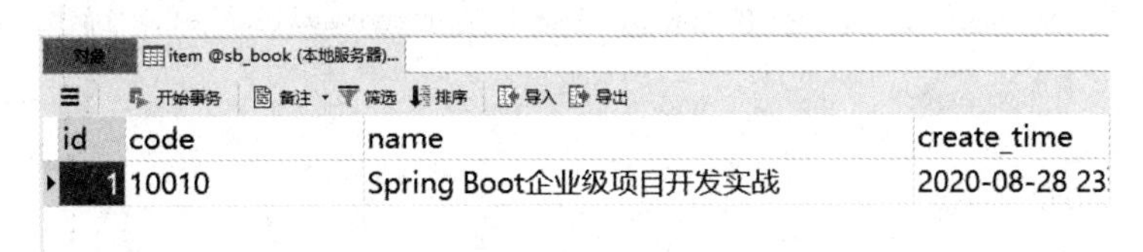

id	code	name	create_time
1	10010	Spring Boot企业级项目开发实战	2020-08-28 23

图 7.32　数据库表测试用例数据

接下来，需要创建一个业务逻辑处理服务类 RedisService，并编写一方法，用于实现根据前端的请求参数查询缓存中的数据，其完整的源代码如下所示：

```
@Service
public class RedisService implements CommandLineRunner{
    private static final Logger log=LoggerFactory.getLogger(RedisService.class);

    @Autowired
    private ItemMapper itemMapper;

    @Autowired
    private RedisTemplate redisTemplate;

    //实现 CommandLineRunner 接口，项目启动完毕就将相应的商品数据设置进缓存，并设置 ttl
    //目的：当 ttl 快到时，模拟发起多个线程并发访问"获取缓存中的数据"接口
    @Override
    public void run(String...strings)throws Exception {
        Item item=itemMapper.selectByPrimaryKey(Constant.RedisJiChuangId);
        if(item! =null){
            //设置该 Key 在缓存中的存活时间 ttl 为 5 秒钟
            redisTemplate.opsForValue().set(Constant.RedisJiChuangKey, item, 3L,
TimeUnit.SECONDS);
            log.info("~项目启动完毕，成功将数据库中的数据设置进缓存中~");
        }
    }

    //缓存击穿-正常流程
```

```
    public Item getByIdV1(final Integer id){
        Item item;
        ValueOperations<String,Item>operations=redisTemplate.opsForValue();
        if(redisTemplate.hasKey(Constant.RedisJiChuangKey)){
            log.info("~缓存中存在该数据,直接取出~");
            return operations.get(Constant.RedisJiChuangKey);
        }else{
            log.info("~缓存中不存在该数据,从数据库中取出~");
            item=itemMapper.selectByPrimaryKey(id);
            if(item!=null){
                operations.set(Constant.RedisJiChuangKey,item,6L, TimeUnit.SECONDS);
            }
        }
        return item;
    }
}
```

其中,方法 getByIdV1()的功能正是根据前端的请求参数(这里指的是商品的 ID),查询缓存中的数据,如果缓存中没查询到相应的数据,则前往数据库中查询,将查询到的数据返回给前端的同时,也将其设置进缓存中。

细心的读者会发现,该业务逻辑处理类除了 getByIdV1()方法之外,还有 run()方法,这是由于 RedisService 类实现了 CommandLineRunner 接口而需要重写实现的方法。仔细观察该方法的代码逻辑,会发现其作用主要是:在项目启动完毕时将相应的商品数据设置进缓存,并设置该商品数据在缓存中的存活时间 ttl,当 ttl 快结束时,前端立即模拟发起多个线程并发访问 getByIdV1()方法,从而复现缓存击穿这一场景。

值得一提的是,在上述代码中自定义了一些常量,如 Constant. RedisJiChuangId 等,其具体的定义与取值是在 Constant 类中的,代码如下所示:

```
public class Constant {
    public static final Integer RedisJiChuangId=1;
    public static final String RedisJiChuangKey="redis:item:v1:"+RedisJiChuangId;
    public static final String RedisJiChuangLock="redis:jc:lock:";
}
```

接下来,需要创建一个前端控制器类 RedisController,并在该类中创建一个请求方法,用于实现正常情况下查询缓存数据的功能,其完整的源代码如下所示:

```
@RestController
@RequestMapping("redis")
public class RedisController {
    private static final Logger log=LoggerFactory.getLogger(RedisController.class);

    @Autowired
    private RedisService redisService;

    //正常情况下的缓存查询过程
```

```
    @GetMapping("data/v1")
    public BaseResponse getData(){
        BaseResponse response=newBaseResponse(StatusCode.Success);
        try {
            //直接调用 redisService 类的方法即可
            response.setData(redisService.getByIdV1(Constant.RedisJiChuangId));
        }catch(Exception e){
            e.printStackTrace();
            response=new BaseResponse(StatusCode.Fail.getCode(),e.getMessage());
        }
        return response;
    }
}
```

最后进入接口测试环节。将项目成功运行起来后，仔细观察 IDEA 控制台的输出信息，会发现 RedisService 类的 run()方法会在项目启动完毕之后前往数据库查询 Id=1 的热销商品数据，并将数据设置进缓存 Redis 中，如图 7.33 所示。

```
==>  Preparing: select id, code, name, create_time from item where id = ?
==> Parameters: 1(Integer)
<==    Columns: id, code, name, create_time
<==        Row: 1, 10010, Spring Boot企业级项目开发实战, 2020-08-28 23:34:12.0
<==      Total: 1
Closing non transactional SqlSession [org.apache.ibatis.session.defaults.DefaultSqlSession@48f7be11]
[2020-08-30 21:45:54.880] boot -  INFO [restartedMain] --- RedisService: ~项目启动完毕，成功将数据库中的数据设置进缓存中~
```

图 7.33　IDEA 控制台输出项目初始化的信息

情景一：在 ttl 时间内，打开前端模拟请求工具 Postman，并在 URL 地址栏中输入请求链接 http://127.0.0.1:9011/redis/data/v1，点击 Send 按钮，稍等片刻，即可得到后端接口返回的响应信息，如图 7.34 所示。

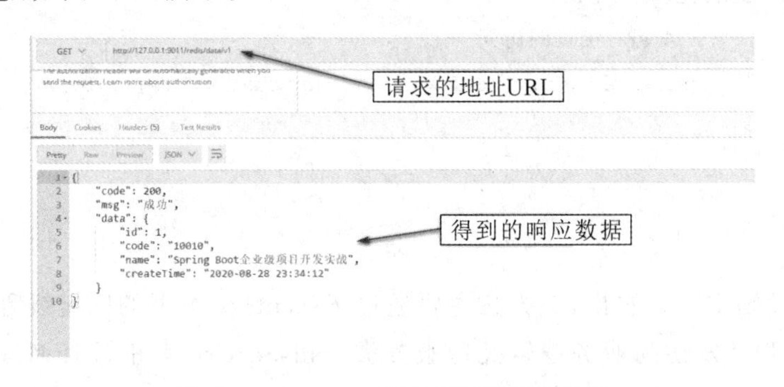

图 7.34　Postman 请求得到的响应数据

与此同时，IDEA 控制台会打印出“缓存中存在该数据，直接取出”的日志信息，这意味着 Postman 发起的请求直接落在了缓存中，如图 7.35 所示。

```
INFO [http-nio-9011-exec-4] --- RedisService: ~缓存中存在该数据，直接取出~
```

图 7.35　IDEA 控制台输出日志信息(情景一)

情景二：如果读者没有在 ttl 时间内在前端 Postman 发起请求，则缓存中该热销商品会因为存活时间 ttl 已到而自动被移除。此时如果在前端 Postman 发起请求，则后端 IDEA 控制台会打印出“缓存中不存在该数据，从数据库中取出”的日志信息，这意味着此时请求落到了数据库 DB 中，如图 7.36 所示。

```
[2020-08-30 22:06:24.133] boot -  INFO [http-nio-9011-exec-6] --- RedisService: ~缓存中不存在该数据，从数据库中取出~
Creating a new SqlSession
SqlSession [org.apache.ibatis.session.defaults.DefaultSqlSession@156880fe] was not registered for synchronization because synchronization is not
 active
JDBC Connection [com.alibaba.druid.proxy.jdbc.ConnectionProxyImpl@6d3008f9] will not be managed by Spring
==>  Preparing: select id, code, name, create_time from item where id = ?
==> Parameters: 1(Integer)
<==    Columns: id, code, name, create_time
<==        Row: 1, 10010, Spring Boot企业级项目开发实战, 2020-08-28 23:34:12.0
<==      Total: 1
Closing non transactional SqlSession [org.apache.ibatis.session.defaults.DefaultSqlSession@156880fe]
```

图 7.36　IDEA 控制台输出日志信息（情景二）

情景二便是缓存击穿现象的一个特例。下面真正进入缓存击穿现象的复现环节。在前端控制器类 RedisController 中新建一个请求方法，用于模拟前端并发产生的多个线程对共享资源（这里指缓存中热销的商品数据）的访问，其完整的源代码如下所示：

```
//创建拥有 20 个固定线程的线程池
private static final ExecutorService EXECUTOR_SERVICE=Executors.newFixedThreadPool
(20);

//并发情况下缓存击穿复现-自模拟发起多线程并发访问
@GetMapping("data/v2")
public void getDataV2(){
    for(int i=0;i<10000;i++){
        EXECUTOR_SERVICE.submit(new Runnable(){
            @Override
            public void run(){
                //发起对接口的访问
                redisService.getByIdV1(Constant.RedisJiChuangId);
            }
        });
    }
}
```

从上述源代码中可以看出，该方法主要通过 Executors 类下的固定线程池创建 10 000 个线程，每个线程并发访问业务逻辑处理服务类 redisService 下正常查询缓存数据的方法 getByIdV1()。

打开 Postman，并在 URL 地址栏中输入请求链接 http://127.0.0.1:9011/redis/data/v2，点击 Send 按钮，稍等片刻，即可得到后端 IDEA 控制台会打印出并发产生的多个线程先到达者对应的请求会落到数据库 DB 中，而后到达者对应的请求则直接从缓存中查询出热销商品数据，如图 7.37 与图 7.38 所示。

图 7.37 中展现的日志信息即为缓存击穿现象的复现。由于在上述代码中模拟前端并发产生的线程数只是 10 000 个，因此很难在一瞬间观察到缓存击穿所带来的严重后果。感兴趣的读者可以尝试将线程数调整为 10 万，甚至 100 万、1000 万个（前提是自己的机子要能

```
[2020-08-30 22:40:14.864] boot -  INFO [pool-1-thread-5] --- RedisService: ~缓存中不存在该数据，从数据库中取出~
Creating a new SqlSession
[2020-08-30 22:40:14.865] boot -  INFO [pool-1-thread-4] --- RedisService: ~缓存中不存在该数据，从数据库中取出~
SqlSession [org.apache.ibatis.session.defaults.DefaultSqlSession@8bf2161] was not registered for synchronization because synchronization is not
 active
Creating a new SqlSession
[2020-08-30 22:40:14.865] boot -  INFO [pool-1-thread-6] --- RedisService: ~缓存中不存在该数据，从数据库中取出~
SqlSession [org.apache.ibatis.session.defaults.DefaultSqlSession@16df7d58] was not registered for synchronization because synchronization is not
 active
JDBC Connection [com.alibaba.druid.proxy.jdbc.ConnectionProxyImpl@181891f3] will not be managed by Spring
==>  Preparing: select id, code, name, create_time from item where id = ?
Creating a new SqlSession
JDBC Connection [com.alibaba.druid.proxy.jdbc.ConnectionProxyImpl@6d3008f9] will not be managed by Spring
[2020-08-30 22:40:14.865] boot -  INFO [pool-1-thread-1] --- RedisService: ~缓存中不存在该数据，从数据库中取出~
==>  Preparing: select id, code, name, create_time from item where id = ?
SqlSession [org.apache.ibatis.session.defaults.DefaultSqlSession@73d47bfa] was not registered for synchronization because synchronization is not
 active
==> Parameters: 1(Integer)
Creating a new SqlSession
[2020-08-30 22:40:14.868] boot -  INFO [pool-1-thread-20] --- RedisService: ~缓存中不存在该数据，从数据库中取出~
SqlSession [org.apache.ibatis.session.defaults.DefaultSqlSession@2fd6aafd] was not registered for synchronization because synchronization is not
 active
Creating a new SqlSession
[2020-08-30 22:40:14.865] boot -  INFO [pool-1-thread-2] --- RedisService: ~缓存中不存在该数据，从数据库中取出~
SqlSession [org.apache.ibatis.session.defaults.DefaultSqlSession@3174ddcd] was not registered for synchronization because synchronization is not
 active
JDBC Connection [com.alibaba.druid.proxy.jdbc.ConnectionProxyImpl@3c2e91cb] will not be managed by Spring
```

缓存中热销数据的ttl已到，导致并发产生的多线程并发访问该共享资源时直接将请求打到数据库DB中

图 7.37　IDEA 控制台输出并发多线程的日志访问信息一

```
[2020-08-30 22:40:14.883] boot -  INFO [pool-1-thread-17] --- RedisService: ~缓存中存在该数据，直接取出~
<==    Columns: id, code, name, create_time
<==        Row: 1, 10010, Spring Boot企业级项目开发实战, 2020-08-28 23:34:12.0
<==        Row: 1, 10010, Spring Boot企业级项目开发实战, 2020-08-28 23:34:12.0
<==      Total: 1
<==    Columns: id, code, name, create_time
<==      Total: 1
<==      Total: 1
<==        Row: 1, 10010, Spring Boot企业级项目开发实战, 2020-08-28 23:34:12.0
<==      Total: 1
<==      Total: 1
[2020-08-30 22:40:15.003] boot -  INFO [pool-1-thread-15] --- RedisService: ~缓存中存在该数据，直接取出~
<==        Row: 1, 10010, Spring Boot企业级项目开发实战, 2020-08-28 23:34:12.0
[2020-08-30 22:40:15.003] boot -  INFO [pool-1-thread-5] --- RedisService: ~缓存中存在该数据，直接取出~
[2020-08-30 22:40:15.003] boot -  INFO [pool-1-thread-2] --- RedisService: ~缓存中存在该数据，直接取出~
[2020-08-30 22:40:15.004] boot -  INFO [pool-1-thread-4] --- RedisService: ~缓存中存在该数据，直接取出~
<==      Total: 1
<==        Row: 1, 10010, Spring Boot企业级项目开发实战, 2020-08-28 23:34:12.0
[2020-08-30 22:40:15.003] boot -  INFO [pool-1-thread-18] --- RedisService: ~缓存中存在该数据，直接取出~
<==        Row: 1, 10010, Spring Boot企业级项目开发实战, 2020-08-28 23:34:12.0
<==      Total: 1
<==      Total: 1
[2020-08-30 22:40:15.003] boot -  INFO [pool-1-thread-17] --- RedisService: ~缓存中存在该数据，直接取出~
[2020-08-30 22:40:15.003] boot -  INFO [pool-1-thread-3] --- RedisService: ~缓存中存在该数据，直接取出~
[2020-08-30 22:40:15.003] boot -  INFO [pool-1-thread-1] --- RedisService: ~缓存中存在该数据，直接取出~
[2020-08-30 22:40:15.003] boot -  INFO [pool-1-thread-19] --- RedisService: ~缓存中存在该数据，直接取出~
[2020-08-30 22:40:15.008] boot -  INFO [pool-1-thread-4] --- RedisService: ~缓存中存在该数据，直接取出~
```

并发产生的多个线程中的后到达者，由于此时缓存已有数据，因此请求将直接打到缓存中

图 7.38　IDEA 控制台输出并发多线程的日志访问信息二

承受得起），然后打开本地机子的任务管理器（Mac 操作系统除外），仔细观察本地机子 CPU、内存和磁盘的占用情况。图 7.39 所示为笔者调整并发线程数为 10 万个后任务管理器出现的资源占用情况。

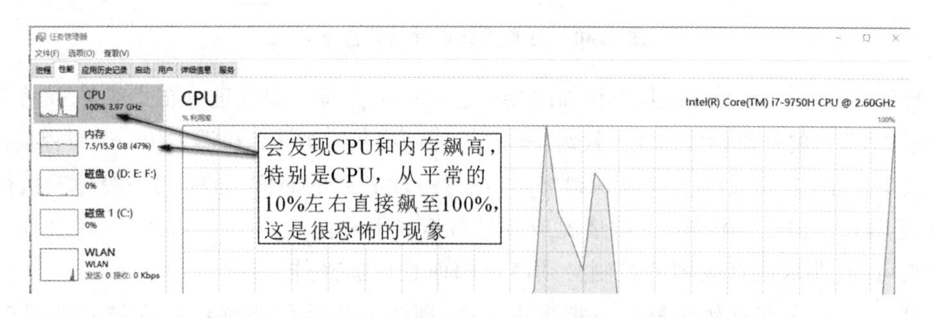

图 7.39　并发产生多线程访问共享资源时资源占用情况

可以看到，在并发产生的多个线程并发访问共享资源的那一刻，系统的 CPU 和内存直接飙高，特别是 CPU，直接飙至 100%，而且在几分钟内一直处于“飙高不降”的境地。想象一下，如果这是在真实的生产环境下出现的现象，那么很有可能该应用/服务所在的服务器会进入“告警”边缘，服务器资源（特指 CPU 和内存）很有可能会一直居高不下，导致该应用/服务或者部署在该服务器下的其他应用严重受影响，甚至可能会出现数据丢失、应用卡顿、服务挂掉及数据库服务器宕机等现象。

既然出现了问题，那么就应当想办法去解决，在下一小节，我们将一同进入缓存击穿这一现象的解决方案——分布式锁的代码实战。

7.5.4 代码实战之分布式锁

分布式锁，是相对于单机项目锁而言的，它也是一种锁机制，只不过是专门应对分布式的环境而出现的(当然啦，在单体项目中也是可以使用的)。它并不是一种全新的中间件或者组件，而只是一种机制，一种实现方式，甚至可以说是一种解决方案。

它指的是在分布式部署的环境下，通过锁机制让多个客户端或者多个服务对应的线程互斥访问共享资源，从而避免出现并发安全、数据不一致等问题。

在实际生产环境中，分布式锁的应用在很大程度上给企业级应用系统、分布式系统架构带来了性能和效率上的整体提升。

然而，真正将分布式锁落地实施还是有一定难度的，特别是在分布式部署的环境下，服务与服务之间、系统与系统之间底层大部分是采用网络进行通信的，而众所周知，凡是通过网络传输、通信、交互的实体，终究需要面对网络出现延迟、不稳定甚至中断的情况，此时，如果分布式锁使用得不恰当，将很有可能会出现死锁、获取不到锁等状况。

因此对于分布式锁的设计与使用，业界有几点要求，如图 7.40 所示。

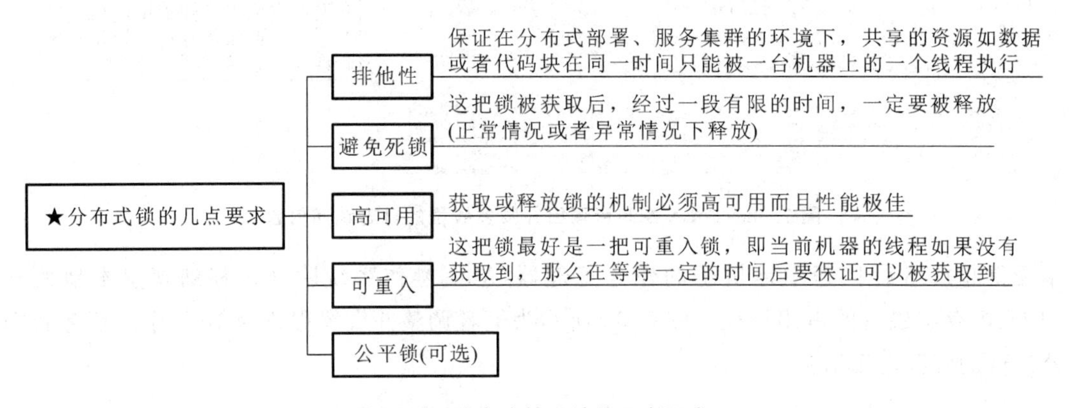

图 7.40 分布式锁设计的几点要求

- 排他性：这一点跟单体应用时代加的“锁”是一个道理，即需要保证分布式部署、服务集群部署的环境下，共享的资源如数据或者代码块在同一时间内只能被一台机器上的一个线程执行。
- 避免死锁：当前线程在获取到锁之后，经过一段有限的时间(该时间一般用于执行实际的业务逻辑)，一定要被释放(正常情况或者异常情况下释放)。
- 高可用：获取或释放锁的机制必须高可用而且性能极佳。
- 可重入：该分布式锁最好是一把可重入锁，即当前机器的当前线程在彼时如果已经获取到锁，那么在后续处理逻辑中，如果仍然存在同一数据的锁，则当前线程可以直接利用彼时获取到的锁直接访问后续的数据，而不需要再次等待获取新的锁。
- 公平锁(可选)：不同机器的不同线程在获取锁时最好保证概率是一样的，即应当保证来自不同机器的并发线程可以公平获取到锁。

鉴于这几点要求，目前业界提供了多种可靠的方式实现分布式锁，包括基于数据库级别的乐观锁、悲观锁，基于 Redis 的原子操作，基于 Zookeeper 的互斥排他锁以及基于开源框架 Redisson 的分布式锁。总体上可以概括为图 7.41 所示。

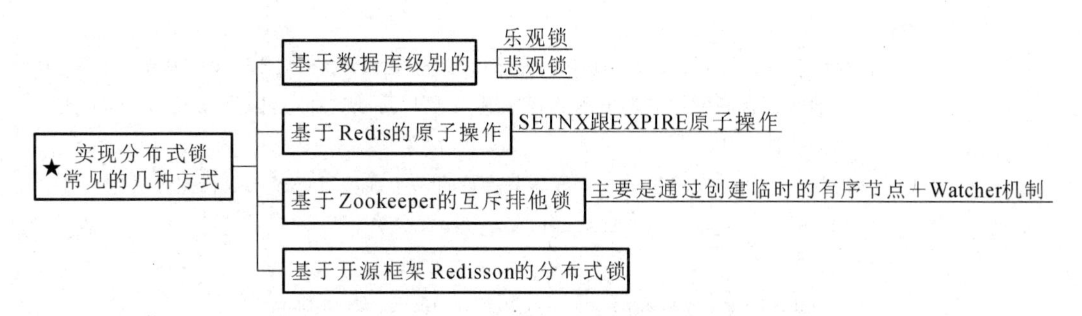

图 7.41　分布式锁常见的几种实现方式

- 基于数据库级别的乐观锁：在查询、操作共享数据记录时带上一个标识字段 version，通过 version 来控制每次对数据记录执行的更新操作。
- 基于数据库级别的悲观锁：这里以 MySQL 的 InnoDB 引擎为例，它主要是通过在查询共享的数据记录时加上 For Update 关键字，表示该共享的数据记录已经被当前线程锁住了（行级别锁、表级别锁），只有当该线程操作完成并提交事务之后，才会释放该锁，而在此之后其他线程才能获取到该数据记录的锁。
- 基于 Redis 的原子操作：主要通过 Redis 提供的原子操作 SETNX 跟 EXPIRE 来实现，SETNX 表示只有当 Key 在 Redis 不存在时才能设置成功，通常这个 Key 需要设计为跟共享的资源有联系，用于间接地当作"锁"，并采用 EXPIRE 操作释放获取的锁。
- 基于 Zookeeper 的互斥排他锁：通过 Zookeeper 在指定的标识字符串（通常这个标识字符串需要设计为跟共享资源有联系，即可以间接地当作"锁"）下维护一个临时有序的节点列表 Node List，并保证同一时刻并发线程访问共享资源时只能有一个最小序号的临时节点（即代表获取到锁的线程），该节点对应的线程即可执行对共享资源的操作。

下面我们将采用"基于 Redis 的原子操作"实现一个分布式锁，用以控制上一小节并发产生的多个线程对共享的数据热销商品数据的访问。

（1）在业务逻辑处理类 RedisService 中建立一方法 getByIdV2()，并在其中采用代码实现分布式锁的实现逻辑：

```
//缓存击穿-分布式锁
public Item getByIdV2(final Integer id){
    Item item=null;
    ValueOperations<String,Item>operations=redisTemplate.opsForValue();
    if(redisTemplate.hasKey(Constant.RedisJiChuangKey)){
        log.info("~分布式锁,缓存中存在该数据,直接取出~");
        return operations.get(Constant.RedisJiChuangKey);
    }else{
        //加分布式锁——其实是利用 Redis 底层操作 API 的原子性,由 setNX 以及 expire 等 API
        //组成实现一分布式锁
        //其中共享资源/临界资源为 id
        final String key=Constant.RedisJiChuangLock+id;
         String value = UUID. randomUUID ( ). toString ( ). replaceAll ( "-","") + System.
nanoTime();
        ValueOperations<String,String>opera=redisTemplate.opsForValue();
```

```
        try {
            //setIfAbsent的含义为:如果执行完该行代码后返回true,则代表缓存中该Key不存在
            //当前线程获取到了共享资源的互斥锁;之所以可以这样,是因为setIfAbsent是一
            //个原子性操作
            //即同一时间并发产生的多个线程只允许有一个线程可以成功执行该方法
            Boolean res=opera.setIfAbsent(key,value);
            if(res){
                redisTemplate.expire(key,3L,TimeUnit.SECONDS);

                //真正的业务处理逻辑
                if(redisTemplate.hasKey(Constant.RedisJiChuangKey)){
                    return operations.get(Constant.RedisJiChuangKey);
                }else{
                    log.info("~分布式锁-缓存中不存在该数据,从数据库中取出~");
                    item=itemMapper.selectByPrimaryKey(id);
                    if(item! =null){
                                  operations. set (Constant. RedisJiChuangKey, item, 10L,
TimeUnit.SECONDS);
                    }
                }
            }
        }finally {
            String tmpValue=opera.get(key);
            if(StringUtils.isNotBlank(tmpValue)&& tmpValue.equals(value)){
                redisTemplate.delete(key);
            }
        }
    }
    return item;
}
```

该代码首先判断缓存中是否存在该热销商品数据,如果存在,则直接返回该商品数据信息,否则,便进入分布式锁的处理逻辑。

仔细观察该代码,会发现分布式锁的实现主要利用了Redis的操作命令“SETNX”(对应的API:setIfAbsent)和“EXPIRE”(对应的API:expire)。前者表示如果缓存中不存在共享的资源,执行该方法后返回TURE,即代表当前线程获取了当前共享资源的锁;否则,即表示该线程没有获取到相应的锁,需要等待,直到获取到该数据资源的锁才能操作该共享资源。

在这里需要普及的是,原子性指的是一组操作要么都做完,要么都不做。并发产生的多个线程在调用具有原子性的操作时,同一时刻只会有一个线程能够执行相应的业务逻辑,其他线程则需要等待,直到当前线程操作完毕。

上述代码中,在当前线程获取到该数据资源的锁并执行完相应的业务逻辑后,需要将该锁释放,以让后面并发产生的线程获取到锁,其对应的代码块为:

```
    finally {
        String tmpValue=opera.get(key);
        if(StringUtils.isNotBlank(tmpValue)&& tmpValue.equals(value)){
            redisTemplate.delete(key);
        }
    }
```

在执行 redisTemplate. delete(key)之前加上 if 判断,是为了避免当前线程误删其他线程获取到的锁。在实际项目开发中,这一点经常会被忽略。

(2)在控制器类 RedisController 中调整请求方法 getDataV2()调用 RedisService 的 API 为 getByIdV2,代码如下所示:

```
    //创建拥有 20 个固定线程的线程池
    private static final ExecutorService EXECUTOR_SERVICE=Executors.newFixedThreadPool
    (20);

    //并发情况下缓存击穿的复现-自模拟发起多线程并发访问
    @GetMapping("data/v2")
    public void getDataV2(){
        for(int i=0;i<10000;i++){
            EXECUTOR_SERVICE.submit(new Runnable(){
                @Override
                public void run(){
                    //发起对接口的访问
                    //redisService.getByIdV1(Constant.RedisJiChuangId);
                    //分布式锁的控制
                    redisService.getByIdV2(Constant.RedisJiChuangId);
                }
            });
        }
    }
```

(3)单击运行项目,如果 IDEA 控制台没有输出相关的报错信息,则代表上述编写的分布式锁的代码实现逻辑没有语法级别的错误。打开前端请求模拟工具 Postman,并在 URL 地址栏中输入链接 http://127.0.0.1:9011/redis/data/v2 ,点击 Send 按钮,即可触发并发多线程对共享资源的访问逻辑,仔细观察 IDEA 控制台,会发现只有一个线程打印出“缓存中不存在该数据,从数据库中取出”的日志信息,如图 7.42 所示。

从该运行结果来看,基于 Redis 的原子操作实现的分布式锁确实起到了作用,至少保证了并发产生的多个线程不会蜂拥式地去访问数据库 DB,不会给数据库 DB 带来巨大的压力,从而也就直接地保护了系统、保护了数据库、保护了服务接口的稳定性,间接地保证了系统的高可用性。

然而,万物均有两面性,上述基于 Redis 的原子操作实现的分布式锁也存在一定的缺陷,即当当前线程执行完 setIfAbsent 之后、执行 expire 操作之前,如果 Redis 服务出现宕机然后再等待一定的时间恢复,那么很有可能缓存中该热销商品数据对应的锁永远没有得到释放。

```
[2020-08-30 23:53:43.953] boot -  INFO [pool-1-thread-3] --- RedisService: ~分布式锁-缓存中不存在该数据，从数据库中取出~
Creating a new SqlSession
SqlSession [org.apache.ibatis.session.defaults.DefaultSqlSession@543ef12a] was not registered for synchronization because synchronization is not
 active
JDBC Connection [com.alibaba.druid.proxy.jdbc.ConnectionProxyImpl@5c52ab63] will not be managed by Spring
==>  Preparing: select id, code, name, create_time from item where id = ?
==> Parameters: 1(Integer)
<==    Columns: id, code, name, create_time
<==        Row: 1, 10010, Spring Boot企业级项目开发实战, 2020-08-28 23:34:12.0
<==      Total: 1
Closing non transactional SqlSession [org.apache.ibatis.session.defaults.DefaultSqlSession@543ef12a]
[2020-08-30 23:53:43.983] boot -  INFO [pool-1-thread-19] --- RedisService: ~分布式锁，缓存中存在该数据，直接取出~
[2020-08-30 23:53:43.983] boot -  INFO [pool-1-thread-14] --- RedisService: ~分布式锁，缓存中存在该数据，直接取出~
[2020-08-30 23:53:43.984] boot -  INFO [pool-1-thread-15] --- RedisService: ~分布式锁，缓存中存在该数据，直接取出~
[2020-08-30 23:53:43.984] boot -  INFO [pool-1-thread-20] --- RedisService: ~分布式锁，缓存中存在该数据，直接取出~
[2020-08-30 23:53:43.983] boot -  INFO [pool-1-thread-1] --- RedisService: ~分布式锁，缓存中存在该数据，直接取出~
[2020-08-30 23:53:43.983] boot -  INFO [pool-1-thread-11] --- RedisService: ~分布式锁，缓存中存在该数据，直接取出~
[2020-08-30 23:53:43.983] boot -  INFO [pool-1-thread-17] --- RedisService: ~分布式锁，缓存中存在该数据，直接取出~
[2020-08-30 23:53:43.983] boot -  INFO [pool-1-thread-10] --- RedisService: ~分布式锁，缓存中存在该数据，直接取出~
[2020-08-30 23:53:43.985] boot -  INFO [pool-1-thread-3] --- RedisService: ~分布式锁，缓存中存在该数据，直接取出~
[2020-08-30 23:53:43.984] boot -  INFO [pool-1-thread-9] --- RedisService: ~分布式锁，缓存中存在该数据，直接取出~
[2020-08-30 23:53:43.984] boot -  INFO [pool-1-thread-16] --- RedisService: ~分布式锁，缓存中存在该数据，直接取出~
[2020-08-30 23:53:43.984] boot -  INFO [pool-1-thread-5] --- RedisService: ~分布式锁，缓存中存在该数据，直接取出~
[2020-08-30 23:53:43.984] boot -  INFO [pool-1-thread-4] --- RedisService: ~分布式锁，缓存中存在该数据，直接取出~
[2020-08-30 23:53:43.984] boot -  INFO [pool-1-thread-6] --- RedisService: ~分布式锁，缓存中存在该数据，直接取出~
[2020-08-30 23:53:43.984] boot -  INFO [pool-1-thread-7] --- RedisService: ~分布式锁，缓存中存在该数据，直接取出~
```

只有一个线程前往数据库DB查询数据

图 7.42　IDEA 控制台输出并发多线程的日志访问信息

这是因为在上述操作中，如果成功执行了 setIfAbsent，则代表当前线程已经为该商品数据加上了一把锁，但是没有及时执行 expire 操作，导致该数据对应的锁没有来得及释放，使其成为一把“死锁”；等到 Redis 服务恢复完毕，重新执行该段业务逻辑时，会因为执行完 setIfAbsent 后永远得到 FALSE 而导致没有一个线程能获取到热销数据的锁，也就执行不了后续相应的业务逻辑。

而出现这一现象的主要原因在于上述两个操作分开执行了。两个操作的执行具有先后次序，从而给了 Redis 服务“可乘之机”。既然出现了问题，就应当想办法解决。目前业界比较成熟的做法有两种，在这里提供给各位读者参考，具体的代码实现在这里就不给出来了，感兴趣的读者可以自行尝试：

(1)采用 Lua 脚本＋Redis 相关 API 的方式：Lua 是一种功能强大、高效、轻量级、可嵌入的脚本语言，利用它可以实现锁的释放。

(2)采用综合中间件 Redisson：Redisson 建立在 Redis 的基础之上，不仅拥有原生 Redis 的功能，同时也拥有类似分布式锁、分布式服务远程调度、分布式集合等专属的强大的功能。直接利用 Redisson 的分布式锁组件即可解决上述 Redis 原子操作实现的分布式锁在实际应用中出现的问题。

7.6　Redis 实战场景之缓存穿透

介绍完 Redis 的缓存击穿之后，接下来进入缓存穿透的介绍与实战。从本质上讲，缓存击穿和缓存穿透都是一种瞬时流量越过缓存而将请求打到数据库，从而给数据库带来巨大压力和负载的现象。本节我们将一同学习 Redis 缓存穿透的基本概念、缓存穿透场景的复现以及相应解决方案。

7.6.1　什么是缓存穿透

在介绍缓存穿透这一概念之前，先要了解项目中使用缓存中间件 Redis 查询缓存数据的正常流程，这一流程在上一节介绍缓存击穿时已经介绍了。

如果前端调用者不断地发起查询请求，且查询的是缓存和数据库中永远不存在的数据，那么该请求将会打到数据库 DB 中；如果用户恶意发起洪流式的请求攻击，那么对于数据库来说，无疑是一种“灾难”，这一现象即为缓存穿透。

具体来讲，缓存穿透指的是缓存 Redis 和数据库 DB 中都不存在指定的数据，但是前端用户却不断地发起对该数据的查询请求，这个时候由于缓存一直不被命中，加上数据库的查询结果一直为 NULL，没有将其存储进缓存中，因此如果前端用户不断地发起对缓存和数据库中都不存在的数据的查询请求，那么将导致每次请求都打到数据库中去，在无形中，缓存似乎成了一种摆设，完全没有起到任何作用，所以这个过程看起来就像是“穿透”了缓存一样。

值得一提的是，在实际生产环境中，如果前端用户发起的请求流量过大(可能是恶意的)，很有可能数据库 DB 在一瞬间就挂掉了。比如发起商品 Id 为“－1”的数据查询或者 Id 取值特别大且不存在的数据，可能会导致数据库压力过大、负载过高而出现宕机的现象，这对于任何一家企业、任何一个应用系统来说，都是绝对不允许的。

7.6.2 缓存穿透的解决方案

既然有问题，就得想办法解决，目前业界有多种比较成熟且流行的解决方案，其中比较典型的有：

(1)在接口层面增加校验，对前端传递过来的请求参数如 Id 的取值做基础校验，如对 id＜＝0的直接进行拦截；

(2)当从缓存中查询不到数据，且在数据库中也没有查询到时，将 Key-Value 键值对设置为 Key-NULL，即 Value 的取值为 NULL，同时设置 Key 在缓存中的有效时间尽量短点，如 60 秒(因为设置太长会导致正常情况下可能没法使用)，如此一来，可以防止前端用户反复用同一个 Id 进行暴力攻击。

其整体的实现流程如图 7.43 所示，相对于图 7.30 Redis 正常查询缓存中的数据流程而言，只是调整了一个细节：当缓存中没有查询到数据，且数据库中也没有查询到该数据时，返回的 NULL 值在返回给前端的同时，也需要设置进缓存 Redis 中，并为其设置一定的存活时间 ttl。跟图 7.30 不同的是，如果数据库中也没有查询到该数据时，只需要将 NULL 值返回给前端，而没有将其设置进缓存中。

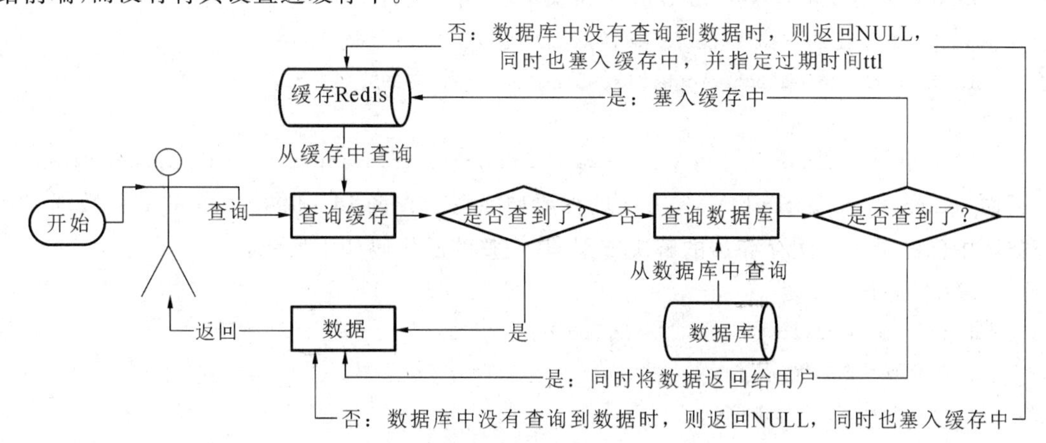

图 7.43 Redis 缓存穿透解决方案流程图

善于思考的读者可能会对“细节亦可决定成败”这句话有所感悟，Redis 的缓存穿透正是如此，只需要将 NULL 值一并设置进缓存中，便可以解决系统不稳定、宕机，数据库服务器挂掉、宕机等状况的发生。

因此，在实际项目开发中，当读者需要解决某个问题或者优化提高某个接口性能时，仍然需要着眼于原有的业务流程以及代码实现流程，当流程梳理清晰了，很有可能问题也就离浮出水面不远了。

7.6.3 代码实战实现过程

接下来，仍然以前文 Spring Boot 整合 Redis 搭建的项目为基础，以热销商品实体类 Item 为数据案例，采用实际的代码实战缓存穿透的解决方案。

首先，在控制器类 RedisController 中创建一请求方法，用于模拟前端用户瞬时产生的高并发请求流量，其完整的源代码如下所示：

```
//并发情况下缓存穿透复现-自模拟发起多线程并发访问
@GetMapping("data/v3")
public void getDataV3(){
    for(int i=0;i<10000;i++){
        EXECUTOR_SERVICE.submit(new Runnable(){
            @Override
            public void run(){
                //发起对接口的访问
                redisService.getByIdV3(Constant.RedisChuangTouId);
            }
        });
    }
}
```

从该源代码中可以看出，我们依旧采用了 10 000 个线程用于模拟前端用户瞬时产生的高并发流量请求，每个线程对应的请求将访问用于处理实际业务逻辑的接口方法，即 redisService. getByIdV3()。其中，传过去的参数 Constant. RedisChuangTouId 的具体取值为 99999999，它是在常量类 Constant 中定义的，如下所示：

```
//public static final Integer RedisChuangTouId=- 1;
public static final Integer RedisChuangTouId=99999999;

public static final String RedisChuangTouKey="redis:item:v3:"+ RedisChuangTouId;
```

而 redisService. getByIdV3()方法的主要功能在于查询 Id＝99999999 的商品数据。在该方法中已经给出了缓存穿透的解决方案，其完整的源代码如下所示：

```
//缓存穿透-解决方案
public Item getByIdV3(final Integer id){
    //最基本的判断
    if(id==null || id<=0){
        return null;
    }

    Item item;
```

```java
        ValueOperations<String,Item>operations=redisTemplate.opsForValue();
        if(redisTemplate.hasKey(Constant.RedisChuangTouKey)){
            log.info("~缓存中存在该数据,直接取出~");
            return operations.get(Constant.RedisChuangTouKey);
        }else{
            log.info("~缓存中不存在该数据,从数据库中取出~");
            item=itemMapper.selectByPrimaryKey(id);

            //在缓存和数据库中 查询不到该数据时,意味着 item=null,
            //此时需要将 null 值设置回缓存中
            if(item==null){
                operations.set(Constant.RedisChuangTouKey,null,6L, TimeUnit.SECONDS);
            }else{
                operations.set(Constant.RedisChuangTouKey,item,6L, TimeUnit.SECONDS);
            }
        }
        return item;
    }
```

仔细阅读该源码,会发现其核心之处在于当缓存和数据库中查询不到数据时,返回的 item 将为 NULL,此时需要将该 NULL 值作为 Value 设置进缓存中,同时设置一定的存活时间 ttl。

点击运行项目,如果 IDEA 控制台没有报相关的错误日志信息,则意味着上述编写的代码没有语法级别的错误。打开前端请求模拟工具 Postman,并在 URL 地址栏中输入 http://127.0.0.1:9011/redis/data/v3 ,点击 Send 按钮,仔细观察 IDEA 控制台,会发现虽然在刚开始会出现几条将请求打到数据库 DB 的日志信息,但是几秒钟后,所有的请求将打到缓存中,如图 7.44 所示。

```
[2020-08-31 23:39:43.626] boot -  INFO [pool-13-thread-15] --- RedisService: ~缓存中不存在该数据, 从数据库中取出~
<==      Total: 0
<==      Total: 0
Creating a new SqlSession
Closing non transactional SqlSession [org.apache.ibatis.session.defaults.DefaultSqlSession@59386521]
SqlSession [org.apache.ibatis.session.defaults.DefaultSqlSession@6830d1a4] was not registered for synchronization because synchronization is not
 active
Closing non transactional SqlSession [org.apache.ibatis.session.defaults.DefaultSqlSession@1d4978b6]
JDBC Connection [com.alibaba.druid.proxy.jdbc.ConnectionProxyImpl@138e856f] will not be managed by Spring
[2020-08-31 23:39:43.638] boot -  INFO [pool-13-thread-4] --- RedisService: ~缓存中存在该数据, 直接取出~
Closing non transactional SqlSession [org.apache.ibatis.session.defaults.DefaultSqlSession@1b6d0d30]
==>  Preparing: select id, code, name, create_time from item where id = ?
[2020-08-31 23:39:43.626] boot -  INFO [pool-13-thread-20] --- RedisService: ~缓存中不存在该数据, 从数据库中取出~
Creating a new SqlSession
==> Parameters: 99999999(Integer)
SqlSession [org.apache.ibatis.session.defaults.DefaultSqlSession@6166547a] was not registered for synchronization because synchronization is not
 active
[2020-08-31 23:39:43.638] boot -  INFO [pool-13-thread-2] --- RedisService: ~缓存中存在该数据, 直接取出~
JDBC Connection [com.alibaba.druid.proxy.jdbc.ConnectionProxyImpl@5dcf8c1b] will not be managed by Spring
==>  Preparing: select id, code, name, create_time from item where id = ?
[2020-08-31 23:39:43.638] boot -  INFO [pool-13-thread-10] --- RedisService: ~缓存中存在该数据, 直接取出~
==> Parameters: 99999999(Integer)
[2020-08-31 23:39:43.638] boot -  INFO [pool-13-thread-14] --- RedisService: ~缓存中存在该数据, 直接取出~
<==      Total: 0
[2020-08-31 23:39:43.638] boot -  INFO [pool-13-thread-19] --- RedisService: ~缓存中存在该数据, 直接取出~
[2020-08-31 23:39:43.638] boot -  INFO [pool-13-thread-3] --- RedisService: ~缓存中存在该数据, 直接取出~
```

图 7.44 缓存穿透解决方案响应结果

至此,关于 Redis 缓存穿透的解决方案的代码实战我们已经完成了。读者可以按照上面的流程图从头到尾亲自将代码实战一遍,实战完后,相信你对缓存穿透这一场景会有更深入的理解。

7.6.4 其他典型的问题

在实际项目开发中,缓存 Redis 的使用虽然可以给应用系统带来性能和效率上的提升,但同时也带来了一些问题,除了前文所介绍的缓存击穿、缓存穿透以外,还包括缓存雪崩。下面简单介绍一下这一场景的出现以及解决方案。

缓存雪崩指的是在某个时间点,缓存中大部分 Key 集体发生过期失效致使大量查询数据库的请求都落在了 DB(数据库)上,导致数据库负载过高,压力暴增,甚至出现数据库被压垮的状况。

而这种问题的产生主要是由大量的 Key 在某个时间点或者某个时间段一起过期失效导致的。为了更好地避免这种情况的发生,一般的做法是为这些 Key 设置不同的、随机的过期失效时间,错开缓存中 Key 的失效时间点。在某种程度上这种实现方式确实可以减少数据库突如其来的查询压力。

总体来说,不管是缓存击穿、缓存穿透还是缓存雪崩,其实它们的本质是差不多的,即最终导致的后果几乎都是一样的:给数据库 DB 带来了巨大的压力,甚至压垮数据库,压垮应用系统。而它们的解决方案也有一个共性,那就是“加强防线”,尽量让高并发的读请求落在缓存中,避免直接跟数据库打交道。

上述关于缓存雪崩的代码实现本文就不做详细介绍了,各位读者可以参考前面关于缓存击穿以及缓存穿透的解决方案的实现流程自行进行实战。

本章总结

Redis 是一个基于 BSD 开源的分布式中间件,同时也是一个基于内存的 Key-Value 结构化存储的数据库,在实际生产环境中具有广泛的应用。

本章开篇主要介绍了 Redis 的相关概念及其典型的应用场景,之后介绍了如何在本地快速安装 Redis 并采用命令行的形式介绍相关命令的使用;紧接着介绍了如何基于 Spring Boot 项目整合 Redis,将 Redis 的相关配置加入项目全局配置文件中,并实现两大核心操作组件 RedisTemplate、StringRedisTemplate 的自定义注入配置,最后采用 RedisTemplate 操作组件配备各种典型的应用场景实战了 Redis 的各种数据类型,包括字符串 String、列表 List、集合 Set、有序集合 SortedSet、哈希存储 Hash 以及 Key 的过期失效判断机制等基本内容。

除此之外,本章还介绍了 Redis 在实际项目开发中另外一个核心特性“消息订阅发布机制”,通过该机制实现消息队列、消息通信、服务模块异步通信等功能。

本章最后介绍了 Redis 在实际项目应用过程中产生的几大典型问题,包括缓存击穿、缓存穿透和缓存雪崩,同时重点介绍了缓存击穿和缓存穿透,并以实际应用系统中的业务场景热销商品数据查询为案例,采用实际的代码实战了缓存击穿、缓存穿透的解决方案,以加强读者对 Redis 的理解以及对各种典型的数据类型在实际业务场景中的应用。

第8章

消息中间件 RabbitMQ 实战

“脱离业务谈架构，是一种流氓行为”，这是目前 IT 界流传甚广的一句口头禅，大致的意思是：任何一种企业级应用系统架构的设计和落地均离不开实际业务的支撑。这也从侧面反映出业务与技术其实是一种相辅相成的关系：脱离技术，业务的落地实施成本将很昂贵；而脱离业务，技术的深耕和专研将会失去它应有的价值，开发者也很容易在浩瀚繁杂的技术体系中迷失方向。

在微服务、分布式系统架构时代，其涉及的技术可谓琳琅满目、纷繁复杂，比如那些盛名远扬的分布式中间件：缓存中间件 Redis，消息中间件 RabbitMQ，全文搜索引擎 Elasticsearch，分布式服务调度中间件 Dubbo，分库分表中间件 Sharding-JDBC，分布式任务调度中间件 Elastic-Job，XXl-Job 以及统一协调管理服务中间件 ZooKeeper 等。

开发者在面对这些技术时，很可能会因为它们的复杂性而萌生退怯之感。然而，我们应当从另外一个角度去思考，即之所以会涌现出这么多的技术栈，主要还是因为企业业务发展的需要。因此，开发者在学习和落地实践某项技术的时候，应当将其与相应的业务紧密结合起来，真正做到技术的实际应用。

上一章介绍的缓存中间件 Redis 之所以出现，主要是因为存在着这样的业务，即高并发场景下，并发产生的多个线程对数据库 DB 执行读多写少的操作，在某种程度上给数据库带来了很大的压力。针对于此，缓存中间件 Redis 的出现便可以很好地解决这个问题。其主要的作用在于提升高并发读请求情况下查询的性能，减少查询数据库的频率，从而降低数据库服务器的压力。

类似地，随着用户流量的增长，传统应用在系统接口和服务处理模块上仍然沿用高耦合、同步的处理方式，导致接口由于线程等待而延长了系统的整体响应时间，即所谓的“高延迟”。因此消息中间件 RabbitMQ 得到了“重用”。

RabbitMQ 是目前市面上应用很广泛的分布式消息中间件，在企业级微服务、分布式系统中充当着重要的角色。它可以通过异步通信等方式降低应用系统接口层面的整体响应时间。除此之外，RabbitMQ 在一些典型的应用场景中也具有重要的作用，比如业务服务模块解耦、异步通信、流量限流、数据延迟处理等，这些特性与应用场景在本章将有所提及。

本章的知识点主要包含：

- 简单介绍 RabbitMQ 的基本概念、典型应用场景与作用，介绍其在本地 Windows 环境中的安装步骤；
- 介绍 RabbitMQ 相关专业词汇，包括消息中间件、消息、连接、信道、队列、交换器、路由、生产者、消费者等；
- 基于前文搭建的 Spring Boot 项目整合配置 RabbitMQ，自定义注入相关的 Bean 组件，并以此为基础自主实现一个入门的程序 Hello World；
- 基于搭建的 Spring Boot 项目实战各种典型的交换器模型，介绍 RabbitMQ 的消息确认消费机制、RabbitMQ 的可靠性传输和消息的可靠性投递；
- 以实际项目中典型的应用场景异步发送通知邮件为案例实战 RabbitMQ；
- 介绍 RabbitMQ 的延迟队列和死信队列，并以实际的业务场景为案例配备实际的代码加以实战。

8.1 RabbitMQ 为何物

RabbitMQ 是一款遵循 AMQP(advanced message queuing protocol 的缩写，即高级消息队列协议)、采用 Erlang 语言编写的开源消息代理软件，具有可独立部署、独立开发以及跨语言支持的特性。几乎所有主流的编程语言如 Java、PHP、Python、C＃、Ruby 等均有与 RabbitMQ 代理接口通信的客户端库，因此它也是一种“中间件”，业界亲切地称之为“消息中间件”。

作为市面上为数不多的分布式消息中间件，RabbitMQ 的应用是很广泛的，根据官方提供的数据，目前在全球范围内有诸多小型初创企业和大型公司部署了成千上万个 RabbitMQ 的生产节点，目的在于为企业的相关应用系统带来性能和规模上的提升。

本节将从 RabbitMQ 的官方网站入手，逐步认识 RabbitMQ，同时介绍 RabbitMQ 目前在实际生产环境中典型的应用场景；除此之外，还将介绍 RabbitMQ 服务在本地 Windows 环境中的安装过程及其 Web 可视化管理界面；最后我们将一起编写简单的代码入门 RabbitMQ。

8.1.1 RabbitMQ 简介

RabbitMQ，见名知义，由 Rabbit 和 MQ 组成，Rabbit 是兔子，MQ 是 message queue，即消息队列的意思。众所周知，队列是一种数据结构，具有先进先出的特性，正是这一特性，在某种程度上保证了进入 RabbitMQ 的消息具有顺序性。

除此之外，它也是一款消息代理软件，是开源且实现了高级消息队列协议(即 AMQP 协议)的消息中间件，既支持单一节点的部署，同时也支持多个节点的集群部署，在某种程度上可以满足目前大部分互联网应用或产品的高并发、大规模和高可用性的要求。

打开浏览器，在地址栏中输入 https://www.rabbitmq.com/链接并按下回车键，即可进入 RabbitMQ 的官网，如图 8.1 所示。

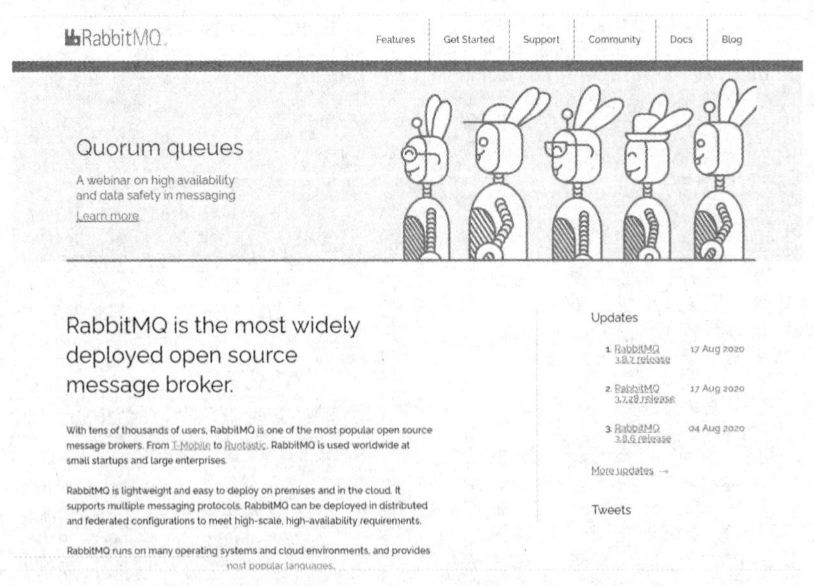

图 8.1 RabbitMQ 的官方介绍

从图 8.1 中官方对 RabbitMQ 的介绍可以看出，它是一款应用和部署很广泛的开源消息代理。官方声称在全球范围内有诸多小型初创企业和大型公司部署了成千上万个生产节点，可以给企业的相关应用系统带来性能和规模上的提升。

虽然近几年来市面上也不断地涌现出许多消息中间件，如 RocketMQ、Kafka，但相对而言，RabbitMQ 的受欢迎程度和应用程度更高。事实也正是如此，RabbitMQ 在如今盛行的微服务、分布式系统中可以说是大展了一番身手，它主要起到存储分发消息、异步通信和解耦业务模块等作用，在易用性、扩展性和高可用性等方面均表现不俗。

前文已经提及 RabbitMQ 是一款面向消息设计的、遵循高级消息队列协议的、采用 Erlang 语言开发的、支持多种编程语言的分布式消息中间件。

除此之外，RabbitMQ 的开发团队还为其内置了人性化的 Web 可视化管理控制台，用于实现 RabbitMQ 的连接、队列、交换器、路由、消息和消费者实例等的管理，同时也可以通过 Web 可视化界面管理相应的操作用户(主要用于分配相应的操作权限和数据管理权限等)。

8.1.2 常见的应用场景

作为一款可以实现高性能存储、分发消息的分布式消息中间件，RabbitMQ 具有异步通信、服务解耦、流量削峰、消息缓冲、异步分发以及业务延迟处理等功能特性，在实际生产环境中具有很广泛的应用。总体来说，其具有以下几个核心功能特性：

(1)消息存储(冗余式存储)：消息中间件可以把消息持久化，直到消息被完全消费处理；这一特性可以保证数据被安全地保存在磁盘中直至使用完毕。

(2)异步通信和服务解耦：在某些情况下，系统中一些功能模块需要多个服务共同完成，但并不要求所有的服务顺序、同步执行到底，这个时候可以使用消息中间件对相应的服务模块进行解耦，同时异步执行，从而降低接口的整体响应时间。

(3)可扩展性：由于消息中间件解耦了服务之间的处理过程，因此可以很容易地提高消息的入队和处理效率，对于新增的服务，只需要绑定相应的消息队列、监听相应的消息即可实现服务的动态扩充。

(4)流量削峰：针对并发访问量突增的情况，消息中间件可以减少系统关键组件、接口的压力，不会因为突发的超负荷请求而崩溃。

(5)可恢复性：当一部分消息由于某些原因丢失或者失效后，并不会立即影响到整个系统，即使一个消息的进程挂掉，加入消息中间件的消息仍然可以在系统恢复后进行处理。

(6)延迟处理：在某些情况下，应用系统某些服务不想也不需要立即处理程序，此时可以利用消息中间件提供的延迟、延时处理机制，把消息放在消息中间件中，但不是立即处理它，而是等待一定的时间，即需要的时候再慢慢处理。

正是由于 RabbitMQ 拥有如此多的功能特性，才使得它在实际应用系统中占有一席之地。接下来将主要介绍 RabbitMQ 的常见应用场景。

1. 异步通信和服务解耦

在这里以用户登录成功、记录登录日志为业务场景介绍 RabbitMQ 的异步通信和服务解耦的功能特性。图 8.2 所示为传统应用系统处理用户登录成功记录登录日志的处理流程。

(1)用户在界面上输入用户名、密码、验证码等信息，确认无误后，单击登录按钮提交相关信息，前端会将这些信息提交到后端相关接口进行处理；后端在接收到这些信息后，会对这些信息进行最基本的校验，然后查询数据库，如果用户名与密码不匹配，则返回相应的提示信息，否则意味着用户名和密码匹配成功，进入记录日志的环节。

(2)获取当前用户登录所在 IP、用户名、时间等信息且封装成为日志对象，并将其插入数据库中，如果插入成功，后端重定向跳转到系统主界面，否则抛出异常信息(此时进入系统主界面可能会受阻)。

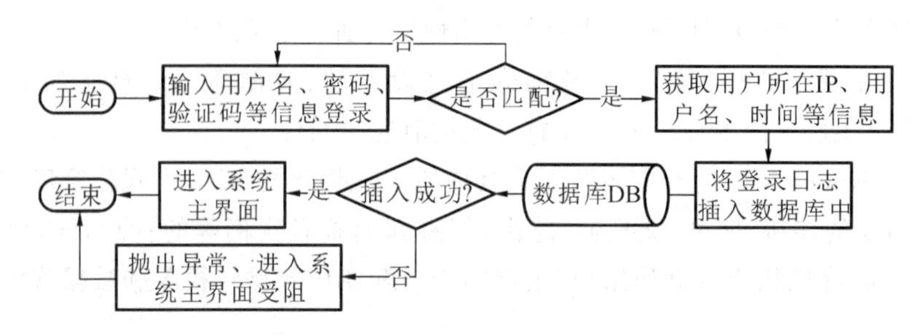

图 8.2　传统应用系统处理用户登录成功记录登录日志的处理流程

从图 8.2 的流程可以看出，用户在前端提交登录信息之后，需要等待比较长的时间才能进入系统主界面，整体的等待时间约等于"数据库查询用户名与密码是否匹配＋获取登录日志相关信息＋插入登录日志信息进数据库"的处理时间之和。如果用户名、密码、验证码等信息输入正确，但是却在最后的环节"插入登录日志进数据库"时出现错误，那么整个登录过程将宣告失败，用户难以进入系统主界面，这对于用户来说是难以接受的。

仔细分析图 8.2 的业务流程，会发现其核心业务/主业务应当是用户登录，而记录登录日志只是辅助性的业务，这一辅助性业务的最终处理结果如何是不应当影响主业务的处理流程的，即用户登录成功之后，应当立即前往系统主界面，而记录登录日志应当交给异步的线程进行处理。

用户在前端输入正确的用户名、密码、验证码等信息后，经系统校验如果确实可以正确匹配，此时应当立即返回响应信息给前端，告知前端用户已经登录成功，可以跳转至系统主界面，至于记录登录日志进数据库，则应当交给异步的线程进行处理，这个时候 RabbitMQ 即可派上用场，其优化后的整体处理流程如图 8.3 所示。

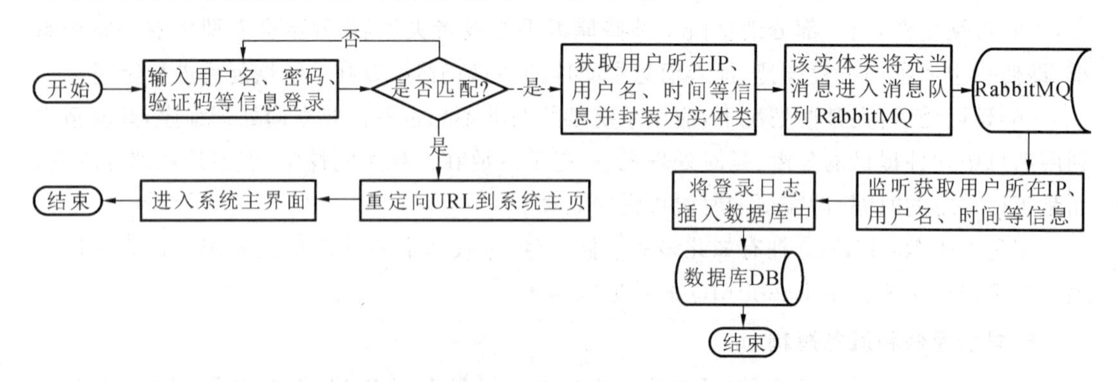

图 8.3　引入 RabbitMQ 后处理用户登录成功记录登录日志的处理流程

从图 8.3 可以看到 RabbitMQ 的引入，将"一条线走到底"的多个业务服务模块进行解耦，即用户登录服务和插入登录日志进数据库服务不再紧密耦合，而这无疑可以降低用户登录这一接口的整体响应时间，即实现了低延迟。图 8.3 中的虚线便代表异步处理的过程。从用户的角度看，这样的处理过程将给用户带来很好的体验，即用户一旦输入正确的账号、密码、验证码等信息，便可以很快进入系统主界面。

2. 流量削峰

以商城促销优惠活动——秒杀为案例来讲解流量削峰。商城为了吸引用户流量，会不定期地举办线上商城热门商品秒杀活动，在秒杀活动开始之前，用户犹如“守株待兔”一般在屏幕前等待活动开始，当活动开始之时，由于商品数量有限，几乎所有用户会在同一时刻单击抢购的按钮进行商品的抢购，整体流程如图 8.4 所示。

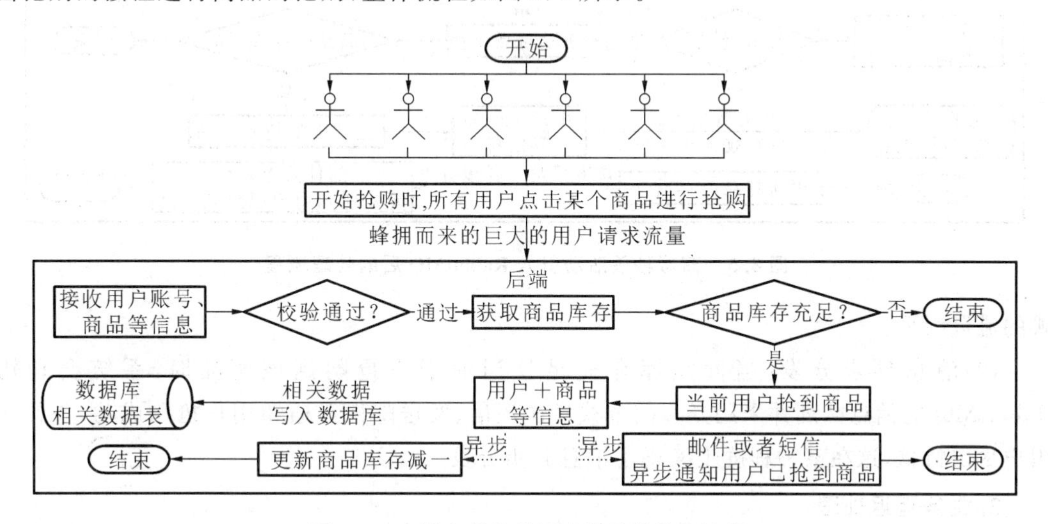

图 8.4　商城商品秒杀活动传统的处理流程

毫无疑问，在秒杀活动开始的那一瞬间，整个系统将会产生巨大的用户请求流量，这些请求几乎会在同一时间到达后端系统接口，而在正常的情况下，后端系统接口在接收到前端过来的请求时，会执行如下的流程：

首先，系统会校验用户和商品等信息的合法性，校验通过后，会判断当前商品的库存是否充足，如果充足，则代表当前用户可以成功抢购到商品，最后将用户抢购成功的相关信息记录进数据库，并异步通知用户成功抢购到秒杀活动的商品、尽快进行付款等。

然而，仔细分析发现，后端系统接口处理用户抢购的整体业务流程太长，而在这整块业务逻辑的处理过程中，存在着“先取出库存，再进行判断，最后再进行减一”的更新操作。在高并发的情况下，这些业务操作会给系统带来诸多问题，比如商品超卖、数据不一致、用户等待时间长、系统接口挂掉等现象。故而这种单一的处理流程只适用于同一时刻前端请求量很少的情况，而对于类似商城抢购、商城秒杀等某一时刻产生高并发请求的情况则显得力不从心。

幸运的是，消息中间件的引入可以大大改善系统的整体业务流程、提高系统的整体性能。图 8.5 所示为引入 RabbitMQ 后针对秒杀业务系统的整体处理流程。

由图 8.5 可以看出，RabbitMQ 主要从以下两个方面优化系统的整体处理流程：

(1)接口流量削峰：当前端产生高并发请求时，并不会让请求像“无头苍蝇”一样立即到达系统后端接口，而是像每天上班时的地铁限流一样，让这些请求按照先来后到的规则、有序且限量地进入 RabbitMQ 的队列，即在某种程度上实现接口流量削峰，将瞬时产生的山峰

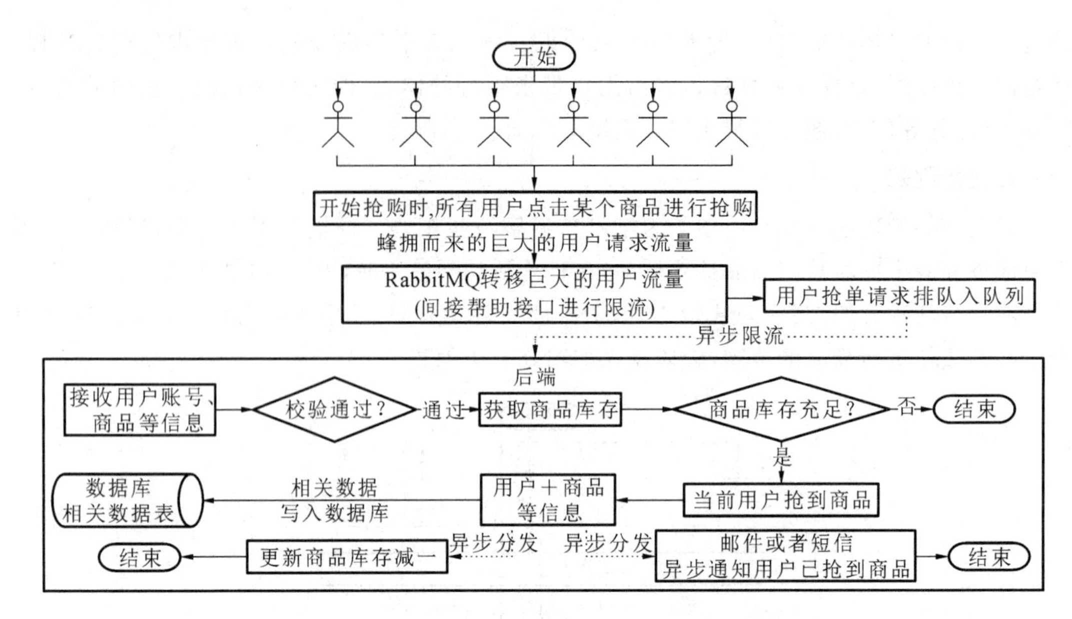

图 8.5　商城秒杀活动引入 RabbitMQ 后的处理流程

式的流量削平。

(2)消息异步分发:当商品库存充足且当前用户抢购到该商品时,系统会利用 RabbitMQ 的消息队列并采用异步的方式发送短信、发送邮件等通知用户抢购成功,并告知用户尽快付款,这在某种程度上实现了消息异步分发。

3. 业务延迟处理

RabbitMQ 除了可以实现消息实时异步分发之外,在某些业务场景下,还能实现消息的延时、延迟处理。下面以春运 12306 抢票为例进行说明。

对于春运抢票相信读者都不陌生,当我们用 12306 抢票软件抢到火车票时,12306 官方会提醒用户在 30 分钟内付款,正常情况下用户会立即单击付款,然后输入相应的支付密码支付火车票的票款,扣款成功后,12306 官方会发送邮件或者短信通知用户抢票成功和付款成功等提示信息。

然而,实际中却存在着一些特殊情况,比如用户抢到火车票后,由于各种原因迟迟没有付款,过了 30 分钟后仍然没有支付车票的票数,导致系统自动取消该笔订单。类似这种需要延迟一定的时间后再进行处理的业务在实际生产环境中并不少见。传统企业级应用对于这种业务的处理,是采用一个定时器定时获取没有付款的订单,并判断用户的下单时间距离当前的时间是否已经超过 30 分钟,如果是,系统将自动失效该笔订单并回收该车票。整个业务流程如图 8.6 所示。

春运抢票完全可以看作是一个大数据量、高并发请求的场景(全国几乎上千万、上亿的人都在抢),在某一时刻车票开抢之后,正常情况下将陆续有用户抢到车票,但是距离车票付款成功是有一定的时间间隔的。

在这段时间内,如果定时器频繁地从数据库中获取"未付款"状态的订单,其数据量之大将难以想象,而且如果大批量的用户在 30 分钟内迟迟不付款,那从数据库中获取的数据量将一直在增长,当达到一定程度时,将给数据库服务器和应用服务器带来巨大的压力,甚至直接压垮服务器,导致抢票等业务全线崩溃,后果将不堪设想。

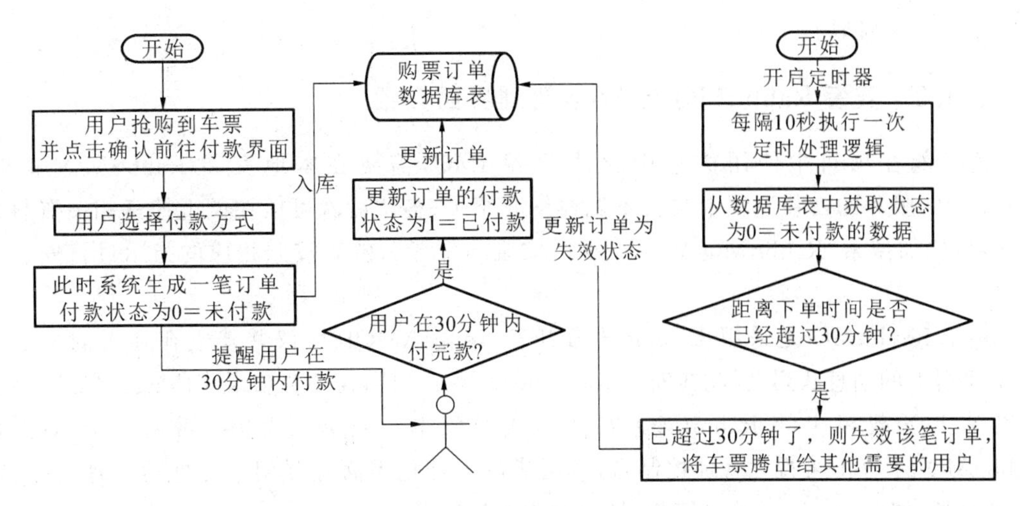

图 8.6　抢票的传统处理流程

早期的很多抢票软件每当赶上春运高峰期，都会出现网站崩溃、单击购买车票却一直没响应等状况，这在某种程度上是由在某一时刻产生的高并发请求流量，或者定时频繁拉取数据库得到的数据量过大等状况导致内存、CPU、网络和数据库服务等负载过高所引起的。

消息中间件 RabbitMQ 的引入，使业务层面和应用的性能层面都得到了改善。图 8.7 所示为引入消息中间件 RabbitMQ 后抢票成功后 30 分钟内未付款的优化处理流程。

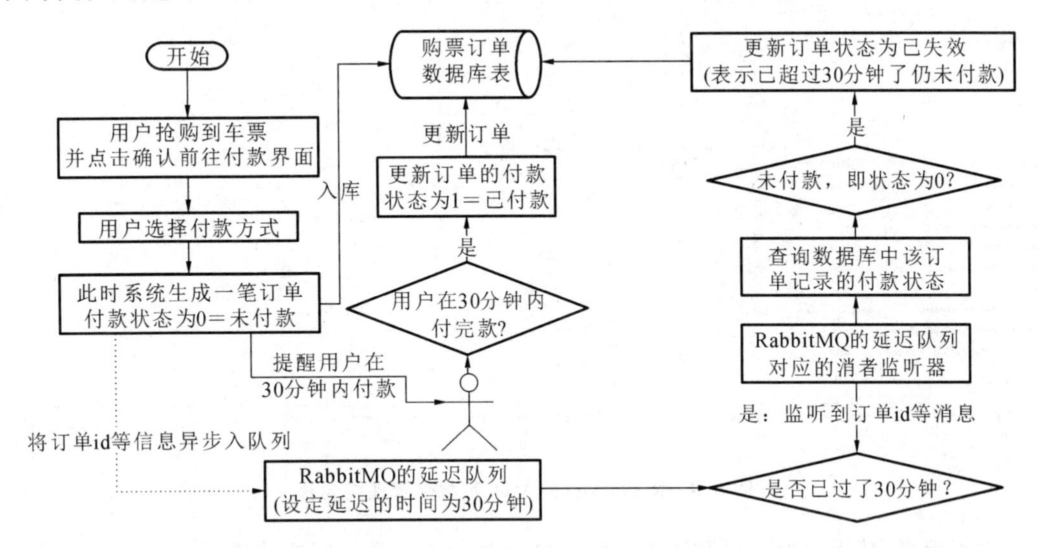

图 8.7　抢票成功后 30 分钟内未付款的优化处理流程

从该优化流程可以看出，RabbitMQ 的引入主要是舍弃了传统处理流程的定时器处理逻辑，取而代之的是 RabbitMQ 的延迟队列。延迟队列，顾名思义，指的是可以延迟一定的时间再处理相应的业务逻辑。

RabbitMQ 的这一特性在某些场景下确实能起到很好的作用，比如上面讲的成功抢到票后 30 分钟内未付款的处理流程就是比较典型的一种。除此之外，商城购物时用户下单成功后却迟迟没有在规定的时间内支付的处理流程、点外卖时下单成功后迟迟没有在规定的时间内付款的处理流程等都是实际生产环境中比较典型的应用案例。

除了上述的应用场景外，RabbitMQ 在其他业务场景下也同样具有很广泛的应用，在这里就不再一一列举了。

8.1.3 安装 RabbitMQ 与 Web 管理界面介绍

为了能在项目中使用消息中间件 RabbitMQ，需要在本地安装 RabbitMQ 服务。RabbitMQ 服务的安装流程本文就不做详细介绍了，各位读者可以在网上搜索相关资料进行学习，比如搜索“RabbitMQ Windows 的安装与配置”，然后按照相应的指示进行安装和配置。

由于 RabbitMQ 是采用 Erlang 语言开发、遵循 AMQP 协议并建立在强大的 Erlang OTP 平台上的消息队列，因此在安装 RabbitMQ 服务之前，需要先安装 Erlang，之后再在官方网站上下载相应的 RabbitMQ 安装包进行安装。安装过程中，需要同时安装好 RabbitMQ 的 Web 可视化管理控制台，其提供的人性化界面主要用于更好地管理连接、队列、交换器、路由、通道、消费者实例、消息和用户等信息。

安装完成后，打开浏览器，在地址栏中输入 http://127.0.0.1:15672/链接并按回车键，输入 guest/guest（即默认的用户名和密码），单击 Login，即可进入 RabbitMQ 的 Web 可视化管理控制台，如图 8.8 所示。

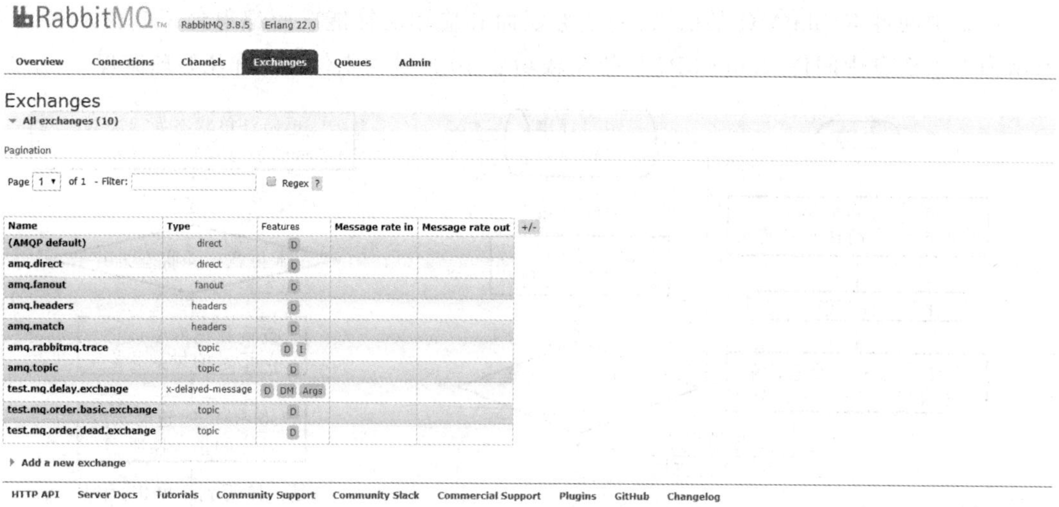

图 8.8 RabbitMQ 的 Web 可视化管理控制台

万事俱备，接下来便可以利用 RabbitMQ 编写代码实现相应的功能了。

8.1.4 RabbitMQ 入门代码实战

先从一个简单的业务场景入手编写相应的代码入门实战 RabbitMQ。这一业务场景为：编写一生产者类，用于发送一条消息进 RabbitMQ 的消息队列，消息的内容为“这是入门 RabbitMQ 的消息：Hello World ~ ”，同时编写一消费者类监听消费消息队列中的内容。

（1）在项目的依赖管理配置文件 pom. xml 中加入 RabbitMQ 的客户端依赖 Jar，其配置信息如下所示：

```
<!--rabbitmq的客户端-->
<dependency>
    <groupId>com.rabbitmq</groupId>
    <artifactId>amqp-client</artifactId>
    <version>5.8.0</version>
</dependency>
```

(2)编写一生产者类 MqProducer,并在其中创建一方法,用于实现"发送一条消息进 RabbitMQ 的消息队列中",其完整的源代码如下所示:

```
public class MqProducer {
    //交换器名称
    private static final String EXCHANGE="mq.simple.exchange";
    //队列名称
    private static final String QUEUE="mq.simple.queue";
    //路由键
    private static final String ROUTING_KEY="mq.simple.routing.key";

    public static void main(String[] args)throws Exception{
        //创建连接
        Connection connection=MqConnectionUtil.getConnection();
        //创建信道
        Channel channel=connection.createChannel();

        //声明一个类型为"direct"、持久化、非自动删除的交换器
        channel.exchangeDeclare(EXCHANGE, "direct", true, false, null);
        //声明一个持久化的、排他的、非自动删除的队列
        channel.queueDeclare(QUEUE, true, false, false, null);
        //绑定交换器和队列
        channel.queueBind(QUEUE, EXCHANGE, ROUTING_KEY);

        //消息
        String message="这是入门 RabbitMQ 的消息:Hello World~";
        //发送消息
        channel.basicPublish(EXCHANGE, ROUTING_KEY, MessageProperties.PERSISTENT_
TEXT_PLAIN, message.getBytes());

        System.out.println("生产者成功发送消息: "+message);
        //关闭信道
        channel.close();
        //关闭连接
        connection.close();
    }
}
```

笔者已经对其中的代码做了详尽的注释，读者可以自行研读。总体思路：该生产者类将发送一条消息进名为“mq. simple. exchange”的交换器中，又由于该交换器与名为“mq. simple. routing. key”的路由键绑定指向名为“mq. simple. queue”的队列中，因此消息将最终进入该队列并等待着被监听消费。

在上述代码中，采用了 MqConnectionUtil. getConnection()获取连接到 RabbitMQ 服务端的链接对象实例，其完整的源代码定义如下所示：

```
public class MqConnectionUtil {
    //待连接的 MQ 主机，此处为本地连接
    private static final String HOST="127.0.0.1";
    //MQ 的端口号默认为 5672
    private static final int PORT=5672;
    //访问 MQ 的用户名
    private static final String USER_NAME="guest";
    //用户密码
    private static final String PASSWORD="guest";

    //获取连接到 RabbitMQ 服务的链接
    public static Connection getConnection()throws Exception {
        ConnectionFactory factory=new ConnectionFactory();
        factory.setHost(HOST);
        factory.setPort(PORT);
        factory.setUsername(USER_NAME);
        factory.setPassword(PASSWORD);
        return factory.newConnection();
    }
}
```

其中，两个 guest 分别表示 MQ 客户端连接到 RabbitMQ 服务端的账户、密码，读者可以在 RabbitMQ 的 Web 可视化管理界面中自行创建相应的用户并赋予权限，之后便可以在项目中使用了。

(3)创建用于监听消费处理消息的消费者类 MqConsumer，其完整的源代码如下所示：

```
public class MqConsumer {
    //消费者要监听的队列名称
    private static final String QUEUE="mq.simple.queue";

    public static void main(String[] args)throws Exception{
        //创建连接
        Connection connection=MqConnectionUtil.getConnection();
        //创建信道
        Channel channel=connection.createChannel();

        //消费者
        Consumer consumer=new DefaultConsumer(channel){
```

```
            //消费者监听消费消息时执行的代码块
            @Override
            public void handleDelivery(String consumerTag, Envelope envelope, AMQP.
BasicProperties properties, byte[] body)throws IOException {
                //取出消息体中的信息
                String message=new String(body);
                //监听到的消息内容
                System.out.println("消费者监听到的消息内容："+message);
                //确认消费
                channel.basicAck(envelope.getDeliveryTag(), false);
            }
        };
        //消费消息
        channel.basicConsume(QUEUE, false, consumer);
    }
}
```

笔者已经对其中的代码做了详尽的注释，读者可以自行研读。总体思路：该消费者类将监听频道 Channel 中名为“mq. simple. queue”的队列中的消息。

至此，该业务场景对应的核心代码已经编写完毕。

(4)进入测试环节。点击运行生产者类 MqProducer 的 main 方法，稍等片刻，即可看到控制台输出相应的日志信息，如图 8.9 所示。

```
MqProducer
Console
D:\ConfigSoftware\jdk1.8\bin\java ...
Connected to the target VM, address: '127.0.0.1:51475', transport: 'socket'
生产者成功发送消息：这是入门RabbitMQ的消息：Hello World~
Disconnected from the target VM, address: '127.0.0.1:51475', transport: 'socket'
```

图 8.9　RabbitMQ 的生产者类成功发送消息

从该运行结果可以看出消息已经成功发送出去了，此时可以打开浏览器，输入 http://127.0.0.1:15672/链接并按回车键，即可进入 RabbitMQ 的 Web 可视化管理控制台，从中可以看到名字为“mq. simple. queue”的队列中有一条等待被监听消费的消息，如图 8.10 所示。

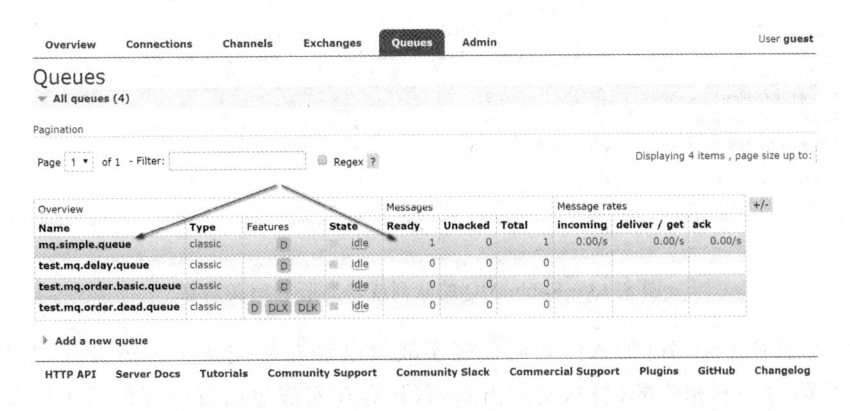

图 8.10　RabbitMQ 的 Web 可视化管理控制台查看队列中的消息

点击该队列名称，可以进入队列的详情页面，仔细查看各个细项，会发现该队列中存在一条等待被监听消费的消息，而且，该消息的内容正是上述生产者发出的消息，如图 8.11 所示。

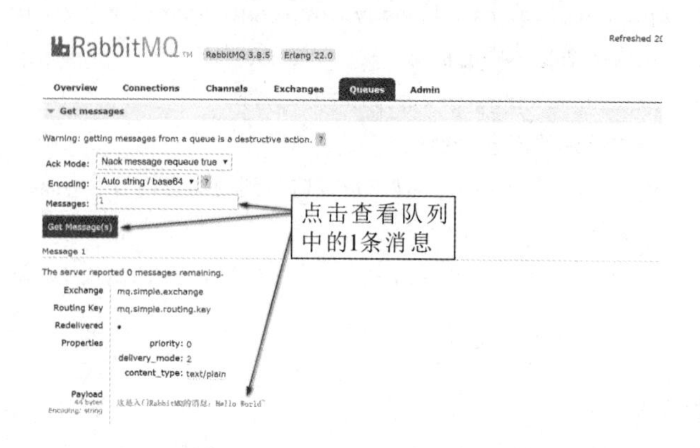

图 8.11　RabbitMQ 的队列详情

点击运行消费者类 MqConsumer 的 main 方法，稍等片刻，可以看到 IDEA 控制台输出相应的日志信息，如图 8.12 所示。

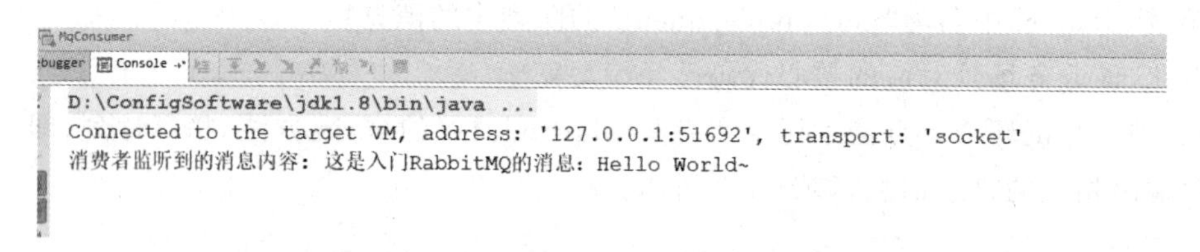

图 8.12　RabbitMQ 的消费者类监听消费的消息

与此同时，会发现 RabbitMQ 的 Web 可视化管理控制台中该队列中的那条消息被消费了，如图 8.13 所示。

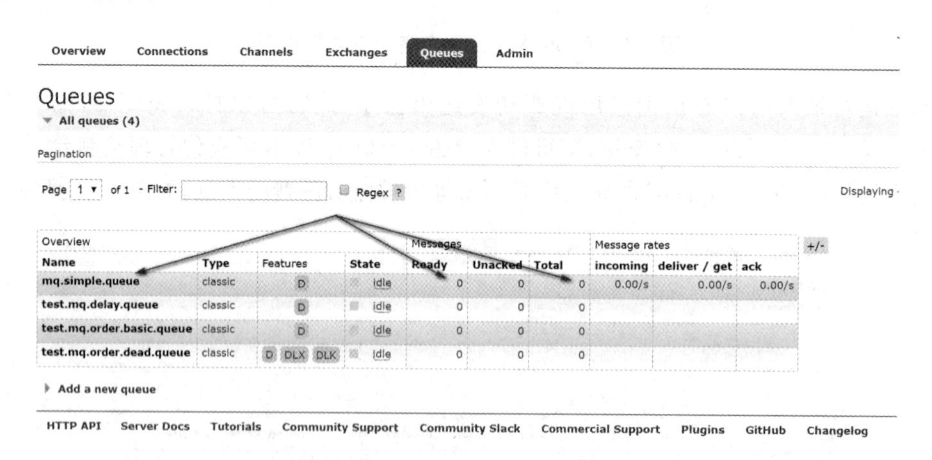

图 8.13　RabbitMQ 的队列成功监听到消费消息

至此，关于 RabbitMQ 的入门案例代码实战就已经介绍完毕了。笔者强烈建议各位读者亲自动手敲写一遍相应的代码，实战出真知，只有在实战过后方能理解其中涉及的相关知识要点，比如上述生产者类中涉及“direct”类型的交换器，可能有些读者对此有些陌生（这些专业词在下一小节将重点介绍)，但实战过后，可能会对其有一定的理解。

8.2 Spring Boot 整合 RabbitMQ

从整体上讲，RabbitMQ 是一个面向消息的生产者、消费者模型，主要负责接收、存储和转发消息，我们可以把消息在 RabbitMQ 的传输过程想象为这样的场景：当你将一个包裹送到邮局，邮局会暂存并最终将你的包裹通过邮递员送到收件人的手上。

在这个过程中，“你”相当于生产者，“收件人”相当于消费者，而 RabbitMQ 就相当于由邮局、包裹和邮递员组成的一个系统，其中“邮局”和“邮递员”相当于 RabbitMQ 的信道 Channel 和队列 Queue，负责将消息这一“包裹”传输至“收件人”手上。从计算机术语的层面看，RabbitMQ 底层的消息模型更像是一种交换机模型。

本节将主要介绍 RabbitMQ 的相关专业词汇，包括生产者、消费者、连接、信道、消息、队列、交换器和路由等基础组件；同时也将介绍如何基于 Spring Boot 项目整合 RabbitMQ，包括其相关依赖和配置文件；除此之外，本节也将介绍如何在 Spring Boot 项目中自定义注入相关 Bean 组件以及如何在 Spring Boot 项目中创建队列、交换器、路由及其绑定；最后，还将介绍如何使用 RabbitTemplate 发送消息、@RabbitListener 接收消息等内容。

8.2.1 RabbitMQ 专用组件介绍

RabbitMQ 的底层系统架构是一个典型的生产者、消费者消息模型，在实际应用系统中可以起到消息分发、异步通信、业务服务模块解耦、流量削峰以及业务延迟处理等作用。RabbitMQ 具有这些功能特性，主要得益于其底层的相关基础组件，包括连接 Connection、信道 Channel、消息 Message、队列 Queue、交换器 Exchange、路由键 Routing Key 等。当然，除了这些基础组件，还有生产者和消费者这两个核心角色。

- 连接 Connection：表示生产者和消费者都需要与 RabbitMQ 通信，具体来说是与 Broker(消息代理服务)建立连接，而 Connection 便是生产者与 Broker、消费者与 Broker 建立的一条 TCP 连接。

- 信道 Channel：建立在连接 Connection 之上的虚拟连接，所有的指令都是在信道上完成的。为什么需要信道，而不是直接通过连接 Connection 操作指令？这是因为在多个线程需要消费消息的时候，如果使用连接 Connection，每次都会建立和销毁 TCP 连接，此过程的开销比较昂贵，所以 RabbitMQ 使用 TCP 连接复用，减少性能开销。

- 生产者 Producer：用于生产消息、投递发送消息的程序，比如前往邮局投递邮件的“用户”便是典型的生产者。

- 消费者 Consumer：用于监听、接收、消费和处理消息的程序，比如最终接收邮件的“收件人”便是典型的消费者。

- 消息 Message：可以看作是实际的数据，如一串文字、一张图片和一篇文章等。在 RabbitMQ 底层系统架构中，消息是通过二进制的数据流进行传输的，它一般包含两个部分：消息体(Payload)和标签(Label)。其中，消息体(Payload)是带有业务特性的数据，标签(Label)则用于描述这条消息，比如交换器的名称和路由键，RabbitMQ 会根据标签把消息投递给感兴趣(即“订阅”)的消费者。

● 队列 Queue：消息的暂存区或者存储区，可以看作是一个“中转站”，消息经过这个“中转站”后，便可以传输到消费者手中。

● 交换器 Exchange：也可以看作是消息的中转站，用于首次接收和分发消息，包括 Headers、Fanout、Direct 和 Topic 四种类型。它主要是起到路由的作用，即生产者发布消息后，消息首先会经过交换器，然后被路由到不同的消息队列中。它本身并不存储消息，也不存在存储消息的能力。

● 路由键 Routing Key：相当于密钥、地址或者“第三者”，一般不单独使用，而是与交换器绑定在一起，将消息路由到指定的队列。

为了方便各位读者理解，笔者这里仍然采用前文提及的用户去邮局寄送邮件的场景为案例讲解介绍上述 RabbitMQ 涉及的各个核心组件，图 8.14 所示为该场景对应的大致流程图。

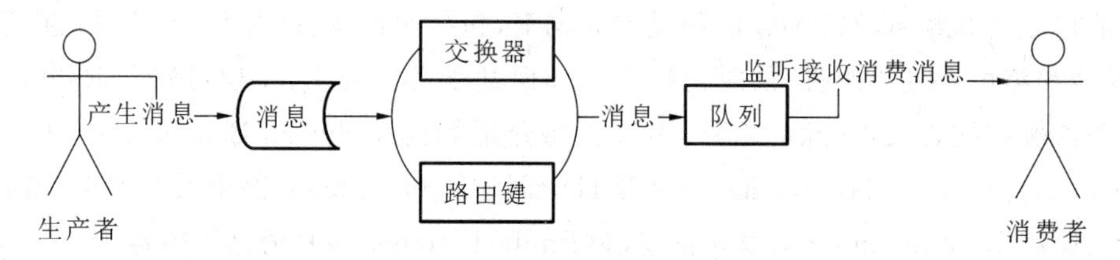

图 8.14　“用户前往邮局寄送邮件”场景的大致流程图

其中，投递邮件的用户 A 相当于生产者，邮件相当于消息，接收邮件的用户 B 相当于消费者，邮件箱子和邮递员相当于交换器和队列，至于连接、信道和路由键，则隐藏于整个过程中。

值得一提的是，RabbitMQ 的交换器拥有多种不同的类型，因此，在 RabbitMQ 的底层系统架构中，具有多种不同的消息模型，包括基于 Headers 的消息模型、基于 FanoutExchange 的消息模型、基于 DirectExchange 的消息模型、基于 TopicExchange 的消息模型等。这些消息模型有一个共性，那就是它们几乎都包含交换器、路由和队列等基础组件。

8.2.2　Spring Boot 整合 RabbitMQ

介绍完 RabbitMQ 专用基础组件之后，进入应用实战环节，即基于前文搭建好的 Spring Boot 项目整合 RabbitMQ，加入 RabbitMQ 的相关依赖和配置，编写实际的代码实战 RabbitMQ，实现最基本的功能：消息的发送和接收。

(1)在项目的 server 模块的依赖配置文件 pom.xml 中加入 RabbitMQ 的起步依赖 Jar，版本为 2.0.5.RELEASE，如下所示：

```
<!--rabbitmq-->
<dependency>
    <groupId>org.springframework.boot</groupId>
    <artifactId>spring-boot-starter-amqp</artifactId>
    <version>2.0.5.RELEASE</version>
</dependency>
```

(2)在项目的全局配置文件 application.properties 中加入 RabbitMQ 的相关配置，包括

RabbitMQ 服务器所在的 Host、端口号、用户名和密码等配置，如下所示：

```
#rabbitmq 配置
spring.rabbitmq.virtual-host=/
#rabbitmq 服务器所在的 host,在这里连接本地即可
spring.rabbitmq.host=127.0.0.1
#5672 为 rabbitmq 提供服务时的端口
spring.rabbitmq.port=5672
#guest 和 guest 为连接到 rabbitmq 服务器的账号名和密码
spring.rabbitmq.username=guest
spring.rabbitmq.password=guest
```

至此，关于 Spring Boot 项目整合 RabbitMQ 的相关工作已经完成了，读者可能会诧异为何步骤会这么少。事实上，这主要还是得益于前面章节介绍 Spring Boot 时提到的特性：起步依赖和自动装配。Spring Boot 本身会内置许多主流的第三方框架的依赖，同时也会自动加入对应依赖 Jar 的自定义配置，开发者只需要做很少的步骤即可轻松的构建一个完整的项目并引入第三方主流的框架。

就像前文介绍的 Spring Boot 整合 Redis 一样，开发者只需要在本地开发环境中安装好相关的服务，然后在项目中加入起步依赖 Jar 并在全局配置文件中加入相关的配置即可。

8.2.3 自定义注入 RabbitMQ 操作组件

在真正进入代码实战之前，有必要介绍 RabbitMQ 的核心操作组件类 RabbitTemplate，该类提供了丰富的发送消息的方法 API，包括可靠性消息投递、回调监听消息接口 ConfirmCallback、返回值确认接口 ReturnCallback 等功能特性，我们可以采用 Java Config 的方式把这些特性显式注入 Spring 的 IOC 容器中，然后直接在项目使用其相关的 API 方法并实现消息的发送等功能。

我们在项目中采用 Java Config 的方式将 RabbitTemplate 类实例显式注入 Spring 的 IOC 容器中，该配置类的源代码如下所示：

```
@Configuration
public class RabbitmqConfig {
    //定义日志
    private static final Logger log=LoggerFactory.getLogger(RabbitmqConfig.class);

    //自动装配 RabbitMQ 的链接工厂实例
    @Autowired
    private CachingConnectionFactory connectionFactory;

    //自动装配消息监听器所在的容器工厂配置类实例
    @Autowired
    private SimpleRabbitListenerContainerFactoryConfigurer factoryConfigurer;

    //自定义配置 RabbitMQ 发送消息的操作组件 RabbitTemplate
    @Bean
```

```
    public RabbitTemplate rabbitTemplate(){
        //设置“发送消息后进行确认”
        connectionFactory.setPublisherConfirms(true);
        //设置“发送消息后返回确认信息”
        connectionFactory.setPublisherReturns(true);
        //构造发送消息组件实例对象
        RabbitTemplate rabbitTemplate=new RabbitTemplate(connectionFactory);

        //mandatory 取值为 true 时,消息通过交换器无法匹配到队列会返回给生产者,
        //取值为 false 时,匹配不到的消息会直接被丢弃
        rabbitTemplate.setMandatory(true);

        //发送消息后,如果发送成功,则输出“消息发送成功”的反馈信息
        rabbitTemplate.setConfirmCallback(new RabbitTemplate.ConfirmCallback(){
            public void confirm(CorrelationData correlationData, boolean ack, String
cause){
                log.info("消息发送成功:correlationData({}),ack({}),cause({})",
correlationData,ack,cause);
            }
        });
        //发送消息后,如果发送失败,则输出“消息发送失败-消息丢失”的反馈信息
        rabbitTemplate.setReturnCallback(new RabbitTemplate.ReturnCallback(){
            public void returnedMessage(Message message, int replyCode, String
replyText, String exchange, String routingKey){
                log.info("消息丢失:exchange({}),route({}),replyCode({}),replyText
({}),message:{}",exchange,routingKey,replyCode,replyText,message);
            }
        });
        //最终返回 RabbitMQ 的操作组件实例 RabbitTemplate
        return rabbitTemplate;
    }
}
```

仔细阅读该自定义配置类的代码,会发现我们在其中加入了消息发送确认机制,消息发送成功时的日志输出以及消息在进入 RabbitMQ 后找不到交换器、路由键所绑定的队列时的日志输出等,其目的主要是方便开发者开发调试和跟踪消息在 RabbitMQ 消息队列的整个传输过程。

8.2.4 发送接收消息实战

在前文,我们该做的工作都已经准备就绪,接下来进入实际应用场景的代码实战环节,即基于 Spring Boot 整合 RabbitMQ 搭建的项目实现一个简单的消息发送、接收功能。

这一业务场景的实现流程如图 8.14 所示,它是一种最简单的消息模型,由队列、交换器和路由组成,并由生产者生产消息发送到该消息模型中,同时,消费者监听该消费模型中的

队列，一旦有消息到来，则由消费者进行监听消费处理。

（1）在这一业务场景中，我们将以一个类的对象实例充当整个消息模型中的消息 Message，其定义如下所示：

```
@Data
@NoArgsConstructor
@AllArgsConstructor
public class RabbitDto implements Serializable{
    //id标识
    private Integer id;
    //标题
    private String title;
    //描述信息
    private String msg;
}
```

相对而言，该实体类定义还是比较简单的，主要由三个字段组成，即 id 标识、标题和描述信息，在这里，这三个字段并没有太多实际性的业务含义，仅仅用于充当该实体类的字段。

（2）在项目自定义配置文件 RabbitmqConfig 中采用 Java Config 显式注入的方式创建该业务场景对应的队列、交换器和路由键，即该业务场景对应的消息模型，其代码如下所示：

```
//创建简单的消息模型
@Bean
public Queue simpleQueue(){
    //设定持久化、非自动删除
    Queue queue=new Queue(env.getProperty("mq.simple.queue"),true,false,false);
    return queue;
}
@Bean
public DirectExchange simpleExchange(){
    //设定持久化、非自动删除
    return new DirectExchange(env.getProperty("mq.simple.exchange"),true,false);
}
//交换机+路由键 → 绑定路由到队列
@Bean
public Binding simpleBind(){
     return BindingBuilder.bind(simpleQueue()).to(simpleExchange()).with(env.
getProperty("mq.simple.routing.key"));
}
```

这里涉及 RabbitMQ 的其中一种交换器模型：DirectExchange。在后文我们会继续深入、详细地学习，在这里先不做过多介绍。细心的读者会发现，在创建队列、交换器以及路由键绑定的过程中，有些属性的取值是通过环境变量实例 env 的 getProperty()方法获取的，这些属性的取值其实是在项目的全局配置文件 application.properties 中配置的，如下所示：

```
#构建的简单消息模型
mq.simple.queue=local.mq.simple.queue
mq.simple.exchange=local.mq.simple.exchange
mq.simple.routing.key=local.mq.simple.routing.key
```

(3)创建一个用于生产、发送消息的生产者类 RabbitSender,并在其中创建一方法用于生产消息、将消息发送至前文定义好的 RabbitMQ 消息模型中,其完整的源代码如下所示:

```
@Component
public class RabbitSender {
    private static final Logger log=LoggerFactory.getLogger(RabbitSender.class);

    @Autowired
    private RabbitTemplate rabbitTemplate;
    @Autowired
    private Environment env;

    //发送消息
    public void sendMsg(){
        RabbitDto dto=new RabbitDto(1,"双 12 大促销","这是双 12 大促销的具体详细内容~
~ ~ ");
        //转化为消息
        String msg=new Gson().toJson(dto);
        //发送消息:指定交换器、路由键、队列
         Message messag=MessageBuilder.withBody(msg.getBytes()).setDeliveryMode
(MessageDeliveryMode.PERSISTENT).build();
        rabbitTemplate.setExchange(env.getProperty("mq.simple.exchange"));
        rabbitTemplate.setRoutingKey(env.getProperty("mq.simple.routing.key"));
        rabbitTemplate.send(messag);
        log.info("RabbitMQ 发送简单的消息成功~ ~ ~ ");
    }
}
```

从该代码可以看出,我们最终是通过 RabbitMQ 的模板操作组件 RabbitTemplate 的 send()方法发送消息的。

值得一提的是,在调用 send()方法之前,需要手动指定对应的交换器和路由键,并采用消息构建类 MesssageBuilder 将转化为 Gson 数据格式的实体类对象实例 RabbitDto 转化为实际的消息对象 Message,在消息发送之后,RabbitMQ 会根据指定的交换器和路由键的绑定信息将消息路由到对应的队列中,在这里指的是 local. mq. simple. queue。

(4)创建一个消费者类 RabbitConsumer,并采用@RabbitListener 注解实现消息的监听功能,其完整的源码如下所示:

```
@Component
public class RabbitConsumer {
    private static final Logger log=LoggerFactory.getLogger(RabbitConsumer.class);
```

```
    //简单文本消息-监听接收消息
    @RabbitListener(queues={"${mq.simple.queue}"})
    public void consumeMsg(@Payload byte[] body){
        try {
            String content=new String(body);
            RabbitDto realDto=new Gson().fromJson(content, RabbitDto.class);
            log.info("消息监听成功~监听到简单文本消息：{}",realDto);
        }catch(Exception e){
            log.error("简单文本消息-监听接收消息-发生异常：",e);
        }
    }
}
```

从该代码可以得知，该消费者监听到的消息主要来源于消息体 Payload，通过接收并解析消息体中的数据格式，最终得到业务中需要的信息。

至此，关于该简单业务场景的消息模型代码实战已经完成了。为了能在外部触发该生产者生产、发送消息，我们需要编写一控制器类，并在其中创建相应的请求方法，通过外部 Postman 发起请求，从而触发生产者生产、发送消息，进而由消费者监听消费，其代码如下所示：

```
@RestController
@RequestMapping("rabbit/mq")
public class RabbitController {
    private static final Logger log=LoggerFactory.getLogger(RabbitController.class);

        @Autowired
    private RabbitSender sender;

    //发送简单消息
    @RequestMapping(value="send/simple",method=RequestMethod.GET)
    public BaseResponse sendSimple(){
        BaseResponse response=new BaseResponse(StatusCode.Success);
        try {
            sender.sendMsg();
        }catch(Exception e){
            e.printStackTrace();
            response=new BaseResponse(StatusCode.Fail.getCode(),e.getMessage());
        }
        return response;
    }
}
```

相对而言，该代码逻辑还是比较简单的，在前面章节中基本都有所涉及，在这里不做过多的赘述。

(5)运行项目，运行期间如果没有报相关的错误信息，则进入代码测试环节。打开前端请求模拟工具 Postman，并在 URL 地址栏中输入请求链接 http://127.0.0.1:9011/rabbit/mq/send/simple，点击 Send 按钮，稍等片刻，即可看到后端接口返回的响应信息，如图 8.15 所示。

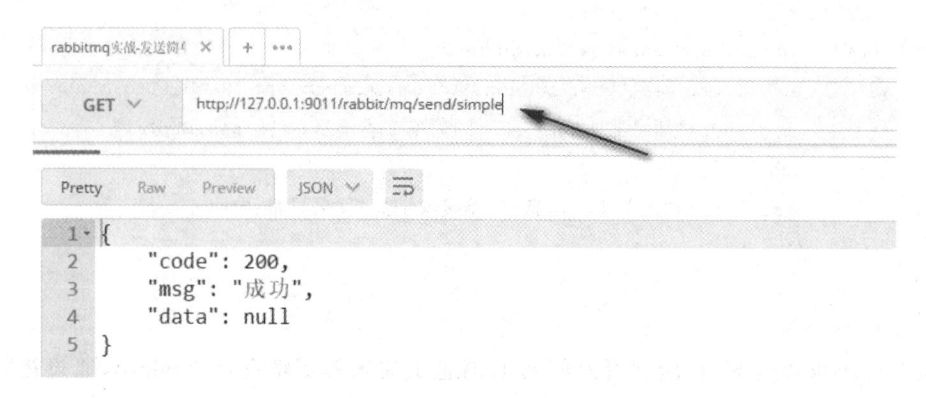

图 8.15　Postman 发起的请求测试结果

与此同时，观察 IDEA 后端控制台输出的日志信息，可以发现消息已经成功发送，同时，也已经被消费者监听，如图 8.16 所示。

```
[2020-09-08 19:50:15.404] boot -  INFO [http-nio-9011-exec-1] --- DispatcherServlet: Completed initialization in 7 ms
[2020-09-08 19:50:15.479] boot -  INFO [http-nio-9011-exec-1] --- RabbitSender: RabbitMQ发送简单的消息成功~~~
[2020-09-08 19:50:15.484] boot -  INFO [rabbitConnectionFactory1] --- RabbitmqConfig: 消息发送成功:correlationData(null),ack(true),cause(null)
[2020-09-08 19:50:21.826] boot -  INFO [org.springframework.amqp.rabbit.RabbitListenerEndpointContainer#0-1] --- RabbitConsumer: 消息监听成功~监听到简
 单文本消息: RabbitDto(id=1, title=双12大促销, msg=这是双12大促销的具体详细内容~~~)
```

消息的产生、发送和监听消费

图 8.16　IDEA 控制台输出消息产生、监听消费过程

至此，关于该简单业务场景的消息模型代码实战与测试已经完成了。在这里，笔者仍然建议各位读者照着相应的业务流程以及笔者的代码亲自编写相应的代码并进行测试，将整个业务流程自行梳理并实战完毕，相信会有诸多收获。

8.3　基于 RabbitMQ 多种交换器的消息模型实战

在上一节，我们已经学习并实战了 RabbitMQ 相关基础组件，包括连接 Connection、信道 Channel、交换器 Exchange、队列 Queue 和路由键 Routing Key 等，其中，我们已经知晓交换器 Exchange 有多种类型，包括头式交换器、广播型交换器、直连式交换器以及主题式交换器，并以此衍生出对应的消息模型，即基于 HeadersExchange 的消息模型、基于 FanoutExchange 的消息模型、基于 DirectExchange 的消息模型以及基于 TopicExchange 的消息模型，每种消息模型的内部组成、作用和使用场景各不相同。

而在实际生产环境中，应用最广泛的当属后三种消息模型，因此，本节将主要介绍这三种消息模型，并以实际的业务场景和代码进行实战。

8.3.1　基于 FanoutExchange 的消息模型实战

首先介绍基于 FanoutExchange 的消息模型。FanoutExchange，顾名思义，是交换器

Exchange 的一种，从名字就可以看出它具有广播消息的作用，是一种不需要跟路由键绑定即可将消息直接路由给队列的交换器，即当消息进入交换器这个"中转站"时，交换器会检查哪个队列跟自己是绑定在一起的，找到相应的队列后，将消息路由分发到相应的绑定队列，并由队列对应的消费者进行监听消费。

值得一提的是，一个交换器可以绑定多个队列，当消息进入交换器后，如果有多个队列绑定到该交换器，则消息会被路由分发到所有的队列中，被该队列所对应的消费者监听消费处理。

需要注意的是，由于此种交换器具有广播式的作用，因此纵然为其绑定了路由键，也是不起作用的，所以，严格上讲，基于 FanoutExchange 的模型并非"正规军"(一个"正规军"应当由交换器、路由键和队列所组成)，但由于该消息模型中仍然含有交换器、队列和"隐形"的路由键，因此在这里我们也将其当作消息模型中的一种，这一点，读者无须介怀。

图 8.17 所示为基于广播式交换器 FanoutExchange 的消息模型的底层消息传输流程图。

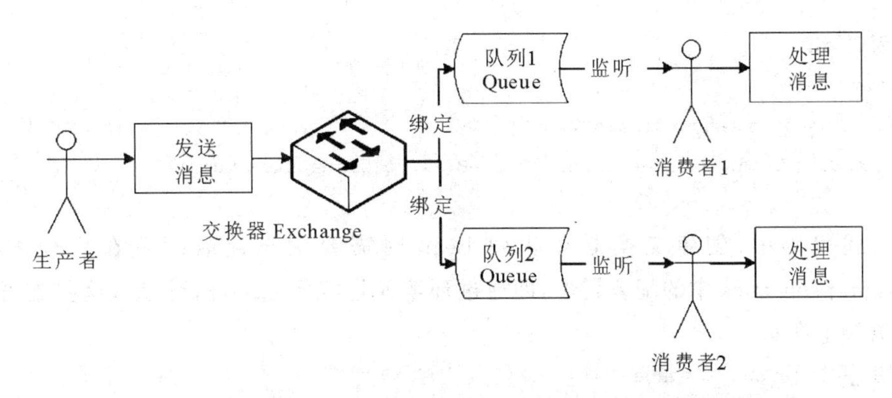

图 8.17　基于 FanoutExchange 的消息模型的底层消息传输流程图

从图 8.17 可以得知，生产者生产的消息将首先进入交换器，由交换器转发至绑定的 N 条队列中，其中 $N \geqslant 1$，并由队列所绑定的消费者进行监听、消费处理。

接下来进入代码实战环节，其业务场景为：将一个实体类对象实例充当消息，并发送到基于 FanoutExchange 的消息模型中，由绑定的多条队列对应的消费者进行监听、消费处理。

(1)在项目的自定义配置类 RabbitConfig 中采用 Java Config 的方式显式创建交换器、多条队列及其绑定，并采用@Bean 的方式显式将其加入 Spring IOC 容器中，其代码如下所示：

```
/**基于 FanoutExchange 的消息模型**/

//创建交换器-fanoutExchange
@Bean
public FanoutExchange fanoutExchange(){
    return new FanoutExchange(env.getProperty("mq.fanout.exchange.name"),true,
false);
}
```

```
//创建队列 1
@Bean
public Queue fQueueA(){
    return new Queue(env.getProperty("mq.fanout.queue.a.name"),true);
}
//创建队列 2
@Bean
public Queue fQueueB(){
    return new Queue(env.getProperty("mq.fanout.queue.b.name"),true);
}
//创建绑定 1
@Bean
public Binding fanoutBindingOne(){
    return BindingBuilder.bind(fQueueA()).to(fanoutExchange());
}
//创建绑定 2
@Bean
public Binding fanoutBindingTwo(){
    return BindingBuilder.bind(fQueueB()).to(fanoutExchange());
}
```

在上述代码中，创建交换器和队列 Bean 时需要动态读取配置在全局配置文件 application. properties 中的配置属性，即通过环境变量实例 env 进行读取，这些配置属性对应的取值如下所示：

```
#消息模型-fanoutExchange
mq.fanout.queue.a.name=local.mq.fanout.a.queue
mq.fanout.queue.b.name=local.mq.fanout.b.queue
mq.fanout.exchange.name=local.mq.fanout.exchange
```

(2)创建一实体类 EventDto，它将充当整个消息模型中的消息，其代码定义如下所示：

```
@Data
@NoArgsConstructor
@AllArgsConstructor
public class EventDto implements Serializable{
    //ID 标识
    private Integer id;
    //模块
    private String module;
    //名称
    private String name;
    //描述
    private String desc;
}
```

(3)在 RabbitController 类中创建一请求方法，用于生产消息、并将消息发送至上述创建好的基于 FanoutExchange 交换器搭建的消息模型中，其完整的源代码如下所示：

```
@Autowired
private RabbitTemplate rabbitTemplate;

@Autowired
private Environment env;

//基于 FanoutExchange 的消息模型发送消息
@RequestMapping(value="send/fanout",method=RequestMethod.GET)
public BaseResponse sendFanoutMsg(){
    BaseResponse response=new BaseResponse(StatusCode.Success);
    try {
        log.info("----基于 FanoutExchange 的消息模型-生产者----");

        //通过实体类对象实例构造消息-设置消息的持久化
        EventDto dto=new EventDto(10,"Order","订单支付消息","这是订单支付成功后的消
息");
        Message msg=MessageBuilder.withBody(new Gson().toJson(dto).getBytes())
                .setDeliveryMode(MessageDeliveryMode.PERSISTENT)
                .build();
        //设置交换器，并将消息发送进交换器绑定的消息模型中
        rabbitTemplate.setExchange(env.getProperty("mq.fanout.exchange.name"));
        rabbitTemplate.send(msg);
        log.info("基于 FanoutExchange 的消息模型~生产者成功发送消息...");
    }catch(Exception e){
        e.printStackTrace();
        response=new BaseResponse(StatusCode.Fail.getCode(),e.getMessage());
    }
    return response;
}
```

在上述代码中，笔者采用一实体类 EventDto 的对象实例充当该消息模型中的消息，并为该消息设置了持久化的特性（可以保证 RabbitMQ 服务器在宕机恢复过来时消息依旧可以从磁盘中被恢复）。

(4)在 RabbitConsumer 类中创建两个用于监听跟交换器绑定的队列的方法，其源代码如下所示：

```
//基于 FanoutExchange 的消息模型-队列 1~监听接收消息
@RabbitListener(queues={"${mq.fanout.queue.a.name}"})
public void consumeFanoutMsgA(@Payload byte[] body){
    try {
        String content=new String(body);
        EventDto dto=new Gson().fromJson(content, EventDto.class);
```

```
        log.info("基于 FanoutExchange 的消息模型-队列 1~监听接收消息~监听消息：{}",
dto);
    }catch(Exception e){
        log.error("基于 FanoutExchange 的消息模型-队列 1~监听接收消息~发生异常:",e);
    }
}

//基于 FanoutExchange 的消息模型-队列 2~监听接收消息
@RabbitListener(queues={"$ {mq.fanout.queue.b.name}"})
public void consumeFanoutMsgB(@Payload byte[] body){
    try {
        String content=new String(body);
        EventDto dto=new Gson().fromJson(content, EventDto.class);

        log.info("基于 FanoutExchange 的消息模型-队列 2~监听接收消息~监听消息：{}",
dto);
    }catch(Exception e){
        log.error("基于 FanoutExchange 的消息模型-队列 2~监听接收消息~发生异常:",e);
    }
}
```

至此，基于 FanoutExchange 的消息模型的代码实战已经完成。

(5)进入代码测试环节。点击运行项目的启动入口类 MainApplication，观察 IDEA 控制台的输出日志信息，如果没有相关的报错信息，表示上述编写的代码没有语法级别的错误。

打开前端请求模拟工具 Postman，并在 URL 请求地址栏中输入请求链接 http://127.0.0.1:9011/rabbit/mq/send/fanout，点击 Send 按钮，稍等片刻，即可看到后端接口返回的响应信息，如图 8.18 所示。

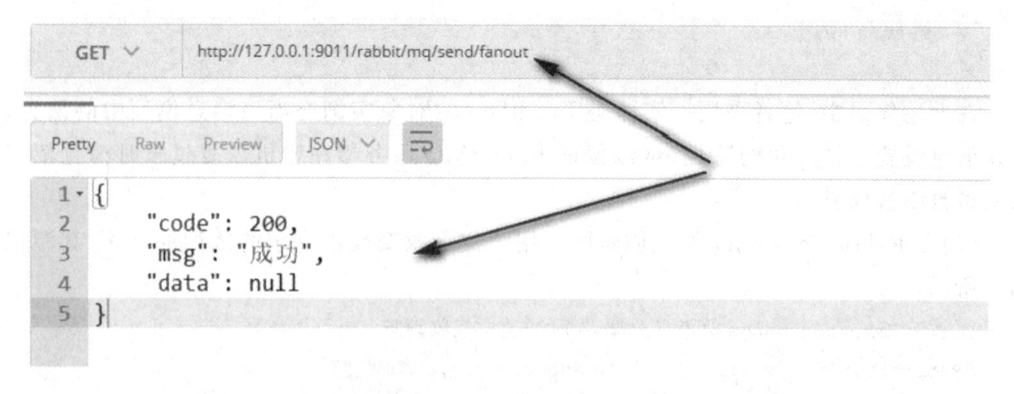

图 8.18　基于 FanoutExchange 的消息模型代码实战响应结果

与此同时，观察 IDEA 后端控制台输出的日志信息，会发现消息已经成功发送至交换器，同时也被绑定的两个队列所监听、接收处理了，如图 8.19 所示。

从该结果可以看出，消息在进入基于 FanoutExchange 交换器构建的消息模型之后，将

```
[2020-09-09 22:01:42.199] boot -  INFO [http-nio-9011-exec-1] --- DispatcherServlet: Completed initialization in 5 ms
[2020-09-09 22:01:42.218] boot -  INFO [http-nio-9011-exec-1] --- RabbitController: ----基于FanoutExchange的消息模型-生产者----
[2020-09-09 22:01:42.266] boot -  INFO [http-nio-9011-exec-1] --- RabbitController: 基于FanoutExchange的消息模型~生产者成功发送消息...
[2020-09-09 22:01:42.272] boot -  INFO [rabbitConnectionFactory1] --- RabbitmqConfig: 消息发送成功:correlationData(null),ack(true),cause(null)
[2020-09-09 22:01:42.281] boot -  INFO [org.springframework.amqp.rabbit.RabbitListenerEndpointContainer#1-1] --- RabbitConsumer:
基于FanoutExchange的消息模型-队列1~监听接收消息~监听消息: EventDto(id=10, module=Order, name=订单支付消息, desc=这是订单支付成功后的消息)
[2020-09-09 22:01:42.281] boot -  INFO [org.springframework.amqp.rabbit.RabbitListenerEndpointContainer#0-1] --- RabbitConsumer:
基于FanoutExchange的消息模型-队列2~监听接收消息~监听消息: EventDto(id=10, module=Order, name=订单支付消息, desc=这是订单支付成功后的消息)
```

基于FanoutExchange的消息模型的消息发送、监听接收过程

图 8.19　基于 FanoutExchange 的消息模型代码实战控制台输出结果

会被该交换器所绑定的多条队列所监听消费。至此，基于 FanoutExchange 的消息模型的介绍、代码实战和测试就已经完成了。

值得一提的是，由于此种消息模型具有广播式的作用，因此这种消息模型适用于生产者服务单一、但是消费者服务有多个的场景，比如下订单服务可以充当生产者，成功下订单后，需要执行扣减库存、更新用户积分以及扣除优惠券等多个服务逻辑，这几个服务逻辑相互独立，因此，这些服务可以充当多个独立的消费者，当用户成功下订单后，这些独立的服务将几乎同时、异步监听到相应的消息，从而执行相应的业务逻辑。

8.3.2　基于 DirectExchange 的消息模型实战

DirectExchange，也是 RabbitMQ 的一种交换器，具有直连传输消息的特点，因此也可以称之为直连式交换器，当消息进入直连式交换器时，交换器会检查哪个路由键跟自己绑定在一起，并将消息路由到绑定的队列中，由该队列对应的消费者进行监听消费处理。

相对于基于 FanoutExchange 交换器的消息模型而言，此种消息模型的特点在于它由三个部分所组成：交换器、路由键以及队列。其中交换器与路由键绑定在一起，可以将消息路由至队列中。在实际生产环境中，此种消息模型具有广泛的应用场景，图 8.20 所示为该消息模型的底层消息传输流程图。

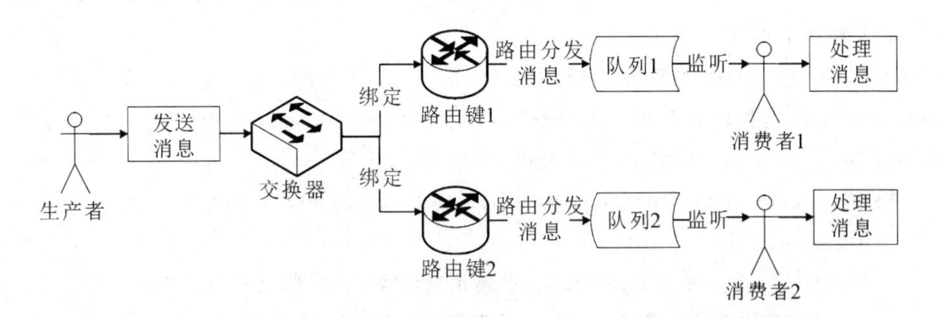

图 8.20　基于 DirectExchange 的消息模型的底层消息传输流程图

接下来进入代码实战环节，其业务场景为：将实体类 EventDto 的对象实例充当消息，并将其发送到基于 DirectExchange 的消息模型中，根据该消息模型交换器与路由键的绑定，将消息路由至对应的队列并由对应的消费者进行监听消费处理。

(1)在 RabbitConfig 配置文件中创建基于 DirectExchange 消息模型的相关 Bean 组件，即队列 Queue、交换器 Exchange 和路由键 Routing Key，其代码如下所示：

```
/**基于 DirectExchange 的消息模型**/

//创建交换器-DirectExchange
@Bean
public DirectExchange directExchange(){
    return new DirectExchange(env.getProperty("mq.direct.exchange.name"), true,
false);
}
//创建队列
@Bean
public Queue directQueueOne(){
    return new Queue(env.getProperty("mq.direct.queue.name"),true);
}
//创建绑定
@Bean
public Binding directBindingOne(){
    return BindingBuilder.bind(directQueueOne()).to(directExchange()).with(env.
getProperty("mq.direct.routing.key.name"));
}
```

环境变量实例 env 读取的配置属性是配置在项目的全局配置文件 application.properties 中的,其配置属性取值如下所示:

```
#消息模型-DirectExchange
mq.direct.queue.name=local.mq.direct.queue
mq.direct.exchange.name=local.mq.direct.exchange
mq.direct.routing.key.name=local.mq.direct.routing.key
```

(2)在 RabbitController 中创建一请求方法,用于生产消息、并将消息发送至上述消息模型中,其源代码如下所示:

```
//基于 DirectExchange 消息模型发送消息
@RequestMapping(value="send/direct",method=RequestMethod.GET)
public BaseResponse sendDirectMsg(){
    BaseResponse response=new BaseResponse(StatusCode.Success);
    try{
        log.info("----基于 DirectExchange 消息模型发送消息-生产者----");
        //通过实体类对象实例构造消息-设置消息的持久化
        EventDto dto=new EventDto(20,"Log","用户新增成功","用户新增成功后写入日志信
息");
        Message msg=MessageBuilder.withBody(new Gson().toJson(dto).getBytes())
                .setDeliveryMode(MessageDeliveryMode.PERSISTENT)
                .build();
        //设置交换器,并将消息发送进交换器绑定的消息模型中
```

```
            rabbitTemplate.setExchange(env.getProperty("mq.direct.exchange.name"));
              rabbitTemplate. setRoutingKey (env. getProperty ( " mq. direct. routing. key.
name"));
            rabbitTemplate.send(msg);
            log.info("基于 DirectExchange 消息模型发送消息~ 生产者成功发送消息...");
        }catch(Exception e){
            e.printStackTrace();
            response=new BaseResponse(StatusCode.Fail.getCode(),e.getMessage());
        }
        return response;
    }
```

(3)在 RabbitConsumer 中创建一方法,用于监听上述 DirectExchange 交换器消息模型中的队列,并监听获取队列中消息的内容,其源代码如下所示:

```
    //基于 DirectExchange 的消息模型-队列~监听接收消息
    @RabbitListener(queues="${mq.direct.queue.name}")
    public void consumeDirectMsgOne(@Payload byte[]body){
        try {
            String content=new String(body);
            EventDto dto=new Gson().fromJson(content, EventDto.class);

            log.info("基于 DirectExchange 的消息模型-队列~监听接收消息~监听消息:{}",dto);
        }catch(Exception e){
            log.error("基于 DirectExchange 的消息模型-队列~监听接收消息~发生异常:",e);
        }
    }
```

至此,基于 DirectExchange 的消息模型的介绍和代码实战便已经完成了。

(4)点击运行项目,如果控制台没有相关的报错信息,则打开前端请求模拟工具 Postman,并在 URL 请求地址栏中输入链接 http://127.0.0.1:9011/rabbit/mq/send/direct,点击 Send 按钮,即可成功将消息发送至上述消息模型,被相应的队列监听消费处理,图 8.21 所示为 IDEA 控制台输出的相应日志信息。

```
[2020-09-09 23:26:01.263] boot -  INFO [http-nio-9011-exec-3] --- RabbitController: ----基于DirectExchange消息模型发送消息-生产者----
[2020-09-09 23:26:01.310] boot -  INFO [rabbitConnectionFactory1] --- RabbitmqConfig: 消息发送成功:correlationData(null),ack(true),cause(null)
[2020-09-09 23:26:03.113] boot -  INFO [http-nio-9011-exec-3] --- RabbitController: 基于DirectExchange消息模型发送消息~生产者成功发送消息...
[2020-09-09 23:26:03.113] boot -  INFO [org.springframework.amqp.rabbit.RabbitListenerEndpointContainer#3-1] --- RabbitConsumer:
基于DirectExchange的消息模型-队列~监听接受消息~监听消息: EventDto(id=20, module=Log, name=用户新增成功, desc=用户新增成功后写入日志信息)
```

基于 DirectExchange交换器的消息模型的代码实战结果

图 8.21　基于 DirectExchange 消息模型输出打印日志信息

从最终的运行结果上看,上述编写的相关代码是没有问题的。值得一提的是,在实际应用系统开发中,80%的业务场景,凡是需要通过 RabbitMQ 实现消息通信的,都可以采用基于 DirectExchange 的消息模型实现,这或许是因为它简单、易用、易于理解。

8.3.3 基于 TopicExchange 的消息模型实战

最后介绍 RabbitMQ 的另外一种消息模型，即基于 TopicExchange 的消息模型。TopicExchange 也是 RabbitMQ 交换器的一种，从名字上可以看出它是一种主题式的交换器，具有发布-订阅的特性(类似于缓存 Redis 的发布订阅式主题功能)，在实际生产环境中同样也有广泛的应用。

这种消息模型同样是由交换器、路由键和队列严格绑定构成的，它跟前面介绍的另外两种消息模型相比，最大的不同之处在于这种消息模型的路由键可以带有通配符"*"或者"#"，即可以通过为路由键的名称设置特定的通配符"*"和"#"，绑定到不同的队列中。

其中通配符"*"表示一个特定的单词，而通配符"#"则表示任意的单词(可以是一个，也可以是多个，也可以没有)。某种程度上 通配符"#"表示的路由范围要大于等于通配符"*"表示的路由范围，即前者可以包含后者。

细心的读者会发现，当这种消息模型的路由键名称包含通配符"*"时，由于"*"相当于一个单词，故此时这种消息模型将降级为基于 DirectExchange 的消息模型。当路由名称包含通配符"#"时，由于"#"相当于 0 个或者多个单词，因此如果路由键的名称仅仅只有一个字符"#"，该消息模型将降级为基于 FanoutExchange 的消息模型，即此时绑定的路由键可以不用指定。

比如现在有 3 个基于 DirectExchange 的消息模型，交换器是同一个，但是路由键则不同，其取值如下所示：

```
mq.direct.routing.key.name.a=local.mq.direct.routing.key.a

mq.direct.routing.key.name.b=local.mq.direct.routing.key.b

mq.direct.routing.key.name.c=local.mq.direct.routing.key.c
```

按照前文所介绍的，我们首先在 RabbitConfig 配置类中创建这 3 个消息模型对应的基础组件 Bean 实例，代码行数假设是 24 行。然而，仔细观察上述路由键的取值配置，会发现它们的命名出奇的相似，即 local. mq. direct. routing. key. * ，其中"*"可以代表一个单词，而 a，b，c 则正好是独立的一个单词，刚好满足这种通配符的格式，因此，在 RabbitConfig 配置类中可以将 24 行的代码量调整为 8 行的代码量，即只需要创建一个路由键绑定实例，该路由键的取值为 local. mq. direct. routing. key. * 。

图 8.22 所示为基于 TopicExchange 的消息模型的底层消息传输流程。

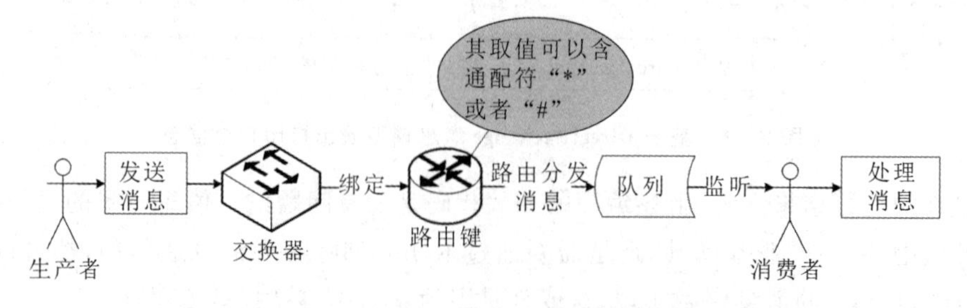

图 8.22 基于 TopicExchange 的消息模型的底层消息传输流程

笔者在图 8.22 中特意做了批注，即路由键的取值可以包含通配符“ * ”或者“ # ”，任何符合该取值格式的路由键都可以将消息路由分发到指定的队列。

此种消息模型在实际项目开发中也有一定的应用场景，比如客户关系管理系统 CRM 中的“获客”流程：“获客”，就是获取客源的意思，在互联网、移动互联网时代，企业获取客源的方式主要是通过各大门户网站铺广告、官网宣传、微信公众号以及各大主流短视频平台等途径进行引流，客户通过这些途径填写相应的信息提交到系统后台接口，后台接口在接收到相应信息后，会进行简单的校验，此后会通过消息队列将这些数据信息录入客户服务 Customer 中进行存储与管理。

在上述这一业务场景中，客户服务 Customer 即为消息队列的消费者，各大途径一般都是由独立的项目或者服务进行对接，因此也可以当作独立的服务，如上述介绍的官网服务、微信公众号服务、短视频平台对接服务等均可充当消息队列的生产者，负责获取前端客户填写的信息并将其发送至消息队列中，其中的路由键可以按照所属不同的途径进行区分，最终消息将由消费者服务——客户服务监听处理、存储至数据库中，以等待相关销售人员进行后续的客户跟踪回访。

对于刚接触 CRM 的读者而言，可能对上述的业务场景感到陌生，没关系，接下来我们一起进入代码实战环节，采用实际的代码实战实现上述的业务流程。

(1)在项目的配置类 RabbitConfig 中创建该消息模型对应的基础组件，包括队列、交换器以及路由键绑定实例，如下代码所示：

```
/**基于 TopicExchange 交换器的消息模型**/

//创建队列
@Bean
public Queue topicQueue(){
    return new Queue(env.getProperty("mq.topic.queue.name"),true);
}
//创建交换器-DirectExchange
@Bean
public TopicExchange topicExchange(){
    return new TopicExchange(env.getProperty("mq.topic.exchange.name"),true,false);
}
//创建绑定
@Bean
public Binding topicBindingOne(){
    return BindingBuilder.bind(topicQueue()).to(topicExchange()).with(env.
getProperty("mq.topic.routing.key.name"));
}
```

其中，环境变量实例 env 读取的属性是配置在全局配置文件 application.properties 中的，其对应的取值如下所示：

```
#消息模型-TopicExchange
mq.topic.queue.name=local.mq.topic.queue
mq.topic.exchange.name=local.mq.topic.exchange
mq.topic.routing.key.name=local.mq.topic.routing.key.*

#实际业务对应的路由键
mq.topic.routing.key.customer.gw=local.mq.topic.routing.key.gw
mq.topic.routing.key.customer.wx=local.mq.topic.routing.key.wx
```

(2)在控制器类 RabbitController 中创建两个请求方法，分别对应着两个不同途径来源的客户接收接口，其对应的源代码如下所示：

```
//基于 TopicExchange 的消息模型发送消息-来源途径为官网
@RequestMapping(value="send/topic/v1",method=RequestMethod.GET)
public BaseResponse sendTopicMsgV1(){
    BaseResponse response=new BaseResponse(StatusCode.Success);
    try {
        log.info("\n\n----基于 TopicExchange 消息模型发送消息-客户来源于官网-生产者----");

        //通过实体类对象实例构造消息-设置消息的持久化
        CustomerDto dto=new CustomerDto(20,"修罗 debug","官网");
        Message msg=MessageBuilder.withBody(new Gson().toJson(dto).getBytes())
                .setDeliveryMode(MessageDeliveryMode.PERSISTENT)
                .build();
        //设置交换器，并将消息发送进交换器绑定的消息模型中
        rabbitTemplate.setExchange(env.getProperty("mq.topic.exchange.name"));

        //交换器需要设置为“途径”为官网的
        rabbitTemplate.setRoutingKey(env.getProperty("mq.topic.routing.key.customer.gw"));
        rabbitTemplate.send(msg);

        log.info("基于 TopicExchange 消息模型发送消息~客户来源于官网-生产者成功发送消息...");
    }catch(Exception e){
        e.printStackTrace();
        response=new BaseResponse(StatusCode.Fail.getCode(),e.getMessage());
    }
    return response;
}

//基于 TopicExchange 的消息模型发送消息-来源途径为微信公众号
@RequestMapping(value="send/topic/v2",method=RequestMethod.GET)
```

```
public BaseResponse sendTopicMsgV2(){
    BaseResponse response=new BaseResponse(StatusCode.Success);
    try {
        log.info("\n---基于 TopicExchange 消息模型发送消息-客户来源于微信公众号-生
产者---");

        //通过实体类对象实例构造消息-设置消息的持久化
        CustomerDto dto=new CustomerDto(21,"大圣","微信公众号");
        Message msg=MessageBuilder.withBody(new Gson().toJson(dto).getBytes())
                .setDeliveryMode(MessageDeliveryMode.PERSISTENT)
                .build();
        //设置交换器,并将消息发送进交换器绑定的消息模型中
        rabbitTemplate.setExchange(env.getProperty("mq.topic.exchange.name"));

        //交换器需要设置为途径为微信公众号的
        rabbitTemplate.setRoutingKey(env.getProperty("mq.topic.routing.key.
customer.wx"));
        rabbitTemplate.send(msg);

        log.info("基于 TopicExchange 消息模型发送消息~客户来源于微信-生产者成功发送
消息...");
    }catch(Exception e){
        e.printStackTrace();
        response=new BaseResponse(StatusCode.Fail.getCode(),e.getMessage());
    }
    return response;
}
```

在上述源代码中需要特别注意两点，一是两个请求方法分别对应两种不同来源途径的客户请求，因此需要在路由键的取值上设置为不同的取值；二是在上述代码中会发现充当消息的是一个实体类 CustomerDto 的对象实例，主要包含 3 个字段，即客户 ID 标识、客户称呼以及来源途径，其定义代码如下所示：

```
@Data
@NoArgsConstructor
@AllArgsConstructor
public class CustomerDto implements Serializable{
    //ID 标识
    private Integer id;
    //客户称呼
    private String name;
    //途径
    private String from;
}
```

(3)编写用于监听上述消息模型中队列的消费者方法,其代码实现逻辑如下所示:

```
//基于 TopicExchange 的消息模型-队列~监听接收消息
@RabbitListener(queues="${mq.topic.queue.name}")
public void consumeTopicMsg(@Payload byte[]body){
    try {
        String content=new String(body);
        CustomerDto dto=new Gson().fromJson(content, CustomerDto.class);

        //将客户来源信息插入数据库-省略-读者可以自行补充

        log.info("基于 TopicExchange 的消息模型-队列~监听接收消息~监听消息:{}",dto);
    }catch(Exception e){
        log.error("基于 TopicExchange 的消息模型-队列~监听接收消息~发生异常:",e);
    }
}
```

细心的读者会发现这跟前两节基于 FanoutExchange 的消息模型和基于 DirectExchange 的消息模型的队列监听没什么差别,确实如此,其核心在于:注解@RabbitListener 的使用。

(4)点击运行该项目,观察 IDEA 控制台的输出日志信息,如果一切正常,则打开 Postman,并先后在 URL 请求地址栏中输入链接 http://127.0.0.1:9011/rabbit/mq/send/topic/v1 和 http://127.0.0.1:9011/rabbit/mq/send/topic/v2,表示不同途径来源的客户提交了相关信息,点击 Send 按钮,即可发送相应的请求到后端接口,稍等片刻,仔细观察 IDEA 后端控制台输出的日志信息,会发现不同来源途径的客户信息已经成功发送至消息队列,并异步被监听消费处理了,如图 8.23 所示。

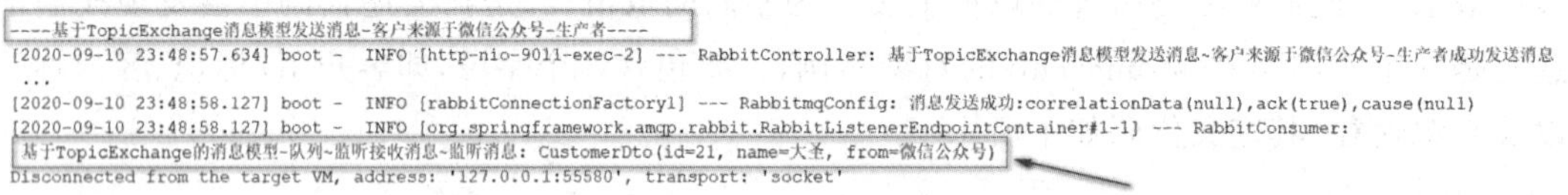

```
----基于TopicExchange消息模型发送消息-客户来源于官网-生产者----
[2020-09-10 23:48:53.408] boot -  INFO [http-nio-9011-exec-1] --- RabbitController: 基于TopicExchange消息模型发送消息~客户来源于官网-生产者成功发送消息...
[2020-09-10 23:48:53.412] boot -  INFO [rabbitConnectionFactory1] --- RabbitmqConfig: 消息发送成功:correlationData(null),ack(true),cause(null)
[2020-09-10 23:48:53.861] boot -  INFO [org.springframework.amqp.rabbit.RabbitListenerEndpointContainer#1-1] --- RabbitConsumer:
 基于TopicExchange的消息模型-队列~监听接收消息~监听消息: CustomerDto(id=20, name=修罗debug, from=官网)
[2020-09-10 23:48:56.446] boot -  INFO [http-nio-9011-exec-2] --- RabbitController:

----基于TopicExchange消息模型发送消息-客户来源于微信公众号-生产者----
[2020-09-10 23:48:57.634] boot -  INFO [http-nio-9011-exec-2] --- RabbitController: 基于TopicExchange消息模型发送消息~客户来源于微信公众号-生产者成功发送消息
 ...
[2020-09-10 23:48:58.127] boot -  INFO [rabbitConnectionFactory1] --- RabbitmqConfig: 消息发送成功:correlationData(null),ack(true),cause(null)
[2020-09-10 23:48:58.127] boot -  INFO [org.springframework.amqp.rabbit.RabbitListenerEndpointContainer#1-1] --- RabbitConsumer:
 基于TopicExchange的消息模型-队列~监听接收消息~监听消息: CustomerDto(id=21, name=大圣, from=微信公众号)
Disconnected from the target VM, address: '127.0.0.1:55580', transport: 'socket'
```

图 8.23 基于 TopicExchange 的消息模型的业务场景实战输出日志

从图 8.23 的运行结果上看,该消息模型在实现消息队列发送、监听消费等功能时是没有问题的,至此,基于 TopicExchange 的消息模型的介绍和代码实战已经完成。此种消息模型适用于发布订阅主题式的场景,在实际生产环境中,适用于绝大部分的业务场景。

除此之外,此种消息模型还有一个很大的优势在于它可以减少消息模型的创建,在上述应用场景中,如果是采用基于 TopicExchange 的消息模型实现消息通信,那么很可能需要创建 N 个不同途径来源的消息模型,这是相当烦琐的。而又由于这些途径来源虽然不同,但消息内容是相同的,因此可以采用基于 TopicExchange 的消息模型进行替代,某种程度上,此种模型的普适性更强。

8.4 典型应用场景实战之异步发送邮件

作为一款高性能、高可用、高扩展的分布式消息中间件，RabbitMQ 具有存储、分发消息的功能，在实际项目开发中可以起到业务服务解耦、异步通信、接口限流、业务延迟处理等作用。

本节将基于前文搭建好的 Spring Boot 整合 RabbitMQ 的项目为基础，以会员注册成功异步发送一封邮件，用于验证并激活会员账号为业务场景，采用实际的代码进行实战。同时，通过这一业务场景，巩固理解并掌握前面小节介绍的 RabbitMQ 的专用组件、消息模型、消息持久化设置、消息的发送以及接收等知识要点。

8.4.1 整体业务流程介绍与分析

对于会员注册发送激活邮件这一业务场景，读者是比较熟悉的，特别是一些逛过 IT 技术论坛的读者更熟悉。它的主要流程为：首先，用户在前端界面点击会员注册的按钮，进入注册会员的界面，在该界面中用户需要填写登录账号、密码、昵称、邮箱、个人简介以及其他信息，点击提交注册的按钮之后前端便将相应的请求参数数据传输到后台相应的接口中；后台接口在接收到相应的数据之后，需要对相应的参数进行校验，校验通过后将其插入数据库相应的数据库表中，插入成功时，将用户相关的信息（特别是“邮箱”这一字段的取值）封装到一实体类中并充当 RabbitMQ 消息模型中的消息，之后将其发送至消息队列中，异步地被相应的消费者监听消费，最终执行真正的发送邮件的业务逻辑。上述整个业务流程可以采用图 8.24 进行表示。

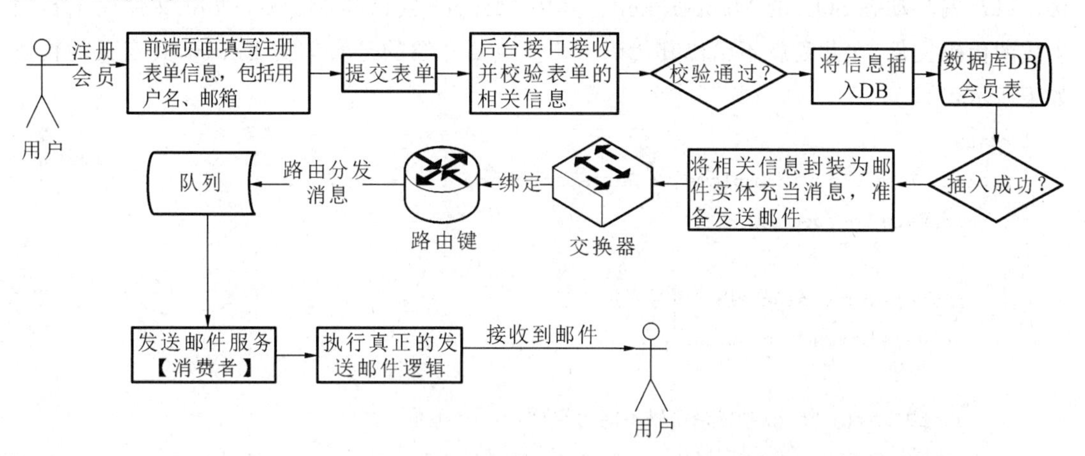

图 8.24 会员注册发送激活邮件整体业务流程

从图 8.24 中不难看出，用户注册会员的流程是主流程 A，而发送一封用于验证身份的邮件为辅助性流程 B，理论上讲，主流程 A 的执行过程不应受到流程 B 的影响，因为该接口最主要的目的是让用户可以真正地注册成功并将数据存储至数据库中。至于是否能成功发送邮件给用户，其实是次要的（因为如果发送失败了，其实是可以补偿性多发送一次的）。

而且，发送邮件的流程 B 在实际代码执行过程中是比较耗时的，如果流程 A 和流程 B 是同步关系，即执行完流程 A 之后执行流程 B，那么整个接口的响应时间将会很长，换来的很有可能是客户的叨扰与烦躁，进而"知难而退"，干脆就不注册了，从而导致平台白白流失一个客户。

综上所述，我们采用RabbitMQ的消息队列对流程A、流程B进行业务服务解耦，成功执行流程A之后通过RabbitMQ的消息队列异步执行流程B，基于此种结论，进行代码实战，采用前文搭建的Spring Boot整合RabbitMQ的项目实现上述这一业务场景，巩固理解RabbitMQ相关的专用名词以及业务流程的实际实现。

8.4.2 数据库表设计与MyBatis逆向工程

从图8.24中整体的业务流程可以看出，该流程主要包含一个业务实体：会员用户。其中，该实体主要包含用户名、登录密码、注册邮箱等核心信息，其对应的数据库表设计的DDL如下所示：

```
CREATE TABLE `user_vip`(
  `id` int(11)NOT NULL AUTO_INCREMENT,
  `username` varchar(50)DEFAULT NULL,
  `password` varchar(50)DEFAULT NULL,
  `email` varchar(255)DEFAULT NULL COMMENT '邮箱',
  `is_active` tinyint(255)DEFAULT '1' COMMENT '是否激活(1=是;0=否)',
  PRIMARY KEY(`id`),
  UNIQUE KEY `idx_username`(`username`)USING BTREE
)ENGINE=InnoDBDEFAULT CHARSET=utf8mb4;
```

紧接着，采用MyBatis逆向工程（MyBatis代码生成器）生成该实体类的Entity、Mapper接口以及编写动态SQL的Mapper.xml。其中Mapper接口和Mapper.xml文件属于自动生成的代码文件，在此处就不给出其代码了。重点要介绍的是实体类Entity，其定义的代码如下所示：

```
@Data
public class UserVip implements Serializable{
    private Integer id;

    @NotBlank(message="用户账号不能为空!")
    private String username;

    @NotBlank(message="登录密码不能为空!")
    private String password;

    @NotBlank(message="注册邮箱不能为空!")
    private String email;


    private Byte isActive=1;
}
```

在该实体类中，特意指定了前端在提交该实体类相关字段信息时有一些是必填的。@NotBlank是一个比较常见的用于前端请求实体参数的校验注解。

至此,相关数据库表和对应的实体类、数据库访问层已经开发完成,接下来进入代码实战环节。

8.4.3 基于 DirectExchange 的消息模型发送接收邮件

本应用场景为利用 RabbitMQ 的 DirectExchange 交换器的消息模型实现消息的发送和接收,因此需要先创建该消息模型相关基础组件的实例,代码如下所示:

```
/**基于 DirectExchange 交换器的消息模型**/

//创建队列
@Bean
public Queue mailQueue(){
    return new Queue(env.getProperty("mq.direct.mail.queue.name"),true);
}
//创建交换器-DirectExchange
@Bean
public DirectExchange mailExchange(){
    return new DirectExchange(env.getProperty("mq.direct.mail.exchange.name"),true,
false);
}
//创建绑定
@Bean
public Binding mailBindingOne(){
     return BindingBuilder.bind(mailQueue()).to(mailExchange()).with(env.
getProperty("mq.direct.mail.routing.key.name"));
}
```

其中,环境实例 env 读取的属性是配置在项目的全局配置文件 application.properties 中的,其具体配置如下所示:

```
#消息模型-DirectExchange-会员注册
mq.direct.mail.queue.name=local.mq.direct.mail.queue
mq.direct.mail.exchange.name=local.mq.mail.direct.exchange
mq.direct.mail.routing.key.name=local.mq.mail.direct.routing.key
```

紧接着,需要创建一个新的控制器类 UserVipControlller,并在其中创建一请求方法,用于接收前端用户注册提交上来的信息,同时需要校验这些信息的合法性,代码如下所示:

```
@RestController
@RequestMapping("user/vip")
public class UserVipController {

private static final Logger log=LoggerFactory.getLogger(UserVipController.class);

@Autowired
private UserVipService vipService;
```

```
//用户注册
@RequestMapping("register")
public BaseResponse helloWorld(@Validated @RequestBody UserVip vip, BindingResult
result){
    if(result.hasErrors()){
        return new BaseResponse(StatusCode.InvalidParams);
    }
    BaseResponse response=new BaseResponse(StatusCode.Success);
    try {
        //调用用户注册服务
        vipService.registerUser(vip);
    }catch(Exception e){
        e.printStackTrace();
        response=new BaseResponse(StatusCode.Fail.getCode(),e.getMessage());
    }
    return response;
}
}
```

当相关请求参数的取值校验通过之后，再调用注册用户服务的相关方法，即 vipService.registerUser(vip)，将相关注册信息插入数据库 DB 中，其对应的源码如下所示：

```
//用户注册
@Transactional(rollbackFor=Exception.class)
public int registerUser(UserVip vip)throws Exception{
    if(vipMapper.countByUserName(vip.getUsername())>0){
        throw new RuntimeException("当前用户名已存在!");
    }
    int res=vipMapper.insertSelective(vip);

    if(res>0){
        //构建消息
        MailDto dto=new MailDto();
        dto.setSubject("用户注册会员");
        String content=String.format("欢迎注册程序员实战基地,您的注册码为:%s",
RandomStringUtils.randomAlphabetic(4));
        dto.setContent(content);
        dto.setTos(new String[]{vip.getEmail()});
        String message=new Gson().toJson(dto);
        Message msg=MessageBuilder.withBody(message.getBytes())
                .setDeliveryMode(MessageDeliveryMode.PERSISTENT)
                .build();

        //发送邮件消息进消息队列
```

```
            rabbitTemplate.setExchange(env.getProperty("mq.direct.mail.exchange.
    name"));
            abbitTemplate.setRoutingKey(env.getProperty("mq.direct.mail.routing.key.
    name"));
            rabbitTemplate.send(msg);

            log.info("成功发送消息至消息队列,内容:{}",dto);
        }
        return 1;
    }
```

其中,邮件实体 MailDto 为前面小节创建的,其定义的代码如下所示:

```
@Data
public class MailDto implements Serializable{
    //主题
    private String subject;
    //内容
    private String content;
    //接收人
    private String[] tos;
}
```

会员用户信息插入成功后,将相关的邮件实体信息封装为消息发送至消息队列,异步被相应的消费者监听,最终调用发送邮件服务的相关 API,执行真正的发送邮件逻辑,其源码如下所示:

```
@Autowired
private MailService mailService;

//监听邮件队列
@RabbitListener(queues="${mq.direct.mail.queue.name}")
public void consumeMailMsg(@Payload byte[]body){
    try {
        String content=new String(body);
        MailDto dto=new Gson().fromJson(content, MailDto.class);
        mailService.sendSimpleTextMail(dto);

        log.info("监听到消息,成功发送一封会员注册时用于验证用户身份的邮件,内容:{}",
dto);
    }catch(Exception e){
        log.error("监听到消息,成功发送一封会员注册时用于验证用户身份的邮件~发生异
常:",e);
    }
}
```

至此,关于该业务场景的实际代码实战已经完成了。点击运行项目,观察 IDEA 控制台

的输出日志信息，若没有相关的报错信息，则代表编写的上述相关代码没有语法层面的问题，可进入该业务场景相关接口的测试环节。

8.4.4 业务场景功能接口测试

将整个项目成功运行起来之后，打开前端请求模拟工具 Postman，在 URL 地址栏中输入链接 http://127.0.0.1:9011/user/vip/register，选择请求方式为 POST，请求体的内容类型为 application/json，请求体的数据内容如下所示：

```
{
    "username":"debug",
    "password":"123456",
    "email":"linsenzhong@126.com"
}
```

该请求数据表示一前端用户提交了会员注册信息，其中邮箱为 linsenzhong@126.com，用户名为 debug，登录密码为 123456，点击 Send 按钮之后，稍等片刻，即可看到后端接口返回的响应信息，如图 8.25 所示。

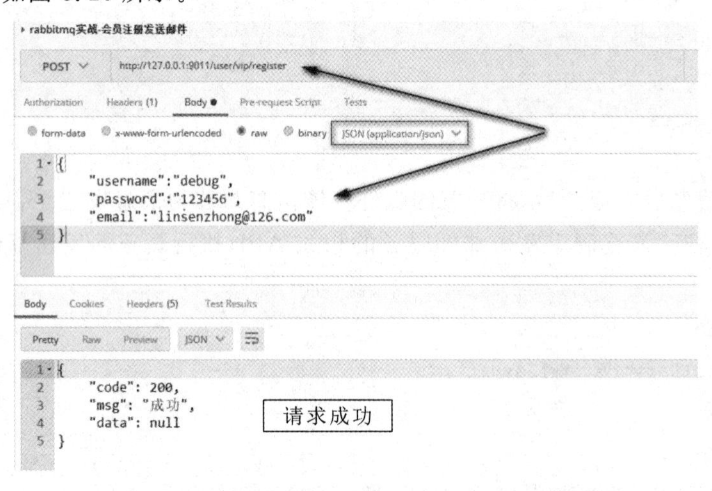

图 8.25 会员注册发送激活邮件 Postman 请求过程

与此同时，仔细观察 IDEA 控制台的日志输出信息，会发现前端提交的会员用户信息已经注册成功，插入数据库中，同时邮件实体信息也已经成功发送至消息队列，被相应的消费者监听消费，最终成功将邮件发送至用户指定的邮箱：linsenzhong@126.com。整个过程如图 8.26 所示。

```
==>  Preparing: SELECT COUNT(1) AS total FROM user_vip WHERE username=? LIMIT 1
==> Parameters: debug(String)
<==    Columns: total
<==        Row: 0
<==      Total: 1
Releasing transactional SqlSession [org.apache.ibatis.session.defaults.DefaultSqlSession@274a64d0]
Fetched SqlSession [org.apache.ibatis.session.defaults.DefaultSqlSession@274a64d0] from current transaction
==>  Preparing: insert into user_vip ( username, password, email, is_active ) values ( ?, ?, ?, ? )
==> Parameters: debug(String), 123456(String), linsenzhong@126.com(String), 1(Byte)
<==    Updates: 1
Releasing transactional SqlSession [org.apache.ibatis.session.defaults.DefaultSqlSession@274a64d0]
[2020-09-13 10:13:11.983] boot -  INFO [http-nio-9011-exec-1] --- UserVipService: 成功发送消息至消息队列，内容：MailDto(subject=用户注册会员, content=欢迎注册程序员实战基地，您的注册码为：vmgs, tos=[linsenzhong@126.com])
Transaction synchronization committing SqlSession [org.apache.ibatis.session.defaults.DefaultSqlSession@274a64d0]
Transaction synchronization deregistering SqlSession [org.apache.ibatis.session.defaults.DefaultSqlSession@274a64d0]
Transaction synchronization closing SqlSession [org.apache.ibatis.session.defaults.DefaultSqlSession@274a64d0]
[2020-09-13 10:13:11.994] boot -  INFO [rabbitConnectionFactory1] --- RabbitmqConfig: 消息发送成功:correlationData(null),ack(true),cause(null)
[2020-09-13 10:13:15.814] boot -  INFO [org.springframework.amqp.rabbit.RabbitListenerEndpointContainer#5-1] --- MailService: ----发送简单文本邮件成功----->
[2020-09-13 10:13:15.814] boot -  INFO [org.springframework.amqp.rabbit.RabbitListenerEndpointContainer#5-1] --- RabbitConsumer: 监听到消息,成功发送一封会员注册时用于验证用户身份的邮件，内容：MailDto(subject=用户注册会员, content=欢迎注册程序员实战基地，您的注册码为：vmgs, tos=[linsenzhong@126.com])
```

成功插入会员用户信息

消息发送、接收成功

图 8.26 会员注册发送激活邮件 IDEA 控制台输出的日志信息

打开数据库管理工具 Navicat，查看数据库表 user_vip 中的数据，会发现该会员用户信息已经被成功插入，如图 8.27 所示。

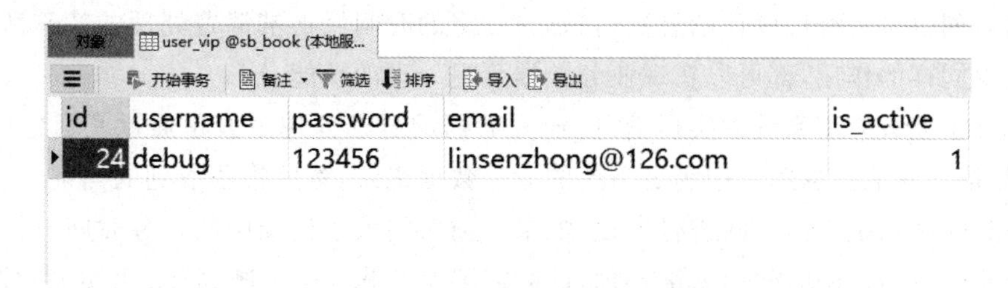

图 8.27　数据库表查看数据列表

其中，linsenzhong@126.com 为笔者自己的邮箱（建议读者在测试时调整为自己的邮箱），在浏览器登录 126 邮箱，会发现已经成功接收到了一封用于验证注册用户的身份的邮件，其内容如图 8.28 所示。

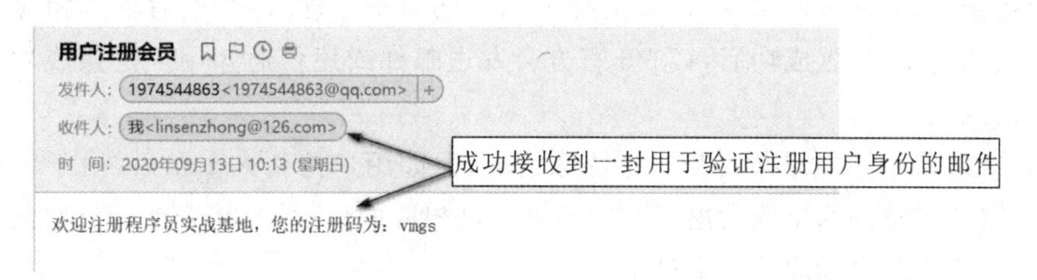

图 8.28　成功接收到相应邮件

至此，会员注册成功异步发送一封邮件，用于验证并激活会员账号这一业务场景整体功能模块接口的代码实战和测试就完成了。读者可以自行更换请求体中不同的请求数据，比如将 username 调整为“jack”，将 email 调整为“debug0868@163. com”，然后观察 IDEA 控制台的日志输出信息和相应数据库表中的数据。如果可以成功插入并正常接收到邮件，说明本节编写的整个业务逻辑代码是没问题的，甚至可以将其付诸生产环境中直接使用。

8.5　RabbitMQ 死信队列与延迟队列

前面章节我们主要学习并实战了分布式消息中间件 RabbitMQ 的相关知识要点，其中包括 RabbitMQ 常见、常用的核心基础组件和各种以交换器为主的消息模型，典型的消息模型包括基于 TopicExchange 的消息模型、基于 DirectExchang 的消息模型和基于 FanoutExchange 的消息模型。同时，围绕着这些消息模型进行了一系列的代码实战。

值得一提的是，这些消息模型有一个共同的特点，即消息一旦进入交换器就会被路由键路由到绑定的队列中，被对应的消费者监听消费。然而，在实际生产环境中，却存在着一些有特殊要求的业务场景，在这些场景中，业务数据对应的消息在进入队列后，我们不希望消息立即被监听消费处理，而是希望该消息可以延迟/等待一定的时间，再被消费者监听消费处理，这便是死信队列/延迟队列出现的初衷。

8.5.1　简介、作用与典型应用场景

死信队列，是 RabbitMQ 队列中的一种，指进入队列中的消息会等待一定的时间再被消

费的队列，这种队列跟普通的队列相比，最大的差异在于消息一旦进入普通队列将会立即、实时被消费处理，而进入死信队列则会等待一定的时间再被消费处理。

延迟队列也是一种可以让消息延迟、延时一定的时间后再被消费处理的特殊队列，跟死信队列有着同样的作用，都可以实现业务数据延迟处理的功能。

在传统企业级应用系统中实现消息、业务数据的延迟处理一般是通过开启定时器的方式，轮询扫描并获取数据库表中满足条件的业务数据记录，然后将获取到的当前业务数据记录的业务时间跟系统当前时间进行比较，如果当前时间大于记录中的业务时间，说明该数据记录已经超过了指定的时间而未被处理，此时需要执行相应的业务逻辑，比如失效该数据记录、发送通知信息给指定的用户等。

对于这种处理方式，其核心在于定时器需要不间断地轮询，即每隔一定时间频率不间断地扫描数据库表，查询并获取出满足业务条件的数据并执行相应的业务逻辑。比如读者很熟悉的一个实际业务场景：春运12306抢票。当我们用12306抢票软件抢到票时，12306官方会提醒用户在30分钟内付款，正常情况下用户会单击立即付款，然后输入相应的支付密码支付车票的票款，扣款成功后，12306官方会发送邮件或短信通知用户抢票成功和付款成功等提示信息。

然而，在现实生活中却存在着一些特殊情况，比如用户抢到火车票后，由于各种原因迟迟没有付款(比如抢到的车票的出行时间不是自己想要的)，过了30分钟后仍然没有支付车票的票款，导致系统自动取消该笔订单。

类似这种需要延迟、等待一定的时间后再进行处理的业务在实际生产环境中并不少见。传统企业级应用对于这种业务场景的处理，是采用一个定时器轮询的方式定时获取没有付款的订单，并判断用户的下单时间距离当前的时间是否已经超过30分钟，如果是，表示用户在30分钟内仍然没有付款，系统将自动失效该笔订单并回收该车票，整个业务流程如图8.6所示。

众所周知，像春运抢票这种业务场景，完全可以看作是一个大数据量、高并发请求的场景(全国几乎上千万、上亿的人都在抢)，在某一时刻车票开抢之后，正常情况下用户会陆续抢到车票，但是距离车票付款成功是有一定时间间隔的，在这段时间内，如果定时器频繁地从数据库中获取未付款状态的订单，其数据量之大将难以想象，如果大批量的用户在30分钟内迟迟不付款，那从数据库中获取的数据量将一直增长，当达到一定程度时，将给数据库服务器和应用服务器带来巨大的压力，更有甚者，将直接“压垮”服务器，导致抢票等业务全线崩溃，后果将不堪设想。

很多早期抢票软件遇到春运高峰期时，经常会出现网站崩溃、单击购买车票却一直没响应等状况，某种程度上可能是因为在某一时刻产生的高并发，或者定时频繁拉取数据库得到的数据量过大等状况导致内存、CPU、网络和数据库服务等负载过高所引起的。

消息中间件RabbitMQ的引入，不管是业务层面还是应用的性能层面，都得到了很大改善，图8.7为引入RabbitMQ消息中间件后抢票成功后30分钟内未付款的处理流程的优化。

从该优化后的处理流程可以看出RabbitMQ的引入主要舍弃了传统处理流程中定时器的处理逻辑，取而代之的是RabbitMQ的死信队列/延迟队列。

死信队列/延迟队列，顾名思义，指的是一种可以延迟、等待一定的时间再处理相应的业务逻辑的队列，即死信队列/延迟队列可以实现特定的消息、业务数据等待一定的时间 ttl 后再被消费者监听消费处理。

8.5.2 RabbitMQ 死信队列之消息模型

与普通的队列相比，死信队列同样也具有消息、交换器、路由和队列等专有名词，只不过在死信队列这里，增加了另外三个“成员”，即 DLX、DLK 和 ttl。其中 DLX 跟 DLK 是必需的成分，而 ttl 则是可选、非必需的。下面着重介绍一下这三个名词。

- DLX：dead letter exchange，中文名称叫“死信交换器”，也是交换器的一种类型，只不过是特殊的类型。
- DLK：dead letter routing key，中文名称叫“死信路由键”，同样也是一种特殊的路由，主要是跟 DLX 组合在一起构成死信队列。
- ttl：time to live，指进入死信队列中的消息可以存活的时间，当 ttl 一到，意味着该消息“死了”，从而进入下一个“中转站”，等待被真正的消息队列监听消费。

值得一提的是，当消息在队列中发生以下几种情况时，才会出现“死信”的情况。

- 消息被拒绝（比如调用 basic. reject 或者 basic. nack 方法时即可实现）并且不再重新投递，即 requeue 参数的取值为 false。
- 消息超过了指定的存活时间（比如通过调用 messageProperties. setExpiration()设置 ttl 时间即可实现）。
- 队列达到了最大长度。

当发生上述情况时，将出现“死信”的情况，而之后消息将被重新投递（publish）到另一个 Exchange，即交换器，此时该交换器就是 DLX，即死信交换器。

由于死信交换器跟死信路由键 DLK 绑定在一起对应到真正的队列，导致消息将被分发到真正的队列上，被该队列对应的消费者所监听消费。说直白点，就是没有被死信队列消费的消息，将换个“地方”重新被消费，从而实现消息延迟、延时消费的功能，而这个“地方”就是消息的下一个中转站，即死信交换器；

在前面的章节中，我们已经知晓基本的消息模型是由基本交换器、基本路由键和队列所组成。生产者生产完消息并将消息发送、投递到消息模型的交换器中，又由于交换器是与指定的路由键绑定在一起，并对应到指定的队列的，因此消息将被队列所对应的消费者监听消费，这一流程可以用图 8.29 来表示。

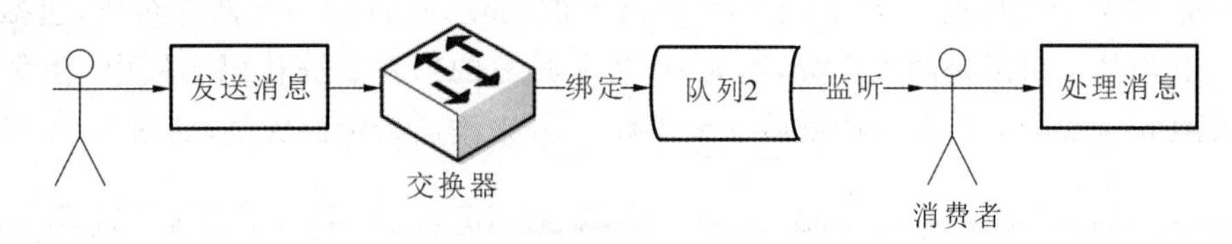

图 8.29　消息在基本消息模型中的传输流程

死信队列，也是队列的一种，同样也是由基本的交换器和基本的路由键绑定而成，只不过跟传统的普通队列相比，它拥有延迟、延时处理消息的功能，死信队列之所以具有此种功能，是因为它的组成成分，即死信队列主要由三部分组成：DLX（死信交换器）、DLK（死信路由键）和 ttl（存活时间）。其中死信交换器和死信路由键是必需的组成部分，而存活时间 ttl

是非必需的组成部分，图 8.30 为消息在死信队列构成的消息模型中整体的传输流程。

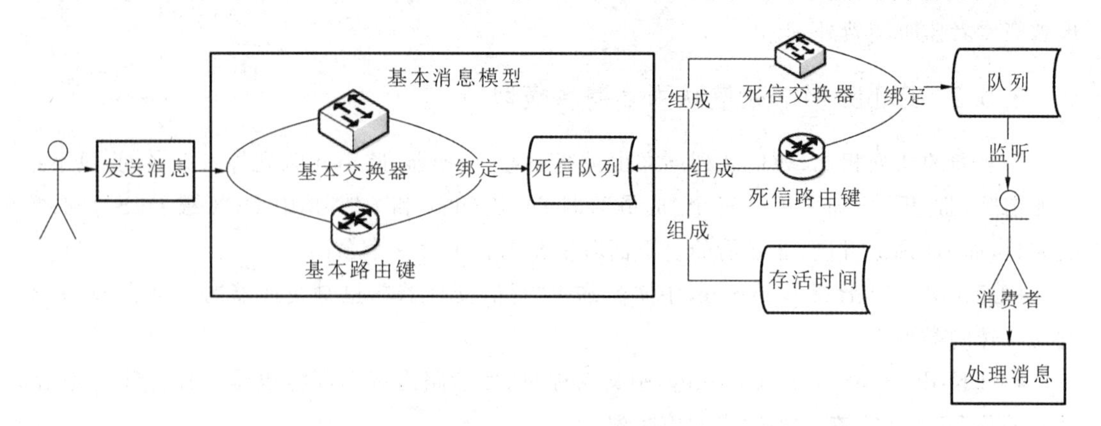

图 8.30　消息在死信队列构成的消息模型中整体的传输流程

从图 8.30 可以看出，生产者生产的消息在死信队列构成的消息模型中整体的传输流程是这样的。首先，消息将到达第一个中转站，即基本消息模型中的基本交换器，由于基本交换器和基本路由键绑定，并对应到指定的死信队列，故消息将进入第一个暂存区，即死信队列中。死信队列不同于一般、普通的队列，它由三大部分组成，包括死信交换器、死信路由键和 ttl 存活时间，当消息进入死信队列时，ttl 便开始进入倒计时，存活时间一到，消息将进入第二个中转站，即真正消息模型中的死信交换器，又由于死信交换器和死信路由键绑定，并对应到指定的真正队列，故而此时消息将不做停留，而是直接被路由到第二个暂存区，即真正队列中，最终，该消息被真正队列对应的消费者所监听消费，至此消息才完成了漫长的“旅程”。

对于 RabbitMQ 的死信队列，直白点理解，就是消息一旦进入死信队列，将会等待 ttl 的时间，而 ttl 一到，消息会首先进入死信交换器，然后被路由到绑定的真正队列中，被真正队列对应的消费者监听消费。值得一提的是，ttl 既可以设置成为死信队列的一部分，也可以在消息中单独进行设置，队列跟消息同时都设置了存活时间 ttl 时，取两者中较短的那个时间。

在进入代码实战环节之前，笔者建议各位读者再认真阅读图 8.30 的内容，即消息在死信队列构成的消息模型传输的整体流程的内容。其中，有几个动词需要重点提醒。

- 绑定：就是采用 BindingBuilder 的 bind()方法，将交换器和路由键绑定在一起，对应到指定的队列，从而构成消息模型。

- 组成：是某个组件的一部分，比如死信队列的创建，它将由三大部分组成，包括 DLX、DLK 和 ttl(当然也可以是两大部分，因为 ttl 是非必需的)，在后面代码实战中，会发现其实它就是采用 new Queue()方法中最后一个参数 map 来添加指定的成员，如图 8.31 所示。

```
public Queue(String name, boolean durable, boolean exclusive, boolean autoDelete, @Nullable Map<String, Object> arguments) {
    super(arguments);
    Assert.notNull(name, message: "\'name\' cannot be null");
    this.name = name;
    this.actualName = StringUtils.hasText(name)?name:Base64UrlNamingStrategy.DEFAULT.generateName() + "_awaiting_declaration";
    this.durable = durable;
    this.exclusive = exclusive;
    this.autoDelete = autoDelete;
}
```

图 8.31　死信队列的组成

组成跟绑定是两个完全不同的概念，在下一小节死信队列消息模型的代码实战中，各位读者将会慢慢体会这其中的奥妙。

8.5.3 RabbitMQ 死信队列代码实战

接下来进入 RabbitMQ 死信队列的代码实战环节。其业务场景也很简单：生产者发送一条消息进死信队列，然后延迟等待 10 秒钟，10 秒钟后消息进入真正的队列然后被消费者监听消费。

(1)在项目的全局配置类 RabbitConfig 中加入死信队列消息模型相关基础组件的 Bean 实例，其代码如下所示：

```
/**RabbitMQ 死信队列消息模型实战*/

@Bean
public Queue deadQueue(){
    //创建死信队列的组成成分 map，用于存放组成成分的相关成员
    Map<String, Object>argMap=Maps.newHashMap();
    //创建死信交换器
    argMap.put("x-dead-letter-exchange", env.getProperty("mq.dead.exchange.name"));
    //创建死信路由键
    argMap.put ("x-dead-letter-routing-key", env.getProperty ("mq.dead.routing.key.
name"));
    //设定 ttl，单位为 ms，在这里指的是 8s
    argMap.put("x-message-ttl", 8000);
    //创建并返回死信队列实例
    return new Queue (env. getProperty ( " mq. dead. queue. name"), true, false, false,
argMap);
}

//创建“基本消息模型”的基本交换器-面向生产者
@Bean
public DirectExchange basicExchange(){
    return new DirectExchange (env. getProperty ( " mq. dead. prod. exchange"), true,
false);
}

//创建“基本消息模型”的基本绑定-基本交换器+基本路由键-面向生产者
@Bean
public Binding basicBinding(){
    return BindingBuilder. bind (deadQueue ( )). to (basicExchange ( )). with (env.
getProperty("mq.dead.prod.routing.key.name"));
}
```

```
//创建真正队列-面向消费者
@Bean
public Queue realQueue(){
    return new Queue(env.getProperty("mq.dead.prod.queue.name"), true);
}

//创建死信交换器
@Bean
public DirectExchange deadExchange(){
     return new DirectExchange (env. getProperty ( " mq. dead. exchange. name"), true,
false);
}
//创建死信路由键及其绑定
@Bean
public Binding deadBinding(){
      return  BindingBuilder. bind  ( realQueue  ( )). to  ( deadExchange  ( )). with  ( env.
getProperty("mq.dead.routing.key.name"));
}
```

其中，死信队列 deadQueue 由三大部分组成：死信交换器 x-dead-letter-exchange，死信路由键 x-dead-letter-routing-key 和消息的存活时间 ttl x-message-ttl，其中存活时间 ttl 的单位为毫秒，在上面指的是 8 秒钟的时间。

环境变量实例 env 读取的属性是配置在项目的全局配置文件 application. properties 中的，其配置如下所示：

```
#消息模型-死信队列
mq.dead.queue.name=local.mq.dead.queue
mq.dead.exchange.name=local.mq.dead.exchange
mq.dead.routing.key.name=local.mq.routing.key

mq.dead.prod.exchange=local.mq.dead.prod.exchange
mq.dead.prod.routing.key.name=local.mq.dead.prod.routing.key

mq.dead.prod.queue.name=local.mq.dead.prod.queue
```

(2)在控制器类 RabbitController 中新建一请求方法，用于接收前端传输过来的请求信息，然后将一实体类 EventDto 的对象实例充当消息发送至死信队列中，其完整的源码如下所示：

```
//死信队列代码实战
@RequestMapping(value="dead/queue/send",method=RequestMethod.GET)
public BaseResponse sendDeadQueueMsg(){
    BaseResponse response=new BaseResponse(StatusCode.Success);
    try {
        log.info("----死信队列消息模型实战之生产投递、发送消息----");
```

```
        //通过实体类对象实例构造消息-设置消息的持久化
        EventDto dto=new EventDto(21,"Customer","插入客户","插入客户信息");
        Message msg=MessageBuilder.withBody(new Gson().toJson(dto)
                .getBytes())
                .setDeliveryMode(MessageDeliveryMode.PERSISTENT)
                .build();
        //设置交换器,并将消息发送进交换器绑定的消息模型中
        rabbitTemplate.setExchange(env.getProperty("mq.dead.prod.exchange"));
         rabbitTemplate.setRoutingKey(env.getProperty("mq.dead.prod.routing.key.
name"));
        rabbitTemplate.send(msg);

        log.info("基于死信队列消息模型实战之生产投递、发送消息-生产者成功发送消息...");
    }catch(Exception e){
        e.printStackTrace();
        response=new BaseResponse(StatusCode.Fail.getCode(),e.getMessage());
    }
    return response;
}
```

从该代码可以看出,我们是将消息发送至绑定了死信队列的基本交换器和基本路由键所构成的消息模型中。之后消息会进入死信队列,等待一定的时间 ttl 后才被路由到真正的队列,被消费者监听消费。如下代码所示为监听真正队列的消费者的消息监听处理消费逻辑:

```
//监听死信队列消息模型中真正的队列
@RabbitListener(queues="${mq.dead.prod.queue.name}")
public void consumeRealQueue(@Payload byte[] body){
    try{
        String content=new String(body);
        EventDto dto=new Gson().fromJson(content, EventDto.class);

        log.info("死信队列成功监听到消息,内容:{}",dto);
    }catch(Exception e){
        log.error("死信队列成功监听到消息~发生异常:",e);
    }
}
```

至此,RabbitMQ 死信队列消息模型的代码实战就已经完成了。

(3)接下来进入测试环节。点击运行项目,观察 IDEA 控制台的日志输出信息,如果没有相关的报错信息,则打开工具 Postman,并在 URL 地址栏中输入链接 http//127.0.0.1:9011/rabbit/mq/dead/queue/send,点击 Send 按钮,稍等片刻即可看到后台接口返回的响应信息,如图 8.32 所示。

观察 IDEA 控制台输出的日志信息,可以发现消息会先进入死信队列,然后等待、停留 8 秒钟的时间,然后进入真正的队列被监听消费,如图 8.33 所示。

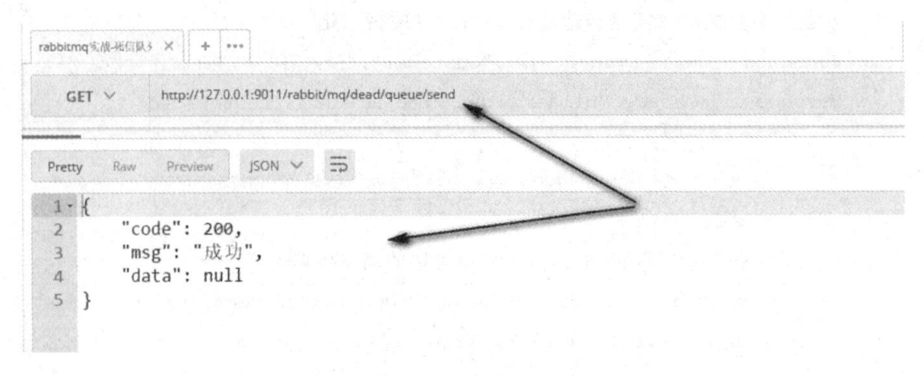

图 8.32　RabbitMQ 死信队列 Postman 请求响应结果

```
[2020-09-16 07:53:43.998] boot -  INFO [http-nio-9011-exec-1] --- RabbitController: ----死信队列消息模型实战之生产投递、发送消息----
[2020-09-16 07:53:44.011] boot -  INFO [http-nio-9011-exec-1] --- RabbitController: 基于死信队列消息模型实战之生产投递、发送消息-生产者成功发送消息...
[2020-09-16 07:53:44.016] boot -  INFO [rabbitConnectionFactory1] --- RabbitmqConfig: 消息发送成功:correlationData(null),ack(true),cause(null)
[2020-09-16 07:53:52.028] boot -  INFO [org.springframework.amqp.rabbit.RabbitListenerEndpointContainer#2-1] --- RabbitConsumer: 死信队列成功监听到消息，内容：EventDto(id=21, module=Customer, name=插入客户, desc=插入客户信息)
```

消息停留、等待8秒钟的时间，然后进入真正的队列被监听消费处理

图 8.33　RabbitMQ 死信队列控制台的输出结果

从图 8.33 输出的日志信息可以看出消息进入死信队列之后需要等待一定的时间 ttl(在这里指 8 秒钟)才会进入真正的队列,被绑定的消费者监听消费处理。在这里,读者还可以在 Postman 多次点击 Send 按钮,即多次发送相同的消息,看看最终所有的消息是否都可以被监听,图 8.34 所示为笔者的测试结果(发起 3 次测试)。

```
[2020-09-16 08:08:21.260] boot -  INFO [http-nio-9011-exec-3] --- RabbitController: ----死信队列消息模型实战之生产投递、发送消息----
[2020-09-16 08:08:21.261] boot -  INFO [http-nio-9011-exec-3] --- RabbitController: 基于死信队列消息模型实战之生产投递、发送消息-生产者成功发送消息...
[2020-09-16 08:08:21.270] boot -  INFO [rabbitConnectionFactory2] --- RabbitmqConfig: 消息发送成功:correlationData(null),ack(true),cause(null)
[2020-09-16 08:08:22.227] boot -  INFO [http-nio-9011-exec-4] --- RabbitController: ----死信队列消息模型实战之生产投递、发送消息----
[2020-09-16 08:08:22.228] boot -  INFO [http-nio-9011-exec-4] --- RabbitController: 基于死信队列消息模型实战之生产投递、发送消息-生产者成功发送消息...
[2020-09-16 08:08:22.229] boot -  INFO [rabbitConnectionFactory2] --- RabbitmqConfig: 消息发送成功:correlationData(null),ack(true),cause(null)
[2020-09-16 08:08:23.237] boot -  INFO [http-nio-9011-exec-5] --- RabbitController: ----死信队列消息模型实战之生产投递、发送消息----
[2020-09-16 08:08:23.237] boot -  INFO [http-nio-9011-exec-5] --- RabbitController: 基于死信队列消息模型实战之生产投递、发送消息-生产者成功发送消息...
[2020-09-16 08:08:23.239] boot -  INFO [rabbitConnectionFactory2] --- RabbitmqConfig: 消息发送成功:correlationData(null),ack(true),cause(null)
[2020-09-16 08:08:29.267] boot -  INFO [org.springframework.amqp.rabbit.RabbitListenerEndpointContainer#2-1] --- RabbitConsumer: 死信队列成功监听到消息，内容：EventDto(id=21, module=Customer, name=插入客户, desc=插入客户信息)
[2020-09-16 08:08:30.241] boot -  INFO [org.springframework.amqp.rabbit.RabbitListenerEndpointContainer#2-1] --- RabbitConsumer: 死信队列成功监听到消息，内容：EventDto(id=21, module=Customer, name=插入客户, desc=插入客户信息)
[2020-09-16 08:08:31.253] boot -  INFO [org.springframework.amqp.rabbit.RabbitListenerEndpointContainer#2-1] --- RabbitConsumer: 死信队列成功监听到消息，内容：EventDto(id=21, module=Customer, name=插入客户, desc=插入客户信息)
```

会发现三条消息都是等待了相同的8秒钟的时间，然后才进入真正的队列被监听消费

图 8.34　RabbitMQ 死信队列 Postman 发起多次测试后的结果

值得一提的是,消息在等待进入真正的队列期间,读者可以打开 RabbitMQ 服务的 Web 控制台,观察消息所在的死信队列的状况,如图 8.35 所示。

Overview				Messages			Message rates		
Name	Type	Features	State	Ready	Unacked	Total	incoming	deliver / get	ack
local.mq.dead.prod.queue	classic	D	idle	0	0	0		0.60/s	0.60/s
local.mq.dead.queue	classic	D TTL DLX DLK	idle	3	0	3	0.00/s		
local.mq.direct.mail.queue	classic	D	idle	0	0	0			
local.mq.direct.queue	classic	D	idle	0	0	0			
local.mq.fanout.a.queue	classic	D	idle	0	0	0			
local.mq.fanout.b.queue	classic	D	idle	0	0	0			
local.mq.simple.queue	classic	D	idle	0	0	0			
local.mq.topic.queue	classic	D	idle	0	0	0			
mq.simple.queue	classic	D	idle	0	0	0			
test.mq.delay.queue	classic	D	idle	0	0	0			
test.mq.order.basic.queue	classic	D	idle	0	0	0			
test.mq.order.dead.queue	classic	D DLX DLK	idle	0	0	0			

▸ Add a new queue

有3条信息在死信队列这里等着

图 8.35　RabbitMQ 死信队列 Web 控制台的队列情况

从测试结果来看，上述关于 RabbitMQ 死信队列的代码实战是没有问题的，建议读者自行编写，多次断点调试、测试，感受 RabbitMQ 死信队列在实际应用场景中的作用。

8.5.4 RabbitMQ 延迟队列之消息模型

对于延迟队列，可能有些读者会有疑问："RabbitMQ 已经有死信队列了，为何还需要延迟队列？"主要的原因在于死信队列存在一定的缺陷，而正是因为这些缺陷的存在，才催生了延迟队列。延迟队列，也是队列的一种，从名字就可以看出来，它同样具有令消息延迟、等待一定的时间再被消费者监听消费的作用。

跟死信队列相比，延迟队列真正具有让消息延迟一定时间再被消费者监听消费的作用，其主要原因在于：当进入死信队列中的消息具有不同的 ttl 时，死信队列中的消息并不会按照实际的 ttl 的大小而监听消费对应的消息，而是按照进入死信队列的先后顺序而被监听消费，即保留了队列的 FIFO（先进先出）的特性。

举个例子，先后进入死信队列的消息为 A、B、C，每条消息对应的存活时间 ttl 分别为：10s、7s、9s，从理论上讲，由于消息 B 存活时间只有 7 秒，消息 C 的存活时间只有 9 秒，而消息 A 的存活时间是 10 秒，因此先"死"的消息应当是 B、然后是 C、最后是 A，即真正的队列对应的消费者先后监听到的消息顺序应当为 B、C、A，然而事与愿违，经过实际的代码实战和测试，发现实际的监听顺序为 A、B、C，即进入死信队列的顺序是怎么样的，真正队列对应的消费者的监听消费顺序就是怎么样的。

而对于项目、业务来说，这种方式显然是不对的，因此也就有了 RabbitMQ 的延迟队列。它可以真正实现根据消息的存活时间 ttl 来决定监听消费消息的先后顺序，图 8.36 所示为 RabbitMQ 延迟队列的消息模型。

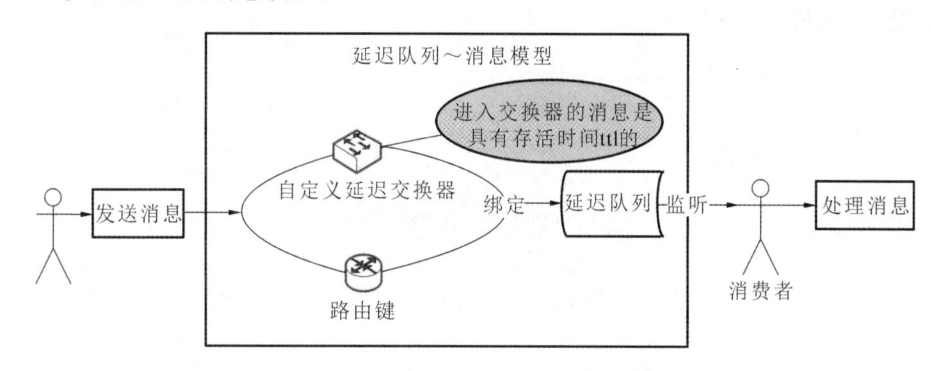

图 8.36 RabbitMQ 延迟队列的消息模型

从图 8.36 可以看出，生产者生产的消息首先会进入开发者基于自定义延迟交换器创建的消息模型中，由于交换器具有延迟发送消息的功能，因此进入该交换器的消息只要设置了一定的存活时间 ttl，便可实现消息等待、延迟一定的 ttl 后进入延迟队列中被消费者监听消费。在这个过程中，如果同时有多个不同 ttl 的消息进入该交换器时，会根据 ttl 从小到大的顺序对对应的消息进行监听消费处理。

而在实际生产环境中，如果要使用延迟队列，需要在相应的开发环境（Windows/Linux 等）下安装 RabbitMQ 的延迟队列插件，即 rabbitmq_delayed_message_exchange，接下来笔者以本地开发环境 Windows 为例，介绍如何在 Windows 环境下安装 RabbitMQ 的延迟队列插件，其安装步骤如下所示。

(1)首先,打开浏览器,并在浏览器上方的 URL 地址栏中输入 RabbitMQ 官方社区插件的链接 https:// www. rabbitmq. com/community-plugins. html,按下回车键后找到名为 rabbitmq_delayed_message_exchange 的插件,如图 8.37 所示。

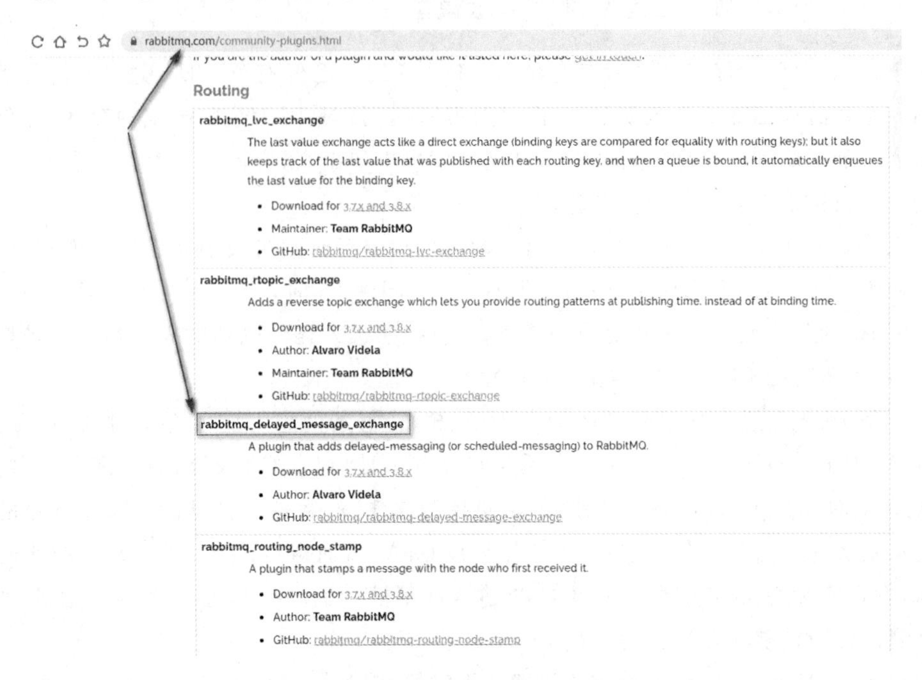

图 8.37 RabbitMQ 延迟队列插件的官方下载

点击"Download for ..."进入下载界面(目前 RabbitMQ 的这些官方插件是托管在 Github 上的),如图 8.38 所示。

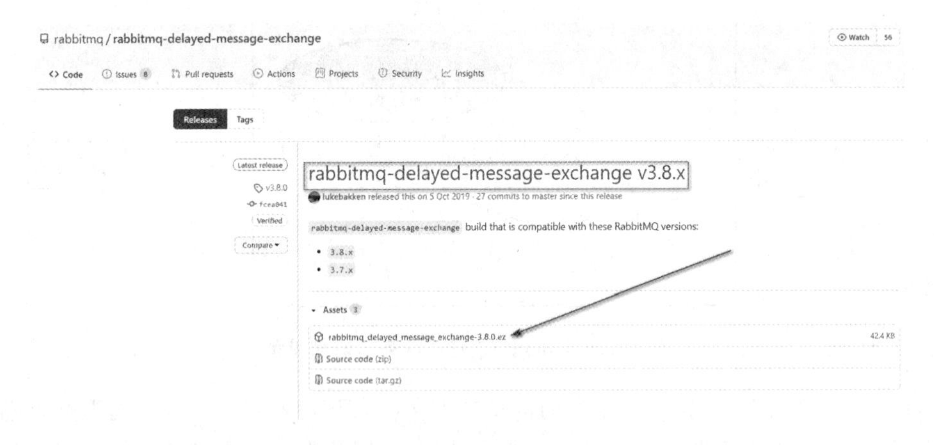

图 8.38 RabbitMQ 延迟队列插件的 Github 下载

找到名字为 rabbitmq_delayed_message_exchange-3. 8. 0. ez 的插件,点击即可完成下载。

(2)下载完成后,将其复制粘贴放到 RabbitMQ 安装目录下的 plugins 目录里,如图8.39 所示为笔者的 RabbitMQ 延迟队列插件存放的目录。

通过 cmd 命令进入 Windows 的 DOS 界面,然后进入 RabbitMQ 安装目录的 sbin 目录里,如笔者的为 D:\ConfigSoftware\rabbitmq\rabbitmq_server－3. 8. 5\sbin,然后在 DOS

本地磁盘 (D:) › ConfigSoftware › rabbitmq › rabbitmq_server-3.8.5 › plugins

名称	修改日期	类型	大小
rabbitmq_amqp1_0-3.8.5.ez	2020/6/15 21:57	EZ 文件	253 KB
rabbitmq_auth_backend_cache-3.8.5.ez	2020/6/15 21:57	EZ 文件	33 KB
rabbitmq_auth_backend_http-3.8.5.ez	2020/6/15 21:57	EZ 文件	17 KB
rabbitmq_auth_backend_ldap-3.8.5.ez	2020/6/15 21:57	EZ 文件	52 KB
rabbitmq_auth_backend_oauth2-3.8.5.ez	2020/6/15 21:57	EZ 文件	49 KB
rabbitmq_auth_mechanism_ssl-3.8.5.ez	2020/6/15 21:57	EZ 文件	22 KB
rabbitmq_aws-3.8.5.ez	2020/6/15 21:57	EZ 文件	62 KB
rabbitmq_consistent_hash_exchange-3.8.5.ez	2020/6/15 21:57	EZ 文件	35 KB
rabbitmq_delayed_message_exchange-3.8.0.ez	2020/9/16 22:09	EZ 文件	43 KB
rabbitmq_event_exchange-3.8.5.ez	2020/6/15 21:57	EZ 文件	27 KB
rabbitmq_federation_management-3.8.5.ez	2020/6/15 21:57	EZ 文件	15 KB
rabbitmq_federation-3.8.5.ez	2020/6/15 21:57	EZ 文件	246 KB
rabbitmq_jms_topic_exchange-3.8.5.ez	2020/6/15 21:57	EZ 文件	27 KB
rabbitmq_management_agent-3.8.5.ez	2020/6/15 21:57	EZ 文件	187 KB
rabbitmq_management-3.8.5.ez	2020/6/15 21:57	EZ 文件	1,167 KB
rabbitmq_mqtt-3.8.5.ez	2020/6/15 21:57	EZ 文件	190 KB

图 8.39　RabbitMQ 延迟队列插件存放的目录

界面键入 rabbitmq-plugins enable rabbitmq_delayed_message_exchange 命令，表示启用 RabbitMQ 延迟队列相关的插件，如图 8.40 所示。

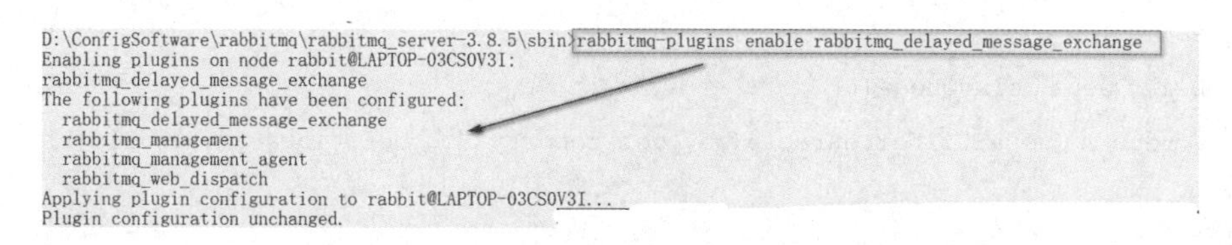

```
D:\ConfigSoftware\rabbitmq\rabbitmq_server-3.8.5\sbin>rabbitmq-plugins enable rabbitmq_delayed_message_exchange
Enabling plugins on node rabbit@LAPTOP-03CSOV3I:
rabbitmq_delayed_message_exchange
The following plugins have been configured:
  rabbitmq_delayed_message_exchange
  rabbitmq_management
  rabbitmq_management_agent
  rabbitmq_web_dispatch
Applying plugin configuration to rabbit@LAPTOP-03CSOV3I...
Plugin configuration unchanged.
```

图 8.40　RabbitMQ 延迟队列插件的 DOS 安装与配置

至此，RabbitMQ 延迟队列相关的插件就安装配置完成了。从上述整个安装流程不难看出，RabbitMQ 延迟队列消息模型其实是建立在延迟交换器 delay_exchange 上的，因此消息的发送、投递，是需要先经过这一交换器的。在浏览器输入链接 http://127.0.0.1:15672/，进入 RabbitMQ 的 Web 可视化控制台，点击 Exchanges 交换器一栏可以看到手动创建交换器时有一个"延迟交换器"的选项，如图 8.41 所示。

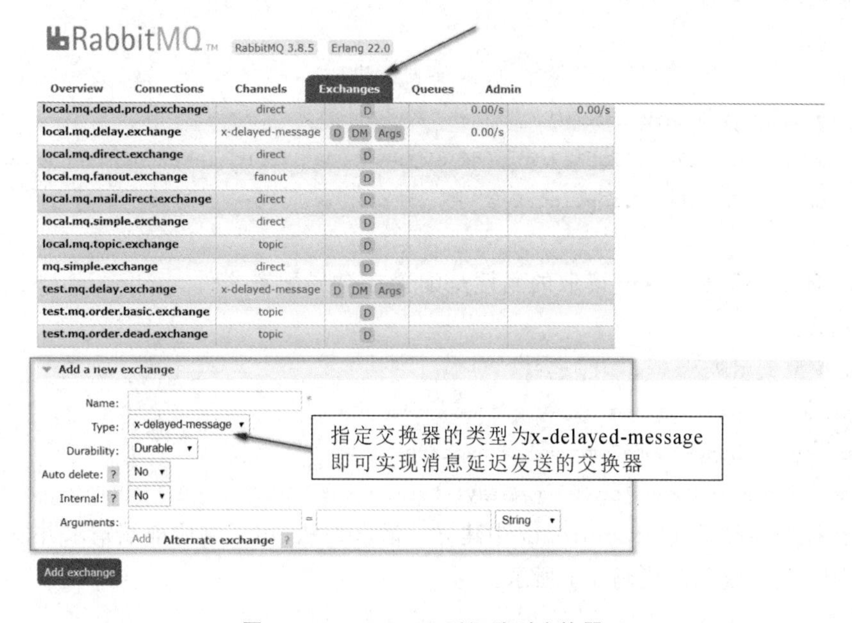

图 8.41　RabbitMQ 延迟队列交换器

接下来进入代码实战环节，基于 Spring Boot 整合 RabbitMQ 的项目实战 RabbitMQ 延迟队列的相关功能。

8.5.5 RabbitMQ 延迟队列代码实战

前文已经提及，RabbitMQ 的延迟队列其实也是队列的一种，跟死信队列消息模型相比，延迟队列消息模型的创建简化了许多，这一点可以从图 8.36 看出来，它少了真正队列的绑定过程。

事实上，基于延迟交换器的消息队列模型跟普通的消息模型差不多，都是交换器绑定路由键，然后将消息路由至队列中，而这一点将会在接下来的代码实战中得到体现。

(1)在 RabbitConfig 配置类中创建并配置自定义的延迟交换器实例、延迟队列实例以及两者之间的路由键绑定，其代码如下所示：

```
//TODO:RabbitMQ 延迟队列
@Bean
public Queue delayQueue(){
    return QueueBuilder.durable(env.getProperty("mq.delay.queue")).build();
}
@Bean
public CustomExchange delayExchange(){
    Map<String,Object> map=Maps.newHashMap();
    //设置延迟交换器的类型:direct
    map.put("x-delayed-type","direct");
    //自定义交换器,指定其具有延迟的特性
    return new CustomExchange(env.getProperty("mq.delay.exchange"),"x-delayed-message",true,false,map);
}
@Bean
public Binding delayBinding(){
    return BindingBuilder.bind(delayQueue()).to(delayExchange()).with(env.getProperty("mq.delay.routing.key")).noargs();
}
```

其中，环境变量实例 env 读取的属性是配置在全局配置文件 application.properties 中的，如下所示：

```
#消息模型-延迟队列
mq.delay.queue=local.mq.delay.queue
mq.delay.exchange=local.mq.delay.exchange
mq.delay.routing.key=local.mq.delay.routing.key
```

(2)在控制器类 RabbitController 中建立一请求方法，用于响应前端请求并发送消息进延迟队列中，其完整的源代码如下所示：

```
//延迟队列代码实战
@RequestMapping(value="delay/queue/send",method=RequestMethod.GET)
public BaseResponse sendDelayQueueMsg(@RequestParam String userMsg,@RequestParam
Long ttl){
    BaseResponse response=new BaseResponse(StatusCode.Success);
    try {
        //构造消息
        Message msg=MessageBuilder.withBody(userMsg.getBytes())
                .setDeliveryMode(MessageDeliveryMode.PERSISTENT)
                .build();
        //发送消息进延迟交换器和路由键绑定的消息模型中
        rabbitTemplate.convertAndSend(env.getProperty("mq.delay.exchange"),
                env.getProperty("mq.delay.routing.key"),msg, new
MessagePostProcessor(){
                    @Override
                        public Message postProcessMessage (Message message) throws
AmqpException {
                        //指定消息的存活时间 ttl
                        MessageProperties mp=message.getMessageProperties();
                        mp.setDeliveryMode(MessageDeliveryMode.PERSISTENT);
                        mp.setHeader("x-delay",ttl);

                        log.info("延迟队列生产者-发出消息:{} ttl:{} 毫秒",userMsg,ttl);
                        return message;
                    }
                });
    }catch(Exception e){
        response=new BaseResponse(StatusCode.Fail.getCode(),e.getMessage());
    }
    return response;
}
```

该请求方法接收两个参数，其中 userMsg 代表在消息模型中流通的消息，由前端传输过来；参数 ttl 则代表消息的存活时间，单位为毫秒 ms。

(3)在消费者 RabbitConsumer 中创建一个用于监听队列消息的方法，目的在于将队列中的消息体取出来然后进行相应的处理，其完整的源码如下所示：

```
//延时队列-消息监听器-消费者
@RabbitListener(queues={"${mq.delay.queue}"})
public void consumeDelayMsg(@Payload byte[] msg){
    try {
        String content=new String(msg,"UTF-8");
```

```
            log.info("延时队列-消息监听器-消费者监听到队列的内容:{}",content);
        }catch(Exception e){
            log.error("延时队列-消息监听器-消费者-消息监听-发生异常:",e.fillInStackTrace
());
        }
    }
```

至此,基于延迟交换器的延迟队列消息模型的代码实战已经完成了。

(4)接下来进入接口测试环节,测试、检验上述编写的代码的正确性。

点击运行项目,观察 IDEA 控制台的日志输出信息,如果没有相关的报错信息,则代表上述编写的代码没有语法级别的错误,接着打开前端请求模拟工具 Postman,在 URL 地址栏中输入链接 http://127.0.0.1:9011/rabbit/mq/delay/queue/send,选择请求方式为 GET 请求,然后在请求参数一栏输入两个请求参数,即 userMsg、ttl 的取值。

在这里,我们先后快速发起 3 次请求,每一次对应的请求参数取值为:userMsg=消息 A,ttl=30000;userMsg=消息 B,ttl=20000;userMsg=消息 C,ttl=10000(其中 ttl 的参数的取值的单位为毫秒 ms,即消息 A、消息 B、消息 C 三者对应的存活时间分别为 30s、20s 和 10s)。注意,需要点击 Postman 的 Send 按钮发起相应的请求,稍等片刻,即可在 Postman 看到后台接口返回的相应结果,如图 8.42 所示。

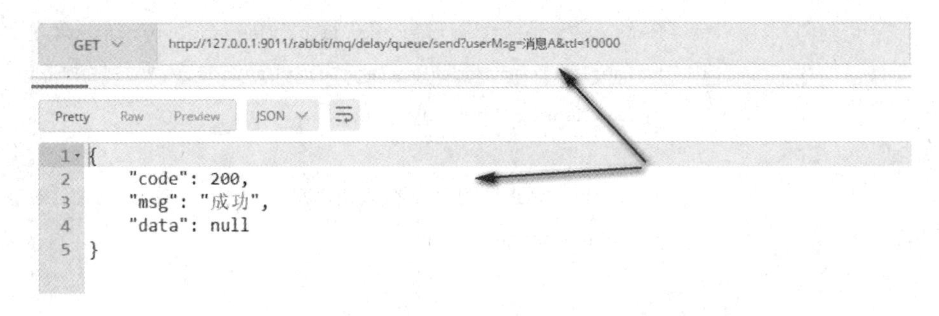

图 8.42　RabbitMQ 延迟队列 Postman 测试结果

与此同时,仔细观察 IDEA 控制台输出的日志信息,会发现三条消息已经成功发送至延迟交换器、路由键和延迟队列构成的消息模型中,并按照 C、B、A 的顺序成功被消费者监听消费处理,如图 8.43 所示。

```
[2020-09-17 23:22:36.308] boot -  INFO [http-nio-9011-exec-5] --- RabbitController: 延迟队列生产者-发出消息: 消息A  TTL: 30000 毫秒

[2020-09-17 23:22:36.310] boot -  INFO [rabbitConnectionFactory4] --- RabbitmqConfig: 消息发送成功:correlationData(null),ack(true),cause(null)
[2020-09-17 23:22:40.250] boot -  INFO [http-nio-9011-exec-6] --- RabbitController: 延迟队列生产者-发出消息: 消息B  TTL: 20000 毫秒

[2020-09-17 23:22:40.250] boot -  INFO [rabbitConnectionFactory3] --- RabbitmqConfig: 消息发送成功:correlationData(null),ack(true),cause(null)
[2020-09-17 23:22:43.446] boot -  INFO [http-nio-9011-exec-7] --- RabbitController: 延迟队列生产者-发出消息: 消息C  TTL: 10000 毫秒

[2020-09-17 23:22:43.447] boot -  INFO [rabbitConnectionFactory4] --- RabbitmqConfig: 消息发送成功:correlationData(null),ack(true),cause(null)
[2020-09-17 23:22:53.455] boot -  INFO [org.springframework.amqp.rabbit.RabbitListenerEndpointContainer#1-1] --- RabbitConsumer: 延时队列-消息监听器
-消费者监听到队列的内容: 消息C
[2020-09-17 23:23:00.266] boot -  INFO [org.springframework.amqp.rabbit.RabbitListenerEndpointContainer#1-1] --- RabbitConsumer: 延时队列-消息监听器
-消费者监听到队列的内容: 消息B
[2020-09-17 23:23:06.313] boot -  INFO [org.springframework.amqp.rabbit.RabbitListenerEndpointContainer#1-1] --- RabbitConsumer: 延时队列-消息监听器
-消费者监听到队列的内容: 消息A
```

1.三条消息进入延迟队列的顺序为A(30s)、B(20s)、C(10s)。但是监听消费到的顺序为C、B、A;
2.从消息进入延迟队列的时间到被监听消费处理的时间正好隔着ttl的时间,比如消息A正好隔着30s

图 8.43　RabbitMQ 延迟队列监听处理消息的结果

从图 8.43 的运行结果来看,进入延迟队列的消息可以真正做到根据自身设置的存活时间 ttl 来决定被消费的顺序，而不是根据进入队列的先后顺序来决定消费顺序。与此同时，从运行结果来看，上述编写的代码是没有问题的。

至此，关于 RabbitMQ 延迟队列的代码实战已经完成了。建议读者亲自动手按照笔者提供的参考代码进行测试，亲身体验 RabbitMQ 延迟队列的作用。

8.5.6 RabbitMQ 死信队列与延迟队列对比

在前文我们已经学习了 RabbitMQ 死信队列、延迟队列相关的概念并采用代码实战了对应的消息模型，总体来说，这两者都可以实现消息等待、延迟、延时一段时间后再被消费者监听消费处理。然而，在实际生产环境中使用时，这两者却有一些区别，接下来为两者做个对比，算是对前文相关的知识的总结。

1. 创建上的差异

（1）RabbitMQ 的死信队列 DeadQueue 是由死信交换器 DLX＋死信路由 DLK 组成的，当然，可能还会有存活时间 ttl，而 DLX 和 DLK 又可以绑定路由消息进真正的队列 RealQueue，这个队列 RealQueue 便是消费者真正需要监听的对象。

（2）RabbitMQ 的延迟/延时队列 DelayedQueue 在创建时没有那么复杂，它可以用普通的队列来创建，唯一不同的地方在于其绑定的交换器需要自定义为具有延迟特性的交换器，即自定义交换器 CustomExchange，在创建该自定义交换器时只需要指定消息的类型为 x-delayed-message 即可。消费者真正监听的队列也是它“本人”，即 DelayedQueue。

总体来说，延迟/延时队列的创建相对而言简单一些。

2. 功能特性上的差异

（1）死信队列在实际应用时虽然可以实现延时、延迟处理任务的功效，但进入死信队列中的消息却依然保留了队列的特性，即先进先出 FIFO，而不管先后进入队列中消息的 ttl 的取值。

假设先后进入死信的消息为 A、B、C，各自的 ttl 分别为 10s、3s、5s，理论上 ttl 先后到达的顺序是 B、C、A，即从死信出来被路由到真正队列的消息的消费的先后顺序应该为 B、C、A。然而，现实却是“残酷”的，实际消费消息的先后顺序为 A、B、C，即消息是怎么进去的，就怎么出来，保留了所谓的 FIFO 先进先出的特性。

（2）因为死信有这种缺陷，所以 RabbitMQ 提供了另一种组件，即延迟队列，它可以很完美解决死信出现的问题，即实际消费消息的顺序为 B、C、A，这一点在前文做实际的代码实战时已经验证了。

3. 插件安装上的差异

（1）死信队列不需要安装额外的插件。

（2）延迟队列在实际项目使用时却需要在 RabbitMQ 服务端中安装一个插件，名为 rabbitmq_delayed_message_exchange，其在 Windows 环境下的安装过程笔者已经在前文做了详尽的介绍，对于 Linux 环境下安装过程，感兴趣的读者可以自行搜索相关的博客或者视频学习。

本章总结

在企业应用系统架构演进的过程中，分布式消息中间件起到了重要的作用，本章开篇介绍了目前应用相当广泛的消息中间件 RabbitMQ 的相关概念、常见的应用场景、如何在 Windows 开发环境中安装 RabbitMQ 服务以及 Web 后端可视化界面。然后介绍了 RabbitMQ 相关的专用组件、常见的几种消息模型，并以实际生产环境中典型应用场景用户注册成功异步发送邮件为案例，编写了相应的代码进行实战，帮助读者理解、掌握并巩固 RabbitMQ 相关的技术要点。

本章的最后还介绍了 RabbitMQ 的两大核心组件死信队列和延迟/延时队列，介绍了死信队列、延迟队列的概念、作用、典型的应用场景、组成部分以及对应的消息模型的构建，从名字上可以看出来，它们表示一种可以实现延时、延迟处理指定的业务逻辑功能的特殊队列，在实际项目中还是很常见的。

总体来说，这两者都可以实现消息在进入队列之后不会被立即消费，而需要等待一定的时间再被消费者监听消费，在该章节中，笔者还以实际的代码实战了相应的消息模型。值得一提的是，在目前市面上流行的中间件列表中，除了 RabbitMQ 的死信队列可以实现延时、延迟处理指定业务逻辑的功能以外，基于 Redis 的驻内存网格综合中间件 Redisson、原生 Redis 中间件等也可以实现该功能，感兴趣的读者可以自行研究。

总体来说，RabbitMQ 在目前企业级应用系统、微服务系统中充当了重要的角色，它可以通过异步通信等方式降低应用系统接口层面整体的响应时间，对传统应用系统耦合度过高的多服务模块进行服务模块的解耦等。

本章作业

(1)基于 DirectExchange 交换器的消息模型，编写实际的代码实战实现用户登录且用户登录成功后异步记录登录日志的业务功能。

(2)业务场景：用户在前端(可以用 Postman 模拟)发起一个下订单的请求，后台接口接收到该请求后将订单信息插入数据库表中，同时要求如果没有在 30 秒内支付成功则自动失效该订单。

基于该业务场景，基于死信队列消息模型编写实际的代码加以实现。

(3)基于(2)给出的业务场景，基于延迟/延时队列的消息模型编写实际的代码加以实现。

第3篇

Part 3
Spring Boot QIYE
XIANGMU
SHIZHANPIAN

Spring Boot 企业项目实战篇

第9章 企业项目开发实战之权限管理平台

"脱离业务谈架构纯属耍流氓"，这是IT界盛行的一句经典名言，它指的是任何一种系统架构、技术如果脱离了实际的业务、项目，那将变得没有意义。这一点也从侧面反映出系统架构设计、技术栈如果最终不付诸实际应用，那终究只是停留在"设计"或者"学习"的阶段。

在前面篇章中，笔者介绍了许多目前在实际生产环境中应用广泛的技术栈，相信各位读者也已经学习、实战并掌握了相应的技术干货，接下来笔者将介绍一个在实际生产环境中几乎每个后台管理系统都会涉及的系统模块：权限管理。笔者将从需求分析到数据库设计，再到编码实战、接口测试、系统落地等，详细介绍每个环节涉及的相关知识点。

本章知识点主要包含：

- 企业权限管理平台整体业务流程介绍与系统整体演示；
- 用户认证与授权框架Shiro简介、项目整体搭建流程介绍以及系统数据库设计；
- 用户登录功能模块实现流程介绍与全程代码实战；
- 部门模块、菜单模块、角色模块、用户模块以及用户角色菜单分配、权限分配全程实战；
- 系统主页布局、修改用户登录密码功能实现，基于Spring AOP实现操作日志的存储与展示，系统安全性防护之防止XSS和SQL注入攻击。

9.1 企业权限管理平台整体介绍

在IT/软件开发行业，“权限管理”几乎是随处可见的，特别是在形形色色、各种应用系统的后台管理中，更是屡见不鲜。其主要作用在于限制、控制不同用户对于系统后台的使用，不同的用户在成功登入系统后台时，将看到不同的菜单、数据以及可以执行不同的操作，进而达到控制每个用户的访问和操作权限的目的。

本章首先对企业权限管理平台做简要的概述，介绍其涉及的基本概念、系统整体业务流程以及数据库表设计，紧接着重点介绍权限认证、授权框架Shiro，介绍其相关专有名词以及几大核心功能组件。

9.1.1 权限管理简介与系统整体介绍

“权限管理”，指的是根据系统设置的安全规则或者安全策略，用户可以访问而且只能访问自己被授权的资源。它几乎出现在任何应用系统里，它可以起到不同的用户看到不同的资源(如菜单、业务数据)并对资源进行不同的操作的作用。

值得一提的是，“权限管理”中的“权限”一般是指用户的“操作权限”和“数据权限”，比如一个功能模块的新增、修改、删除、导入、导出等操作即为该功能模块对应的“操作”，用户A可以对该功能模块执行新增、修改、删除操作，而另一个用户B则只能对该功能模块执行导入、导出操作，即用户A、B具有不同的“操作权限”。

再比如电商平台后台管理系统中的商品订单模块。由于商品隶属不同的商家，因此不同的商品订单也会归属不同的商家，当不同的商家登入后台管理系统查看商品订单模块的数据时，只能看到属于自身的商品订单数据，而不能看到其他商家的商品订单数据，这种现象即为“数据权限”。在这里“数据”指的是商品订单，其作用是对数据进行安全性隔离和保护。

以上介绍的“操作权限”和“数据权限”统一称为“权限”，对它们维护和管理的过程即为本章要重点介绍的内容，即“权限管理”：搭建一个通用化的后台管理系统，对系统中相关功能模块(包括用户、部门、菜单和角色)以及模块下的数据及其相关操作进行可视化管理，最终实现不同操作用户在登入后台管理系统时可以看到系统不同的菜单资源(功能模块)、对不同的菜单具有不同的操作权限。

值得一提的是，本系统在开发层面用到的技术包括：① 后端有Spring Boot 2.0、Spring MVC、MyBatis/MyBatis Plus、Shiro、Spring AOP/过滤器Filter、页面模板引擎Freemarker；② 前端有Vue.js、JQGrid、HTML、CSS、JQuery、Bootstrap、AdminLTE.css、Layui.js部分插件、ZTree组件等。开发模式采用“半前后端分离的模式”。

而之所以没有采用“完全前后端分离的模式”，主要是考虑到部分读者没有过多的前端开发经验。为了降低读者的开发和理解难度，笔者折中采用了半前后端分离的开发模式，即在开发上前、后端可以分开独立开发，而在部署时则让前端将源码提交到后端指定的目录一同部署。

为了能让各位读者一睹为快，接下来先给读者整体介绍并演示这一权限管理平台的最终运行效果(在互联网应用系统/软件/产品领域有个专业的术语：“系统原型”)。

首先是系统成功运行后的登录页，如图 9.1 所示。

图 9.1 权限管理平台系统登录页

在这里笔者给这一通用化的权限管理平台起了一个名字，叫“如是观”，取自佛学《金刚经》中的“一切有为法，如梦幻泡影，如露亦如电，应作如是观”，其含义为：世间的一切，包括人、事、物等都是变幻莫测、变化无常的，如梦，如幻，如露，如电，犹如世间的客观规律一般，不以人的意志为转移，而我们要做的事情便是不过分执着于眼前的一切和遭遇，而应当顺应世间客观规律去体会、观察、了解这个世界。

之所以笔者会用此作为这一通用化权限管理平台的名字，是因为笔者相信软件世界里也没有一成不变的东西，纵然有，那也只是短暂的“不变”，而“变化”才是永恒的定律，顺应这一客观规律，拥抱变化，尽自己所能去体验、感受并认识软件世界，乃至大千世界。

言归正传，用户输入正确的用户名、密码和验证码之后即可成功登录进后台管理系统的首页，如图 9.2 所示。

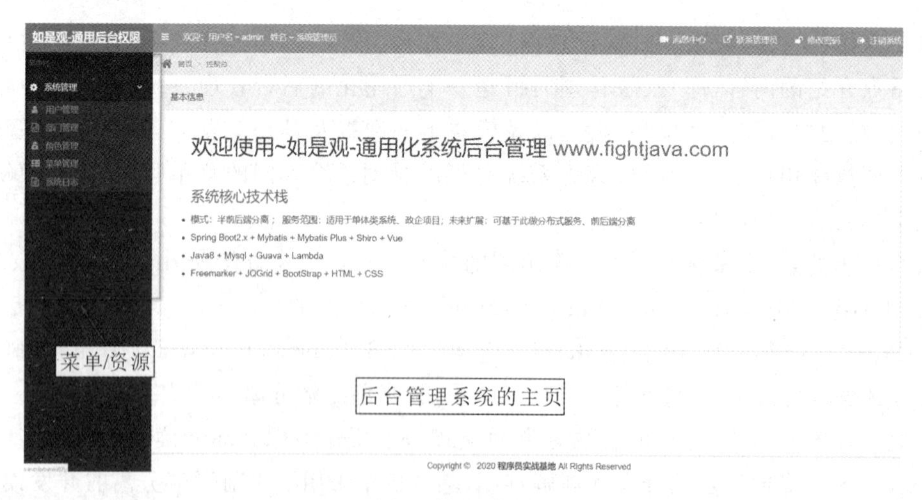

图 9.2 权限管理平台系统主页

点击“用户管理”，即可进入用户管理这一功能模块的首页，首页展示的是目前系统维护和管理的用户数据，如图 9.3 所示。

同样的道理，点击“部门管理”，即可进入部门管理的主界面，如图 9.4 所示。

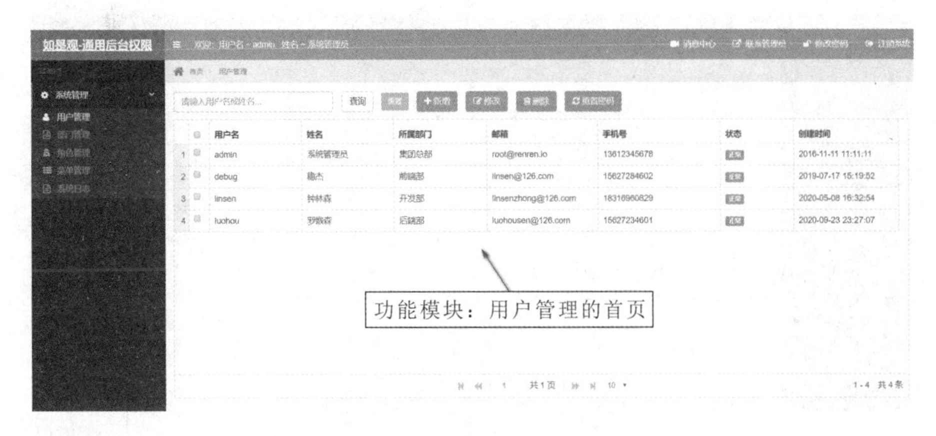

图 9.3　权限管理平台用户管理主页

部门编号	部门名称	父级部门	排序编号
1	集团总部		0
2	互联网技术部	集团总部	1
6	开发部	互联网技术部	0
23	开发一部	开发部	1
25	前端部	开发一部	1
26	后端部	开发一部	1
24	开发二部	开发部	2
27	前端部	开发二部	0
28	测试部	开发二部	1
7	测试部	互联网技术部	1
8	运维部	互联网技术部	2

功能模块：部门管理的首页

图 9.4　权限管理平台部门管理主页

点击“角色管理”和“菜单管理”，即可分别进入角色管理和菜单管理的主界面，分别如图 9.5 和图 9.6 所示。

图 9.5　权限管理平台角色管理主页

点击“系统日志”菜单，即可进入系统日志的主界面，它展示的是当前用户在使用系统期间所产生的一系列的日志信息，如图 9.7 所示。

用户在登录进入系统主界面后可以修改自身的登录密码，如图 9.8 所示。

图 9.6　权限管理平台菜单管理主页

图 9.7　权限管理平台系统日志主页

图 9.8　权限管理平台修改当前用户登录密码

以上展示的系统原型图即为本章要介绍的通用化权限管理平台系统最终的运行截图，读者可以先大概认识、了解甚至知晓这个系统是做什么的。

9.1.2　数据库表设计与 MyBatis 逆向工程

基于上一小节介绍的系统原型图，接下来进入整个系统的数据库设计环节。图 9.9 所示为权限管理平台涉及的各个功能模块以及模块之间的关联关系。

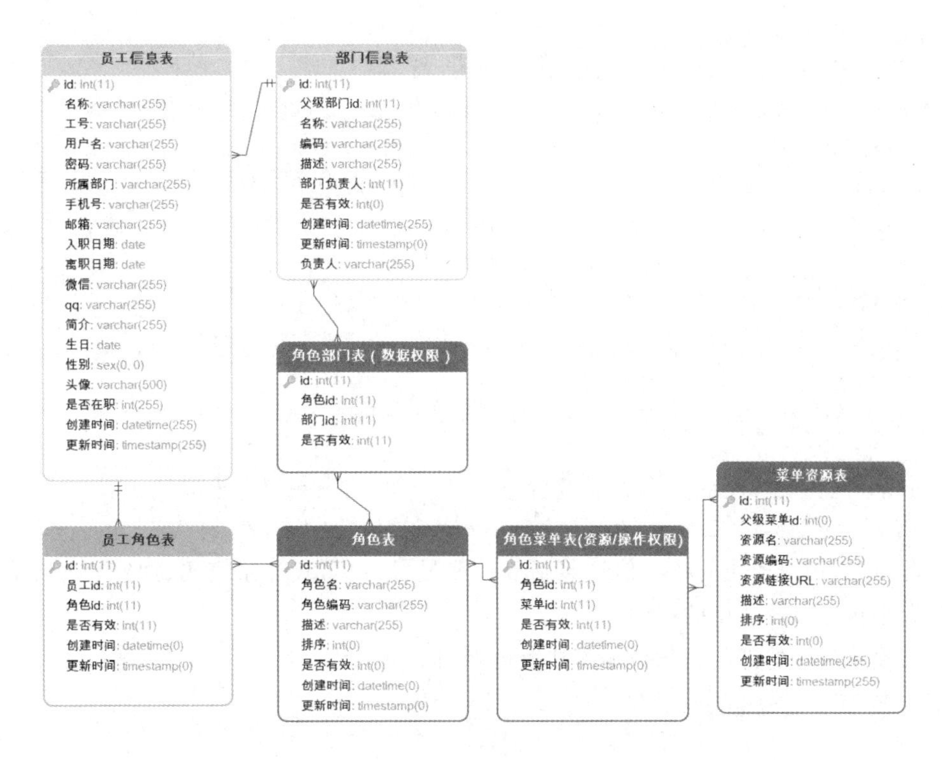

图 9.9　权限管理平台系统数据库设计

从图 9.9 中可以看出这一通用化的权限管理平台主要包含四大功能模块：用户模块（这里特指员工模块）、部门模块、角色模块和菜单模块。每个模块之间的关联关系为：

（1）1 个用户可以隶属于 1 个部门，而 1 个部门可以拥有多个用户（员工），即 1 对多的关系。

（2）1 个角色可以拥有多个菜单资源，而 1 个菜单资源可以分配给多个角色，即多对多的关系。

（3）1 个角色可以挂多个部门，而 1 个部门也可以跟多个角色关联，即多对多的关系。通过角色可以看到不同的部门数据，而由于 1 个部门可以拥有多个用户，因此通过角色可以看到部门和用户相关的业务数据。

（4）1 个用户可以分配多个角色，1 个角色也可以分配给多个用户，通过将角色分配给用户，用户将间接拥有角色所分配的菜单以及对应的操作权限，同时也可以通过分配的角色看到与部门和用户相关的业务数据。从这一点可以看出，一个通用化权限管理平台的核心主要在于角色模块的设计与实现，即通过管理角色与菜单的关联、角色与部门的关联，最终可以实现权限管理，包括操作权限与数据权限。

接下来将基于图 9.9 所示系统数据库设计图进入系统真正的物理数据库设计环节，并基于建立的数据库表采用 MyBatis 代码生成器生成数据库表对应的实体类、Mapper 操作接口以及对应的 Mapper. xml（这个过程可以称为 ORM，即对象-关系映射），之后便按照功能模块进行划分，采用代码加以实现。

首先通过 Navicat Premium 等数据库管理工具在本地开发环境中建立一个数据库，名为 pmp，然后再在该数据库中建立相应的数据库表。用户模块对应的用户表的 DDL（即数据库表的数据结构定义，也称为建表语句）如下所示：

```
CREATE TABLE `sys_user`(
  `user_id` bigint(20)NOT NULL AUTO_INCREMENT,
  `name` varchar(255)CHARACTER SET utf8mb4 DEFAULT '' COMMENT '姓名',
  `username` varchar(50)NOT NULL COMMENT '用户名',
  `password` varchar(100)DEFAULT NULL COMMENT '密码',
  `salt` varchar(20)DEFAULT NULL COMMENT '盐',
  `email` varchar(100)DEFAULT NULL COMMENT '邮箱',
  `mobile` varchar(100)DEFAULT NULL COMMENT '手机号',
  `status` tinyint(4)DEFAULT '1' COMMENT '状态  0:禁用   1:正常',
  `dept_id` bigint(20)DEFAULT NULL COMMENT '部门 ID',
  `create_time` datetime DEFAULT NULL COMMENT '创建时间',
  PRIMARY KEY(`user_id`),
  UNIQUE KEY `username`(`username`)
)ENGINE=InnoDB DEFAULT CHARSET=utf8 COMMENT='系统用户';
```

由此可见,用户模块的核心信息包括登录账号(用户名)、登录密码、加密登录密码用的盐、邮箱、手机号以及所属的部门。

部门模块对应的部门表的数据库建表语句如下所示:

```
CREATE TABLE `sys_dept`(
  `dept_id` bigint(20)NOT NULL AUTO_INCREMENT,
  `parent_id` bigint(20)DEFAULT NULL COMMENT '上级部门 ID,一级部门为 0',
  `name` varchar(50)DEFAULT NULL COMMENT '部门名称',
  `order_num` int(11)DEFAULT NULL COMMENT '排序',
  `del_flag` tinyint(4)DEFAULT '0' COMMENT '是否删除  - 1:已删除  0:正常',
  PRIMARY KEY(`dept_id`)
)ENGINE=InnoDB DEFAULT CHARSET=utf8 COMMENT='部门管理';
```

值得一提的是,部门模块具有层级、上下级的特点,比如 IT 研发中心的开发部的上级一般是 IT 研发中心,而 IT 研发中心的上级部门一般为公司总部,而公司总部一般不会再隶属于某个上级部门了,即顶级部门。基于这种特点,在实际设计数据库表时需要建立一个字段"parent_id",代表上一层级的节点 ID,通过这一字段即可得到部门之间的从属关系。

紧接着是角色模块对应的角色表,其数据库表的数据结构定义如下所示:

```
CREATE TABLE `sys_role`(
  `role_id` bigint(20)NOT NULL AUTO_INCREMENT,
  `role_name` varchar(100)DEFAULT NULL COMMENT '角色名称',
  `remark` varchar(100)DEFAULT NULL COMMENT '备注',
  `role_code` varchar(100)CHARACTER SET utf8mb4 DEFAULT NULL COMMENT '编码',
  `create_time` datetime DEFAULT NULL COMMENT '创建时间',
  PRIMARY KEY(`role_id`),
  UNIQUE KEY `idx_role_code`(`role_code`)USING BTREE
)ENGINE=InnoDB DEFAULT CHARSET= utf8 COMMENT='角色';
```

其包含的字段信息不是很多,主要包括角色的编码和名称,其中角色编码需要设置唯一性。

而菜单模块对应的菜单表的数据库表数据结构的定义跟部门模块对应的部门表很类似,具有层级、上下级的特点。但跟部门表不同的地方在于菜单表维护以及管理的资源数据具有三种类型,即目录、菜单和按钮,它们的从属关系为:目录下可以有多个菜单,菜单下可

以有多个按钮(即操作权限标识符)。菜单模块的数据库表数据结构定义如下所示:

```
CREATE TABLE `sys_menu`(
  `menu_id` bigint(20)NOT NULL AUTO_INCREMENT,
  `parent_id` bigint(20)DEFAULT NULL COMMENT '父菜单 ID,一级菜单为 0',
  `name` varchar(50)DEFAULT NULL COMMENT '菜单名称',
  `url` varchar(200)DEFAULT NULL COMMENT '菜单 URL',
  `perms` varchar(500)DEFAULT NULL COMMENT '权限标识符(如:user:list 多个用 ,隔开拼
接)',
  `type` int(11)DEFAULT NULL COMMENT '类型   0:目录   1:菜单   2:按钮',
  `icon` varchar(50)DEFAULT NULL COMMENT '菜单图标',
  `order_num` int(11)DEFAULT NULL COMMENT '排序',
  PRIMARY KEY(`menu_id`)
)ENGINE=InnoDB DEFAULT CHARSET=utf8 COMMENT='菜单管理';
```

上面介绍的用户、部门、角色和菜单均为权限管理平台的基础模块数据,这些模块数据之间是具有关联关系的。首先是用户与角色之间的关系,如下所示为用户角色关系数据库表的 DDL:

```
CREATE TABLE `sys_user_role`(
  `id` bigint(20)NOT NULL AUTO_INCREMENT,
  `user_id` bigint(20)DEFAULT NULL COMMENT '用户 ID',
  `role_id` bigint(20)DEFAULT NULL COMMENT '角色 ID',
  PRIMARY KEY(`id`)
)ENGINE=InnoDB DEFAULT CHARSET=utf8 COMMENT='用户与角色对应关系';
```

而角色与菜单、角色与部门之间的关联关系对应的数据库表的数据结构定义分别如下所示。角色与菜单关联关系表:

```
CREATE TABLE `sys_role_menu`(
  `id` bigint(20)NOT NULL AUTO_INCREMENT,
  `role_id` bigint(20)DEFAULT NULL COMMENT '角色 ID',
  `menu_id` bigint(20)DEFAULT NULL COMMENT '菜单 ID',
  PRIMARY KEY(`id`)
)ENGINE=InnoDB DEFAULT CHARSET=utf8 COMMENT='角色与菜单对应关系';
```

角色与部门关联关系表:

```
CREATE TABLE `sys_role_dept`(
  `id` bigint(20)NOT NULL AUTO_INCREMENT,
  `role_id` bigint(20)DEFAULT NULL COMMENT '角色 ID',
  `dept_id` bigint(20)DEFAULT NULL COMMENT '部门 ID',
  PRIMARY KEY(`id`)
)ENGINE=InnoDB DEFAULT CHARSET=utf8 COMMENT='角色与部门对应关系';
```

为了跟踪、追溯每个用户使用后台管理系统的操作轨迹,我们需要建立一操作日志表,时刻跟踪、存储并管理用户在使用后台管理系统期间都做了哪些事情。其中,存储的日志信息包括当前操作用户名、具体操作名、所用 IP 地址等,其数据库表的数据结构定义如下所示:

```
CREATE TABLE `sys_log`(
  `id` bigint(20)NOT NULL AUTO_INCREMENT,
  `username` varchar(50)DEFAULT NULL COMMENT '用户名',
```

```
  `operation` varchar(50) DEFAULT NULL COMMENT '用户操作',
  `method` varchar(200) DEFAULT NULL COMMENT '请求方法',
  `params` varchar(5000) DEFAULT NULL COMMENT '请求参数',
  `time` bigint(20) NOT NULL COMMENT '执行时长(毫秒)',
  `ip` varchar(64) DEFAULT NULL COMMENT 'IP地址',
  `create_date` datetime DEFAULT NULL COMMENT '创建时间',
  PRIMARY KEY(`id`)
) ENGINE=InnoDB DEFAULT CHARSET=utf8 COMMENT='系统日志';
```

至此，关于这一通用化权限管理平台的数据库表设计就介绍完毕了。接下来将使用 MyBatis 的逆向工程（代码生成工具）智能生成上述数据库表的实体类 Entity、Mapper 操作接口以及对应的 Mapper.xml。由于代码是智能生成的，因此在这里笔者就不给出所有数据库表的代码了。

以菜单表为例，如下所示为菜单表对应的实体类 SysMenu 的代码：

```
//菜单管理
@Data
@TableName("sys_menu")
public class SysMenu implements Serializable {
   private static final long serialVersionUID=1L;

   //菜单 Id
   @TableId
   private Long menuId;

   //父菜单 Id,顶级菜单为 0
   private Long parentId;

   //父菜单名称
   @TableField(exist=false)
   private String parentName;

   //菜单名称
   private String name;

   //菜单链接 url
   private String url;

   //授权(多个用逗号分隔,如:user:list,user:create)
   private String perms;

   //类型=0:目录   1:菜单   2:按钮
   private Integer type;

   //菜单图标
   private String icon;
```

```
    //排序
    private Integer orderNum;

    //ztree属性
    @TableField(exist=false)
    private Boolean open;

    @TableField(exist=false)
    private List<?>list;
}
```

我们将基于MyBatis的升级版MyBatis Plus构建这一通用化权限管理平台的Dao层（即数据访问层）。其Mapper操作接口SysMenuMapper的代码定义如下所示：

```
//菜单管理
@Mapper
public interface SysMenuDao extends BaseMapper<SysMenu>{
    //根据父级Id,查询子菜单
    List<SysMenu>queryListParentId(Long parentId);

    //获取不包含按钮的菜单列表
    List<SysMenu>queryNotButtonList();

    //获取所有菜单
    List<SysMenu>queryList();
}
```

其对应的Mapper.xml即SysMenuDao.xml如下所示：

```
<mapper namespace="com.debug.pmp.model.mapper.SysMenuDao">
  <select id="queryListParentId" resultType="com.debug.pmp.model.entity.SysMenu">
      select*from sys_menu where parent_id=#{parentId} order by order_num asc
  </select>

  <select id="queryNotButtonList" resultType="com.debug.pmp.model.entity.SysMenu">
      SELECT
        t1.*,
        (SELECT t2.name
         FROM sys_menu AS t2
         WHERE t2.menu_id=t1.parent_id)AS parentName
      FROM sys_menu AS t1
      WHERE t1.type !=2
      ORDER BY t1.order_num ASC
  </select>

  <select id="queryList" resultType="com.debug.pmp.model.entity.SysMenu">
      SELECT
```

```
        t1.*,
        (SELECT t2.name
         FROM sys_menu AS t2
         WHERE t2.menu_id=t1.parent_id)AS parentName
      FROM sys_menu AS t1
  </select>
</mapper>
```

在这里，读者可以暂时不用深究上述代码的实际含义，在后续篇章中笔者将会逐一进行详细的介绍。关于其他数据库表对应的自动生成的代码，读者可以自行下载本项目对应的源码查看阅读。

9.1.3 项目整体搭建流程介绍

在真正开始动工编写业务功能模块对应的代码之前，需要基于 Intellij IDEA 搭建这一通用化权限管理平台对应的新项目 PMP（即 permission manage platform 的简称），同时，需要制定好相应的目录结构、规范化相应的代码，并在项目中整合进相关的第三方依赖 Jar、加入相应的配置等。

首先是确定项目的整体目录结构。图 9.10 所示为笔者制定的这一通用化权限管理平台的目录结构。

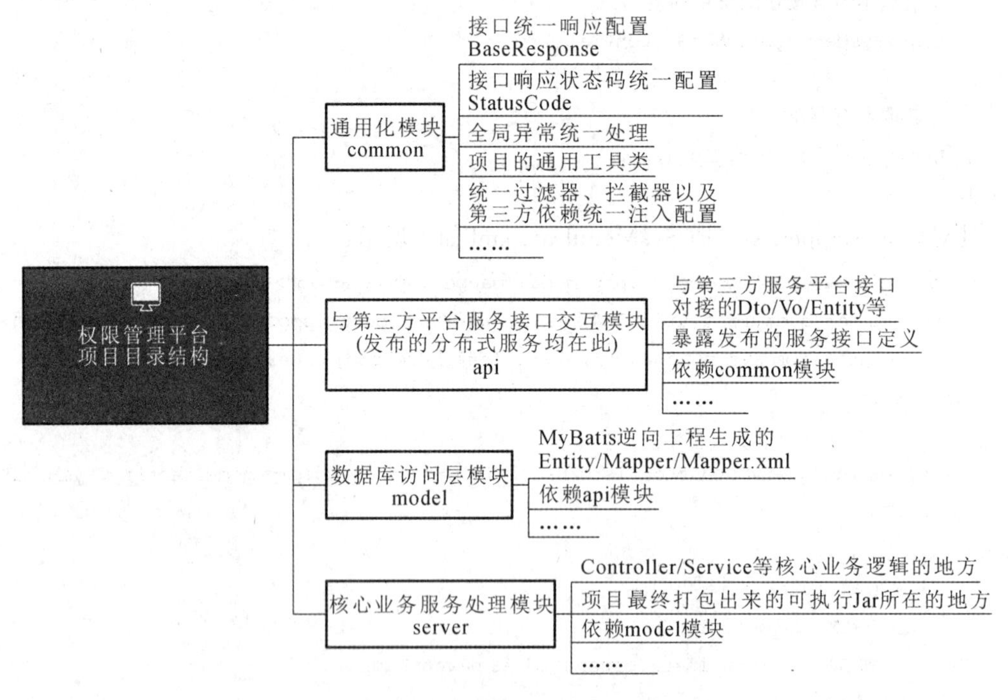

图 9.10 权限管理平台项目目录结构

从图 9.10 中可以看出，最终搭建出来的项目是一个聚合性、模块与模块之间依赖层层传递的项目，即该项目将建立 4 大核心模块，包括通用化模块 common、与第三方平台服务接口交互模块 api、数据库访问层模块 model 以及核心业务服务处理模块 server。

每个模块各司其职，common 模块的依赖将传递进 api 模块，而 api 模块的依赖传递进

model 模块，model 模块的依赖也会传递进 server 模块，最终可以理解为 server 模块是一个集大成的核心模块。

这是一种以 Spring Boot 作为基础开发框架(微框架)搭建的项目的通用化目录结构，其最大的作用在于规范化编写的代码，让开发者快速定位、跟踪业务模块对应的代码，提高开发效率。

当然，在实际项目开发中，不同的企业、不同的部门可能会有自己专属的项目搭建和代码开发规范。图 9.10 所展示的只是笔者提供的在实际项目开发中很常见的一种目录结构，仅供参考借鉴。

但不管是哪种项目目录结构，其最终的目的都是快速定位业务功能模块所在的目录、快速定位跟踪 Bug 对应的业务代码，提高开发者的开发效率。

接下来以图 9.10 作为指导，基于 Intellij IDEA 开发工具搭建企业权限管理平台的项目目录，并以此作为基础建立相应的包、接口和对应的实现类，用于实现权限管理平台相应业务模块的功能。

首先需要在开发工具 Intellij IDEA 中新建一个 Maven 类型的项目，命名为 pmp，然后在该项目下先后新建 4 个模块 Module，分别命名为 common、api、model 和 server 模块，模块与模块之间的依赖 Jar 层层传递，汇聚于核心业务逻辑处理层 server 模块，最终建立的项目目录结构如图 9.11 所示。

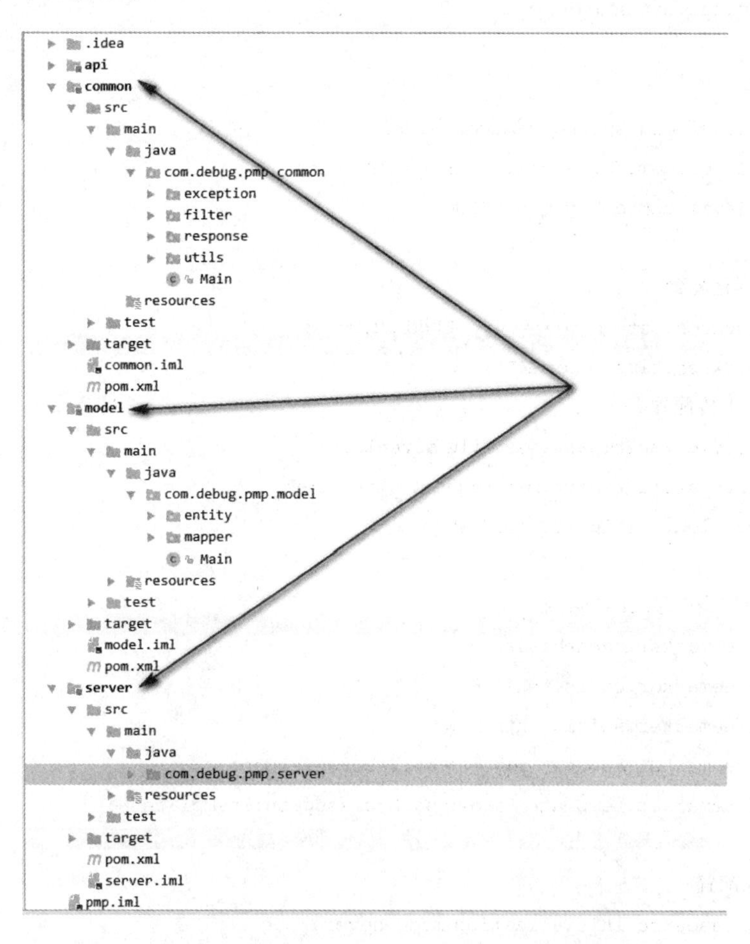

图 9.11 Intellij IDEA 中建立的权限管理平台项目目录结构

每个模块加入的依赖Jar在这里笔者就不给出来了，读者可以自行下载本章对应的源码，然后将相关的依赖Jar拷贝到自己搭建的项目中。核心业务服务处理模块server层是整个项目的关键所在，它不仅集成了其他各个模块的依赖Jar，同时也是整个项目的启动入口，因此需要在该模块加入一些配置文件，如项目的全局核心配置文件application.properties、日志配置文件logback-spring.xml等。

如下所示为项目的全局核心配置文件application.properties的配置项，其中主要配置了Spring Boot项目的一些常规化配置项、日志、JSON序列化、数据源、数据库连接池以及前端模板引擎和MyBatis的配置等：

```
#多环境切换
#spring.profiles.active=prod

#项目常规配置:服务运行端口、上下文路径、编码等
server.port=9190
server.servlet.context-path=/
server.tomcat.uri-encoding=UTF-8
server.tomcat.max-threads=1000
server.tomcat.min-spare-threads=30

#日志级别
logging.level.org.springframework=INFO
logging.level.com.fasterxml.jackson=INFO
logging.level.com.debug.pmp=DEBUG

#JSON序列化配置
spring.jackson.date-format=yyyy-MM-dd HH:mm:ss
spring.jackson.time-zone=GMT+8
#前端附件上传配置
spring.servlet.multipart.max-file-size=100MB
spring.servlet.multipart.max-request-size=100MB
spring.servlet.multipart.enabled=true

#前端模板渲染引擎 freemarker
spring.freemarker.cache=false
spring.freemarker.charset=UTF-8
spring.freemarker.suffix=.html
spring.freemarker.request-context-attribute=request
spring.freemarker.template-loader-path=classpath:/templates

#主数据源配置
spring.datasource.initialization-mode=never
spring.jmx.enabled=false
```

```
spring.datasource.type=com.alibaba.druid.pool.DruidDataSource
spring.datasource.druid.driver-class-name=com.mysql.jdbc.Driver
spring.datasource.druid.url=jdbc:mysql://127.0.0.1:3306/pmp?allowMultiQueries=
true&useUnicode=true&characterEncoding=UTF-8&useSSL=false
spring.datasource.druid.username=root
spring.datasource.druid.password=linsen

#数据库以及数据库连接池配置
spring.datasource.druid.initial-size=10
spring.datasource.druid.max-active=50
spring.datasource.druid.min-idle=10
spring.datasource.druid.max-wait=60000
spring.datasource.druid.pool-prepared-statements=true
spring.datasource.druid.max-pool-prepared-statement-per-connection-size=20
spring.datasource.druid.time-between-eviction-runs-millis=60000
spring.datasource.druid.min-evictable-idle-time-millis=300000

spring.datasource.druid.test-while-idle=true
spring.datasource.druid.test-on-borrow=false
spring.datasource.druid.test-on-return=false
spring.datasource.druid.stat-view-servlet.enabled=true
spring.datasource.druid.stat-view-servlet.url-pattern=/druid/*
spring.datasource.druid.filter.stat.log-slow-sql=true
spring.datasource.druid.filter.stat.slow-sql-millis=1000
spring.datasource.druid.filter.stat.merge-sql=false
spring.datasource.druid.wall.config.multi-statement-allow=true
#mybatis 配置
mybatis-plus.mapper-locations=classpath:mappers/*.xml
mybatis-plus.type-aliases-package=com.debug.pmp.model.entity
mybatis-plus.global-config.banner=false
mybatis-plus.global-config.db-config.id-type=auto
mybatis-plus.global-config.db-config.field-strategy=not_null
mybatis-plus.global-config.db-config.column-underline=true
mybatis-plus.global-config.db-config.logic-delete-value=-1
mybatis-plus.global-config.db-config.logic-not-delete-value=0

#通用配置
server.tomcat.additional-tld-skip-patterns=jaxb-api.jar,jaxb-core.jar
```

如下所示为项目的日志配置文件 logback-spring.xml 的配置内容，主要配置了项目在不同运行环境下的日志输出级别：

```
<?xml version="1.0" encoding="UTF-8"?>
<configuration>
    <include resource="org/springframework/boot/logging/logback/base.xml"/>
```

```
    <logger name="org.springframework.web" level="INFO"/>
    <logger name="org.springboot.sample" level="TRACE"/>

    <!--本地与测试环境-->
    <springProfile name="test">
        <logger name="org.springframework.web" level="INFO"/>
        <logger name="org.springboot.sample" level="INFO"/>
        <logger name="com.debug.pmp" level="DEBUG"/>
    </springProfile>

    <!--生产环境-->
    <springProfile name="prod">
        <logger name="org.springframework.web" level="ERROR"/>
        <logger name="org.springboot.sample" level="ERROR"/>
        <logger name="com.debug.pmp" level="ERROR"/>
    </springProfile>
</configuration>
```

项目搭建完成后，需要在 server 模块新建整个项目的入口类 MainApplication，用以启动运行整个项目，其源码如下所示：

```
@SpringBootApplication
@MapperScan(basePackages="com.debug.pmp.model.mapper")
public class MainApplication extends SpringBootServletInitializer{
    @Override
    protected SpringApplicationBuilder configure(SpringApplicationBuilder builder){
        return builder.sources(MainApplication.class);
    }
    //main 方法代表
    public static void main(String[] args){
        SpringApplication.run(MainApplication.class,args);
    }
}
```

其中，注解@SpringBootApplication 是核心所在，在本书的前面几章我们已经对其有所介绍，它是一个组合注解，由三大注解@SpringBootConfiguration、@EnableAutoConfiguration 以及@ComponentScan 组成，可以实现 Java Bean 显示注入配置、Java Bean 自动装配进 Spring IOC 容器以及包目录自动扫描并将发现的 Java Bean 组件进行装载等功能。

除此之外，还需要在 common 模块建立项目统一的接口响应规范，用于规范化前后端接口通信时数据的响应格式，其中主要包含 BaseResponse 类和 StatusCode 枚举类。统一接口响应类 BaseResponse 对应的源码如下所示：

```
//通用的响应封装类
public class BaseResponse<T>{
    private Integer code;
    private String msg;
```

```
    //响应的数据可以是任意的类型,即泛型
    private T data;

    public BaseResponse(StatusCode statusCode){
        this.code=statusCode.getCode();
        this.msg=statusCode.getMsg();
    }
    public BaseResponse(Integer code, String msg){
        this.code=code;
        this.msg=msg;
    }
    public BaseResponse(StatusCode statusCode, T data){
        this.code=statusCode.getCode();
        this.msg=statusCode.getMsg();
        this.data=data;
    }
    public BaseResponse(Integer code, String msg, T data){
        this.code=code;
        this.msg=msg;
        this.data=data;
    }
    //此处省略字段的getter、setter方法
}
```

然后是接口响应信息中的状态码枚举类StatusCode,在这里笔者预先建立了本项目需要用到的一些状态码,如下所示:

```
//通用的响应状态码 enum
public enum StatusCode {
    Success(0,"成功"),
    Fail(-1,"失败"),

    InvalidParams(201,"非法的参数!"),
    UserNotLogin(202,"用户没登录"),
    UnknownError(500,"未知异常,请联系管理员!"),
    InvalidCode(501,"验证码不正确!"),
    AccountPasswordNotMatch(502,"账号密码不匹配!"),
    AccountHasBeenLocked(503,"账号已被锁定,请联系管理员!"),
    AccountValidateFail(504,"账户验证失败!"),
    CurrUserHasNotPermission(505,"当前用户没有权限访问该资源或者操作!"),
    PasswordCanNotBlank(1000,"密码不能为空!"),
    OldPasswordNotMatch(1001,"原密码不正确!"),
    ;

    private Integer code;
    private String msg;
```

```
    StatusCode(Integer code, String msg){
        this.code=code;
        this.msg=msg;
    }
    //此处省略字段的 getter、setter 方法
}
```

至此，这一项目的整体搭建已经完成了。打开启动入口类 MainApplication，点击该类左侧绿色的运行图标，即可将整个项目启动运行起来。观察 Intellij IDEA 控制台的日志输出信息，如果没有相应的报错信息，即意味着项目的整体搭建暂时是没有问题的，如图 9.12 所示。

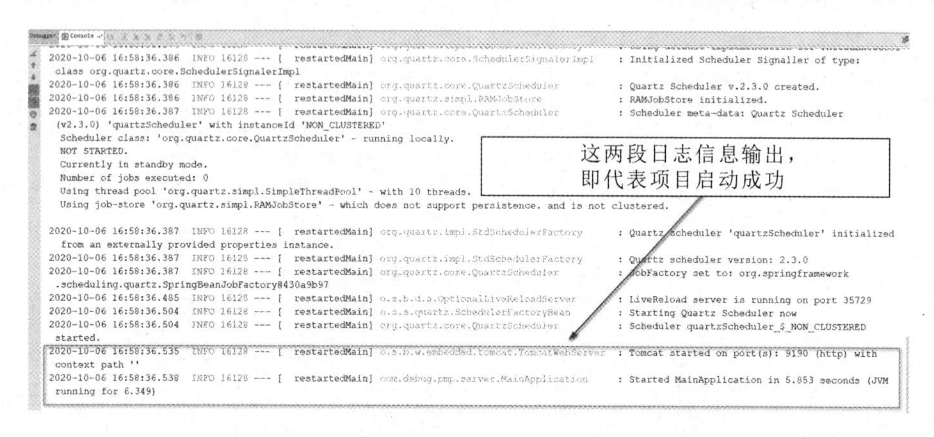

图 9.12 项目启动运行后控制台的日志输出信息

从控制台 Console 最终打印输出的日志信息可以得出整个项目已经成功运行起来了，它采用的是内嵌容器的方式运行起来的，该容器为 Tomcat，且运行端口为 9190，没有设置前端访问时的上下文路径。接下来便可以基于此编写相应的代码来实现该项目相应的功能模块了。

◆ 9.1.4 用户认证与授权框架 Shiro 简介

在本章开篇笔者已经对“权限管理”做了一番详细的介绍，它指的是对不同的用户在登进系统时可以看到不同的功能菜单（资源）、对功能菜单的不同操作（增删改查等）进行管理，简而言之，主要包含菜单资源管理和操作权限管理。而在实际项目落地实践时，需要借助一些主流的开发框架加以实现，如 Spring Security、Apache Shiro 等。笔者将采用 Apache Shiro 作为本项目的权限管理实现框架。

对于 Apache Shiro，可能有些读者会感到陌生，接下来笔者将采用些许篇幅对其进行介绍。其官方的定义：Apache Shiro 是一个强大且易用的 Java 安全框架，可以用于身份验证、授权、加密和会话管理，它拥有易于理解的 API，可以快速、轻松地构建任何应用程序，从最小的移动应用程序到最大的网络和企业应用程序。

通俗地讲，Apache Shiro 是一个强大且灵活的开源安全框架，涵盖身份验证、访问授权、加密和会话管理等功能，具有易于使用（易用性）、全面（涵盖面广，可以一站式地为项目的安全需求提供保障）、灵活（Shiro 可以在任何应用程序环境中工作，授权没有任何硬性规定，甚至没有太多的依赖关系）、Web 支持（允许开发者基于应用程序的 URL 创建灵活的安全策略和网络协议，同时还提供一组 JSP 库控制页面输出）、低耦合（其干净的 API 和设计模式使它容易与其他许多开发框架和应用程序集成，读者在后面会看到 Shiro 可以无缝地集成

Spring 等框架，只需要加入相应的 Jar 包以及相应的配置文件即可实现其整合配置）。

图 9.13 所示为 Apache Shiro 底层系统功能架构图，其中：第一部分为 Shiro 的核心功能组件，包含认证、授权、会话管理和加密四大核心功能；第二部分则为 Shiro 可以为应用程序提供的功能特性，包括 Web 支持、缓存、并发、测试支持、Run As 以及记住我等特性。

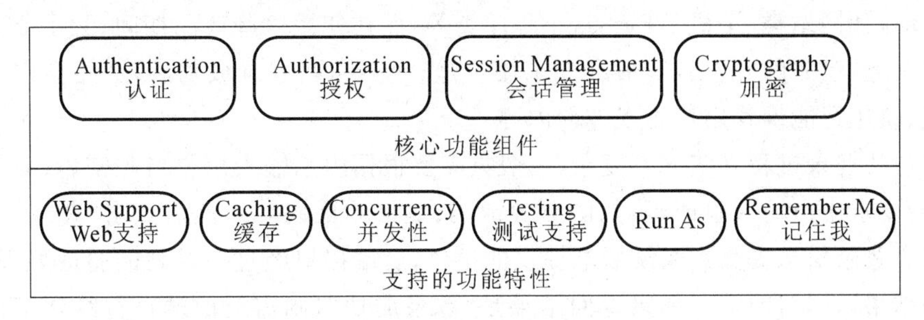

图 9.13 Shiro 底层系统功能架构图

（1）Authentication：认证，特指用户身份识别，在实际项目中通常指用户的登录认证过程。

（2）Authorization：授权，特指用户在访问系统的菜单资源或者菜单资源的操作时，控制并判断当前用户是否有权限访问，比如某个用户是否具有某个操作的使用权限。

（3）Session Management：会话管理，特指用户的会话管理，用户在前端浏览器登录成功后，Shiro 会辅助建立起客户端浏览器当前用户与系统服务端之间的会话连接。

（4）Cryptography：加密，如可以对注册成功的用户的登录密码进行加密等，保证易于使用。

（5）Web 支持：Shiro 的相关 API 可以有效地帮助开发者更好地保护 Web 应用程序。

（6）Caching：缓存，Apache Shiro API 中的第一级，以确保安全操作保持快速和高效。

（7）Concurrency：并发性，Shiro 支持具有并发功能的多线程应用程序。

（8）Testing：测试支持，可帮助开发者编写单元测试和集成测试。

（9）Run As：运行方式，允许用户承担另一个用户的身份（如果允许）的功能，有时在管理方案中很有用。

（10）Remember Me：记住我，可以实现记住当前会话中的用户身份，保证用户在下次登录时直接给定上次最新保存在浏览器客户端的登录密码，省去用户每次登录时都需要输入密码的麻烦。

值得一提的是，在实际项目开发时，Shiro 并不会去维护和管理用户、权限、资源等数据，而是需要开发者自己去设计相应的数据库表并提供相应的接口存储这些数据，然后通过相应的接口注入 Shiro 中，最终借助 Shiro 内部相关组件实现用户权限管理。而这些理论知识点我们将在接下来的篇章中加以实战。

9.2 用户登录功能实战

介绍完 Apache Shiro 的理论知识后，接下来就将其应用到权限管理平台这一系统中，即基于 Apache Shiro 的核心功能组件"用户认证 Authentication"实现该系统的用户登录功能。本节将介绍在 Java/Spring 项目中基于 Apache Shiro 实现用户登录的流程，并采用实际的代码加以实战。

9.2.1 整体开发流程介绍

对于“用户登录”，想必各位读者并不陌生，特别是在如今移动互联网时代，充斥着各种各样的产品，如网站类、手机 APP 类、小程序类等，而在使用这些产品期间，为了能更好地为用户提供服务，产品的开发者一般会要求用户进行登录，在登录成功后，产品会根据用户的使用习惯、轨迹智能推荐用户感兴趣的内容。

而用户的登录过程其实并不复杂，一般只需要根据提示输入用户名和密码(有时候为了安全，还会要求用户输入验证码，如图形验证码、短信验证码等)，然后点击“登录”按钮即可将前端用户登录信息提交到系统后端提供的接口，后端接口经过一系列的验证处理逻辑，最终将处理结果返回给前端。如果返回结果是“登录成功”，则需要前端自行跳转至指定的页面；如果返回结果是“登录失败”，则需要根据错误提示修改相应的登录信息，比如可能是用户名或者密码输错了等。

在这个过程中，后端只需要提供与“登录请求”对应的接口，用于接收前端用户提交的用户名、密码、验证码等登录信息，借助 Apache Shiro 框架的“登录认证”组件以及数据库中的用户表辅助完成用户登录功能。

图 9.14 所示为企业权限管理平台中借助 Shiro 框架的核心功能组件“认证 Authentication”辅助完成用户登录的实现流程。

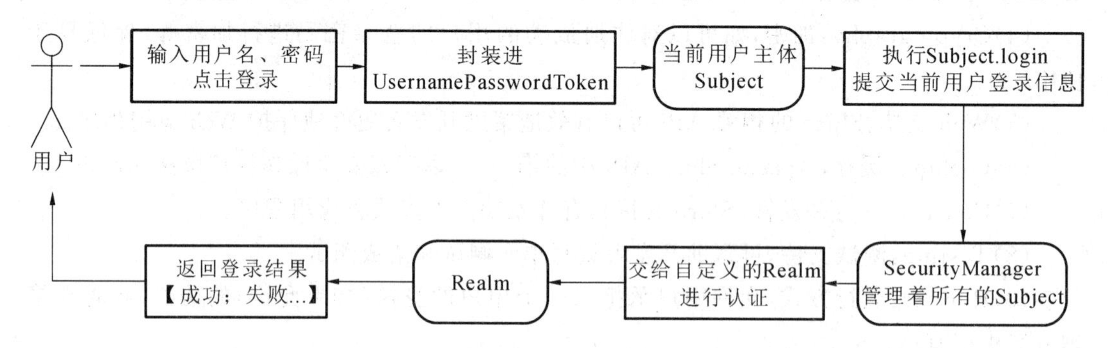

图 9.14 Shiro 底层辅助完成用户登录功能的流程

从图 9.14 中可以看出，要完成系统用户的登录功能，需要借助 Apache Shiro 的几大核心组件加以实现，包括登录主体 Subject、主体管理器 SecurityManager 和主体验证与授权组件 Realm。下面简单介绍一下：

(1)Subject：当前登录主体，它可以是一个人，也可以是第三方服务、守护进程账户、时钟守护任务或者其他。

(2)SecurityManager：管理着所有的 Subject，可以说它是 Shiro 底层系统架构的核心，配合内部安全组件共同组成一个安全保障网。

(3)Realm：用于权限信息的验证，需要开发者自定义实现；从本质上看，它是一个特定的安全数据库访问层组件，封装了与数据源连接的细节，可以从中得到 Shiro 所需要的相关数据。简而言之，我们需要自定义实现 Realm 的 Authentication 和 Authorization，其中 Authentication 用于验证用户身份，Authorization 则用于授权访问控制，即对用户进行的操作进行授权控制，校验该用户是否允许进行当前操作，如访问某个链接、某个资源文件等。

有了上述实现流程作为指导，接下来进入代码实战环节。基于前文搭建的 Spring Boot 项目 pmp，实现企业权限管理平台系统用户登录功能。

9.2.2 验证码组件配置与生成图形验证码

在如今一些主流的互联网、移动互联网产品中，虽然已经很难看到用户手动输入用户名、密码以及图形验证码进行登录、注册的现象（因为几乎都采用短信登录或者借助第三方服务平台如微信、QQ、微博授权登录了），但是在一些 PC 网站（比如早些年笔者经常逛的技术论坛、12306 抢票软件），其登录界面则要求用户不仅需要输入用户名、密码等信息，还需要根据验证码图形输入验证码，以防止系统被恶意攻击（防刷），保障系统的安全使用。

图形验证码信息一般由数字和字母混合生成（高级点的图形验证码可以包含正立、倒立的汉字）。本小节将介绍并实战如何基于验证码组件 Kaptcha 实现用户在进入登录界面时自动生成一图形验证码（验证码信息由数字和字母混合生成）。话不多说，让我们开始吧。

首先，需要在 server 模块的 pom. xml 中加入 Kaptcha 组件的依赖 Jar，在这里版本号选择 0.0.9 即可，如下所示：

```
<!--验证码-->
<dependency>
    <groupId>com.github.axet</groupId>
    <artifactId>kaptcha</artifactId>
    <version>0.0.9</version>
</dependency>
```

通过查看 Kaptcha 组件的相关 API 文档，会发现它主要是通过接口 Producer 的相关 API 方法生成图形验证码的，因此，可以通过自定义注入 Producer 相关实现类的 Bean 实例生成符合我们要求的图形验证码的样式，即需要新建一个 KaptchaConfig 配置类，并在其中自定义注入接口 Producer 实现类的 Bean 实例。代码如下所示：

```
@Configuration
public class KaptchaConfig {
    @Bean
    public DefaultKaptcha producer(){
        //设置生成的验证码图形框的相关属性:边框 CSS 样式、文本颜色
        //文本间距以及文本字体等
        Properties properties=new Properties();
        properties.put("kaptcha.border", "no");
        properties.put("kaptcha.textproducer.font.color", "black");
        properties.put("kaptcha.textproducer.char.space", "5");
        properties.put("kaptcha.textproducer.font.names", "Arial,Courier,cmr10,宋
体,楷体,微软雅黑");
        Config config=new Config(properties);
        DefaultKaptcha defaultKaptcha=new DefaultKaptcha();
        defaultKaptcha.setConfig(config);
        return defaultKaptcha;
    }
}
```

最后，需要新建一个控制器类 SysLoginController，并在其中建立一请求方法，用以响应前端登录界面生成图形验证码的请求，其完整源代码如下所示：

```
@Controller
public class SysLoginController extends AbstractController{

    @Autowired
    private Producer producer;

    //生成验证码
    @RequestMapping("captcha.jpg")
    public void captcha(HttpServletResponse response)throws Exception {
        response.setHeader("Cache-Control", "no-store, no-cache");
        response.setContentType("image/jpeg");

        //生成文字验证码
        String text=producer.createText();
        //生成图片验证码
        BufferedImage image=producer.createImage(text);
        //保存到 shiro session
        ShiroUtil.setSessionAttribute(Constants.KAPTCHA_SESSION_KEY, text);
        ServletOutputStream out=response.getOutputStream();
        ImageIO.write(image, "jpg", out);
        System.out.println("验证码:"+text);
    }
}
```

从该源代码中可以看出，我们通过 Producer 实例的 createText()方法生成验证码(含数字和字母)，并将生成的验证码存进当前请求 Request 对应的会话实例 Session 中。与此同时，还需要基于该验证码生成图片实例 image(实际上是将验证码的具体取值放进一图形中)，最终通过响应实例 Response 将图形对应的数据流写进请求客户端。

点击运行该项目，观察 Intellij IDEA 控制台的输出日志，如果没有相应的报错信息，则意味着上述编写的代码没有语法级别的错误。打开前端请求模拟工具 Postman，在 URL 地址栏中输入请求链接 http://127.0.0.1:9190/captcha.jpg，用于模拟前端浏览器的登录界面请求生成验证码，点击 Send 按钮之后稍等片刻，即可看到后端返回的结果，如图 9.15 所示。

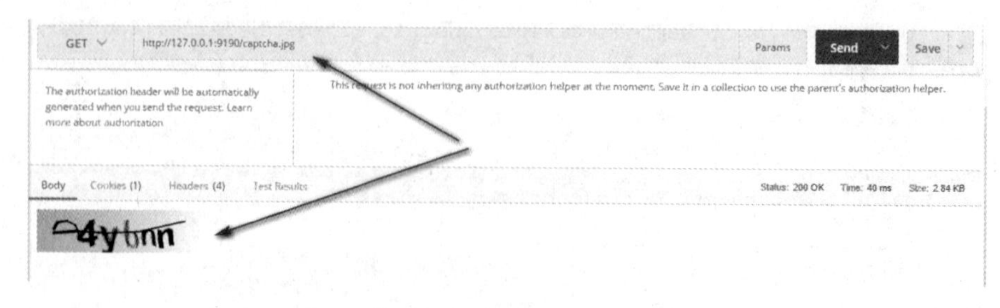

图 9.15　Postman 请求生成图形验证码

可以看到,后端是直接将整个验证码图形返回给前端进行显示的,这有效地减少了前端的开发工作量。之所以前端能直接接收到整个验证码图形,主要原因在于该后端接口的请求方法对响应实例 Response 做了一些设置,比如在响应的信息中设置了响应的内容类型为"图片/图形",即 response. setContentType("image/jpeg")等。

9.2.3 开发 Controller 接收用户登录请求

搞定了图形验证码的配置和生成之后,接下来进入用户登录逻辑的代码实现环节。同理,仍然需要在控制器类 SysLoginController 中新建一请求方法,用于接收前端用户提交的登录信息,包括用户名、密码和验证码。其完整的源代码如下所示:

```
//登录
@RequestMapping(value="/sys/login",method=RequestMethod.POST)
@ResponseBody
public BaseResponse login(String username, String password, String captcha){
    log.info("用户名:{} 密码:{} 验证码:{}",username,password,captcha);

    //校验验证码
    String kaptcha=ShiroUtil.getKaptcha(Constants.KAPTCHA_SESSION_KEY);
    if(!kaptcha.equals(captcha)){
        return new BaseResponse(StatusCode.InvalidCode);
    }

    try {
        //提交登录
        Subject subject=SecurityUtils.getSubject();
        if(!subject.isAuthenticated()){
                UsernamePasswordToken token = new UsernamePasswordToken (username,
password);
            subject.login(token);
        }
    }catch(UnknownAccountException e){
        return new BaseResponse(StatusCode.Fail.getCode(),e.getMessage());
    }catch(IncorrectCredentialsException e){
        return new BaseResponse(StatusCode.AccountPasswordNotMatch);
    }catch(LockedAccountException e){
        return new BaseResponse(StatusCode.AccountHasBeenLocked);
    }catch(AuthenticationException e){
        return new BaseResponse(StatusCode.AccountValidateFail);
    }
    return new BaseResponse(StatusCode.Success);
}
```

从该源代码中可以看出,首先需要校验用户输入的验证码是否正确:如果不正确,则返回相应的错误提示信息;如果正确,则进入用户名和密码的验证阶段。值得一提的是,校验验证码的实现逻辑主要是通过对比前端用户提交的验证码和当前会话 Session 实例中存储的验证码是否匹配。如果值相等，则代表前端用户输入的验证码是正确的，否则是错误的。

验证码校验通过之后，进入用户名和密码是否匹配的验证环节，其验证逻辑是将前端用户输入的用户名、密码信息封装进 UsernamePasswordToken 实例，并借助 Shiro 的 SecurityUtils.getSubject()获取的 Subject 的 login 方法将前端用户登录信息提交给自定义实现的 Realm 进行验证。

看到这里，可能有些读者会有疑惑：这个自定义的 Realm 在哪里呢？它是如何验证前端用户提交的用户名、密码是否匹配的？带着这两个问题，我们进入下一小节的学习。

9.2.4 整合 Shiro 完成用户的登录功能

在实现自定义的 Realm 之前，需要在项目中将 Shiro 相关的依赖和配置整合进来，并自定义注入相应的 Bean 实例。话不多说，我们直接开始吧：

首先需要在 server 模块中加入 Shiro 相关的 Jar 依赖，版本选择 1.4.0，如下所示：

```
<!--shiro-->
<dependency>
    <groupId>org.apache.shiro</groupId>
    <artifactId>shiro-core</artifactId>
    <version>1.4.0</version>
</dependency>
<dependency>
    <groupId>org.apache.shiro</groupId>
    <artifactId>shiro-spring</artifactId>
    <version>1.4.0</version>
</dependency>
```

紧接着，新建一自定义配置类 ShiroConfig，用于自定义配置并注入 Shiro 相关的 Bean 实例，包括管理所有主体 Subject 的 SecurityManager 实例、过滤并设置访问 URL 的拦截级别 ShiroFilterFactoryBean 实例等。代码如下所示：

```
@Configuration
public class ShiroConfig {
    //安全器管理-管理所有的 subject
    @Bean
    public SecurityManager securityManager(UserRealm userRealm){
        DefaultWebSecurityManager securityManager=new DefaultWebSecurityManager();
        securityManager.setRealm(userRealm);
        securityManager.setRememberMeManager(null);
        return securityManager;
    }

    //过滤链配置
    @Bean("shiroFilter")
    public ShiroFilterFactoryBean shiroFilter(SecurityManager securityManager){
```

```
        ShiroFilterFactoryBean shiroFilter=new ShiroFilterFactoryBean();
        shiroFilter.setSecurityManager(securityManager);

        //设定用户没有登录认证时的跳转链接、没有授权时的跳转链接
        shiroFilter.setLoginUrl("/login.html");
        shiroFilter.setUnauthorizedUrl("/");
        //过滤器链配置:anon 表示可以匿名访问,authc 表示需要登录才能访问
        Map<String, String>filterMap=new LinkedHashMap();
        filterMap.put("/swagger/* * ", "anon");
        filterMap.put("/swagger-ui.html", "anon");
        filterMap.put("/webjars/* * ", "anon");
        filterMap.put("/swagger-resources/* * ", "anon");
        filterMap.put("/statics/* * ", "anon");
        filterMap.put("/fonts/* * ", "anon");
        filterMap.put("/image/* * ", "anon");
        filterMap.put("/login.html", "anon");
        filterMap.put("/sys/login", "anon");
        filterMap.put("/favicon.ico", "anon");
        filterMap.put("/captcha.jpg", "anon");
        filterMap.put("/* * ","authc");
        shiroFilter.setFilterChainDefinitionMap(filterMap);
        return shiroFilter;
    }
    //以下两个 Bean 实例配置主要在于 Shiro Bean 生命周期的管理,可以在 Spring Bean 中使用
    @Bean("lifecycleBeanPostProcessor")
    public LifecycleBeanPostProcessor lifecycleBeanPostProcessor(){
        return new LifecycleBeanPostProcessor();
    }
    @Bean
    public AuthorizationAttributeSourceAdvisor authorizationAttributeSourceAdvisor
(SecurityManager securityManager){
        Authorization Attribute Source Advisor advisor=new Authorization Attribute Source
Advisor();
        advisor.set Security Manager(security Manager);
        return advisor;
    }
}
```

最后,自定义 Realm 的实现类 UserRealm 的代码主要包括认证 Authentication 和授权 Authorization 两大模块的内容,其完整的源代码如下所示:

```
@Component
public class UserRealm extends AuthorizingRealm {
    private static final Logger log=LoggerFactory.getLogger(UserRealm.class);
```

```
    @Autowired
    private SysUserDao sysUserDao;

    //资源-权限分配~授权~需要将分配给当前用户的权限列表塞给 Shiro 的权限字段中去
    @Override
    protected AuthorizationInfo doGetAuthorizationInfo (PrincipalCollection principalCollection){
        //在讲解用户权限分配与使用时再进行详细的介绍
        return null;
    }

    //用户认证~登录认证
    @Override
    protected AuthenticationInfo doGetAuthenticationInfo (AuthenticationToken authenticationToken)throws AuthenticationException {
        UsernamePasswordToken token=(UsernamePasswordToken)authenticationToken;
        final String userName=token.getUsername();
        final String password=String.valueOf(token.getPassword());

        log.info("用户名:{} 密码:{}",userName,password);
        SysUser entity=sysUserDao.selectByUserName(userName);
        //账户不存在
        if(entity==null){
            throw new UnknownAccountException("账户不存在!");
        }
        //账户被禁用
        if(0==entity.getStatus()){
            throw new DisabledAccountException("账户已被禁用,请联系管理员!");
        }
        //验证逻辑-交给 Shiro 的密钥匹配器去实现
        SimpleAuthenticationInfo info=new SimpleAuthenticationInfo(entity, entity.getPassword(), ByteSource.Util.bytes(entity.getSalt()), getName());
        return info;
    }
    //密码验证器~匹配逻辑-采用的加密方式为 Hash 加密
    @Override
    public void setCredentialsMatcher(CredentialsMatcher credentialsMatcher){
        HashedCredentialsMatcher shaCredentialsMatcher=new HashedCredentialsMatcher();
        shaCredentialsMatcher.setHashAlgorithmName(ShiroUtil.hashAlgorithmName);
        shaCredentialsMatcher.setHashIterations(ShiroUtil.hashIterations);
        super.setCredentialsMatcher(shaCredentialsMatcher);
    }
}
```

从该源代码中可以得出，用户最终的登录验证逻辑主要在 doGetAuthenticationInfo 方法中实现的，而其代码实现逻辑也并不复杂，即首先根据用户名找到该用户记录，如果记录存在，则借助自定义的密码匹配器校验前端提交的密码和数据库表中存储的用户注册时的密码是否匹配，如果匹配则将最终的用户信息设置进 Shiro 的认证类 AuthenticationInfo 的实现类即 SimpleAuthenticationInfo 中，并最终将其返回。

点击运行项目，打开前端模拟请求工具 Postman，并在 URL 地址栏中输入链接 http://127.0.0.1:9190/sys/login，选择请求方式为 POST。图 9.16 所示为输入正确的用户名、密码和验证码后后端接口返回的结果。

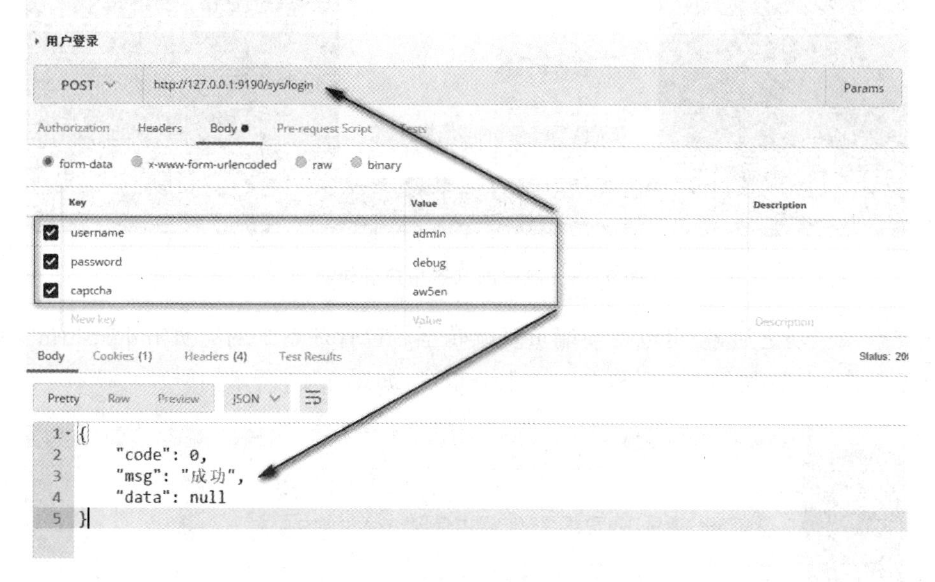

图 9.16　Postman 模拟正确的用户登录结果

图 9.17 所示为输入不正确的用户名、密码后后端接口返回的结果。

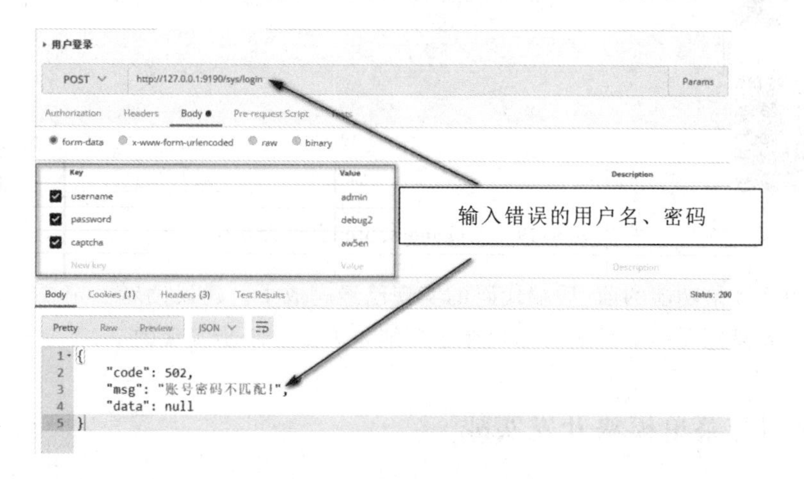

图 9.17　Postman 模拟不正确的用户登录结果

至此，用户登录功能的后端代码实现我们已经完成了。至于前端界面 login.html 的代码实现，因为其包含了太多的 HTML 标签，因此在这里就不给出来了，感兴趣的读者可以将本项目对应的源码下载下来，并找到 login.html 文件，自行查看其源码。

打开浏览器，在 URL 地址栏中输入链接 http://127.0.0.1:9190/login.html 即可看到

用户的登录界面,如图 9.18 所示。

图 9.18　前端浏览器用户登录界面

用户登录成功之后,便可以由前端负责跳转至后台管理系统的主页 index. html,主页的布局并不复杂,主要由上、中、下和左 4 大部分组成,如图 9.19 所示。

图 9.19　主页 index. html 的页面布局

至此,用户登录功能的前、后端代码的实现已经完成了。建议读者一定要亲自动手编写相应的代码,亲身感受一个系统的用户登录功能是怎么一步步实现的。

9.3　部门与菜单模块开发实战

用户登录成功后,便可以进入后台管理系统的主页 index. html,在主页的布局中,左边部分即为整个系统的功能菜单,对应着系统所有的功能模块,几乎所有的代码开发都是基于此开展的。本节要介绍的部门管理和菜单管理两大功能模块的代码开发便是其中典型的代表。

笔者将从两个功能模块对应的数据库表开始进行介绍,并采用实际的代码逐步实现每个功能模块对应的操作功能,主要包含新增、修改、删除、分页/列表查询等,引导读者切身体会如何实现一个后台管理系统任一功能模块的CRUD(增删改查)。

9.3.1 相关数据库表介绍

在本章第9.1节笔者已经介绍了整个系统的架构设计和数据库设计,其中包含了部门模块和菜单模块这两个部分,其对应的数据库表的数据结构定义分别如下所示:

```
CREATE TABLE `sys_dept`(
  `dept_id` bigint(20)NOT NULL AUTO_INCREMENT,
  `parent_id` bigint(20)DEFAULT NULL COMMENT '上级部门 ID;如果为顶级部门,则取值为 0',
  `name` varchar(50)DEFAULT NULL COMMENT '部门名称',
  `order_num` int(11)DEFAULT NULL COMMENT '排序',
  `del_flag` tinyint(4)DEFAULT '0' COMMENT '是否删除  -1:已删除  0:正常',
  PRIMARY KEY(`dept_id`)
)ENGINE=InnoDB DEFAULT CHARSET=utf8 COMMENT='部门管理';


CREATE TABLE `sys_menu`(
  `menu_id` bigint(20)NOT NULL AUTO_INCREMENT,
  `parent_id` bigint(20)DEFAULT NULL COMMENT '父菜单 ID,一级菜单为 0',
  `name` varchar(50)DEFAULT NULL COMMENT '菜单名称',
  `url` varchar(200)DEFAULT NULL COMMENT '菜单 URL',
  `perms` varchar(500)DEFAULT NULL COMMENT '权限限定符(多个时用逗号分隔,如:user:list,
user:create)',
  `type` int(11)DEFAULT NULL COMMENT '类型   0:目录   1:菜单   2:按钮',
  `icon` varchar(50)DEFAULT NULL COMMENT '菜单图标',
  `order_num` int(11)DEFAULT NULL COMMENT '排序',
  PRIMARY KEY(`menu_id`)
)ENGINE=InnoDB DEFAULT CHARSET=utf8 COMMENT='菜单管理';
```

细心的读者会发现,这两个数据库表各自拥有一些基本信息,也有一个共同点,即都拥有父记录ID"parent_id"这个字段,意味着这两个数据库表最终存储的数据记录是具有层级、树形特点的。

而这一特点跟Windows操作系统的文件目录结构几乎如出一辙,即一个文件最终是存储在某个磁盘目录下的文件夹内,该磁盘目录便是根节点/顶级节点,而每一级的文件夹则依次代表第2、3、4……层的数据,如图9.20所示。

有了Windows操作系统的文件目录结构树做对比,相信各位读者此刻可以更好地理解部门模块、菜单模块的数据结构了。为了方便各位读者能快速理解,笔者特意绘制了Windows文件目录结构和部门模块数据结构的对比图(菜单模块的数据结构亦是如此),如图9.21所示。

图9.21中每个节点的内容的左边表示Windows操作系统的文件目录/文件,右边则表示实际生产环境/项目中一个公司的部门组织架构,可以说其相似性是很强的。在后续小节内容中,我们将一同采用实际的代码实战部门和菜单这两大模块的功能管理,一起体验层级目录结构数据的管理。

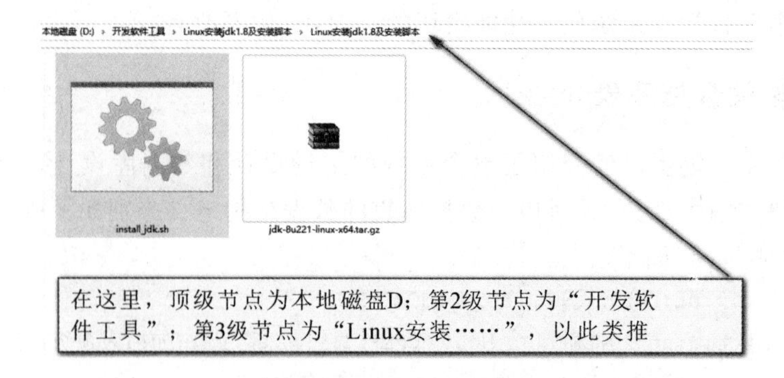

图 9.20　Windows 文件目录结构案例

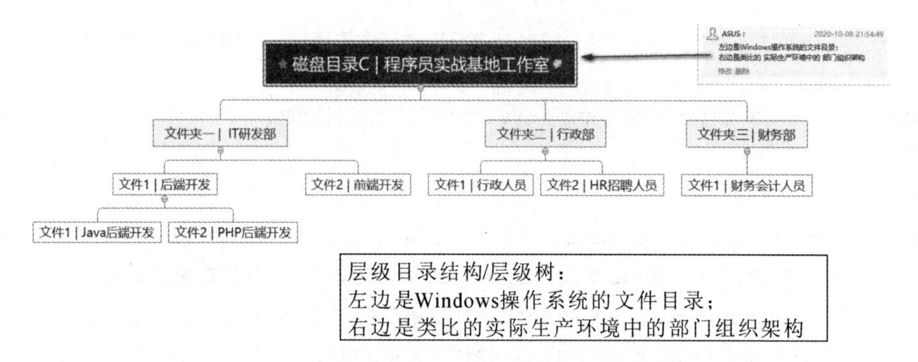

图 9.21　Windows 文件目录结构和部门模块中的数据结构对比

9.3.2　部门模块实战之列表数据获取

接下来进入代码实战环节，首先是部门模块数据列表的获取与展示，后端需要开发相应的请求接口给前端进行调用。具体开发流程如下：

首先新建一个控制器类 SysDeptController，并在其中新建一个请求方法 list()，用于获取部门数据库表中有效的部门数据，其核心源码如下所示：

```
//部门列表
@RequestMapping("/list")
public List<SysDept>list(){
    return sysDeptService.queryAll(Maps.newHashMap());
}
```

其中 sysDeptService. queryAll(Maps. newHashMap())是真正实现该功能的代码，具体如下：

```
//查询所有部门列表~涉及部门数据权限的控制
@Override
public List<SysDept>queryAll(Map<String, Object>map){
    if(ShiroUtil.getUserId()!=Constant.SUPER_ADMIN){
        String deptDataIds=commonDataService.getCurrUserDataDeptIdsStr();
        map.put("deptDataIds",(StringUtils.isNotBlank(deptDataIds))? deptDataIds:
null);
    }
    return baseMapper.queryListV2(map);
```

```
}
//获取当前部门的子部门 Id 列表
@Override
public List<Long>getSubDeptIdList(Long deptId){
    List<Long>deptIdList=Lists.newLinkedList();
    //第一级部门 Id 列表
    List<Long>subIdList=baseMapper.queryDeptIds(deptId);
    getDeptTreeList(subIdList,deptIdList);
    return deptIdList;
}
/**
*递归
*@param subIdList 第一级部门数据 Id 列表
*@param deptIdList 每次递归时循环存储的结果数据 Id 列表
*/
private void getDeptTreeList(List<Long>subIdList,List<Long>deptIdList){
    List<Long>list;
    for(Long subId:subIdList){
        list=baseMapper.queryDeptIds(subId);
        if(list!=null && !list.isEmpty()){
            //调用递归之处
            getDeptTreeList(list,deptIdList);
        }
        //执行到这里,表示当前递归结束
        deptIdList.add(subId);
    }
}
```

值得注意的是,由于部门管理这一功能模块在实际项目应用时还涉及数据权限的内容,即不同部门的人员在登录进该系统时,看到的数据应当是不一样的,比如开发部的负责人只可以看到开发部的相关人员,因此需要编写相应的代码实现“不同操作人员具有不同的数据视野”(在后续小节中还会再重点进行介绍),而 commonDataService. getCurrUserDataDeptIdsStr()的代码便是实现这一功能的,其代码如下所示:

```
@Service
public class CommonDataServiceImpl implements CommonDataService{
    private static final Logger log=LoggerFactory.getLogger(CommonDataServiceImpl.
class);
    @Autowired
    private SysDeptDao sysDeptDao;

    @Autowired
    private SysUserDao sysUserDao;

    @Autowired
```

```
    private SysDeptService sysDeptService;

    //获取当前登录用户的部门数据 Id 列表
    @Override
    public Set<Long>getCurrUserDataDeptIds(){
        Set<Long>dataIds=Sets.newHashSet();

        SysUser currUser=ShiroUtil.getUserEntity();
        if(Constant.SUPER_ADMIN==currUser.getUserId()){
            dataIds=sysDeptDao.queryAllDeptIds();
        }else{
            //分配给用户的部门数据权限 Id 列表
            Set<Long>userDeptDataIds=sysUserDao.queryDeptIdsByUserId(currUser.
getUserId());
            if(userDeptDataIds!=null && !userDeptDataIds.isEmpty()){
                dataIds.addAll(userDeptDataIds);
            }
            //用户所在的部门及其子部门 Id 列表~递归实现
            dataIds.add(currUser.getDeptId());

            List<Long>subDeptIdList=sysDeptService.getSubDeptIdList(currUser.
getDeptId());
            dataIds.addAll(Sets.newHashSet(subDeptIdList));
        }
        return dataIds;
    }
    //将部门数据 Id 列表转化为 Id 拼接的字符串
    @Override
    public String getCurrUserDataDeptIdsStr(){
        String result=null;

        Set<Long>dataSet=this.getCurrUserDataDeptIds();
        if(dataSet!=null && !dataSet.isEmpty()){
            result=CommonUtil.concatStrToInt(Joiner.on(",").join(dataSet),",");
        }
        return result;
    }
}
```

而该方法执行后最终需要返回的结果是当前登录用户可以看到的部门 ID 数据列表，主要包括当前用户所在的部门 ID 以及系统分配给当前用户的部门 ID 列表，返回的结果数据将存放在 Map<String, Object>中，并最终交给 baseMapper. queryListV2(map)执行真正的部门数据列表查询。

而 baseMapper. queryListV2(map)可以说是该功能模块的 DAO 层,其接口定义如下所示:

```
@Mapper
public interface SysDeptDao extends BaseMapper<SysDept>{
    List<SysDept>queryListV2(Map<String, Object>params);
}
```

其对应的实际的 SQL 则是编写在 SysDeptDao. xml 中的,其完整的定义如下所示:

```
<select id="queryListV2" resultType="com.debug.pmp.model.entity.SysDept">
   SELECT
     t1.*,
     (SELECT t2.name
       FROM sys_dept t2
       WHERE t2.dept_id=t1.parent_id)parentName
   FROM sys_dept t1
   WHERE t1.del_flag=0

  <if test="deptDataIds ! =null and deptDataIds! ='' ">
       AND t1.dept_id IN($ {deptDataIds})
  </if>
</select>
```

在这里我们用到了 MyBatis 的判断标签 if,目的在于判断当前用户是否有数据视野权限的限制。如果没有,则意味着当前用户为超级管理员 admin;否则需要执行判断标签 if 里面的 SQL 逻辑。

至此,已经完成了部门模块获取列表数据这一功能的代码实现。点击运行项目,如果控制台没有相应的报错信息,则代表上述我们编写的代码没有语法级别的错误。打开浏览器,输入链接 http://127.0.0.1:9190,并输入正确的用户名和密码,登录成功后点击菜单“部门管理”,即可跳转至部门管理的主页,并获取部门列表数据,其最终展示的效果如图 9.22 所示。

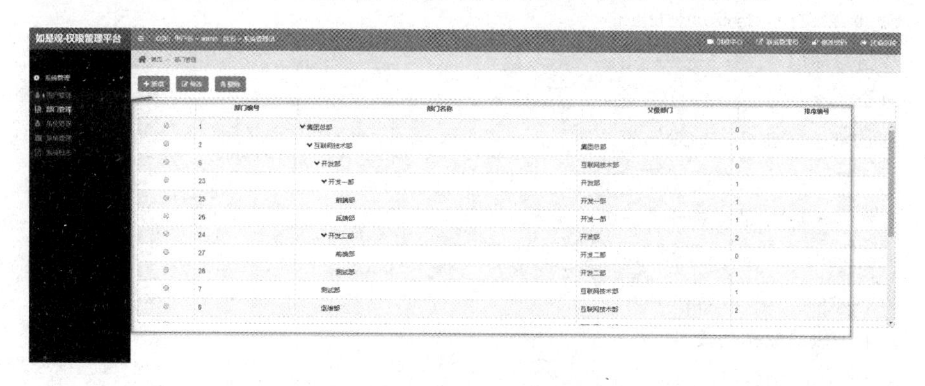

图 9.22 部门模块列表数据展示

从图 9.22 中可以看出,最终展示出来的数据确实具有层级、上下级的特点,与此同时,采用一个“向下箭头”的图标,更加形象地反映出数据之间的关系。对于该功能模块列表页面的布局以及前端 JS 代码的编写我们将留到下一小节进行介绍。

9.3.3 基于 treeGrid 实现页面布局与列表展示

在上一小节，我们已经完成了部门模块获取数据列表后端接口的代码实现，该接口最终返回的是数据库中部门表里面有效的部门记录，每条部门记录包含的信息是定义在实体类 SysDept 中的，代码如下所示：

```
@Data
@TableName("sys_dept")
public class SysDept implements Serializable {
    private static final long serialVersionUID=1L;

    //部门主键 Id
    @TableId
    private Long deptId;

    //上级部门 Id,一级部门为 0
    @NotNull(message="父级部门必填！")
    private Long parentId;

    //部门名称
    @NotBlank(message="部门名称不能为空！")
    private String name;

    //上级部门名称
    @TableField(exist=false)
    private String parentName;

    //排序编号
    private Integer orderNum;
    //删除标记
    @TableLogic
    private Integer delFlag;

    //ZTree 属性-是否展开下一级
    @TableField(exist=false)
    private Boolean open;
    //下一级的数据列表
    @TableField(exist=false)
    private List<?>list;
}
```

从该代码中可以看到，每条部门记录里都附带下一级的子部门数据 list，而 list 中的每条记录即相当于每条部门记录，部门记录里又有下一级的子部门数据 list，如此递归、循环、层层嵌套，即意味着部门模块中数据是具有层级、上下级特性的。

后端接口将查询得到的数据列表返回给前端后，前端JS需要将得到的响应体（具体的数据）设置进前端特定的组件中。在这里笔者采用的是treeGrid组件，这是因为它具有层级树的特性，其代码是编写在dept.html中的，如下所示：

```
<!--待展示数据的tree table-->
<table id="deptTable" data-mobile-responsive="true" data-click-to-select="true">
  <thead>
  <tr>
      <th data-field="selectItem" data-checkbox="true"></th>
  </tr>
  </thead>
</table>
```

其中deptTable为该组件的唯一标识，在dept.js中编写相应的代码，将后端返回的数据绑定在该组件中。这个过程对应的JS的核心代码如下所示：

```
//treeTable+treeGrid
var Dept={
    id: "deptTable",
    table: null,
    layerIndex:-1
};
//初始化数据列表的列
Dept.initColumn=function(){
    var columns=[
        {field: 'selectItem', radio: true},
        {title: '部门编号', field: 'deptId', visible: false, align: 'center', valign: '
middle', width: '65px'},
        {title: '部门名称', field: 'name', align: 'center', valign: 'middle', sortable:
true, width: '180px'},
        {title: '父级部门', field: 'parentName', align: 'center', valign: 'middle',
sortable: true, width: '100px'},
        {title: '排序编号', field: 'orderNum', align: 'center', valign: 'middle',
sortable: true, width: '100px'}]
    return columns;
};
$(function(){
    //获取顶级(第一级)部门的 Id,准备做 tree table 的铺展并做 treeTable 相关字段的初始化
    $.get(baseURL+"sys/dept/info", function(r){
        var colunms=Dept.initColumn();
        var table=new TreeTable(Dept.id, baseURL+"sys/dept/list", colunms);

        //设置根节点 code 值,可指定根节点,默认为 null,"",0,"0"
        table.setRootCodeValue(r.data.deptId);
        //在哪一列上面显示展开按钮,从 0 开始
```

```
        table.setExpandColumn(2);
        //设置记录返回的 Id 值~选取记录返回的值
        table.setIdField("deptId");
        //设置记录分级的字段~用于设置父子关系
        table.setCodeField("deptId");
        //设置记录分级的父级字段~用于设置父子关系
        table.setParentCodeField("parentId");
        //是否展开
        table.setExpandAll(true);
        table.init();

        Dept.table=table;
    });
});
```

值得注意的是，在$(function(){...})方法的代码中，我们首先需要获取顶级数据节点的ID，一般发起一个GET请求即可获取得到，其中请求的URL为/sys/dept/info，其后端对应的接口是编写在SysDeptController中的。代码如下所示：

```
//获取一级部门/顶级部门的 deptId-约定为 0
@RequestMapping("/info")
public BaseResponse info(){
    BaseResponse response=new BaseResponse(StatusCode.Success);
    Map<String,Object>resMap=Maps.newHashMap();
    //默认约定用 0 作为顶级数据节点的 Id 即可
    Long deptId=0L;
    resMap.put("deptId",deptId);
    response.setData(resMap);
        return response;
}
```

在前端刚跳转进dept.html时，其对应的dept.js即开始执行$(function(){...})的代码，即初始化加载页面文档完毕时开始发起获取顶级数据节点的ID的请求，同时将获取到的有效的数据列表绑定到页面中ID为deptTable的treeGrid树形组件，其页面最终的展示效果如图9.22所示。

至此，部门管理模块中的获取部门层级列表数据的功能已经完成了，接下来我们将乘胜追击，编写部门新增和修改功能的代码。

◆ 9.3.4 新增与修改部门功能实战

对于新增和修改功能，主要是围绕着部门实体类SysDept或者数据库中部门表sys_dept中需要维护的相关字段开展的，主要包括部门名称、上级部门ID、排序编号等字段。前端只需要将这三个字段对应的组件的输入值提交到后端相应的接口即可，同理，后端相应的接口只需要将前端提交过来的相应字段的信息进行处理、存储即可。

首先是后端接口代码的实现。我们需要在控制器类SysDeptController中新建两个请求方法，分别对应着新增部门、修改部门两个功能操作，其代码如下所示：

```
//获取部门树
@RequestMapping("/select")
public BaseResponse select(){
    BaseResponse response=new BaseResponse(StatusCode.Success);
    Map<String,Object>resMap=Maps.newHashMap();

    List<SysDept>deptList=Lists.newLinkedList();
    try {
        deptList=sysDeptService.queryAll(Maps.newHashMap());
    }catch(Exception e){
        response=new BaseResponse(StatusCode.Fail.getCode(),e.getMessage());
    }
    resMap.put("deptList",deptList);
    response.setData(resMap);
    return response;
}

//新增
@LogAnnotation("新增部门")
@RequestMapping(value="/save",method=RequestMethod.POST,consumes=MediaType.
APPLICATION_JSON_UTF8_VALUE)
@RequiresPermissions("sys:dept:save")
public BaseResponse save(@RequestBody @Validated SysDept entity, BindingResult
result){
    String res=ValidatorUtil.checkResult(result);
    if(StringUtils.isNotBlank(res)){
        return new BaseResponse(StatusCode.Fail.getCode(),res);
    }
    BaseResponse response=new BaseResponse(StatusCode.Success);
    try {
        log.info("新增部门~接收到数据:{}",entity);

        sysDeptService.save(entity);
    }catch(Exception e){
        response=new BaseResponse(StatusCode.Fail.getCode(),e.getMessage());
    }
    return response;
}
//详情
@RequestMapping("/detail/{deptId}")
```

```
@RequiresPermissions("sys:dept:info")
public BaseResponse detail(@PathVariable Long deptId){
    BaseResponse response=new BaseResponse(StatusCode.Success);
    Map<String,Object>resMap=Maps.newHashMap();
    try {
        resMap.put("dept",sysDeptService.getById(deptId));

    }catch(Exception e){
        response=new BaseResponse(StatusCode.Fail.getCode(),e.getMessage());
    }
    response.setData(resMap);
    return response;
}
//修改
@LogAnnotation("修改部门")
@RequestMapping(value ="/update", method = RequestMethod. POST, consumes = MediaType.
APPLICATION_JSON_UTF8_VALUE)
@RequiresPermissions("sys:dept:update")
public BaseResponse update(@RequestBody @Validated SysDept entity, BindingResult
result){
    String res=ValidatorUtil.checkResult(result);
    if(StringUtils.isNotBlank(res)){
        return new BaseResponse(StatusCode.Fail.getCode(),res);
    }
    if(entity.getDeptId()==null || entity.getDeptId()<=0){
        return new BaseResponse(StatusCode.InvalidParams);
    }
    BaseResponse response=new BaseResponse(StatusCode.Success);
    try {
        log.info("修改部门~接收到数据:{}",entity);

        sysDeptService.updateById(entity);
    }catch(Exception e){
        response=new BaseResponse(StatusCode.Fail.getCode(),e.getMessage());
    }
    return response;
}
```

细心的读者会发现，我们还增加了两个请求方法，即获取部门选择树数据列表以及根据部门 ID 获取部门详情。这两个方法其实是分别服务于部门新增和部门修改功能的，即在新增部门时，由于需要筛选获取所属的上级部门 ID，因此需要新增一个新的接口供前端获取可筛选的部门层级树；而在修改部门时，由于需要回显待修改的部门信息，因此需要获取待修改的部门的数据记录的详情。

紧接着是前端方面代码的编写。前文已经介绍过部门模块管理主要维护管理的是部门名称、所属的上级部门ID、排序编号等信息，而所属上级部门ID字段信息需要借助具有层级节点筛选特性的ZTree组件进行展示。如下代码所示为编写在前端页面dept.html中用于新增、修改功能对应的字段组件：

```
<div v-show="!showList" class="panel panel-default">
  <div class="panel-heading">{{title}}</div>
  <form class="form-horizontal">
      <div class="form-group">
        <div class="col-sm-2 control-label">部门名称</div>
        <div class="col-sm-10">
          <input type="text" class="form-control" v-model="dept.name" placeholder="部
门名称"/>
        </div>
      </div>
      <div class="form-group">
        <div class="col-sm-2 control-label">父级部门</div>
        <div class="col-sm-10">
            <input type="text" class="form-control" style="cursor:pointer;" v-model="
dept.parentName" @click="deptTree" readonly="readonly" placeholder="父级部门"/>
        </div>
      </div>
      <div class="form-group">
        <div class="col-sm-2 control-label">排序编号</div>
        <div class="col-sm-10">
            <input type="number" class="form-control" v-model="dept.orderNum"
placeholder="排序编号"/>
        </div>
      </div>
      <div class="form-group">
        <div class="col-sm-2 control-label"></div>
        <input type="button" class="btn btn-primary" @click="saveOrUpdate" value="确
定"/>
          <input type="button" class="btn btn-warning" @click="reload" value="返
回"/>
      </div>
  </form>
</div>
```

当点击父级部门树形节点输入框时，会弹出一个ZTree组件框，展示现有的部门节点的数据。其中ZTree组件弹框将在ID为deptTree的组件中进行显示，其定义的代码如下所示：

```
<!--选择部门-->
<div id="deptLayer" style="display: none;padding:10px;">
  <ul id="deptTree" class="ztree"></ul>
</div>
```

而整个过程，包括新增、修改、获取树形层级节点数据、获取详情等功能对应的 JS 代码均采用 VUE 的语法编写在 dept.js 中，如下代码所示：

```
var vm=new Vue({
    el:'#pmpapp',
    data:{
        showList: true,
        title: null,
        dept:{
            parentName:null,
            parentId:0,
            orderNum:0
        }
    },
    methods: {
        //获取部门列表
        getDept: function(){
            //加载部门树
            $.get(baseURL+"sys/dept/select", function(r){
                ztree=$.fn.zTree.init($("#deptTree"), setting, r.data.deptList);
                var node=ztree.getNodeByParam("deptId", vm.dept.parentId);
                ztree.selectNode(node);
                vm.dept.parentName=node.name;
            })
        },
        //新增
        add: function(){
            vm.showList=false;
            vm.title="新增";
            vm.dept={parentName:null,parentId:0,orderNum:0};
            vm.getDept();
        },
        //更新
        update: function(){
            var deptId=getDeptId();
            if(deptId==null){
                return ;
            }
            $.get(baseURL+"sys/dept/detail/"+deptId, function(r){
                vm.showList=false;
                vm.title="修改";
                vm.dept=r.data.dept;

                vm.getDept();
            });
```

```
    },
    //保存
    saveOrUpdate: function(event){
        var url=vm.dept.deptId==null ? "sys/dept/save" : "sys/dept/update";
        $.ajax({
            type: "POST",
            url: baseURL+url,
            contentType: "application/json",
            data: JSON.stringify(vm.dept),
            success: function(r){
                if(r.code===0){
                    alert('操作成功', function(){
                        vm.reload();
                    });
                }else{
                    alert(r.msg);
                }
            }
        });
    },
    //ZTree打开弹框事件-层级树节点数据展示
    deptTree: function(){
        layer.open({
            type: 1,
            offset: '30px',
            skin: 'layui-layer-molv',
            title: "选择部门",
            area: ['300px', '300px'],
            shade: 0,
            shadeClose: false,
            content: jQuery("#deptLayer"),
            btn: ['确定', '取消'],
            btn1: function(index){
                var node=ztree.getSelectedNodes();
                //选择上级部门
                vm.dept.parentId=node[0].deptId;
                vm.dept.parentName=node[0].name;
                layer.close(index);
            }
        });
    },
    //重新加载
    reload: function(){
```

```
            vm.showList=true;
            Dept.table.refresh();
        }
    }
});
```

仔细研读该 JS 的代码，会发现其实并没有太多复杂的逻辑，更多的是发起 HTTP 请求，获取后端接口返回的数据，然后采用 VUE 数据双向绑定策略将得到的结果数据展示在特定的组件中。图 9.23 至图 9.26 所示为最终的运行效果。

如是观-权限管理平台 ≡ 欢迎：用户名 ~ admin 姓名 ~ 系统管理员

首页 > 部门管理

系统管理
用户管理
部门管理
角色管理
菜单管理
系统日志

新增

部门名称 市场销售部

父级部门 销售部

排序编号 1

确定 返回

图 9.23 新增部门

+新增 修改 删除

	部门编号	部门名称	父级部门	排序编号
○	1	集团总部		0
○	2	互联网技术部	集团总部	1
○	3	销售部	集团总部	2
○	4	市场调研部	销售部	0
○	5	销售中心办公室	销售部	1
●	29	市场销售部	销售部	1
○	10	财务部	集团总部	0

图 9.24 成功新增部门数据

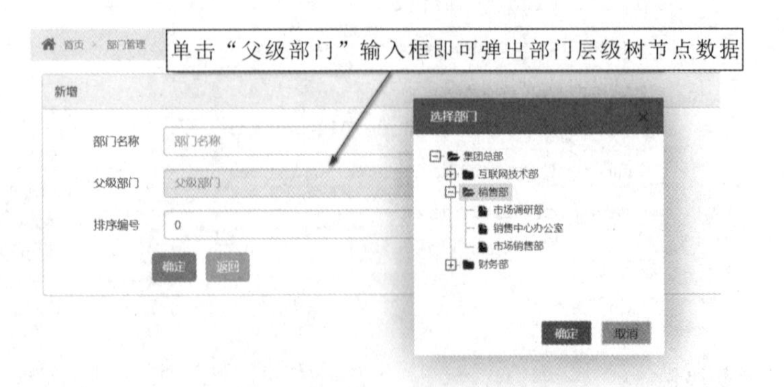

图 9.25 获取部门层级树节点数据

首页 > 部门管理

修改

部门名称 市场销售部

父级部门 销售部

排序编号 1

确定 返回

图 9.26 修改部门

至此，部门模块的新增、修改功能也一并完成了。建议读者一定要按照笔者提供的源代码从头到尾敲一遍，实践出真知，只有实战过、实践过，才能发觉其中隐藏的“坑”，积累更多的实战经验。需要注意的是，部门模块的删除功能笔者在这里就不介绍了，读者可以参考笔者提供的源代码自行实现。

9.3.5 菜单模块实战之列表数据获取

在前文我们已经知晓菜单模块和部门模块具有极其相似的数据结构，其各自的数据库表的字段定义均有层级、上下级的特性，这一点可以从字段 parent_id 看出。如下所示为菜单模块对应的数据库表的 DDL：

```
CREATE TABLE `sys_menu`(
  `menu_id` bigint(20)NOT NULL AUTO_INCREMENT,
  `parent_id` bigint(20)DEFAULT NULL COMMENT '父菜单 ID,一级菜单为 0',
  `name` varchar(50)DEFAULT NULL COMMENT '菜单名称',
  `url` varchar(200)DEFAULT NULL COMMENT '菜单 URL',
  `perms` varchar(500)DEFAULT NULL COMMENT '授权(有多个时用逗号分隔,如:user:list,
user:create)',
  `type` int(11)DEFAULT NULL COMMENT '类型   0:目录   1:菜单   2:按钮',
  `icon` varchar(50)DEFAULT NULL COMMENT '菜单图标',
  `order_num` int(11)DEFAULT NULL COMMENT '排序',
  PRIMARY KEY(`menu_id`)
)ENGINE=InnoDB DEFAULT CHARSET=utf8 COMMENT='菜单模块表';
```

从上面该数据库表的 DDL 中可以看出，相比于部门模块表，菜单模块表包含的专属字段要多一些，如菜单跳转的链接 URL、访问菜单时需要的权限限定符、菜单类型(目录、菜单、按钮)以及菜单图标和排序编号等。

在众多字段中重要的是访问菜单时需要的权限限定符和菜单类型(目录、菜单、按钮)。因为一个后台系统的权限控制，归根结底是对资源和操作进行控制，其中的资源主要包含目录、菜单两种类型，而操作其实就是我们经常说的增加、删除、修改、查询、导入导出等按钮类型的操作。

接下来进入代码实战环节，我们依然从获取菜单数据列表功能开始，再一次从实战中体验具有层级、上下级特性的数据的管理。

首先采用 MyBatis 代码生成器（MyBatis 逆向工程）生成该数据库表对应的实体类 SysMenu，其代码定义如下所示：

```
@Data
@TableName("sys_menu")
public class SysMenu implements Serializable {
    private static final long serialVersionUID=1L;

    //菜单 Id
    @TableId
    private Long menuId;

    //父菜单 Id,顶级菜单为 0
    //@NotNull(message="父级菜单不能为空!")
    private Long parentId;

    //父菜单名称
    @TableField(exist=false)
    private String parentName;
    //菜单名称
    //@NotBlank(message="菜单名称不能为空!")
    private String name;

    //菜单链接 url
    private String url;
    //授权(多个用逗号分隔,如:user:list,user:create)
    private String perms;
    //类型=0:目录   1:菜单   2:按钮
    private Integer type;
    //菜单图标
    private String icon;

    //排序
    private Integer orderNum;

    //ZTree 属性
    @TableField(exist=false)
    private Boolean open;

    @TableField(exist=false)
    private List<?>list;
}
```

仔细研读会发现，它跟部门实体类 SysDept 的定义很相似（除了各自专属的业务字段外)，特别是最后的 open 和 list 两个字段，其作用主要是协助前端相关组件展示后端接口返回的具有层级、上下级特性的数据。

紧接着建立一控制器类 SysMenuController，并在其中新建一个请求方法 list()，用于获取菜单数据库表中有效的菜单数据，其核心源码如下所示：

```
@RestController
@RequestMapping("/sys/menu")
public class SysMenuController extends AbstractController{

    @Autowired
    private SysMenuService sysMenuService;

    //菜单列表
    @RequestMapping("/list")
    @RequiresPermissions("sys:menu:list")
    public List<SysMenu>list(){
        return sysMenuService.queryAll();
    }
}
```

sysMenuService. queryAll()方法是真正用于获取有效菜单数据列表的代码，其核心代码如下所示：

```
@Service
public class SysMenuServiceImpl extends ServiceImpl<SysMenuDao,SysMenu>implements
SysMenuService{
     private static final Logger log=LoggerFactory.getLogger(SysMenuServiceImpl.
class);

    @Autowired
    private SysRoleMenuService sysRoleMenuService;

    @Autowired
    private SysUserDao sysUserDao;

    //获取所有菜单列表
    @Override
    public List<SysMenu>queryAll(){
        return baseMapper.queryList();
    }
}
```

仔细研读该代码块会发现，其实现逻辑主要借助 SysMenuDao，即 Dao 层的 SQL 查询语句，也就是 baseMapper. queryList()方法对应的 SQL 查询。其定义如下所示：

```
<select id="queryList" resultType="com.debug.pmp.model.entity.SysMenu">
   SELECT
     t1.*,
```

```
        (SELECT t2.name
          FROM sys_menu AS t2
          WHERE t2.menu_id=t1.parent_id)AS parentName
      FROM sys_menu AS t1
   </select>
```

对该 SQL 语句执行结果感兴趣的读者可以将其单独抽取出来，并在数据库管理工具 Navicat Premium 中进行查询。图 9.27 所示为该 SQL 在数据库管理工具下执行查询后得到的结果。

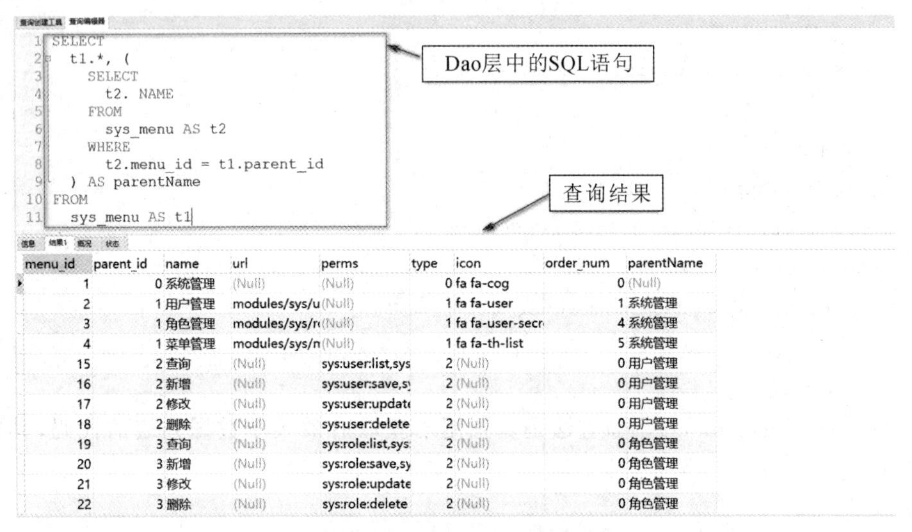

menu_id	parent_id	name	url	perms	type	icon	order_num	parentName
1	0	系统管理	(Null)	(Null)	0	fa fa-cog	0	(Null)
2	1	用户管理	modules/sys/u	(Null)	1	fa fa-user	1	系统管理
3	1	角色管理	modules/sys/r	(Null)	1	fa fa-user-secr	4	系统管理
4	1	菜单管理	modules/sys/n	(Null)	1	fa fa-th-list	5	系统管理
15	2	查询	(Null)	sys:user:list,sys	2	(Null)	0	用户管理
16	2	新增	(Null)	sys:user:save,s	2	(Null)	0	用户管理
17	2	修改	(Null)	sys:user:update	2	(Null)	0	用户管理
18	2	删除	(Null)	sys:user:delete	2	(Null)	0	用户管理
19	3	查询	(Null)	sys:role:list,sys	2	(Null)	0	角色管理
20	3	新增	(Null)	sys:role:save,sy	2	(Null)	0	角色管理
21	3	修改	(Null)	sys:role:update	2	(Null)	0	角色管理
22	3	删除	(Null)	sys:role:delete	2	(Null)	0	角色管理

图 9.27　SQL 语句执行后的结果

而该查询结果最终也将借助 MyBatis 的对象关系映射特性映射到实体类 SysMenu 中，即 MyBatis 执行该方法后返回的结果将由 List<SysMenu>进行接收，并最终返回给前端进行展示。

在这里我们可以先采用前端请求模拟工具 Postman 请求该结果，并观察其返回的结果数据。图 9.28 所示为整个过程的请求模拟结果。

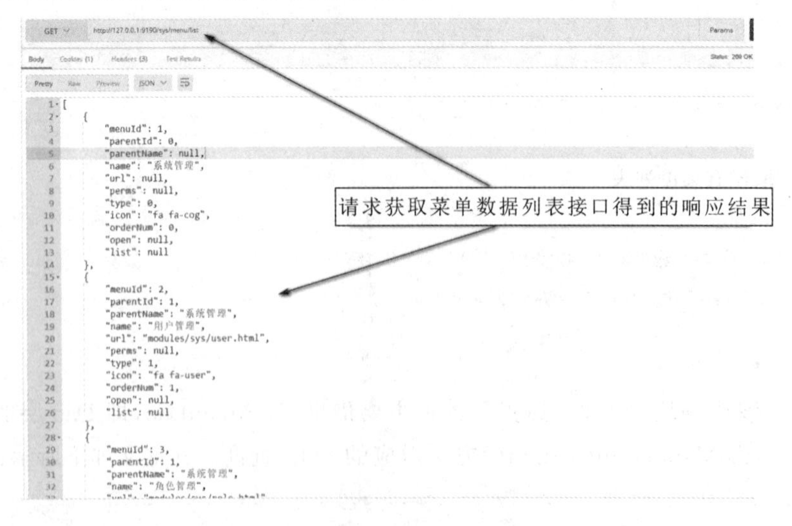

图 9.28　Postman 请求模拟结果

9.3.6 基于 treeGrid 实现页面布局与列表展示

接下来进入前端代码实现环节。在上一小节后端接口将查询得到的数据列表返回给前端后，前端 JS 需要将得到的响应体(具体的数据)设置进前端特定的组件中。在这里笔者采用的仍然是 treeGrid 组件，其代码是编写在 menu.html 中的，如下所示：

```
<!--待展示数据的 tree table-->
<table id="menuTable" data-mobile-responsive="true" data-click-to-select="true">
  <thead>
  <tr>
      <th data-field="selectItem" data`checkbox="true"></th>
  </tr>
  </thead>
</table>
```

其中 menuTable 为该组件的唯一标识，通过在 menu.js 中编写相应的代码，将后端返回的数据绑定在该组件中。这个过程对应的 JS 的核心代码如下所示：

```
//treeTable+treeGrid
var Menu={
    id: "menuTable",
    table: null,
    layerIndex:-1
};
//初始化表格的列
Menu.initColumn=function(){
    var columns=[
        {field: 'selectItem', radio: true},
        {title: '菜单编号', field: 'menuId', visible: false, align: 'center', valign: '
middle', width: '80px'},
        {title: '菜单名称', field: 'name', align: 'center', valign: 'middle', sortable:
true, width: '180px'},
        {title: '父级菜单', field: 'parentName', align: 'center', valign: 'middle',
sortable: true, width: '100px'},
        {title: '图标', field: 'icon', align: 'center', valign: 'middle', sortable:
true, width: '80px', formatter: function(item, index){
            return item.icon==null ? '' : '<i class="'+item.icon+' fa-lg"></i>';
        }},
        {title: '类型', field: 'type', align: 'center', valign: 'middle', sortable:
true, width: '100px', formatter: function(item, index){
            if(item.type===0){
                return '<span class="label label-primary">目录</span>';
            }
            if(item.type===1){
                return '<span class="label label-success">菜单</span>';
            }
```

```
            if(item.type===2){
                return '<span class="label label-warning">按钮</span>';
            }
        }},
        {title: '排序编号', field: 'orderNum', align: 'center', valign: 'middle',
    sortable: true, width: '100px'},
        {title: '菜单链接 url', field: 'url', align: 'center', valign: 'middle',
    sortable: true, width: '160px'},
        {title: '授权编码', field: 'perms', align: 'center', valign: 'middle',
    sortable: true}]
    return columns;
};
//页面/文档加载完毕执行该方法逻辑-将从后端接口获取的数据列表绑定到 Id 为 menuTable 的
//treeGrid 组件中,并最终将层级树节点的数据全部展开
$(function(){
    var colunms=Menu.initColumn();
    var table=new TreeTable(Menu.id, baseURL+"sys/menu/list", colunms);
    table.setExpandColumn(2);
    table.setIdField("menuId");
    table.setCodeField("menuId");
    table.setParentCodeField("parentId");
    table.setExpandAll(true);
    table.init();
    Menu.table=table;
});
```

在前端一跳转进 menu.html 时,其对应的 menu.js 即开始执行 $(function(){...})的代码,即初始化加载页面文档完毕时将发起获取有效的菜单数据列表的请求,并将最终获取到的数据绑定到页面中 ID 为 menuTable 的 treeGrid 树形组件。其页面最终的展示效果如图 9.29 所示。

图 9.29　菜单模块列表数据展示

至此，菜单管理模块中获取菜单层级列表数据的功能已经完成了。接下来我们将乘胜追击，编写菜单新增和修改功能的代码。

9.3.7 新增与修改菜单功能实战

新增和修改功能，主要是围绕着菜单实体类 SysMenu 或数据库中菜单表 sys_menu 中需要维护的相关字段开展的，其中主要包括菜单名称、上级菜单 ID、菜单对应的页面的跳转链接 URL、菜单访问授权限定符、菜单类型（目录、菜单、按钮）、菜单图标以及排序编号等字段。

前端只需要将这几个字段对应的组件的输入值提交到后端相应的接口即可，后端相应的接口只需要将前端提交过来的相应字段的信息进行处理、存储即可。

首先是后端接口代码的实现。我们在控制器类 SysDeptController 中新建两个请求方法，分别对应着新增菜单、修改菜单两个功能操作，其代码如下所示：

```
//获取树形层级列表数据
@RequestMapping("/select")
public BaseResponse select(){
    BaseResponse response=new BaseResponse(StatusCode.Success);
    Map<String,Object>resMap=Maps.newHashMap();
    try {
        List<SysMenu>list=sysMenuService.queryNotButtonList();

        SysMenu root=new SysMenu();
        root.setMenuId(Constant.TOP_MENU_ID);
        root.setName(Constant.TOP_MENU_NAME);
        root.setParentId(-1L);
        root.setOpen(true);
        list.add(root);

        resMap.put("menuList",list);
    }catch(Exception e){
        response=new BaseResponse(StatusCode.Fail.getCode(),e.getMessage());
    }
    response.setData(resMap);
    return response;
}
//新增
@RequestMapping(value ="/save", method = RequestMethod.POST, consumes = MediaType.
APPLICATION_JSON_UTF8_VALUE)
@RequiresPermissions("sys:menu:save")
public BaseResponse save(@RequestBody SysMenu entity){
    BaseResponse response=new BaseResponse(StatusCode.Success);
    try {
        log.info("新增菜单~接收到数据:{}",entity);
```

```
            String result=this.validateForm(entity);
            if(StringUtils.isNotBlank(result)){
                return new BaseResponse(StatusCode.Fail.getCode(),result);
            }
            sysMenuService.save(entity);
        }catch(Exception e){
            response=new BaseResponse(StatusCode.Fail.getCode(),e.getMessage());
        }
        return response;
    }
    //获取菜单详情
    @RequestMapping("/info/{menuId}")
    @RequiresPermissions("sys:menu:info")
    public BaseResponse info(@PathVariable Long menuId){
        if(menuId==null || menuId<=0){
            return new BaseResponse(StatusCode.InvalidParams);
        }
        BaseResponse response=new BaseResponse(StatusCode.Success);
        Map<String,Object>resMap=Maps.newHashMap();
        try{
            resMap.put("menu",sysMenuService.getById(menuId));
        }catch(Exception e){
            response=new BaseResponse(StatusCode.Fail.getCode(),e.getMessage());
        }
        response.setData(resMap);
        return response;
    }
    //修改
    @LogAnnotation("修改菜单")
    @RequestMapping(value="/update",method=RequestMethod.POST,consumes=MediaType.
    APPLICATION_JSON_UTF8_VALUE)
    @RequiresPermissions("sys:menu:update")
    public BaseResponse update(@RequestBody SysMenu entity){
        BaseResponse response=new BaseResponse(StatusCode.Success);
        try{
            log.info("修改菜单~接收到数据:{}",entity);
            String result=this.validateForm(entity);
            if(StringUtils.isNotBlank(result)){
                return new BaseResponse(StatusCode.Fail.getCode(),result);
            }
            sysMenuService.updateById(entity);
        }catch(Exception e){
```

```
            response=new BaseResponse(StatusCode.Fail.getCode(),e.getMessage());
        }
        return response;
    }
    //验证参数是否正确
    private String validateForm(SysMenu menu){
        if(StringUtils.isBlank(menu.getName())){
            return "菜单名称不能为空";
        }
        if(menu.getParentId()==null){
            return "上级菜单不能为空";
        }
        //菜单
        if(menu.getType()==Constant.MenuType.MENU.getValue()){
            if(StringUtils.isBlank(menu.getUrl())){
                return "菜单链接 url 不能为空";
            }
        }
        //上级菜单类型
        int parentType=Constant.MenuType.CATALOG.getValue();
        if(menu.getParentId()!=0){
            SysMenu parentMenu=sysMenuService.getById(menu.getParentId());
            parentType=parentMenu.getType();
        }
        //目录、菜单
        if(menu.getType()==Constant.MenuType.CATALOG.getValue()|| menu.getType()==
    Constant.MenuType.MENU.getValue()){
            if(parentType !=Constant.MenuType.CATALOG.getValue()){
                return "上级菜单只能为目录类型";
            }
            return "";
        }
     //按钮
        if(menu.getType()==Constant.MenuType.BUTTON.getValue()){
            if(parentType !=Constant.MenuType.MENU.getValue()){
                return "上级菜单只能为菜单类型";
            }
            return "";
        }
        return "";
    }
```

细心的读者会发现，我们还额外增加了两个请求方法，即获取菜单选择树数据列表以及根据菜单 ID 获取菜单详情。这两个方法其实是分别服务于菜单新增和菜单修改功能的，即在新增菜单时，由于需要筛选获取所属的上级菜单 ID，因此需要新增一个新的接口供前端获取可筛选的菜单层级树；而在修改菜单时，由于需要回显待修改的菜单信息，因此需要获取待修改的菜单的数据记录的详情。

紧接着是前端方面代码的编写。前文已经介绍过菜单模块管理主要维护管理的是菜单名称、上级菜单 ID、菜单对应的页面的跳转链接 URL、菜单访问授权限定符、菜单类型（目录、菜单、按钮）、菜单图标以及排序编号等字段，而所属上级菜单 ID 字段信息需要借助具有层级节点筛选特性的 ZTree 组件进行展示。如下代码所示为编写在前端页面 menu.html 中用于新增、修改功能对应的字段组件：

```
<div v-show="!showList" class="panel panel-default">
    <div class="panel-heading">{{title}}</div>
    <form class="form-horizontal">
      <div class="form-group">
          <div class="col-sm-2 control-label">类型</div>
          <label class="radio-inline">
            <input type="radio" name="type" value="0" v-model="menu.type"/>目录
          </label>
          <label class="radio-inline">
            <input type="radio" name="type" value="1" v-model="menu.type"/>菜单
          </label>
          <label class="radio-inline">
            <input type="radio" name="type" value="2" v-model="menu.type"/>按钮
          </label>
      </div>
      <div class="form-group">
          <div class="col-sm-2 control-label">菜单名称</div>
          <div class="col-sm-10">
            <input type="text" class="form-control" v-model="menu.name" placeholder
="菜单名称或按钮名称"/>
          </div>
      </div>
      <div class="form-group">
          <div class="col-sm-2 control-label">父级菜单</div>
          <div class="col-sm-10">
            <input type="text" class="form-control" style="cursor:pointer;" v-model
="menu.parentName" @click="menuTree" readonly="readonly" placeholder="父级菜单"/>
          </div>
      </div>
      <div v-if="menu.type==1" class="form-group">
          <div class="col-sm-2 control-label">菜单跳转 url</div>
          <div class="col-sm-10">
            <input type="text" class="form-control" v-model="menu.url" placeholder
="菜单跳转 url"/>
```

```
            </div>
        </div>
        <div v-if="menu.type==1 || menu.type==2" class="form-group">
            <div class="col-sm-2 control-label">授权编码</div>
            <div class="col-sm-10">
                <input type="text" class="form-control" v-model="menu.perms"
placeholder="多个用逗号分隔,如:user:list,user:create"/>
            </div>
        </div>
        <div v-if="menu.type !=2" class="form-group">
            <div class="col-sm-2 control-label">排序编号</div>
            <div class="col-sm-10">
                <input type="number" class="form-control" v-model="menu.orderNum"
placeholder="排序号"/>
            </div>
        </div>
        <div v-if="menu.type !=2" class="form-group">
            <div class="col-sm-2 control-label">图标</div>
            <div class="col-sm-10">
                <input type="text" class="form-control" v-model="menu.icon" placeholder
="菜单图标"/>
                <code style="margin-top:4px;display: block;">获取图标:<a href="http://
www.fontawesome.com.cn/faicons/" target="_blank">http://www.fontawesome.com.cn/
faicons</a></code>
            </div>
        </div>
        <div class="form-group">
            <div class="col-sm-2 control-label"></div>
            <input type="button" class="btn btn-primary" @click="saveOrUpdate" value
="确定"/>
              <input type="button" class="btn btn-warning" @click="reload"
value="返回"/>
        </div>
    </form>
  </div>
</div>
```

当点击“父级菜单”树形节点输入框时，会弹出一个 ZTree 组件框，展示现有的菜单节点的数据。其中的 ZTree 组件弹框将在 ID 为 menuTree 的组件进行显示，其定义的代码如下所示：

```
<!--选择菜单-->
<div id="menuLayer" style="display: none;padding:10px;">
  <ul id="menuTree" class="ztree"></ul>
</div>
```

而整个过程包括新增、修改、获取树形层级节点数据、获取详情等功能对应的 JS 代码均采用 VUE 的语法编写在 menu.js 中，如下所示：

```
var setting={
    data: {
        simpleData: {
            enable: true,
            idKey: "menuId",
            pIdKey: "parentId",
            rootPId:-1
        },
        key: {
            url:"nourl"
        }
    }
};
var ztree;
var vm=new Vue({
    el:'#pmpapp',
    data:{
        showList: true,
        title: null,
        menu:{
            parentName:null,
            parentId:0,
            type:1,
            orderNum:0
        }
    },
    methods: {
        getMenu: function(menuId){
            //加载菜单树
            $.get(baseURL+"sys/menu/select", function(r){
                ztree=$.fn.zTree.init($("#menuTree"), setting, r.data.menuList);
                var node=ztree.getNodeByParam("menuId", vm.menu.parentId);
                ztree.selectNode(node);

                vm.menu.parentName=node.name;
            })
        },
        add: function(){
            vm.showList=false;
            vm.title="新增";
```

```
        vm.menu={parentName:null,parentId:0,type:1,orderNum:0};
        vm.getMenu();
    },
    update: function(){
        var menuId=getMenuId();
        if(menuId==null){
            return ;
        }
        $.get(baseURL+"sys/menu/info/"+menuId, function(r){
            vm.showList=false;
            vm.title="修改";
            vm.menu=r.data.menu;

            vm.getMenu();
        });
    },
    del: function(){
        var menuId=getMenuId();
        if(menuId==null){
            return ;
        }
        confirm('确定要删除选中的记录?', function(){
            $.ajax({
                type: "POST",
                url: baseURL+"sys/menu/delete",
                data: "menuId="+menuId,
                success: function(r){
                    if(r.code===0){
                        alert('操作成功', function(){
                            vm.reload();
                        });
                    }else{
                        alert(r.msg);
                    }
                }
            });
        });
    },
    saveOrUpdate: function(){
        if(vm.validator()){
            return ;
        }
```

```
            var url=vm.menu.menuId==null ? "sys/menu/save" : "sys/menu/update";
            $.ajax({
                type: "POST",
                url:  baseURL+url,
                contentType: "application/json",
                data: JSON.stringify(vm.menu),
                success: function(r){
                    if(r.code===0){
                        alert('操作成功', function(){
                            vm.reload();
                        });
                    }else{
                        alert(r.msg);
                    }
                }
            });
        },
        menuTree: function(){
            layer.open({
                type: 1,
                offset: '30px',
                skin: 'layui-layer-molv',
                title: "选择菜单",
                area: ['300px', '300px'],
                shade: 0,
                shadeClose: false,
                content: jQuery("#menuLayer"),
                btn: ['确定', '取消'],
                btn1: function(index){
                    var node=ztree.getSelectedNodes();
                    //选择上级菜单
                    vm.menu.parentId=node[0].menuId;
                    vm.menu.parentName=node[0].name;

                    layer.close(index);
                }
            });
        },
        reload: function(){
            vm.showList=true;
            Menu.table.refresh();
        },
        validator: function(){
```

```
            if(isBlank(vm.menu.name)){
                alert("菜单名称不能为空");
                return true;
            }

            //菜单
            if(vm.menu.type===1 && isBlank(vm.menu.url)){
                alert("菜单链接 url 不能为空");
                return true;
            }
        }
    }
});
```

仔细研读该 JS 的代码会发现，整个过程并没有太多复杂的逻辑，更多的是发起 HTTP 请求，获取后端接口返回的数据，然后采用 VUE 数据双向绑定策略将得到的结果数据展示在特定的组件中。图 9.30 至图 9.33 所示为最终的运行效果。

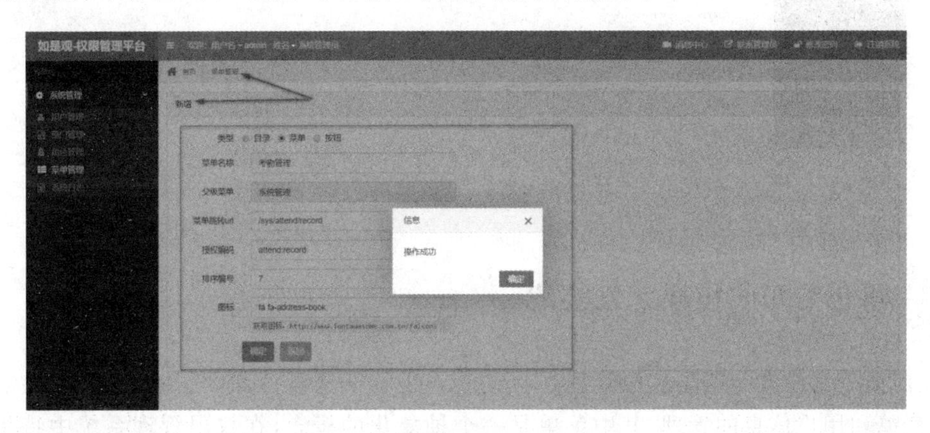

图 9.30　新增菜单

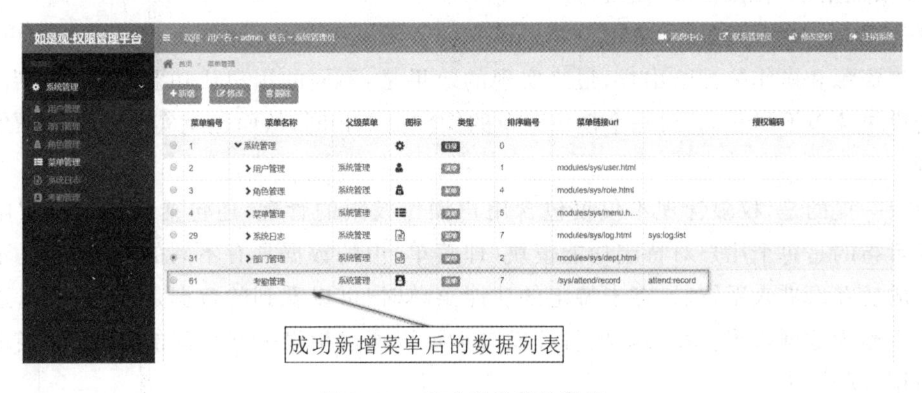

图 9.31　成功新增菜单数据

至此，菜单模块的新增、修改功能也一并完成了。建议读者一定要按照笔者提供的源代码从头到尾敲一遍，实践出真知，只有实战过、实践过，才能发觉其中隐藏的“坑”，积累更多的实战经验。需要注意的是，菜单模块的删除功能笔者在这里就不介绍了，读者可以参考笔者提供的源代码自行实现。

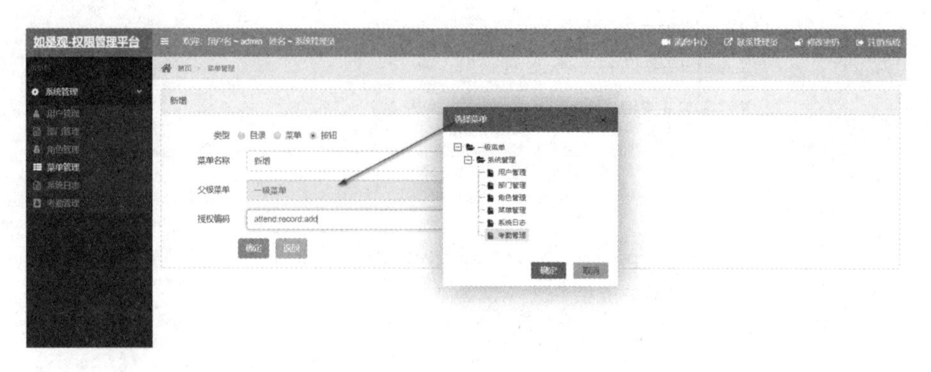

图 9.32　获取菜单层级树节点数据

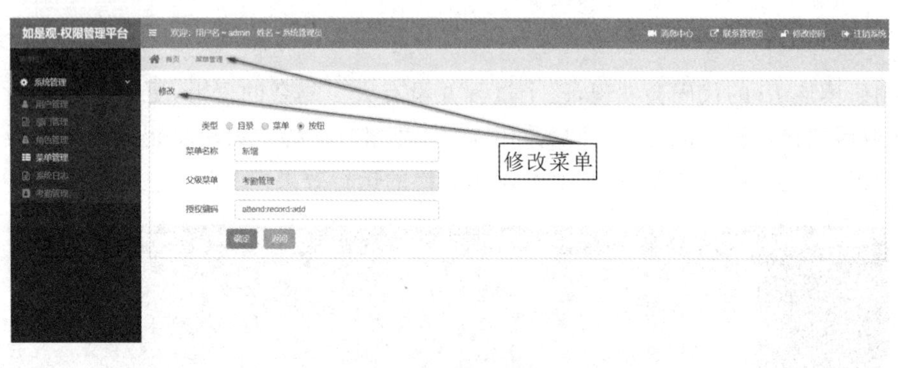

图 9.33　修改菜单

9.4　角色与用户模块开发实战

在前文笔者已经介绍了权限管理平台这一系统的架构设计和数据库设计，其核心在于角色、菜单和用户信息的管理，其中菜单是一个抽象化的概念，在权限管理系统中特指资源（目录和系统菜单）和操作（即按钮）。

通过架设一些中间角色，将用户和可操作的资源联系起来，即将角色分配给用户，从而间接地将资源和操作分配给用户，最终实现的效果是：不同的用户成功登录进系统后，可以看到的模块菜单不尽相同，对每个模块菜单的操作也不相同，从而也就实现了用户操作权限的管理。

值得一提的是，权限管理不仅仅包含用户操作权限的管理，还包括用户数据权限的管理。后者指的是每个用户对特定功能模块（即菜单）中的数据具有不同的视野，就是不同的用户在成功登录进入系统后，点击特定的功能菜单时，可以看到的数据是不一样的，这种现象在业界称为数据权限。在实际项目开发时也可以通过架设一些中间的角色，间接地将用户与数据关联起来。

因此，一个正规的权限管理平台要完成的核心任务就在于操作权限和数据权限的管理。而这也是本节要介绍的内容，话不多说，让我们开始吧！

9.4.1　相关数据库表介绍

在本章开篇之际笔者已经介绍了整个系统的架构设计和数据库设计，其中就包含了角

色模块和用户模块这两个部分的数据库表设计,其对应的数据库表数据结构定义分别如下所示。首先是角色模块对应的数据库表:

```
CREATE TABLE `sys_role`(
  `role_id` bigint(20)NOT NULL AUTO_INCREMENT,
  `role_name` varchar(100)DEFAULT NULL COMMENT '角色名称',
  `remark` varchar(100)DEFAULT NULL COMMENT '备注',
  `role_code` varchar(100)CHARACTER SET utf8mb4 DEFAULT NULL COMMENT '编码',
  `create_time` datetime DEFAULT NULL COMMENT '创建时间',
  PRIMARY KEY(`role_id`),
  UNIQUE KEY `idx_role_code`(`role_code`)USING BTREE
)ENGINE=InnoDB DEFAULT CHARSET=utf8 COMMENT= '角色表';
```

紧接着是用户模块对应的数据库表:

```
CREATE TABLE `sys_user`(
  `user_id` bigint(20)NOT NULL AUTO_INCREMENT,
  `name` varchar(255)CHARACTER SET utf8mb4 DEFAULT '' COMMENT '姓名',
  `username` varchar(50)NOT NULL COMMENT '用户名',
  `password` varchar(100)DEFAULT NULL COMMENT '密码',
  `salt` varchar(20)DEFAULT NULL COMMENT '盐',
  `status` tinyint(4)DEFAULT '1' COMMENT '状态  0:禁用  1:正常',
  `dept_id` bigint(20)DEFAULT NULL COMMENT '部门 ID',
  PRIMARY KEY(`user_id`),
  UNIQUE KEY `username`(`username`)
)ENGINE=InnoDB DEFAULT CHARSET=utf8 COMMENT= '系统用户表'
```

上面展示的两个数据库表分别对应着角色和用户两个模块专属的基本信息,然而,仅仅只是依靠这几个数据库表,是难以实现企业权限管理平台系统中的核心内容——权限管理的。因此,除了上面介绍的基本信息数据库表外,还需要建立每个数据库表之间的关联关系,这些关联关系最终将由对应的数据库表进行管理和维护,如图 9.9 所示。

从图 9.9 中可以看出,权限管理主要涉及的关联关系表包括员工(用户)角色表、角色部门表以及角色菜单表(资源)。细心的读者会发现这三个关联关系表有一个共同的特点,即都包含角色信息。而实际上,这种设计对应的系统在业界称为“RBAC 权限系统”,其中 RBAC 的全称为 role-based access controller,即基于角色的访问控制。因此,角色成为整个系统的核心,可以说是其他功能模块的中间桥梁,串起了用户、部门(数据)、菜单(资源和操作)三大核心模块。

对于这些基于角色的关联关系,我们也需要建立相应的数据库表进行管理和维护。首先是用户角色关联关系表的数据结构定义(DDL):

```
CREATE TABLE `sys_user_role`(
  `id` bigint(20)NOT NULL AUTO_INCREMENT,
  `user_id` bigint(20)DEFAULT NULL COMMENT '用户 ID',
  `role_id` bigint(20)DEFAULT NULL COMMENT '角色 ID',
  PRIMARY KEY(`id`)
)ENGINE=InnoDB DEFAULT CHARSET=utf8 COMMENT='用户与角色对应关系';
```

紧接着是角色部门(数据)关联关系表的数据结构定义(DDL):

```
CREATE TABLE `sys_role_dept`(
  `id` bigint(20)NOT NULL AUTO_INCREMENT,
  `role_id` bigint(20)DEFAULT NULL COMMENT '角色 ID',
  `dept_id` bigint(20)DEFAULT NULL COMMENT '部门 ID',
  PRIMARY KEY(`id`)
)ENGINE=InnoDB DEFAULT CHARSET=utf8 COMMENT='角色与部门对应关系';
```

最后则是角色菜单(资源和操作)关联关系表的数据结构定义(DDL):

```
CREATE TABLE `sys_role_menu`(
  `id` bigint(20)NOT NULL AUTO_INCREMENT,
  `role_id` bigint(20)DEFAULT NULL COMMENT '角色 ID',
  `menu_id` bigint(20)DEFAULT NULL COMMENT '菜单 ID',
  PRIMARY KEY(`id`)
)ENGINE=InnoDB DEFAULT CHARSET=utf8 COMMENT='角色与菜单对应关系';
```

至此我们已经完成了权限管理平台中功能模块之间关联关系的设计。借助 MyBatis 代码生成器,可以生成这几个关联关系表对应的 Entity 实体类、Mapper 操作接口以及对应的用于编写动态 SQL 的 Mapper.xml。其各自生成的实体类信息如下所示。首先是用户与角色关联关系实体类 SysUserRole:

```
//角色与用户关联关系
@Data
@TableName("sys_user_role")
public class SysUserRole implements Serializable {
   private static final long serialVersionUID=1L;
   @TableId
   private Long id;

   //用户 Id
   private Long userId;
   //角色 Id
   private Long roleId;
}
```

紧接着是角色与部门关联关系实体类 SysRoleDept:

```
//角色与部门关联关系实体
@Data
@TableName("sys_role_dept")
public class SysRoleDept implements Serializable {
   private static final long serialVersionUID=1L;
   @TableId
   private Long id;

   //角色 Id
   private Long roleId;
```

```
    //部门 Id
    private Long deptId;
}
```

最后则是角色与菜单关联关系实体类 SysRoleMenu：

```
//角色与菜单关联关系实体
@Data
@TableName("sys_role_menu")
public class SysRoleMenu implements Serializable {
    private static final long serialVersionUID=1L;
    @TableId
    private Long id;

    //角色 Id
    private Long roleId;
    //菜单 Id
    private Long menuId;
}
```

至此，万事俱备，只待编写实际的代码实现相应的功能模块，话不多说，我们先从角色模块开始吧！

9.4.2 角色模块实战之列表数据获取

在上一小节，笔者已经介绍了角色模块对应的数据库表 sys_role，其数据结构定义如下所示：

```
CREATE TABLE `sys_role`(
  `role_id` bigint(20)NOT NULL AUTO_INCREMENT,
  `role_name` varchar(100)DEFAULT NULL COMMENT '角色名称',
  `remark` varchar(100)DEFAULT NULL COMMENT '备注',
  `role_code` varchar(100)CHARACTER SET utf8mb4 DEFAULT NULL COMMENT '角色编码',
PRIMARY KEY(`role_id`),
  UNIQUE KEY `idx_role_code`(`role_code`)USING BTREE
)ENGINE=InnoDB DEFAULT CHARSET=utf8 COMMENT='角色表';
```

从该数据库表的数据结构定义来看，角色模块主要需要维护和管理的核心信息包括角色编码和角色名称。之所以如此简洁，是因为它起到的作用主要是充当中间桥梁，让系统其他功能模块有一定的关联关系。值得一提的是，角色编码字段具有随机和全局唯一等特性，在实际编码开发时需要特别注意。

接下来建立一个控制器类 SysRoleController，并在其中建立一请求方法，用于处理前端分页查询获取角色列表数据的请求，其代码如下所示：

```
@RestController
@RequestMapping("/sys/role")
public class SysRoleController extends AbstractController {
    @Autowired
    private SysRoleService sysRoleService;
```

```
    @Autowired
    private SysRoleMenuService sysRoleMenuService;

    @Autowired
    private SysRoleDeptService sysRoleDeptService;

    //分页列表模糊查询
    @RequestMapping("/list")
    public BaseResponse list(@RequestParam Map<String,Object>paramMap){
        BaseResponse response=new BaseResponse(StatusCode.Success);
        try{
            Map<String,Object>resMap=Maps.newHashMap();

            PageUtil page=sysRoleService.queryPage(paramMap);
            resMap.put("page",page);
            response.setData(resMap);
        }catch(Exception e){
            response=new BaseResponse(StatusCode.Fail.getCode(),e.getMessage());
        }
        return response;
    }
}
```

其中,paramMap是一个映射类型,其中的Key代表前端传递过来的参数名,Value代表对应的取值(感兴趣的读者也可以尝试将paramMap替换为自定义的实体类,而实体类中的字段则代表前端需要传递过来的参数)。sysRoleService. queryPage(paramMap)是真正执行分页查询角色列表数据的代码逻辑所在,其定义如下所示:

```
@Service("sysRoleService")
public class SysRoleServiceImpl extends ServiceImpl<SysRoleDao,SysRole>implements
SysRoleService{
    @Autowired
    private SysRoleMenuService sysRoleMenuService;

    @Autowired
    private SysRoleDeptService sysRoleDeptService;

    @Autowired
    private SysUserRoleService sysUserRoleService;

    //分页列表模糊查询
    @Override
    public PageUtil queryPage(Map<String, Object>map){
        String search=(map.get("search")!=null)?(String)map.get("search"): "";
        IPage<SysRole>iPage=new QueryUtil<SysRole>().getQueryPage(map);
```

```
        QueryWrapper wrapper=new QueryWrapper<SysRole>()
                .like(StringUtils.isNotBlank(search),"role_name",search);
        IPage<SysRole>resPage=this.page(iPage,wrapper);
        return new PageUtil(resPage);
    }
}
```

仔细研读该源码会发现，它主要是通过继承 MyBatis Plus 的 ServiceImpl 类，并利用其中的相关组件，如 QueryWrapper、IPage 等实现数据列表的分页的。值得说的是，QueryUtil 是笔者自己创建并统一封装的用于处理分页相关场景的工具类，其中的 getQueryPage()方法主要用于构造分页对象，并将其传递给 MyBatis Plus 的 QueryWrapper 进行二次封装，最终通过执行 ServiceImpl 的 page()方法实现数据列表的分页。其完整源码定义如下所示：

```
public class QueryUtil<T>{

    //根据前端传递的参数统一处理并最终封装为一个分页对象
    public IPage<T>getQueryPage(Map<String, Object>params){
        //当前第几页、每页显示的条目
        long curPage=1;
        long limit=10;

        if(params.get(Constant.PAGE)!=null){
            curPage=Long.valueOf(params.get(Constant.PAGE).toString());
        }
        if(params.get(Constant.LIMIT)!=null){
            limit=Long.valueOf(params.get(Constant.LIMIT).toString());
        }

        //分页对象
        Page<T>page=new Page<>(curPage, limit);

        //前端请求的字段排序
        if(params.get(Constant.ORDER)!=null && params.get(Constant.ORDER_FIELD)!=
null){
            SQLFilter.sqlInject((String)params.get(Constant.ORDER_FIELD));

            if(Constant.ASC.equalsIgnoreCase(params.get(Constant.ORDER).toString
())){
                return page.setAsc(params.get(Constant.ORDER_FIELD).toString());
            }else {
                return page.setDesc(params.get(Constant.ORDER_FIELD).toString());
            }
        }
        return page;
```

```
        }
    }
```

至此，我们已经完成了后端接口代码逻辑的编写，接下来只需要编写相应的前端代码，并通过 JS 进行接口联调。在这里，我们建立的前端页面文件为 role. html，对应的 JS 文件为 role. js。role. html 页面主要用于布局，读者可以自行下载查看其页面代码。而其对应的 JS 文件 role. js 中用于实现数据列表分页查询功能的核心代码为：

```
$(function(){
    $("#jqGrid").jqGrid({
        url: baseURL+'sys/role/list',
        datatype: "json",
        colModel: [
            { label: '角色 ID', name: 'roleId', index: "role_id", width: 45, key: true,
hidden:true},
            { label: '角色编码', name: 'roleCode', index: "role_code", width: 60},
            { label: '角色名称', name: 'roleName', index: "role_name", width: 75 },
            { label: '备注信息', name: 'remark'},
            { label: '创建时间', name: 'createTime', index: "create_time", width: 80}
        ],
        viewrecords: true,
        height: 385,
        rowNum: 10,
        rowList : [10,20,50,100],
        rownumbers: true,
        rownumWidth: 25,
        autowidth:true,
        multiselect: true,
        pager: "#jqGridPager",
        jsonReader : {
            root: "data.page.list",
            page: "data.page.currPage",
            total: "data.page.totalPage",
            records: "data.page.totalCount"
        },
        prmNames : {
            page:"page",
            rows:"limit",
            order: "order"
        },
        gridComplete:function(){
            //隐藏 grid 底部滚动条
            $("#jqGrid").closest(".ui-jqgrid-bdiv").css({ "overflow-x":"hidden" });
        }
```

```
        });
});
```

从该源码中不难得出，其主要采用传统的 jqGrid 方式实现数据列表的获取和分页。其最终的运行效果如图 9.34 所示。

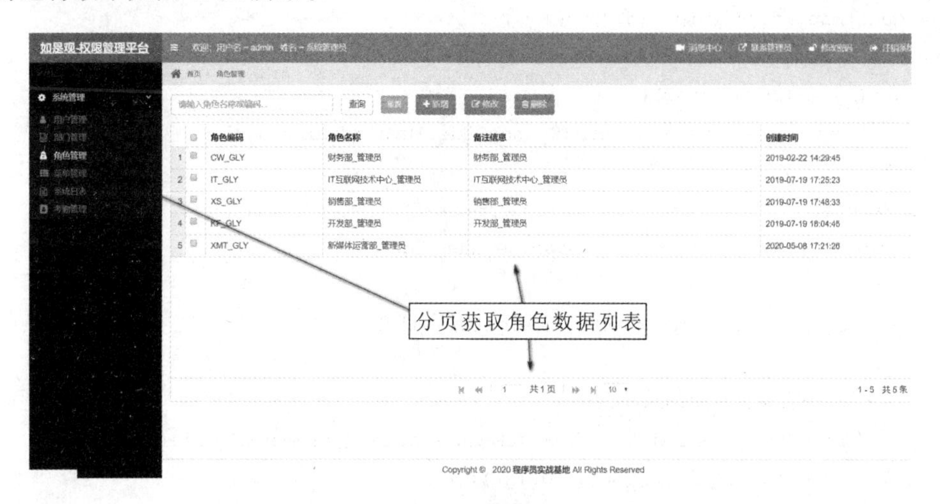

图 9.34　角色管理模块数据列表分页获取的效果

从该运行结果来看，我们编写的前、后端代码暂时是没有什么问题的。当然，在实际生产环境中，建议开发者多测试几遍，可以自己制造一定量的数据，然后对自己编写的接口进行多次测试，特别是模糊搜索和分页搜索功能，测试的次数越多，在实际生产环境中可能出现的问题就越少。

9.4.3　新增与修改角色功能实战

接下来进入新增与修改角色功能的开发。同样的道理，我们需要维护的基本信息依旧是角色编码和角色名称，因此在前端页面布局时需要重点管理这两个字段的取值。除此之外，由于角色还需要充当中间桥梁的作用，因此还需要在新增和修改操作时维护角色与菜单、角色与部门数据的关联关系，这种关联关系是通过 ZTree 组件进行展示的。在此前介绍部门和菜单功能模块的新增功能时就已经实战过这一组件了。

首先是后端相关接口的开发。我们需要在控制器类 SysRoleController 中新建相应的请求方法，用以响应前端新增和修改操作的请求，其完整的源码如下所示：

```
//新增
@LogAnnotation("新增角色")
@RequestMapping(value="/save", method=RequestMethod.POST, consumes=MediaType.
APPLICATION_JSON_UTF8_VALUE)
public BaseResponse save(@RequestBody @Validated SysRole entity, BindingResult
result){
    String res=ValidatorUtil.checkResult(result);
    if(StringUtils.isNotBlank(res)){
        return new BaseResponse(StatusCode.InvalidParams.getCode(),res);
    }
    BaseResponse response=new BaseResponse(StatusCode.Success);
```

```
        sysRoleService.saveRole(entity);
        return response;
    }
    //获取详情
    @RequestMapping("/info/{id}")
    public BaseResponse info(@PathVariable Long id){
        if(id==null || id<=0){
            return new BaseResponse(StatusCode.InvalidParams);
        }
        BaseResponse response=new BaseResponse(StatusCode.Success);
        Map<String, Object>resMap=Maps.newHashMap();
        try {
            SysRole role=sysRoleService.getById(id);

            //获取角色对应的菜单列表
            List<Long>menuIdList=sysRoleMenuService.queryMenuIdList(id);
            role.setMenuIdList(menuIdList);
            //获取角色对应的部门列表
            List<Long>deptIdList=sysRoleDeptService.queryDeptIdList(id);
            role.setDeptIdList(deptIdList);

            resMap.put("role",role);
        } catch(Exception e){
            response=new BaseResponse(StatusCode.Fail.getCode(), e.getMessage());
        }
        response.setData(resMap);
        return response;
    }
    //修改
    @LogAnnotation("修改角色")
    @RequestMapping(value="/update", method=RequestMethod.POST, consumes=MediaType.
    APPLICATION_JSON_UTF8_VALUE)
    public BaseResponse update(@RequestBody @Validated SysRole entity, BindingResult
    result){
        String res=ValidatorUtil.checkResult(result);
        if(StringUtils.isNotBlank(res)){
            return new BaseResponse(StatusCode.InvalidParams.getCode(),res);
        }
        BaseResponse response=new BaseResponse(StatusCode.Success);
        sysRoleService.updateRole(entity);
        return response;
    }
```

其中，修改操作需要先获取待修改数据记录的详细信息，而 info()方法的代码逻辑正是用于实现这一功能的。其获取的详细信息包括角色本身的信息、角色关联的菜单信息以及角色关联的部门数据信息。

仔细研读上述源码会发现,最终真正执行新增和修改逻辑的是 sysRoleService 实体类中相应的方法,其对应的源码如下所示:

```
//新增
@Override
@Transactional(rollbackFor=Exception.class)
public void saveRole(SysRole role){
    if(this.getOne(new QueryWrapper<SysRole>().eq("role_code",role.getRoleCode()))!
=null){
        throw new RuntimeException(StatusCode.RoleCodeHasExist.getMsg());
    }
    role.setCreateTime(DateTime.now().toDate());
    //插入角色本身的基本信息

    this.save(role);
    //插入角色与菜单关联信息
    sysRoleMenuService.saveOrUpdate(role.getRoleId(),role.getMenuIdList());

    //插入角色与部门关联信息
    sysRoleDeptService.saveOrUpdate(role.getRoleId(),role.getDeptIdList());
}

//修改
@Override
@Transactional(rollbackFor=Exception.class)
public void updateRole(SysRole role)throws Exception{
    SysRole old=this.getById(role.getRoleId());
    if(old!=null && !old.getRoleCode().equals(role.getRoleCode())){
        if(this.getOne(new QueryWrapper<SysRole>().eq("role_code",role.getRoleCode
()))!=null){
            throw new RuntimeException(StatusCode.RoleCodeHasExist.getMsg());
        }
    }
    //更新角色本身的基本信息
    this.updateById(role);

    //更新角色与菜单关联信息
    sysRoleMenuService.saveOrUpdate(role.getRoleId(),role.getMenuIdList());

    //更新角色与部门关联信息
    sysRoleDeptService.saveOrUpdate(role.getRoleId(),role.getDeptIdList());
}
```

仔细研读上述源代码不难发现,其核心逻辑除了需要更新角色本身的信息外,还需要更新角色与菜单、角色与部门数据之间的关联关系,它们分别是通过角色菜单服务类

sysRoleMenuService 和角色部门服务类 sysRoleDeptService 的 saveOrUpdate 方法实现的。在这里我们以角色菜单服务类 sysRoleMenuService. saveOrUpdate()方法为例进行说明，如下所示为其实现代码：

```
//维护角色与菜单关联信息
@Override
@Transactional(rollbackFor=Exception.class)
public void saveOrUpdate(Long roleId, List< Long> menuIdList){
    //需要先清除旧的关联数据,再插入新的关联信息
    deleteBatch(Arrays.asList(roleId));

    SysRoleMenu entity;
    if(menuIdList!=null && !menuIdList.isEmpty()){
        for(Long mId:menuIdList){
            entity=new SysRoleMenu();
            entity.setRoleId(roleId);
            entity.setMenuId(mId);
            this.save(entity);
        }
    }
}
```

仔细阅读该源码，会发现其实现过程并不复杂，它主要是先清除旧的关联关系数据，然后遍历前端用户选择的“菜单节点”数组，一个一个地将其维护到数据库表中。而 sysRoleDeptService. saveOrUpdate()方法的实现逻辑亦是如此，在这里不做过多介绍。

接下来是前端层面的开发，同样的道理，我们仍然需要先在页面文件 role. html 中进行布局。图 9.35 所示为新增和修改功能对应的前端布局的代码：

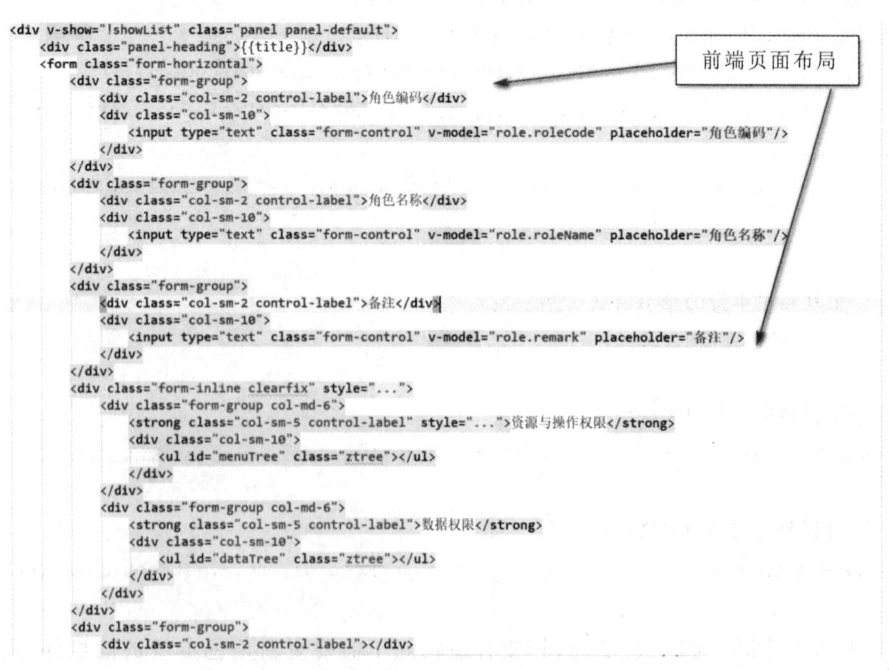

```
<div v-show="!showList" class="panel panel-default">
    <div class="panel-heading">{{title}}</div>
    <form class="form-horizontal">
        <div class="form-group">
            <div class="col-sm-2 control-label">角色编码</div>
            <div class="col-sm-10">
                <input type="text" class="form-control" v-model="role.roleCode" placeholder="角色编码"/>
            </div>
        </div>
        <div class="form-group">
            <div class="col-sm-2 control-label">角色名称</div>
            <div class="col-sm-10">
                <input type="text" class="form-control" v-model="role.roleName" placeholder="角色名称"/>
            </div>
        </div>
        <div class="form-group">
            <div class="col-sm-2 control-label">备注</div>
            <div class="col-sm-10">
                <input type="text" class="form-control" v-model="role.remark" placeholder="备注"/>
            </div>
        </div>
        <div class="form-inline clearfix" style="...">
            <div class="form-group col-md-6">
                <strong class="col-sm-5 control-label" style="...">资源与操作权限</strong>
                <div class="col-sm-10">
                    <ul id="menuTree" class="ztree"></ul>
                </div>
            </div>
            <div class="form-group col-md-6">
                <strong class="col-sm-5 control-label">数据权限</strong>
                <div class="col-sm-10">
                    <ul id="dataTree" class="ztree"></ul>
                </div>
            </div>
        </div>
        <div class="form-group">
            <div class="col-sm-2 control-label"></div>
```


图 9.35 新增和修改角色的前端页面代码

其对应的JS代码是编写在role.js中的，如下所示为新增、修改操作所对应的核心代码：

```
var vm=new Vue({
    el:'#pmpapp',
    data:{
        showList: true,
        title:null,
        role:{
            roleId:null,
            roleName:null,
            roleCode:null,
            remark:null,
            menuIdList:[],
            deptIdList:[]
        }
    },
    methods: {
        //新增
        add: function(){
            vm.showList=false;
            vm.title="新增";
                vm. role = { roleId: null, roleCode: null, roleName: null, remark: null,
menuIdList:null,deptIdList:null};
            vm.getMenuTree(null);
            vm.getDataTree();
        },

        //修改
        update: function(){
            var roleId=getSelectedRow();
            if(roleId==null){
                return ;
            }
            vm.showList=false;
            vm.title="修改";
            vm.getDataTree();
            vm.getMenuTree(roleId);
        },

        //获取角色详情
        getRole: function(roleId){
            $.get(baseURL+"sys/role/info/"+roleId, function(r){
                vm.role=r.data.role;
```

```
            //勾选角色所拥有的菜单
            var menuIds=vm.role.menuIdList;
            for(var i=0;i<menuIds.length;i++){
                var node=menu_ztree.getNodeByParam("menuId", menuIds[i]);
                menu_ztree.checkNode(node, true, false);
            }
            //勾选角色所拥有的部门数据权限
            var deptIds=vm.role.deptIdList;
            for(var i=0;i<deptIds.length;i++){
                var node=data_ztree.getNodeByParam("deptId", deptIds[i]);
                data_ztree.checkNode(node, true, false);
            }
        });
    },
    //保存新增或者修改后的角色信息
    saveOrUpdate: function(){
        //获取选择的菜单
        var nodes=menu_ztree.getCheckedNodes(true);
        var menuIdList=new Array();
        for(var i=0;i<nodes.length;i++){
            menuIdList.push(nodes[i].menuId);
        }
        vm.role.menuIdList=menuIdList;
        //获取选择的部门
        var nodes=data_ztree.getCheckedNodes(true);
        var deptIdList=new Array();
        for(var i=0;i<nodes.length;i++){
            deptIdList.push(nodes[i].deptId);
        }

        vm.role.deptIdList=deptIdList;
        var url=vm.role.roleId==null ? "sys/role/save" : "sys/role/update";
        $.ajax({
            type: "POST",
            url: baseURL+url,
            contentType: "application/json",
            data: JSON.stringify(vm.role),
            success: function(r){
                if(r.code===0){
                    alert('操作成功', function(){
                        vm.reload();
```

```
                    });
                }else{ alert(r.msg);}
            }
        });
    },

    //加载菜单树
    getMenuTree: function(roleId){
        $.get(baseURL+"sys/menu/list", function(r){
            menu_ztree=$.fn.zTree.init($("#menuTree"), menu_setting, r);
            //展开所有节点
            menu_ztree.expandAll(true);
            if(roleId !=null){
                vm.getRole(roleId);
            }
        });
    },
    //加载部门树
    getDataTree: function(roleId){
        $.get(baseURL+"sys/dept/list", function(r){
            data_ztree=$.fn.zTree.init($("#dataTree"), data_setting, r);
            data_ztree.expandAll(true);
        });
    }
}
});
```

其他细节性的代码读者自行下载阅读即可。而对于上述代码，其核心主要在于加载菜单树 getMenuTree()方法、加载部门树 getDataTree()方法以及获取前端勾选的菜单节点和部门节点数据，并将其设置进数组中，最终将其提交到后端相应的接口。而后端接口第一时间响应的是控制器类 SysRoleController 中相应的请求方法，其代码实现逻辑在本小节的开篇就已经介绍过了。

点击运行项目，如果 IDEA 控制台没有报错信息，则代表我们编写的上述代码没有语法级别的错误，然后打开浏览器访问系统的角色模块。图 9.36 至图 9.39 所示为新增、修改角色对应的最终效果。

至此，已经完成了角色模块的新增和修改功能。建议读者进行多次测试，特别是在测试选择角色关联的菜单树和角色关联的部门树的数据节点时，更需要进行多番测试，唯有如此，方能切身感受到关联的数据从无到有、从有到无的过程。

在这里笔者给各位读者留了一道实验题：独立编写相应的代码来实现角色模块的删除功能。（注：该功能笔者已经实现了，读者可以自行下载。）

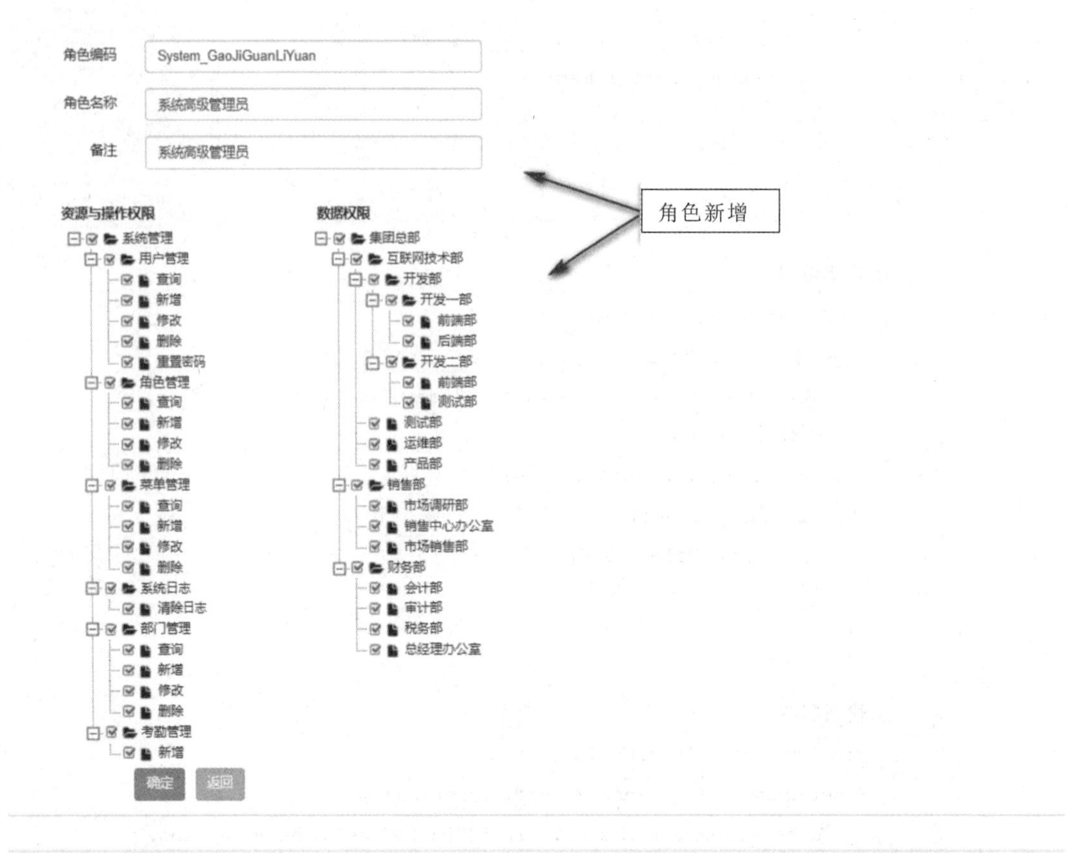

图 9.36　新增角色信息

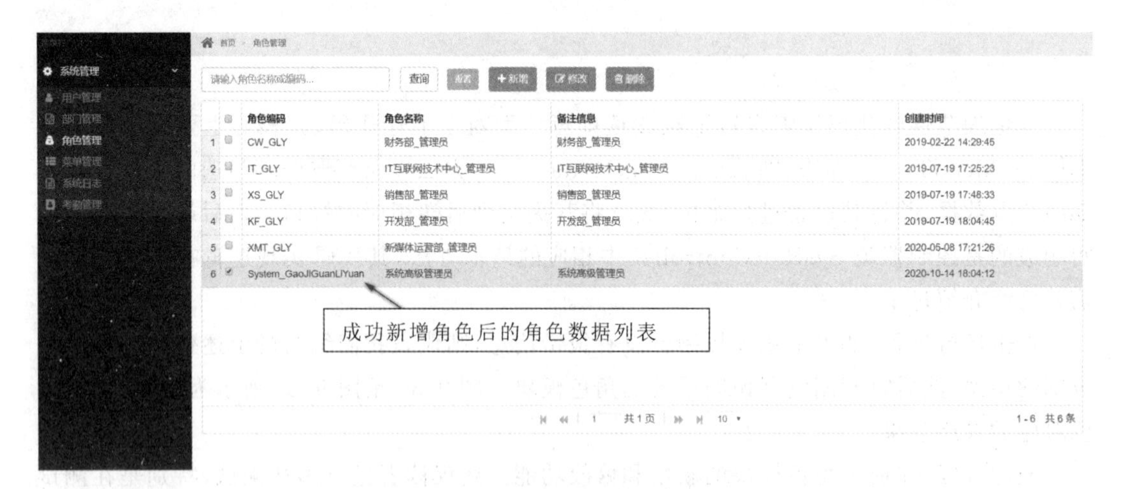

	角色编码	角色名称	备注信息	创建时间
1	CW_GLY	财务部_管理员	财务部_管理员	2019-02-22 14:29:45
2	IT_GLY	IT互联网技术中心_管理员	IT互联网技术中心_管理员	2019-07-19 17:25:23
3	XS_GLY	销售部_管理员	销售部_管理员	2019-07-19 17:48:33
4	KF_GLY	开发部_管理员	开发部_管理员	2019-07-19 18:04:45
5	XMT_GLY	新媒体运营部_管理员		2020-06-08 17:21:26
6	System_GaoJiGuanLiYuan	系统高级管理员	系统高级管理员	2020-10-14 18:04:12

图 9.37　成功新增角色后的数据列表

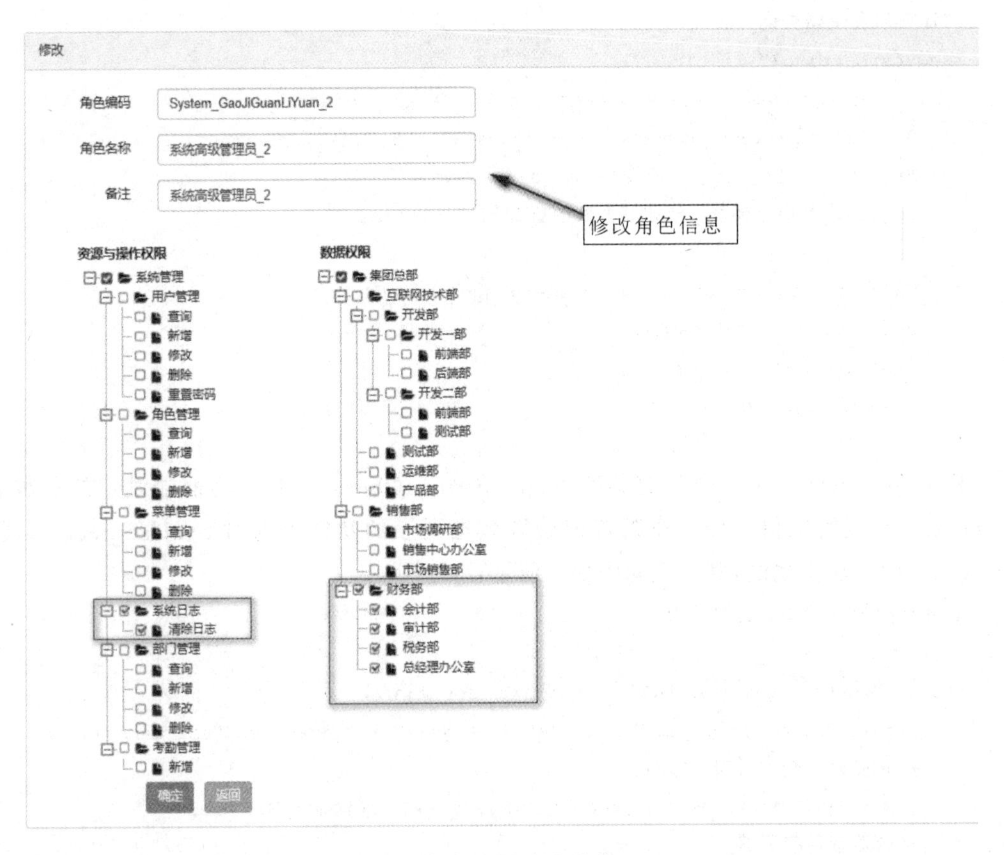

图 9.38　修改角色信息

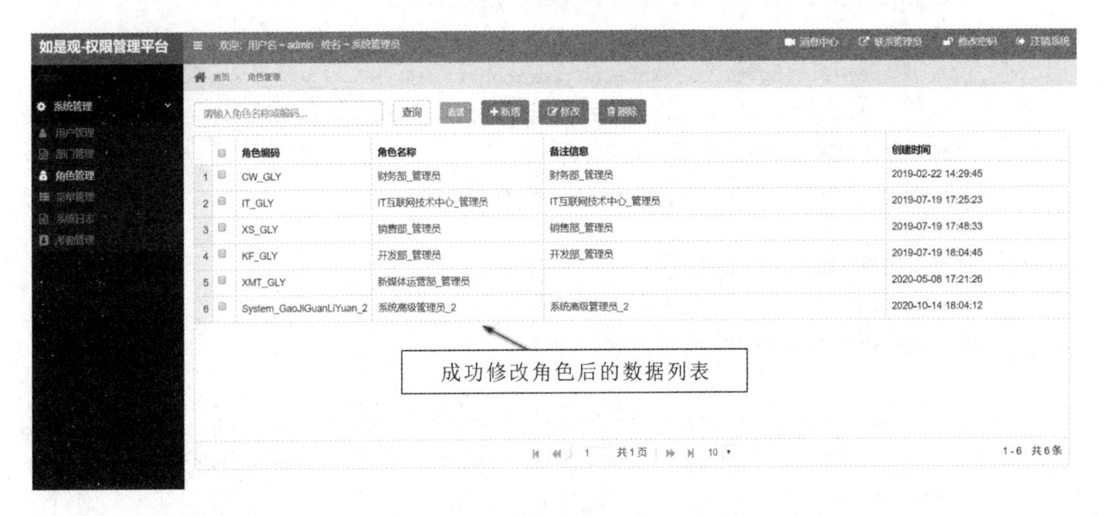

图 9.39　成功修改角色后的数据列表

9.4.4　用户模块实战之列表数据获取

接下来进入用户模块代码实战环节，首先要实现的是分页模糊搜索获取用户数据列表功能，话不多说，让我们开始吧！

在后端控制器 SysUserController 中新建一请求方法 list()，用以响应前端分页模糊查询获取用户数据列表的请求，其核心源码如下所示：

```
//分页列表模糊查询
@RequestMapping("/list")
public BaseResponse list(@RequestParam Map<String,Object>paramMap){
    BaseResponse response=new BaseResponse(StatusCode.Success);
    Map<String,Object>resMap=Maps.newHashMap();
    log.info("用户模块~分页列表模糊查询:{}",paramMap);

    PageUtil page=sysUserService.queryPage(paramMap);
    resMap.put("page",page);
    response.setData(resMap);
    return response;
}
```

其中,paramMap 是一个映射类型 Map＜String,Object＞,Key 为前端设定的参数名,Value 则为对应的取值。分页模糊查询获取数据列表的功能是通过 SysUserService 类的 queryPage()方法实现的,其实现源码如下所示:

```
//分页模糊查询获取数据列表
@Override
public PageUtil queryPage(Map<String, Object>map){
    String search=(map.get("username")!=null)?(String)map.get("username"):"";
    //获取分页查询对象 iPage
    IPage<SysUser>iPage=new QueryUtil<SysUser>().getQueryPage(map);
    //构造查询包装器
    QueryWrapper wrapper=new QueryWrapper<SysUser>()
            .like(StringUtils.isNotBlank(search),"username",search.trim())
            .or(StringUtils.isNotBlank(search.trim()))
            .like(StringUtils.isNotBlank(search),"name",search.trim());
    //执行分页查询获取数据列表
    IPage<SysUser>resPage=this.page(iPage,wrapper);

    //获取用户所属的部门信息
    SysDept dept;
    for(SysUser user:resPage.getRecords()){
        try{
            dept=sysDeptService.getById(user.getDeptId());
             user. setDeptName ((dept!=null && StringUtils. isNotBlank (dept. getName
()))? dept.getName(): "");
        }catch(Exception e){
            e.printStackTrace();
        }
    }
    return new PageUtil(resPage);
}
```

至此,分页模糊查询获取数据列表功能的后端接口代码已经完成了,接下来进入前端代码的实战。在这里需要建立一新的页面文件 user. html,并在其中做好相应的布局,其核心代码如下所示：

```
<div v-show="showList">
  <div class="grid-btn">
      <div class="form-group col-sm-2" style="margin-left:-14px;">
        <input type="text" class="form-control" v-model="q.username" @keyup.enter="
query" placeholder="请输入用户名或姓名...">
      </div>
      <a class="btn btn-default" @click="query" style="">查询</a>
      <a class="btn btn-warning btn-rounded btn-sm" @click="reset">重置</a>
  </div>
  <!--类似于 easyui 的 datagrid,代表数据网格,即一个二维式的数据矩阵,其实就是数据列表的
展示-->
    <table id="jqGrid"></table>
   <!--数据列表下面的分页组件-->
    <div id="jqGridPager"></div>
</div>
```

仔细阅读上述源码不难发现，我们仍然是基于 jqGrid 组件实现分页数据展示的，其核心代码编写在 user. js 中，如下所示：

```
$(function(){
    //初始化加载数据
    $("#jqGrid").jqGrid({
        url: baseURL+'sys/user/list',
        datatype: "json",
        //数据字段一一绑定<>根据 name
        colModel: [
        { label: 'Id', name: 'userId', index: "user_id", width: 45, key: true,hidden:
true},
        { label: '用户名', name: 'username', width: 75 },
            { label: '姓名', name: 'name', width: 75 },
            { label: '所属部门', name: 'deptName', sortable: false, width: 75 },
        { label: '邮箱', name: 'email', width: 90 },
        { label: '手机号', name: 'mobile', width: 100 },
         { label: '状态', name: 'status', width: 60, formatter: function(value,
options, row){
            return value===0 ?
              '<span class="label label-danger">禁用</span>' :
              '<span class="label label-success">正常</span>';
        }},
        { label: '创建时间', name: 'createTime', index: "create_time", width: 85}
        ],
      viewrecords: true,
        height: 385,
        rowNum: 10,
        rowList : [10,20,30,40,50,60,100],
```

```
            rownumbers: true,
            rownumWidth: 25,
            autowidth:true,
            multiselect: true,
            pager: "#jqGridPager",
            //读取服务器返回的JSON数据并解析
            jsonReader : {
                root: "data.page.list",
                page: "data.page.currPage",
                total: "data.page.totalPage",
                records: "data.page.totalCount"
            },
            //设置jqGrid将要向服务端传递的参数名称
            prmNames : {
                page:"page",
                rows:"limit",
                order: "order"
            },
            gridComplete:function(){
                //隐藏grid底部滚动条
                $("#jqGrid").closest(".ui-jqgrid-bdiv").css({ "overflow-x" : "hidden" });
            }
        });
    });
```

至此，分页模糊查询获取数据列表功能前端代码的实现也已经完成了。点击运行项目，如果IDEA控制台没有报相应的错误信息，则代表上面编写的代码是没有语法级别问题的。打开浏览器，输入链接，访问系统，并点击查看“用户管理”菜单，即可跳转进入用户模块的主页，如图9.40所示。

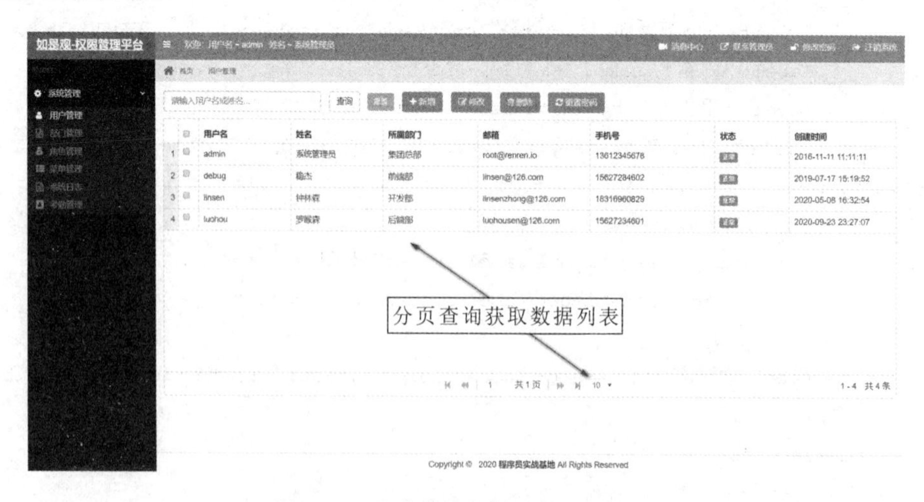

图9.40　用户模块分页获取数据列表

在搜索框中输入相应的内容，如输入“森”，按下回车键或者点击“查询”按钮，即可发起查询请求，获取用户数据库表中“用户名”“姓名”等字段包含“森”的数据记录，如图 9.41 所示。

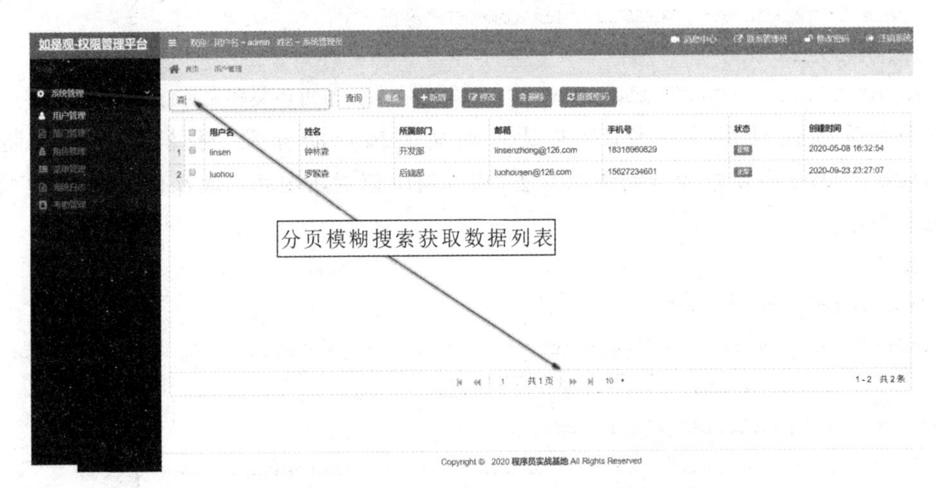

图 9.41　用户模块模糊搜索分页获取数据列表

至此，用户模块中分页模糊查询获取数据列表功能的前、后端代码已经实现完毕。读者可以在用户数据库表中先自行添加多条用户数据记录，并返回到上述用户模块主页面中进行模糊搜索测试。

9.4.5　新增与修改用户功能实战

接下来实战用户模块的新增和修改功能。在本节开始，笔者已经介绍了该功能模块对应的数据库表设计，即数据库表结构定义，如下所示：

```
CREATE TABLE `sys_user`(
  `user_id` bigint(20)NOT NULL AUTO_INCREMENT,
  `name` varchar(255)CHARACTER SET utf8mb4 DEFAULT '' COMMENT '姓名',
  `username` varchar(50)NOT NULL COMMENT '用户名',
  `password` varchar(100)DEFAULT NULL COMMENT '密码',
  `salt` varchar(20)DEFAULT NULL COMMENT '盐',
  `status` tinyint(4)DEFAULT '1' COMMENT '状态  0:禁用   1:正常',
  `dept_id` bigint(20)DEFAULT NULL COMMENT '部门 ID',
  PRIMARY KEY(`user_id`),
  UNIQUE KEY `username`(`username`)
)ENGINE=InnoDB DEFAULT CHARSET=utf8 COMMENT='系统用户表'
```

从中可以得出我们需要维护的基本信息包括用户姓名/昵称、用户名/登录账号、登录密码、加密盐、状态和所属的部门，因此在前端页面布局时需要管理并维护这几个字段的取值。

除此之外，还需要为用户分配、维护并管理对应的角色信息，即将角色分配给用户，最终用户将拥有分配给角色的菜单资源和部门数据，而用户与角色之间的这层关联关系需要用相应的数据库表进行表示，其数据库表结构定义如下所示：

```
CREATE TABLE `sys_user_role`(
  `id` bigint(20)NOT NULL AUTO_INCREMENT,
  `user_id` bigint(20)DEFAULT NULL COMMENT '用户 ID',
  `role_id` bigint(20)DEFAULT NULL COMMENT '角色 ID',
  PRIMARY KEY(`id`)
)ENGINE=InnoDB  DEFAULT CHARSET=utf8 COMMENT='用户与角色关联关系';
```

接下来进入代码实战环节，首先是后端相关接口的开发。我们需要在控制器类SysUserController中新建相应的请求方法，用以响应前端新增和修改操作的请求，其完整的源码如下所示：

```
//新增
@RequestMapping("/save")
public BaseResponse save(@RequestBody @Validated SysUser user, BindingResult result){
    String res=ValidatorUtil.checkResult(result);
    if(StringUtils.isNotBlank(res)){
        return new BaseResponse(StatusCode.InvalidParams.getCode(),res);
    }
    if(StringUtils.isBlank(user.getPassword())){
        return new BaseResponse(StatusCode.PasswordCanNotBlank);
    }
    BaseResponse response=new BaseResponse(StatusCode.Success);
    sysUserService.saveUser(user);
    return response;
}
//获取详情
@RequestMapping("/info/{userId}")
public BaseResponse info(@PathVariable Long userId){
    BaseResponse response=new BaseResponse(StatusCode.Success);
    Map<String,Object>resMap=Maps.newHashMap();
    resMap.put("user",sysUserService.getInfo(userId));
    response.setData(resMap);
    return response;
}

//修改
@RequestMapping("/update")
public BaseResponse update(@ RequestBody @ Validated SysUser user, BindingResult
result){
    String res=ValidatorUtil.checkResult(result);
    if(StringUtils.isNotBlank(res)){
        return new BaseResponse(StatusCode.InvalidParams.getCode(),res);
    }
    BaseResponse response=new BaseResponse(StatusCode.Success);
```

```
        sysUserService.updateUser(user);
        return response;
    }
```

其中,修改操作需要先获取待修改数据记录的详细信息,而 info()方法的代码逻辑正是用于实现这一功能的。其获取的详细信息包括用户本身的信息以及用户关联的角色信息。

仔细研读上述源码会发现,最终真正执行新增和修改的逻辑是通过 SysUserService 实体类中相应的方法实现的,其对应的源码如下所示:

```
    //保存用户
    @Override
    @Transactional(rollbackFor=Exception.class)
    public void saveUser(SysUser entity){
        if(this.getOne(new QueryWrapper<SysUser>().eq("username",entity.getUsername
    ()))!=null ){
            throw new RuntimeException("用户名已存在!");
        }
        entity.setCreateTime(new Date());

        //加密密码串
        String salt=RandomStringUtils.randomAlphanumeric(20);
        String password=ShiroUtil.sha256(entity.getPassword(),salt);
        entity.setPassword(password);
        entity.setSalt(salt);
        this.save(entity);

        //维护好用户与角色的关联关系
        sysUserRoleService.saveOrUpdate(entity.getUserId(),entity.getRoleIdList());
    }

    //获取用户详情,包括其分配的角色关联信息
    @Override
    public SysUser getInfo(Long userId){
        SysUser entity=this.getById(userId);

        //获取用户分配的角色关联信息
        List<Long>roleIds=sysUserRoleService.queryRoleIdList(userId);
        entity.setRoleIdList(roleIds);
        return entity;
    }

    //修改
    @Override
    @Transactional(rollbackFor=Exception.class)
```

```
public void updateUser(SysUser entity){
    SysUser old=this.getById(entity.getUserId());
    if(old==null){
        return;
    }
    if(!old.getUsername().equals(entity.getUsername())){
        if(this.getOne(new QueryWrapper<SysUser>().eq("username",entity.getUsername
())) !=null ){
            throw new RuntimeException("修改后的用户名已存在!");
        }
    }
    if(StringUtils.isNotBlank(entity.getPassword())){
        String password=ShiroUtil.sha256(entity.getPassword(),old.getSalt());
        entity.setPassword(password);
    }
    this.updateById(entity);

    //维护好用户与角色的关联关系
    sysUserRoleService.saveOrUpdate(entity.getUserId(),entity.getRoleIdList());
}
```

仔细研读上述源代码,不难发现其核心逻辑除了需要更新用户本身的信息外,还需要更新用户与角色之间的关联信息。更新用户与角色之间的关联信息主要是通过用户角色服务类 SysUserRoleService 的 saveOrUpdate 方法实现的,如下所示为其实现代码:

```
//维护用户与角色的关联关系
@Override
@Transactional(rollbackFor=Exception.class)
public void saveOrUpdate(Long userId, List<Long>roleIds){
    //需要先清除旧的关联数据,再插入新的关联信息
    this.remove(new QueryWrapper<SysUserRole>().eq("user_id",userId));

    if(roleIds! =null && ! roleIds.isEmpty()){
        SysUserRole entity;
        for(Long rId:roleIds){
            entity=new SysUserRole();
            entity.setRoleId(rId);
            entity.setUserId(userId);
            this.save(entity);
        }
    }
}
```

阅读上述的源码,会发现其实现过程并不复杂,主要是先清除旧的关联关系数据,然后遍历前端用户选择的角色节点数组,一个一个地将其维护到数据库表中。

接下来是前端层面的开发，同样的道理，我们仍然需要先在页面文件 user.html 中进行布局。图 9.42 所示为新增和修改功能对应的前端布局的代码。

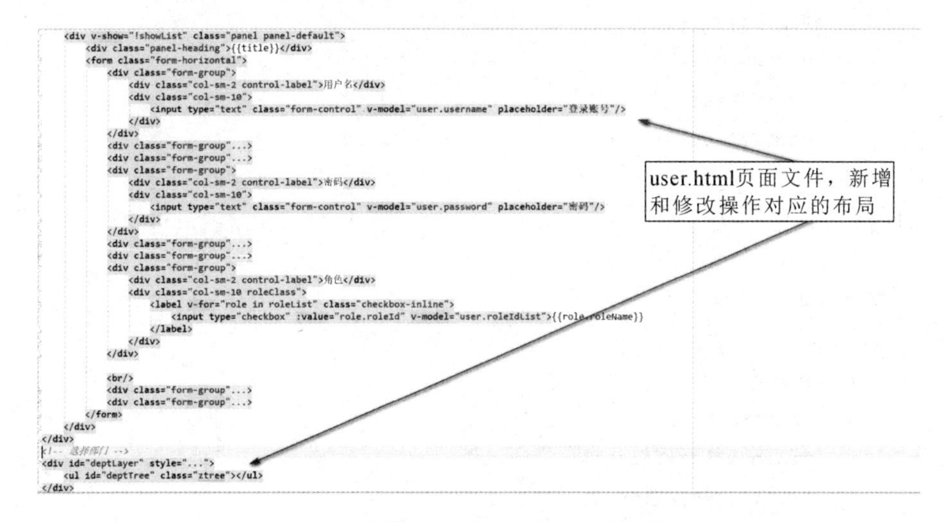

图 9.42　新增和修改角色的前端页面代码

其对应的 JS 代码是编写在 user.js 中的。如下所示为新增、修改操作所对应的核心代码：

```
//设置自定义数据
var setting={
    data: {
        simpleData: {
            enable: true,
            idKey: "deptId",
            pIdKey: "parentId",
            rootPId:-1
        },
        key: {
            url:"nourl"
        }
    }
};

//层级树
var ztree;

var vm=new Vue({
    el:'#pmpapp',
    data:{
        showList: true,
        title:null,
        roleList:{},
```

```
        user:{
            status:1,
            deptId:null,
            deptName:null,
            roleIdList:[],
            postIdList:[]
        }
    },

    //请求方法
    methods: {
        //进入新增
        add: function(){
            vm.showList=false;
            vm.title="新增";
            vm.roleList={};
            vm.user={deptName:null, deptId:null, status:1, roleIdList:[]};
            this.getRoleList();
            //this.getPostList();
            this.getDept();
        },
        //获取角色列表
        getRoleList: function(){
            $.get(baseURL+"sys/role/select", function(r){
                vm.roleList=r.data.list;
            });
        },
        //获取部门列表
        getDept: function(){
            //加载部门树
            $.get(baseURL+"sys/dept/list", function(r){
                ztree=$.fn.zTree.init($("#deptTree"), setting, r);
                var node=ztree.getNodeByParam("deptId", vm.user.deptId);
                if(node ! =null){
                    ztree.selectNode(node);

                    vm.user.deptName=node.name;
                }
            })
        },
        //进入修改
        update: function(){
            var userId=getSelectedRow();
```

```
        if(userId==null){
            return ;
        }
        vm.showList=false;
        vm.title="修改";

        //详情
        vm.getInfo(userId);
        this.getRoleList();
    },
    //根据 userId 获取用户信息
    getInfo: function(userId){
        $.get(baseURL+"sys/user/info/"+userId, function(r){
            vm.user=r.data.user;
            vm.user.password=null;

            vm.getDept();
        });
    },
    //保存-更新数据
    saveOrUpdate: function(){
        var url=vm.user.userId==null ? "sys/user/save" : "sys/user/update";
        $.ajax({
            type: "POST",
            url: baseURL+url,
            contentType: "application/json",
            data: JSON.stringify(vm.user),
            success: function(r){
                if(r.code===0){
                    alert('操作成功', function(){
                        vm.reload();
                    });
                }else{
                    alert(r.msg);
                }
            }
        });
    },
    //点击 ZTree 的选择事件
    deptTree: function(){
        layer.open({
            type: 1,
            offset: '30px',
```

```
                    skin: 'layui-layer-molv',
                    title: "选择部门",
                    area: ['300px', '300px'],
                    shade: 0,
                    shadeClose: false,
                    content: jQuery("#deptLayer"),
                    btn: ['确定', '取消'],
                    btn1: function(index){
                        var node=ztree.getSelectedNodes();
                        //选择上级部门
                        vm.user.deptId=node[0].deptId;
                        vm.user.deptName=node[0].name;

                        layer.close(index);
                    }
                });
            },
        }
    });
```

其他细节性的代码读者自行下载阅读即可。而对于上述代码，其核心主要在于弹框选择部门 deptTree()方法、勾选获取分配给用户的角色数据，并将其设置进数组 roleIdList 中，最终提交到后端相应接口。而后端接口第一时间响应的是控制器类 SysUserController 中相应的请求方法，其代码实现逻辑在本小节的开始就已经介绍过了。

点击运行项目，如果 IDEA 控制台没有报错信息，则代表我们编写的上述代码没有语法级别的错误。然后打开浏览器访问系统的用户模块，图 9.43 至图 9.46 所示为新增、修改用户对应的最终效果。

图 9.43 新增用户

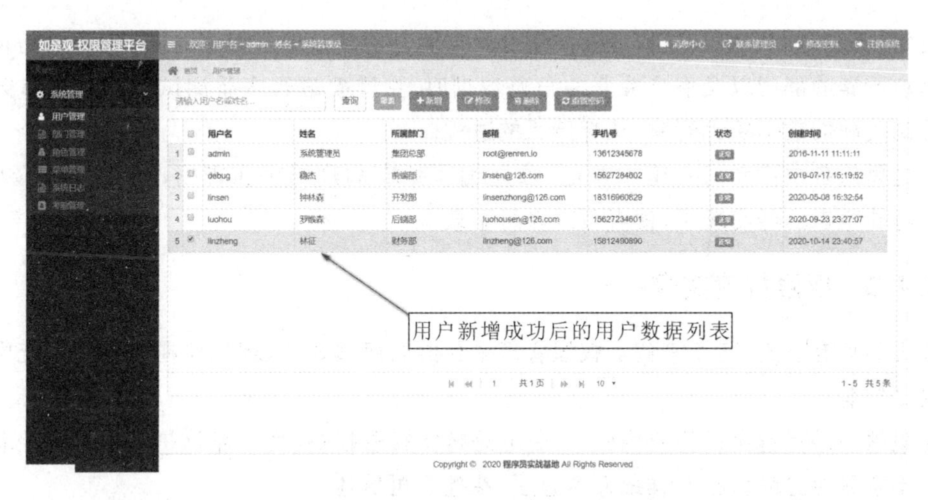

图 9.44　成功新增用户后的数据列表

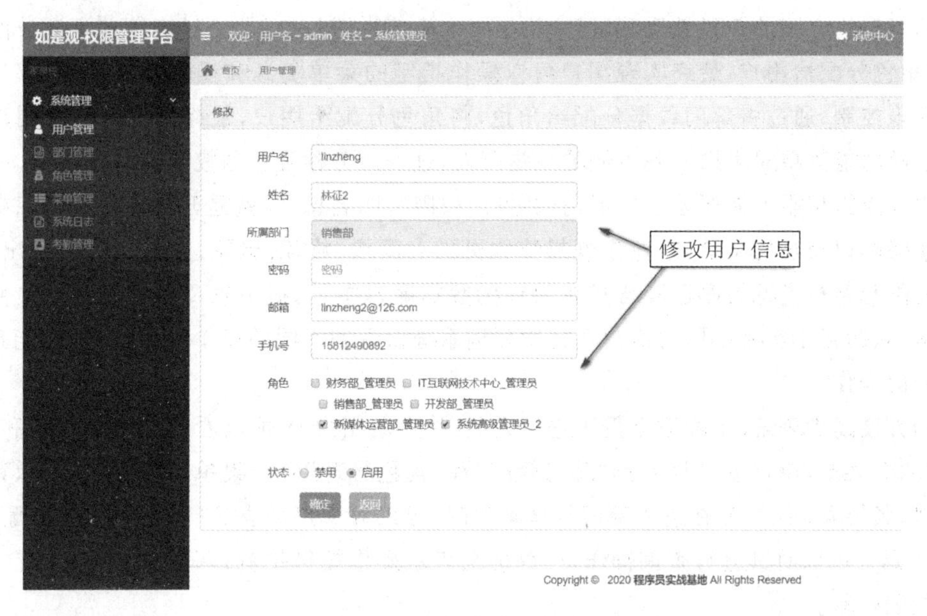

图 9.45　修改用户

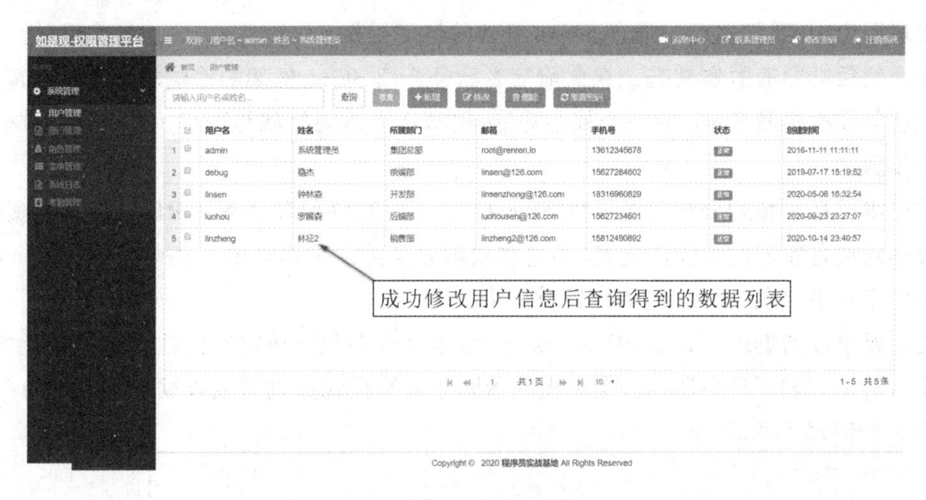

图 9.46　成功修改用户后的数据列表

至此,已经完成了用户模块的新增和修改功能。建议读者进行多次测试,特别是在测试选择用户所属的部门以及用户关联的角色数据时,更需要进行多番测试,唯有如此,方能切身感受到关联的数据从无到有、从有到无的过程。

在这里给各位读者留一道实验题:独立编写相应的代码来实现用户模块的删除功能。(注:该功能笔者已经实现了,读者可以自行下载。)

9.4.6 权限控制实战

皇天不负有心人,终于来到了权限管理平台的高潮部分了,即如何在实际的系统中实现用户权限控制。

这里的"权限"包含两部分内容,一部分是操作权限控制,另一部分是数据权限控制。这一点在本章开始之时就已经详细介绍过了,在此不再赘述。

前面介绍的各个功能模块的管理,如部门管理、菜单管理、角色管理和用户管理,以及这几个功能模块之间的关联关系管理等,均是为本小节做铺垫的,即通过将菜单资源分配给角色,将角色分配给用户,最终实现用户可以操作指定的菜单资源和操作按钮,这一部分称为操作权限控制;通过将部门数据分配给角色,将角色分配给用户,最终实现不同的用户在进入特定的功能菜单时可以看到不同的数据列表,这一部分称为数据权限控制。

先从操作权限控制开始吧!所谓的"操作权限",顾名思义,就是开发者日常可以接触到的常规操作以及功能菜单,这些常规操作常见的有新增、修改、删除、查询、导入、导出等,而这些操作与菜单资源数据已经维护在相应的数据库表中了,接下来要做的是如何去使用这些数据,从而真正实现不同的用户在成功登进系统后看到不同的菜单,对特定的功能菜单具有不同的操作。

为方便读者理解,下面举个例子进行说明:首先是用户 A 可以看到"用户管理"和"部门管理"两个菜单,用户 B 可以看到"部门管理"和"角色管理"两个菜单,这种情况表示菜单资源控制;紧接着,用户 A 在进入部门管理菜单时,可以对部门数据进行增加、修改和删除,而用户 B 则只可以对其进行查询操作,这种情况表示操作按钮控制;两者结合起来,统一称为操作权限控制。

在实际项目开发中,可以通过前、后端配合一同实现操作权限的控制。而在本章介绍的权限管理平台中,我们主要是通过 Shiro 框架的访问授权 Authorization 组件实现的。

先介绍后端层面的实现吧。在此前笔者已经介绍 Shiro 框架的底层核心架构的篇章中,笔者就已经多次提及 Shiro 的一个核心功能:前端请求访问拦截与授权。其过程主要包含以下几个步骤:

首先需要在项目的全局配置文件 ShiroConfig 中配置前端请求 URL 对应的拦截级别,每个级别对应着特定的权限限定符,而这些权限限定符几乎都需要与菜单表 sys_menu 中的权限限定字符串字段 perms 的取值保持同步。

之后便可以借助@RequiresPermissions 注解将这些权限限定符标注在控制器类中相应的请求方法中。如下代码所示为菜单模块管理中分页模糊查询列表数据权限的控制:

```
//分页模糊查询数据列表
@RequestMapping("/list")
@RequiresPermissions("sys:role:list")
```

```
public BaseResponse list(@RequestParam Map<String,Object>paramMap){
    //此处为实际的业务逻辑处理代码,读者可以自行下载阅读
    }
```

@RequiresPermissions("sys:role:list")便是上述代码的精华所在,它表示如果用户要访问当前这个请求 URL 对应的请求方法 list(×××),则要求当前用户拥有权限限定符取值为"sys:role:list"的操作资源。而众所周知,这些资源是直接分配给某个角色的,因此,只需要在菜单管理功能模块中将菜单管理的查询按钮分给指定的角色,然后再将该角色分配给用户即可。

用户拥有访问某些请求方法的权限限定符时,就意味着用户可以顺利地访问相应的请求方法;否则,会被 Shiro 的相关组件拦截。如下所示为编写在 UserRealm 中拦截指定请求方法的代码逻辑。

```
@Override
protected    AuthorizationInfo    doGetAuthorizationInfo    ( PrincipalCollection
principalCollection){
    //获取当前登录用户(主体)
    SysUser user=(SysUser)principalCollection.getPrimaryPrincipal();
    Long userId=user.getUserId();
    List<String>perms=Lists.newLinkedList();

    //系统超级管理员拥有最高的权限,不需要发出 SQL 的查询,直接拥有所有权限
    //否则,需要根据当前用户 Id 去查询权限列表
    if(userId==Constant.SUPER_ADMIN){
        List<SysMenu>list=sysMenuService.list();
        if(list!=null && !list.isEmpty()){
            perms=list.stream().map(SysMenu::getPerms).collect(Collectors.toList
());
        }
    }else{
        perms=sysUserDao.queryAllPerms(userId);
    }
    //对于每一个授权编码,即权限限定符按照逗号, 进行解析、拆分、解析
    Set<String>stringPermissions=Sets.newHashSet();
    if(perms!=null && !perms.isEmpty()){
        for(String p:perms){
            if(StringUtils.isNotBlank(p)){
                stringPermissions.addAll(Arrays.asList(StringUtils.split(p.trim
(),",")));
            }
        }
    }
    //最终将分配给当前用户的权限限定符列表设置进 SimpleAuthorizationInfo 组件中的
    //stringPermissions 里
```

```
        SimpleAuthorizationInfo info=new SimpleAuthorizationInfo();
        info.setStringPermissions(stringPermissions);
        return info;
    }
```

当用户请求访问带有@RequiresPermissions(××××)注解的请求方法时，Shiro 将自动触发上述 UserRealm 的 doGetAuthorizationInfo()方法，通过检查判断@RequiresPermissions(××××)注解中的权限限定符(××××)是否存在于 stringPermissions 的权限列表中，进而得出当前用户是否可以访问当前请求方法的结论。

图 9.47 所示为用户名为“linzheng”的相关配置信息，从中可以得出该用户拥有角色“系统高级管理员_2”，而该角色拥有“系统日志”和“部门管理”菜单以及各自菜单下的操作按钮，因此用户也就间接拥有了这些菜单和操作按钮资源。

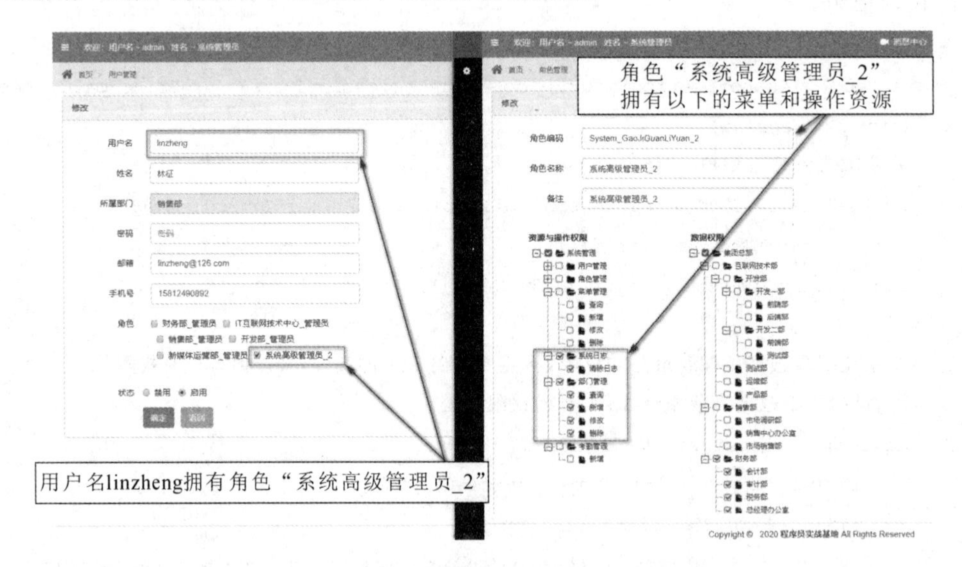

图 9.47　用户名为 linzheng 的相关配置信息

此时，如果用户登录成功并在“菜单管理”菜单执行查询操作，则会吃“闭门羹”，因为当前用户压根就不具备菜单管理功能模块中的查询操作权限。图 9.48 展示了这个过程。

图 9.48　用户访问了没有分配权限的菜单和操作

而之所以该请求会得到上述的返回提示信息，是因为我们在代码中设置了相应的全局异常拦截，其完整的代码如下所示：

```
@RestControllerAdvice
public class CommonExceptionHandler {
    //捕获并处理访问没有经过授权的菜单和操作资源的异常
    @ExceptionHandler(AuthorizationException.class)
    public BaseResponse handleAuthorizationException(AuthorizationException e){
        log.info("访问了没有经过授权的操作或者资源:",e.fillInStackTrace());
        return new BaseResponse(StatusCode.CurrUserHasNotPermission);
    }
}
```

而如果此时用户在“部门管理”菜单中执行查询操作，则会顺利得到相应的响应结果，这是因为当前用户拥有“部门管理”菜单及其操作按钮资源。图 9.49 展示了这个过程。

图 9.49　用户访问了已经分配了权限的菜单和操作

以上介绍的是操作权限控制中的后端层面的代码实现，而对于前端而言，只需要借助 Freemarker 页面模板的相关 API，将自定义的拦截组件返回给前端，从而控制前端相应菜单以及按钮的出现。如下代码所示为将自定义的拦截组件渲染返回给前端页面的逻辑。

```
//Freemarker 配置
@Configuration
public class FreemarkerConfig {
    @Bean
    public FreeMarkerConfigurer freeMarkerConfigurer(ShiroVariable variable){
        FreeMarkerConfigurer configurer=new FreeMarkerConfigurer();
        configurer.setTemplateLoaderPath("classpath:/templates");
        Map<String, Object>variables=new HashMap<>(1);
```

```
            variables.put("shiro", variable);
            configurer.setFreemarkerVariables(variables);

            Properties settings=new Properties();
            settings.setProperty("default_encoding", "utf-8");
            settings.setProperty("number_format", "0.##");
            configurer.setFreemarkerSettings(settings);
            return configurer;
        }
    }
```

其中,ShiroVariable 即为自定义的拦截组件,其定义如下所示:

```
@Component
public class ShiroVariable {
    /**判断当前登录用户(主体)是否有指定的权限
    *@param permission 指定的权限*/
    public Boolean hasPermission(String permission){
        Subject subject=SecurityUtils.getSubject();
        return(subject! =null && subject.isPermitted(permission))? true : false;
    }
}
```

仔细研读该代码会发现,其实过程很简单,主要是判断当前用户登录是否拥有指定请求方法中要求的权限限定符,最后在相应的页面文件中为相应的操作按钮加入相应的判断。图 9.50 所示为部门模块对应的前端页面文件 dept. html 的操作判断(对于非完全前后端分离的项目前端页面文件是可以这样使用的)。

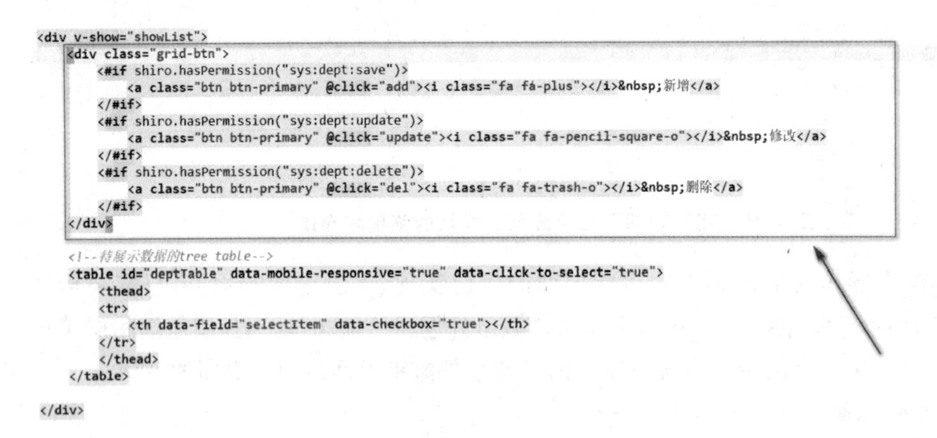

```
<div v-show="showList">
    <div class="grid-btn">
        <#if shiro.hasPermission("sys:dept:save")>
            <a class="btn btn-primary" @click="add"><i class="fa fa-plus"></i> 新增</a>
        </#if>
        <#if shiro.hasPermission("sys:dept:update")>
            <a class="btn btn-primary" @click="update"><i class="fa fa-pencil-square-o"></i> 修改</a>
        </#if>
        <#if shiro.hasPermission("sys:dept:delete")>
            <a class="btn btn-primary" @click="del"><i class="fa fa-trash-o"></i> 删除</a>
        </#if>
    </div>
    <!--待展示数据的tree table-->
    <table id="deptTable" data-mobile-responsive="true" data-click-to-select="true">
        <thead>
        <tr>
            <th data-field="selectItem" data-checkbox="true"></th>
        </tr>
        </thead>
    </table>

</div>
```

图 9.50 前端页面文件实现操作权限控制

其最终的运行效果如图 9.51 所示。

至此,我们已经完成了权限控制中用户操作权限控制前、后端代码的实现。趁热打铁,我们进入权限控制中数据权限控制环节的代码实现。所谓的"数据权限控制",也可以称为"数据视野",顾名思义,指的是不同用户在进入相同的功能菜单时可以看到不同的数据列表。如图 9.51 所示,它表示用户 linzheng 在"部门管理"菜单中可以看到的数据,而图 9.52

所示则为超级管理员 admin 可以看到的数据。

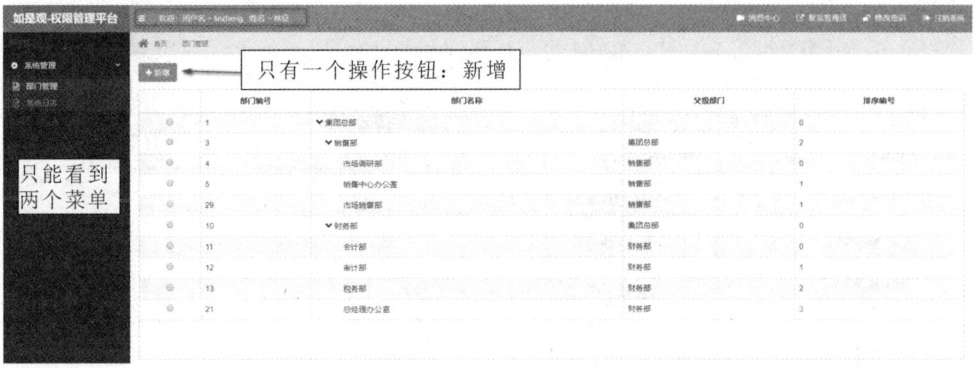

图 9.51　前端控制操作权限

图 9.52　超级管理员可以看到的数据列表

很明显，超级管理员 admin 可以看到的数据视野要比用户 linzheng 看到的数据视野广得多，这主要是因为我们在代码里设置了超级管理员 admin 可以看到所有的数据，而非超级管理员的用户则只能看到分配给他的角色下的部门数据。而其分配过程是在角色管理功能模块中实现的，如图 9.53 所示。

分配成功后后端会将相应的数据存储进数据库中的 sys_role_dept 数据库表中，等待合适的时机被使用。在实际生产环境中，不同的企业、不同的项目在不同的业务场景下对数据权限控制中的数据的定义是不同的。比如在商城系统中，不同的业务员可以在后台看到不同的订单数据，因为一个订单会隶属一个业务员/员工，这个时候业务员/员工即为需要进行过滤、控制的数据，最终实现的效果是：不同的用户在登录进入商城系统后台并进入订单管理模块时，系统会根据当前用户所分配的角色下所拥有的业务员/员工数据，从而看到不同的订单数据并对其进行相应的管理。

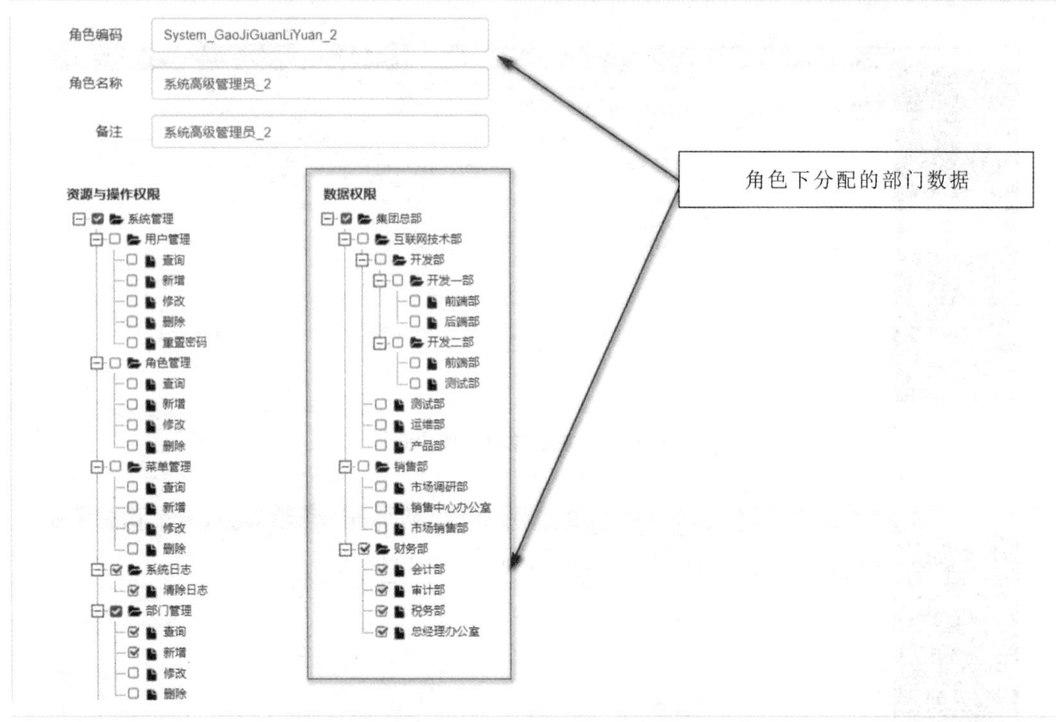

图 9.53 角色管理中将相应的部门数据分配给角色

值得一提的是，在企业权限管理平台这一系统中数据权限的数据特指部门以及部门下的用户/员工，因此在部门管理功能模块中需要进行数据权限的控制。而这是通过在后端编写相应的代码加以实现的，此前介绍部门管理功能模块的分页查询获取列表数据功能时就已经有所提及了。如下所示为部门模块分页查询列表数据的核心代码：

```
//查询所有部门列表，涉及部门数据权限的控制
@Override
public List<SysDept>queryAll(Map<String, Object>map){
    if(ShiroUtil.getUserId()! =Constant.SUPER_ADMIN){
        String deptDataIds=commonDataService.getCurrUserDataDeptIdsStr();
        map.put("deptDataIds",(StringUtils.isNotBlank(deptDataIds))? deptDataIds:
null);
    }
    return baseMapper.queryListV2(map);
}
```

而 commonDataService. getCurrUserDataDeptIdsStr() 即为获取当前用户所分配的角色下的部门数据列表的核心代码实现。

```
//获取当前登录用户的部门数据 Id 列表
@Override
public Set<Long>getCurrUserDataDeptIds(){
    Set<Long>dataIds=Sets.newHashSet();
    SysUser currUser=ShiroUtil.getUserEntity();
```

```
        //如果是超级管理员 admin，则获取部门表中的所有数据
        if(Constant.SUPER_ADMIN==currUser.getUserId()){
            dataIds=sysDeptDao.queryAllDeptIds();
        }else{
            //分配给用户的部门数据权限 Id 列表
              Set < Long > userDeptDataIds = sysUserDao. queryDeptIdsByUserId (currUser.
getUserId());
            if(userDeptDataIds!=null && !userDeptDataIds.isEmpty()){
                dataIds.addAll(userDeptDataIds);
            }
            //用户所在的部门及其子部门 Id 列表~递归实现
            dataIds.add(currUser.getDeptId());
            List<Long>subDeptIdList=sysDeptService.getSubDeptIdList(currUser.getDeptId
());
            dataIds.addAll(Sets.newHashSet(subDeptIdList));
        }
        return dataIds;
    }
    //将部门数据 Id 列表转化为 Id 拼接的字符串
    @Override
    public String getCurrUserDataDeptIdsStr(){
        String result=null;
        Set<Long>dataSet=this.getCurrUserDataDeptIds();
        if(dataSet!=null && !dataSet.isEmpty()){
            result=CommonUtil.concatStrToInt(Joiner.on(",").join(dataSet),",");
        }
        return result;
    }
```

仔细研读该核心代码会发现，用户的数据视野由两部分组成：一部分为系统后台在界面上为该用户分配的角色，而由于角色又关联着部门数据，因此用户也就间接拥有了相应的部门数据；另一部分为用户本身所在的部门，如果该部门下又有子部门，则用户也可以看到其所在部门的子部门下的数据。这两部分加在一起即为一个用户所能看到的数据视野，数据权限也得到了相应的控制。

图 9.54 至图 9.56 所示为用户 luohou 分配了编码为 IT_GuanLiYuan 的角色，而该角色又分配了部门名为“互联网技术部”的数据后的效果。

至此，我们也已经完成了权限控制中数据权限控制的代码实现。对此感兴趣的读者可以按照笔者提供的代码亲自敲一遍，并在系统界面上进行多番测试，不断变换分配给用户的角色、角色下拥有的部门数据及用户所属的岗位等，只有亲自编写并测试才会对数据权限有很好的理解。

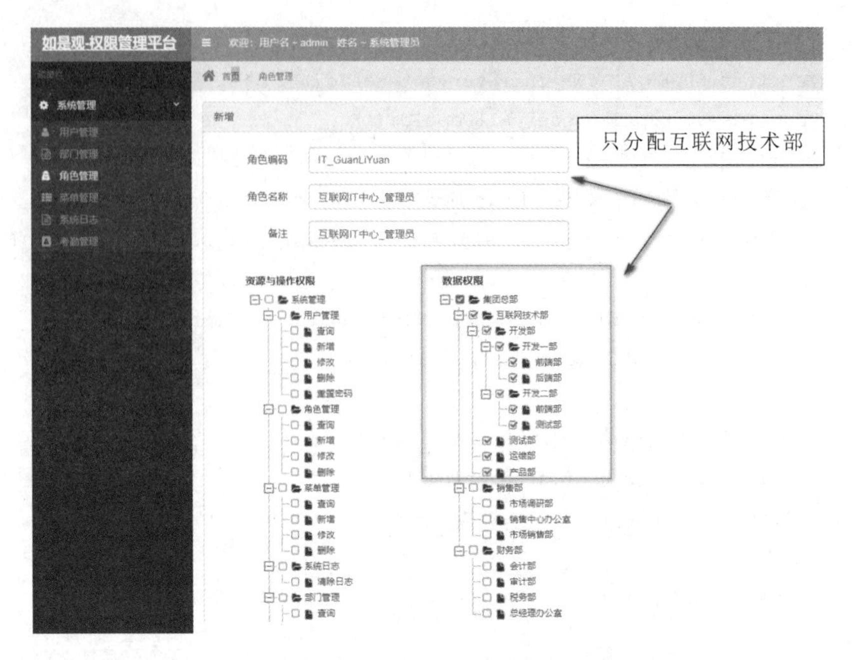

图 9.54 创建角色并分配相应的部门数据

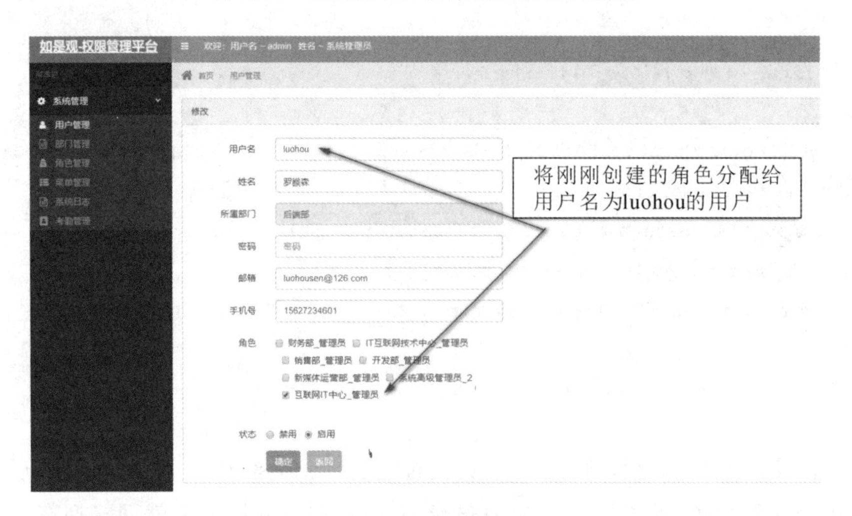

图 9.55 将角色分配给用户

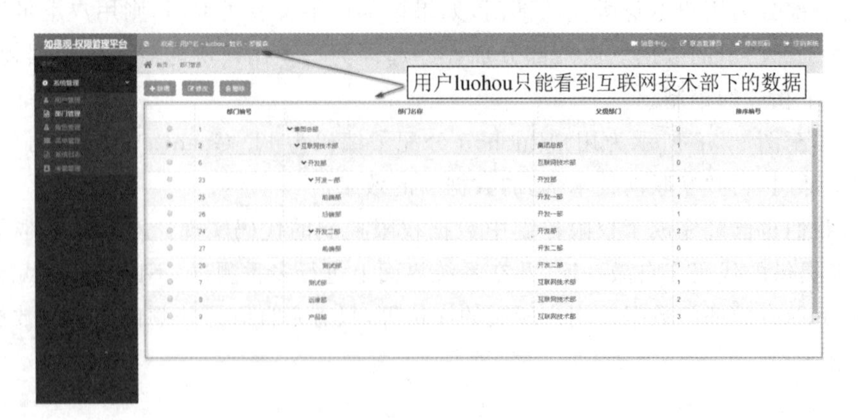

图 9.56 用户可以看到的部门数据

9.5 系统安全性防护、日志存储与部署上线

在软件生命周期内有一阶段是需要开发者关注的，那就是“验收与稳定运行”环节。见名知义，它指的是项目开发完成后需要对其进行验收并将其部署上线，保证系统以及相关接口的正常、稳定运行。这就需要开发者贡献一份力量，即如何保证系统的正常、稳定运行以及当系统相关功能、数据出现问题时如何做到有迹可循。

9.5.1 系统安全性防护之 XSS 攻击和 SQL 注入防御

如何保证系统相关功能以及接口正常、稳定地运行，是系统安全防护领域一个老生常谈的话题，站在开发者的角度思考，主要是通过建立各种机制、加入各种配置，从而保护运行中的系统以及相关接口不受恶意攻击，同时保证用户在使用系统期间系统可以随时跟踪其轨迹，做到有迹可循。

值得一提的是，在 Java Web/Spring 应用中常见的攻击包括 XSS 攻击、CSRF 攻击、登录密码暴力破解、SQL 注入攻击等。在这里我们以 XSS 攻击和 SQL 注入为例，介绍并实战如何在 Java/Spring Boot Web 应用中防止 XSS 和 SQL 注入攻击。而在实战之前笔者会先介绍 XSS 攻击和 SQL 注入攻击的基本概念。

先从 XSS 开始吧，它是 cross site scripting 的简称，中文名称为跨站脚本攻击，然而其重点不在于跨站点，而在于脚本的执行。其原理为：恶意攻击者在 Web 页面中插入一些恶意的 script 代码，当用户浏览该页面的时候，嵌入 Web 页面中的 script 代码就会执行，从而达到恶意攻击者的目的。

通俗地讲，防止 XSS 攻击就需要对前端传递过来的请求（包括请求参数、请求头数据等）进行有效的校验、判断其数据是否符合规范以及合法。而这一点可以基于 Spring 的过滤器组件 Filter 进行实现，如下代码所示为防止 XSS 攻击过滤器 Filter 的全局配置：

```
//Filter 配置
@Configuration
public class FilterConfig {
    @Bean
    public FilterRegistrationBean xssFilterRegistration(){
        FilterRegistrationBean registration=new FilterRegistrationBean();
    // /*和 DispatcherType.REQUEST 表示系统将会对前端过来的所有请求进行过滤拦截
        registration.setDispatcherTypes(DispatcherType.REQUEST);
    // 拦截下来判断是否有 XSS 攻击风险的逻辑是在 XssFilter 组件中实现的
        registration.setFilter(new XssFilter());
        registration.addUrlPatterns("/* ");
        registration.setName("xssFilter");
        registration.setOrder(Integer.MAX_VALUE);
        return registration;
    }
}
```

上述代码笔者已经做了相应的注释，大致的意思是系统将会对前端传递过来的任意请求进行过滤拦截，而拦截下来判断其是否具有 XSS 攻击风险的逻辑是在 XssFilter 组件中实现的，其定义如下所示：

```
//XSS 过滤
public class XssFilter implements Filter {
    //初始化配置
    @Override
    public void init(FilterConfig config)throws ServletException {
    }
    //真正实现拦截过滤的逻辑
    @Override
    public void doFilter(ServletRequest request, ServletResponse response, FilterChain
chain)
            throws IOException, ServletException {
        XssHttpServletRequestWrapper xssRequest=new XssHttpServletRequestWrapper(
            (HttpServletRequest)request);
        chain.doFilter(xssRequest, response);
    }
}
```

doFilter()方法便是真正的最终用于实现过滤拦截的逻辑，而它又是借助自定义的请求包装器组件 XssHttpServletRequestWrapper 实现的，其代码实现如下所示：

```
//XSS 过滤处理
public class XssHttpServletRequestWrapper extends HttpServletRequestWrapper {
    HttpServletRequest orgRequest;
    //html 过滤器
    private final static HTMLFilter htmlFilter=new HTMLFilter();
    public XssHttpServletRequestWrapper(HttpServletRequest request){
        super(request);
        orgRequest=request;
    }
    //获取输入流
    @Override
    public ServletInputStream getInputStream()throws IOException {
        //非 JSON 类型,直接返回
        if (!MediaType.APPLICATION_JSON_VALUE.equalsIgnoreCase(super.getHeader
(HttpHeaders.CONTENT_TYPE))){
            return super.getInputStream();
        }
        //为空,则直接返回
        String json=IOUtils.toString(super.getInputStream(), "utf-8");
        if(StringUtils.isBlank(json)){
            return super.getInputStream();
```

```
        }
        //XSS 过滤
        json=xssEncode(json);
        final ByteArrayInputStream bis=new ByteArrayInputStream(json.getBytes("utf-
8"));
        return new ServletInputStream(){
            @Override
            public boolean isFinished(){
                return true;
            }
            @Override
            public boolean isReady(){
                return true;
            }
            @Override
            public void setReadListener(ReadListener readListener){
            }
            @Override
            public int read()throws IOException {
                return bis.read();
            }
        };
    }
    /**
    * 以下三个方法的作用是一致的：
    * 覆盖 getParameter 方法,将参数名和参数值都做 XSS 过滤
    * 如果需要获得原始的值,则通过 super.getParameterValues(name)来获取
    * getParameterNames,getParameterValues 和 getParameterMap 也可能需要覆盖
     * /
    @Override
    public String getParameter(String name){
        String value=super.getParameter(xssEncode(name));
        if(StringUtils.isNotBlank(value)){
            value=xssEncode(value);
        }
        return value;
    }
    @Override
    public String[] getParameterValues(String name){
        String[] parameters=super.getParameterValues(name);
        if(parameters==null || parameters.length==0){
            return null;
        }
```

```
        for(int i=0;i<parameters.length;i+ + ){
            parameters[i]=xssEncode(parameters[i]);
        }
        return parameters;
    }
    @Override
    public Map<String,String[]>getParameterMap(){
        Map<String,String[]>map=new LinkedHashMap<>();
        Map<String,String[]>parameters=super.getParameterMap();
        for(String key : parameters.keySet()){
            String[] values=parameters.get(key);
            for(int i=0;i<values.length;i+ + ){
                values[i]=xssEncode(values[i]);
            }
            map.put(key, values);
        }
        return map;
    }
    /* *
    * 覆盖 getHeader 方法,将参数名和参数值都做 XSS 过滤
    * 如果需要获得原始的值,则通过 super.getHeaders(name)来获取
    * getHeaderNames 也可能需要覆盖
     * /
    @Override
    public String getHeader(String name){
        String value=super.getHeader(xssEncode(name));
        if(StringUtils.isNotBlank(value)){
            value=xssEncode(value);
        }
        return value;
    }
    //将容易引起 XSS 漏洞的半角字符直接替换成全角字符
    private String xssEncode(String input){
        return htmlFilter.filter(input);
    }
}
```

点击运行项目,IDEA 控制台没有报相应的错误信息后打开浏览器,输入系统登录链接 http://127.0.0.1:9190/login.html,输入用户名、密码和验证码后点击登录,此时如果在 XSSFilter 类中 doFilter()方法里打上相应的断点,会发现断点执行了,这也就意味着 XSSFilter 过滤器起作用了,如图 9.57 所示。

在很多情况下,用户甚至开发者对于上述这种类似于 XSS 攻击的过滤拦截几乎是无感的,只有在真正被恶意攻击者攻击时才能感觉过滤拦截发挥其功效。

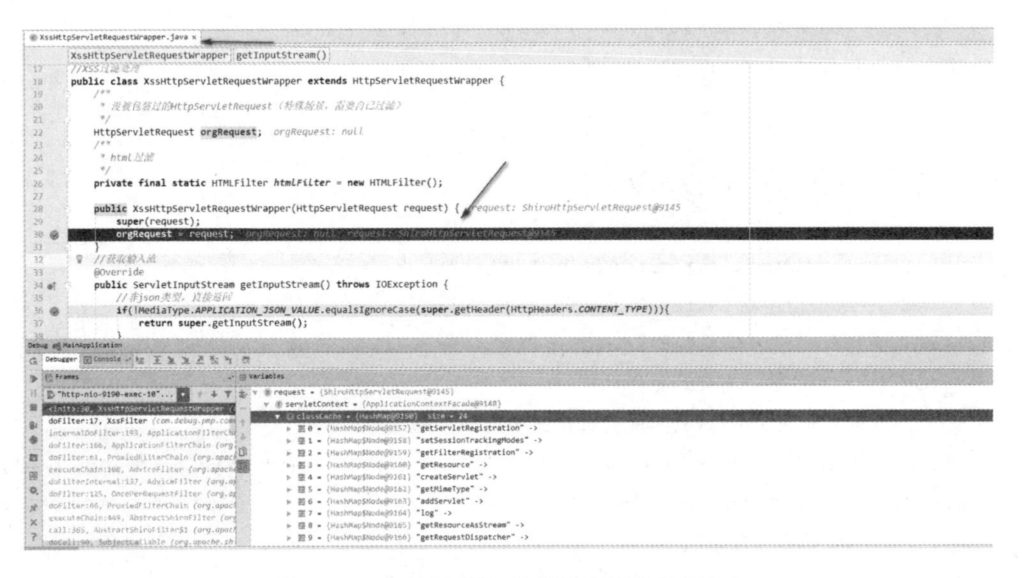

图 9.57　XSS 过滤器开始拦截前端的任何请求

而对于 SQL 注入攻击，想必有些读者是比较熟悉的，顾名思义，它是一种通过注入一些危险的关键词进 SQL，从而对数据库进行攻击的手段，全称为 SQL injection；具体指的是开发者在编写代码的时候，没有对用户输入数据的合法性进行判断，导致应用程序存在安全隐患。

通俗地讲，用户可以通过伪造“数据库查询代码”作为请求参数并提交到后端接口，而后端接口没有做防御，导致攻击者可以随意获取他想要的数据，甚至通过提交一些类似 DROP、TRUNCATE 等数据库关键词破坏我们的数据库系统。

因此，在实际生产环境中任何正规的项目都需要建立一个防御机制，防止用户恶意提交相应的参数最终出现 SQL 注入的风险。在实际的 Java/Spring Boot Web 项目中，与数据库、SQL 打交道的框架一般是 MyBatis、Hibernate、Spring Data JPA 等 ORM 框架。

以 MyBatis 为例，它本身就拥有一套防止 SQL 注入的机制，比如开发者常见的 #{}取值模式。它相对于 ${}取值模式的好处在于 #{}是根据参数类型动态取值的，而 ${}是一种静默方式的赋值，如参数 str 的类型为字符串类型，其取值定义为 String str = "xiaoming"，将其传给 MyBatis 底层的 Mapper.xml 对应的 SQL 执行时，#{}取值模式会转化为‘xiaoming，而 ${}取值模式则直接转化为 xiaoming，因此大部分情况下我们采用 #{}的取值模式。

除此之外，在查询方面我们也需要建立一种防御机制，防止前端用户恶意提交诸如 DROP、TRUNCATE、DELETE、IN、EXIST 等关键词，如前端提交参数 id 的取值为 1 AND 1=1 AND id IN(2,3,4)，导致最终可能出现诸如“SELECT id,name FROM user WHERE id=1 AND 1=1 AND id IN(2,3,4)”的执行 SQL，即本来应当只查询获取 id=1 的数据条目的，却因为来了这么一手导致最终返回了 id 等于 1,2,3,4 共 4 条数据。

因此，我们需要在项目中建立一个 SQL 注入防御工具，针对前端提交过来的请求参数进行拦截、过滤以及检测。代码如下所示：

```
//SQL 过滤
public class SQLFilter {
    //@param str 待验证的字符串
```

```
    public static String sqlInject(String str){
        if(StringUtils.isBlank(str)){
            return null;
        }
        //去掉'|"|;|\字符并转换成小写
        str=StringUtils.replace(str, "'", "");
        str=StringUtils.replace(str, "\"", "");
        str=StringUtils.replace(str, ";", "");
        str=StringUtils.replace(str, "\\", "");
        str=str.toLowerCase();
        //定义非法的字符(其实就是数据库中的一些关键词)
        String[] keywords={"master", "truncate", "insert", "select", "delete", "
update", "declare", "alter", "drop"};
        //判断是否包含非法字符
        for(String keyword : keywords){
            if(str.indexOf(keyword)!=-1){
                throw new CommonException("有 SQL 注入风险:包含非法字符:"+keyword);
            }
        }
        return str;
}}
```

仔细研读上述源码,会发现其实现逻辑并不复杂,主要是预先建立一组可能会对数据库造成破坏的 SQL 关键词数组,然后判断前端用户提交的请求参数是否存在于该数组中,如果有,则抛出异常告知系统有“SQL 注入的风险”,停止后续的处理流程。

在前面介绍各大功能模块的分页查询获取数据列表功能的章节,我们就用到了这一工具对前端提交的请求参数进行拦截、过滤以及检测,如图 9.58 所示。

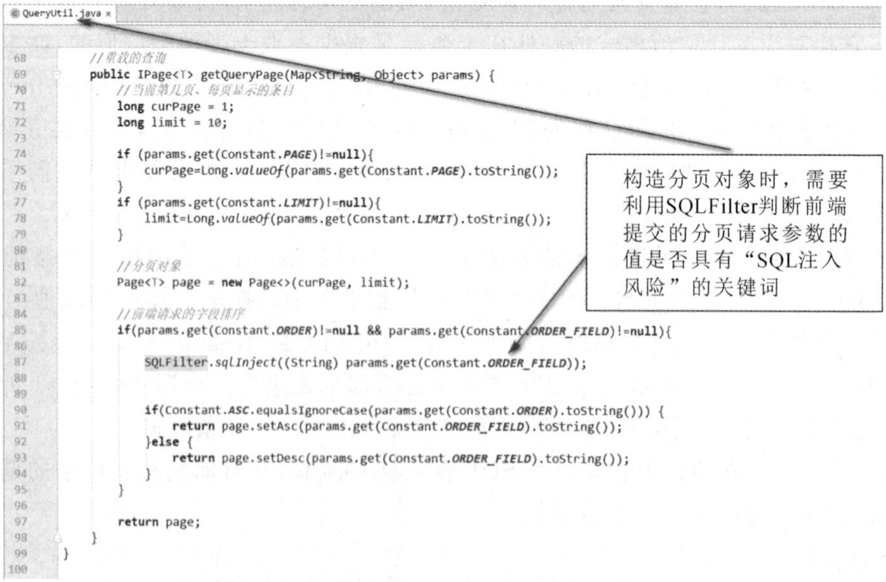

```
QueryUtil.java
68      //重载的查询
69      public IPage<T> getQueryPage(Map<String, Object> params) {
70          //当前第几页、每页显示的条目
71          long curPage = 1;
72          long limit = 10;
73
74          if (params.get(Constant.PAGE)!=null){
75              curPage=Long.valueOf(params.get(Constant.PAGE).toString());
76          }
77          if (params.get(Constant.LIMIT)!=null){
78              limit=Long.valueOf(params.get(Constant.LIMIT).toString());
79          }
80
81          //分页对象
82          Page<T> page = new Page<>(curPage, limit);
83
84          //前端请求的字段排序
85          if(params.get(Constant.ORDER)!=null && params.get(Constant.ORDER_FIELD)!=null){
86
87              SQLFilter.sqlInject((String) params.get(Constant.ORDER_FIELD));
88
89
90              if(Constant.ASC.equalsIgnoreCase(params.get(Constant.ORDER).toString())) {
91                  return page.setAsc(params.get(Constant.ORDER_FIELD).toString());
92              }else {
93                  return page.setDesc(params.get(Constant.ORDER_FIELD).toString());
94              }
95          }
96
97          return page;
98      }
99  }
100
```

构造分页对象时，需要利用SQLFilter判断前端提交的分页请求参数的值是否具有“SQL注入风险”的关键词

图 9.58 SQL 注入过滤器工具在实际功能模块的应用

至此，我们已经完成了如何在一个系统中针对一些常见的攻击加入一些必要的安全性防御机制，如 XSS 攻击及 SQL 注入攻击等，为系统的正常、稳定运行保驾护航。

9.5.2 日志存储的必要性与日志列表展示

为系统引入一些系统安全防御工具确实可以保证系统和相关接口的正常、稳定运行，这种方式主要偏向于系统级别的防御。一旦触碰了防御机制的相关底线，系统就会抛出相应的异常日志并记录在服务器中等待运维管理员定期检查。

然而在某些情况下，系统管理员或者公司高层管理员可能要实时查看用户的系统使用记录，这个时候如果仅依靠运维日志是行不通的，我们需要单独开发存储并展示用户使用日志的功能，目的在于实时跟踪、追溯系统当前使用用户的操作日志，以便管理员进行相关的管理。

而为了实现日志存储和展示这一功能，我们需要做两件事：一是存储用户的操作日志；二是展示用户的系统使用日志。

第二件事其实跟前文介绍的功能模块管理是一个道理，只需要设计好相应的数据库表、MyBatis 生成相应的实体类 Mapper 以及 Mapper. xml，然后开发相应的控制器 Controller 并接收前端传递过来的分页查询并展示用户使用日志的请求，最终将相应的数据返回给前端进行展示。话不多说，让我们开始这部分内容的实战吧！

首先，设计好相应的数据库表 sys_role，其数据库表结构定义如下所示：

```
CREATE TABLE `sys_log`(
  `id` bigint(20)NOT NULL AUTO_INCREMENT,
  `username` varchar(50)DEFAULT NULL COMMENT '用户名',
  `operation` varchar(50)DEFAULT NULL COMMENT '用户操作',
  `method` varchar(200)DEFAULT NULL COMMENT '请求方法',
  `params` varchar(5000)DEFAULT NULL COMMENT '请求参数',
  `time` bigint(20)NOT NULL COMMENT '执行时长(毫秒)',
  `ip` varchar(64)DEFAULT NULL COMMENT 'IP 地址',
  `create_date` datetime DEFAULT NULL COMMENT '创建时间',
  PRIMARY KEY(`id`)
)ENGINE=InnoDB DEFAULT CHARSET=utf8 COMMENT='系统日志';
```

包含的主要信息有当前用户名、用户的操作、请求的方法、请求参数、请求的执行时长、请求所在的 IP 地址以及当前操作日志的时间，总体来说，就是“谁，在什么时候，什么地点，对系统做了什么事情以及事情持续了多久”。其对应的实体类为 SysLog，定义如下所示：

```
//系统日志
@Data
@TableName("sys_log")
public class SysLog implements Serializable {
  private static final long serialVersionUID=1L;

  @TableId
  private Long id;
  //用户名
```

```
    private String username;

    //用户操作
    private String operation;
    //请求方法
    private String method;
    //请求参数
    private String params;
    //执行时长(毫秒)
    private Long time;
    //IP地址
    private String ip;
    //创建时间
    @JsonFormat(pattern="yyyy-MM-dd HH:mm:ss", timezone="GMT+8")
    private Date createDate;
}
```

之后,建立一个控制器类 SysLogController,并在其中建立一请求方法,用于响应前端分页模糊查询获取列表数据的请求,其代码如下所示:

```
@Controller
@RequestMapping("/sys/log")
public class SysLogController extends AbstractController{
    @Autowired
    private SysLogService sysLogService;

    //列表
    @ResponseBody
    @RequestMapping("/list")
    public BaseResponse list(@RequestParam Map<String, Object>params){
        BaseResponse response=new BaseResponse(StatusCode.Success);
        Map<String,Object>resMap=Maps.newHashMap();
        PageUtil page=sysLogService.queryPage(params);
        resMap.put("page", page);
        response.setData(resMap);
        return response;
    }
}
```

仔细阅读该源码会发现,其核心实现逻辑是在 sysLogService. queryPage(params)实现的,其定义如下所示:

```
@Service
public class SysLogServiceImpl extends ServiceImpl < SysLogDao, SysLog > implements
SysLogService{
    //分页模糊查询获取列表数据
    @Override
```

```
        public PageUtil queryPage(Map<String, Object>params){
            String key=(String)params.get("key");

            //构造分页对象
            IPage queryPage=new QueryUtil<SysLog>().getQueryPage(params);
            //构造分页查询包装器,并执行分页操作
            QueryWrapper<SysLog>wrapper=new QueryWrapper<SysLog>()
                    .like(StringUtils.isNotBlank(key),"username", key)
                    .or(StringUtils.isNotBlank(key))
                    .like(StringUtils.isNotBlank(key),"operation", key);
            IPage<SysLog>page=this.page(queryPage,wrapper);

            //获取分页查询得到的结果数据
            return new PageUtil(page);
        }
    }
```

至此,日志列表展示功能的后端代码就已经编写完成了。而前端编码的实现由于比较简单,在这里笔者就不介绍了,感兴趣的读者可以下载并打开 log.html 和 log.js 文件的代码自行阅读,如图 9.59 所示。

```
log.html
html body div#pmpapp div div.grid-btn
1  <!DOCTYPE html>
2  <html>
3  <head>
4  <title>系统日志</title>
5  <#include "/header.html" />
6  </head>
7  <body>
8  <div id="pmpapp" v-cloak>
9
10     <div>
11         <div class="grid-btn">
12             <div class="form-group col-sm-2" style="...">
13                 <input type="text" class="form-control" v-model="q.key" @keyup.enter="query"
 placeholder="请输入用户名、操作描述...">
14             </div>
15             <a class="btn btn-default" @click="query">查询</a>
16
17             <#if shiro.hasPermission("sys:log:truncate")>
18                 <a class="btn btn-primary" @click="truncate"><i class="fa
 fa-trash-o"></i> 清除日志</a>
19             </#if>
20
21
22         </div>
23         <table id="jqGrid"></table>
24         <div id="jqGridPager"></div>
25     </div>
26
27 </div>
28
29 <script src="${request.contextPath}/statics/js/modules/sys/log.js?_${.now?long}"></script>
30 </body>
31 </html>
```

```
log.js
1  $(function () {
2      $("#jqGrid").jqGrid({
3          url: baseURL + 'sys/log/list',
4          datatype: "json",
5          colModel: [
6              { label: 'id', name: 'id', width: 30,index: "id", key: true
 },
7              { label: '用户名', name: 'username', width: 50 },
8              { label: '用户操作', name: 'operation', width: 70 },

9              { label: '请求方法', name: 'method', width: 150 },
10             { label: '请求参数', name: 'params', width: 80 },
11             { label: '执行时长(毫秒)', name: 'time', width: 80 },
12             { label: 'IP地址', name: 'ip', width: 70 },
13             { label: '创建时间', name: 'createDate', width: 90 }
14         ],
15         viewrecords: true,
16         height: 385,
17         rowNum: 10,
18         rowList : [10,20,30,40,50,60,100],
19         rownumbers: true,
20         rownumWidth: 25,
21         autowidth:true,
22         multiselect: true,
23         pager: "#jqGridPager",
24         jsonReader : {
25             root: "data.page.list",
26             page: "data.page.currPage",
27             total: "data.page.totalPage",
28             records: "data.page.totalCount"
29         },
30         prmNames : {
31             page:"page",
32             rows:"limit",
33             order: "order"
34         },
35         gridComplete:function(){
36             //隐藏grid底部滚动条
37             $("#jqGrid").closest(".ui-jqgrid-bdiv").css({ "overflow-x"
```

图 9.59　日志列表展示的前端页面代码

点击运行项目,如果 IDEA 控制台没有报相应的错误信息,则代表编写的上述代码没有语法级别错误。输入用户名、密码和验证码后进入系统主页,找到"系统日志"菜单,点击即可看到目前日志表中存储的用户操作日志,如图 9.60 所示。

至此,用户系统使用日志记录的展示功能已经开发完毕。读者可以在系统主页左边菜单中挑选任一功能模块,并对其执行任意的操作,如新增、修改、删除等,再回到图 9.60 所示系统日志功能模块的主页,会发现列表中第一条数据就记录了自己刚刚做的事情。

可能有些读者会纳闷:我的这条操作日志记录是如何记录到上述数据库中的日志表的?而这正是下一小节笔者要介绍的内容。

图 9.60 日志列表展示效果图

9.5.3 基于 Spring AOP 与自定义注解实现日志存储

用户在某个功能模块执行某个操作后，是如何被记录到数据库的日志表中的？这是上一小节留下的问题。与其说是问题，倒不如说是一个功能，即将用户的系统使用轨迹记录进日志中的功能。

传统的实现方式是编写一个日志类，并在其中编写相应的记录日志的方法，最终将该方法接入系统各个功能模块的操作对应的方法代码中。图 9.61 所示为用户管理模块中删除功能操作对应的方法代码。

```
//删除用户：除了删除 用户本身 信息之外，还需要删除用户~角色、用户~岗位 关联关系信息
@Override
@Transactional(rollbackFor = Exception.class)
public void deleteUser(Long[] ids) {
    if (ids!=null && ids.length>0){
        List<Long> userIds=Arrays.asList(ids);

        this.removeByIds(userIds);

        userIds.stream().forEach(uId -> sysUserRoleService.remove(new QueryWrapper<SysUserRole>().eq( column: "user_id",uId)));

        //TODO:传统的日志记录方式~在核心业务执行完毕后 在这里编写 日志记录 逻辑代码
        //logService.log(xxx);
    }
}
```

图 9.61 传统的日志记录的实现方式

这种实现方式虽然可以实现记录用户操作日志功能，但是却存在一定的缺陷。试想一下，如果一个系统功能模块有十几个甚至几十个，每个功能模块又有多个操作(如基本的增删改查、导入导出、启用禁用等)，那图 9.61 中矩形框中的代码将出现上百次，这不仅造成代码冗余，同时也增加了一些没必要的强耦合。

而之所以说是“没必要的强耦合”，是因为日志记录功能相对于系统功能模块中核心操作对应的核心功能而言是次要的业务；完成核心业务功能是主要的目标，至于日志记录功能的最终执行情况如何于核心业务而言是次要的，而且还不应当影响到核心业务的正常执行。因此，图 9.61 中实现日志记录的方式是需要进行改进、优化的。

而改进、优化的重要关注点在于如何将其抽出来并放在单独的组件类中，不耦合在任何功能模块任何操作对应的方法代码中，而 Spring AOP 正是为此而生的。

AOP，全称为 aspect oriented programming(面向切面编程)，是 Spring 框架的一大核心

组件(别忘了 IOC 哦),在实际项目开发中主要用来解决一些系统层面的问题,比如日志、事务、权限等。

AOP 可以说是 OOP(object oriented programming,面向对象编程)的补充和完善,它通过引入封装、继承、多态等概念来建立一种对象层次结构,用于模拟公共行为的一个集合。不过 OOP 允许开发者定义纵向的关系(接口/抽象类、接口实现类、类继承等),但并不适合定义横向的关系,例如日志功能。日志代码往往横向地散布在所有对象层次中,而与它对应的对象的核心功能的代码是毫无关系的。这种散布在各处的无关的代码被称为横切(cross cutting),在 OOP 设计中,它导致了大量代码的重复,不利于各个模块的重用。

而 AOP 技术则恰恰相反,它利用一种称为“横切”的技术,剖解开封装的对象内部,并将那些影响了多个类的公共行为封装到一个可重用模块(如某个类),并将其命名为 Aspect,即切面。

所谓“切面”,简单说就是那些与业务无关,却为业务模块所共同调用的逻辑或责任。它封装起来,便于减少系统的重复代码,降低模块之间的耦合度,并有利于未来的可操作性和可维护性。

使用“横切”技术,AOP 把软件系统分为两个部分:核心关注点和横切关注点。业务处理的主要流程是核心关注点,与之关系不大的部分是横切关注点。横切关注点的一个特点是,它们经常发生在核心关注点的某处,而各处基本相似,比如权限认证、日志、事务。AOP 的作用在于分离系统中的各种关注点,将核心关注点和横切关注点分离开来。其涉及的相关概念如下所示:

(1)横切关注点:对哪些方法进行拦截,拦截后怎么处理。

(2)Aspect:切面,通常是一个类,里面可以定义切入点和通知。

(3)JointPoint:连接点,程序执行过程中明确的点,一般是方法的调用,被拦截到的点,因为 Spring 只支持方法类型的连接点,所以在 Spring 中连接点指的就是被拦截到的方法,实际上连接点还可以是字段或者构造器。

(4)Pointcut:切入点,就是带有通知的连接点,在程序中主要体现为书写切入点表达式。

(5)Advice:通知,AOP 在特定的切入点上执行的增强处理,其实就是真正执行横切关注点对应的业务逻辑,主要包含 Before(前置通知)、After(后置通知)、AfterReturning(最终通知)、AfterThrowing(异常通知)、Around(环绕通知)。

(6)Weave:织入,将切面应用到目标对象并导致代理对象创建的过程,其实就是触发“通知”执行的要点。

(7)AOP Proxy:AOP 代理,AOP 框架创建的对象,代理就是目标对象的加强;Spring 中的 AOP 代理可以是 JDK 动态代理,也可以是 CGLIB 代理,前者基于接口,后者基于子类。

(8)Target Object:目标对象,包含连接点的对象,也被称作被通知或被代理的对象,如 POJO。

介绍完 Sprinig AOP 的基本概念和作用后,接下来进入实际的代码实战,实战如何在实际的项目中基于 Spring AOP 实现用户在核心功能模块进行操作的日志记录,以角色管理功能模块中的删除操作为例。

正如前文所介绍的,Spring AOP 的核心在于切面、切点(连接点/横切关注点)和通知,这三者结合在一起共同完成 AOP 的核心功能,也可以简单地理解为“在某个地方某个时间触发了某件事”,而“切点”就是触发某个事件的爆发点。

在实际项目中，@PointCut 注解中的取值就代表了事件爆发的地点，而其取值称为切点表达式。在企业权限管理平台这一项目中笔者将采用自定义注解的形式充当 Spring AOP 的切点表达式，其定义如下所示：

```
//AOP 日志拦截-触发点-构造切入点
@Target(ElementType.METHOD)
@Retention(RetentionPolicy.RUNTIME)
@Documented
public @interface LogAnnotation {
    String value()default "";
}
```

紧接着，建立一个切面 LogAspect 类，并在其中指定切点和通知以及需要做的真正的事情，其定义如下所示：

```
//AOP 日志处理切面
@Aspect
@Component
public class LogAspect {

    @Autowired
    private SysLogService sysLogService;

    //指定切点，其实就是指定触发点
    @Pointcut("@annotation(com.debug.pmp.server.annotation.LogAnnotation)")
    public void logPointCut(){
    }
    //通知-一旦触发了某个点(触碰到了指定的切点)，则自动会执行这个通知，即 around()方法
    @Around("logPointCut()")
    public Object around(ProceedingJoinPoint point)throws Throwable{
        long start=System.currentTimeMillis();

        Object result=point.proceed();
        long time=System.currentTimeMillis()-start;
        saveLog(point,time);
        return result;
    }
    //执行真正的应该做的事情，即保存用户的操作日志
    private void saveLog(ProceedingJoinPoint point, Long time)throws Exception{
        //利用反射获取相关的参数：方法签名、方法
        MethodSignature signature=(MethodSignature)point.getSignature();
        Method method=signature.getMethod();

        SysLog logEntity=new SysLog();
```

```
        //获取请求操作的描述信息
        LogAnnotation logAnnotation=method.getAnnotation(LogAnnotation.class);
        if(logAnnotation!=null){
            logEntity.setOperation(logAnnotation.value());
        }
        //获取操作方法名
        String className=point.getTarget().getClass().getName();
        String methodName=signature.getName();
          logEntity. setMethod (new StringBuilder (className). append ("."). append
(methodName).append("()").toString());

        //获取请求参数
        Object[] args=point.getArgs();
        String params=new Gson().toJson(args[0]);
        logEntity.setParams(params);

        //获取 Ip
         logEntity. setIp (IPUtil. getIpAddr (HttpContextUtils. getHttpServletRequest
()));

        //获取剩下的参数
        logEntity.setCreateDate(DateTime.now().toDate());
        String userName=ShiroUtil.getUserEntity().getUsername();
        logEntity.setUsername(userName);

        //执行时间
        logEntity.setTime(time);
        sysLogService.save(logEntity);
    }
}
```

仔细研读上述代码可以得知,logPointCut()方法是指定切点之地,该方法上面的注解@PointCut()的取值即为切点表达式,从该表达式中可以得知:在该项目中,任何使用了@LogAnnotation 注解的方法将自动触发上述切面类的“通知”around(),即@LogAnnotation 注解其实是一个导火线,用于唤起 Spring AOP 中切面的“通知”,从而让它去做该做的事情,而这件事情便是 saveLog()方法里的代码逻辑:记录当前用户的操作轨迹。

值得一提的是,saveLog()方法里的代码逻辑还用到了“Java 反射”中的相关知识要点,通过反射获取到@LogAnnotation 注解所在的方法名、方法里的请求参数、注解里的描述信息、获取当前用户请求 Request 所在的 IP 地址、整个方法的执行时长等信息。

前奏准备完毕,接下来便是将其应用到项目中实际的功能模块里面。在这里,我们以角色管理功能模块中的删除功能为例,亲身感受 Spring AOP 是如何记录用户的操作轨迹的。其应用方式其实出奇地简单,只需要在删除功能对应的方法上加上我们自定义的注解@

LogAnnotation 即可,如图 9.62 所示。

```java
// 删除
@LogAnnotation("删除角色")
@RequestMapping(value = "/delete", method = RequestMethod.POST,consumes = MediaType.APPLICATION_JSON_UTF8_VALUE)
@RequiresPermissions("sys:role:delete")
public BaseResponse delete(@RequestBody Long[] ids) {
    if (ids==null || ids.length<=0){
        return new BaseResponse(StatusCode.InvalidParams);
    }
    BaseResponse response = new BaseResponse(StatusCode.Success);
    try {
        log.info("删除角色~接收到数据: {}",ids);

        sysRoleService.deleteBatch(ids);
    } catch (Exception e) {
        response = new BaseResponse(StatusCode.Fail.getCode(), e.getMessage());
    }
    return response;

}
```

图 9.62 Spring AOP 的实际应用

而不需要在该请求方法的任何地方手动加上记录日志的代码,这在某种程度上大大降低了重复的代码量,降低了功能模块之间的耦合性。

点击成功运行项目后,可以在系统中角色管理模块执行删除功能,并观察日志管理模块中是否插入了一条用户删除角色的日志。图 9.63 至图 9.65 所示为最终的效果。

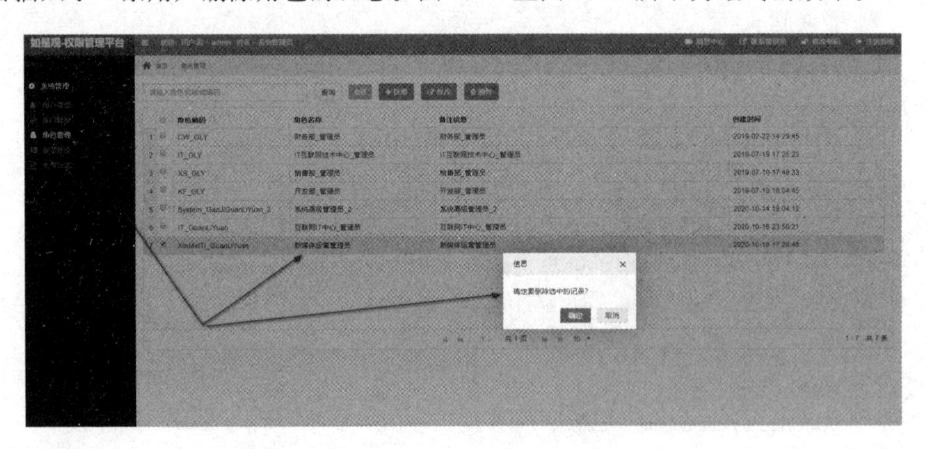

图 9.63 角色管理模块中删除某个角色

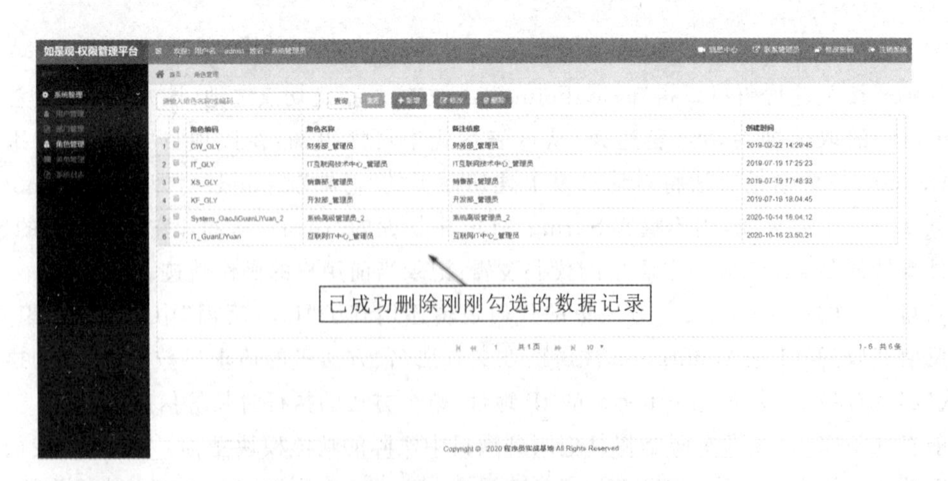

图 9.64 角色管理模块中成功删除某个角色

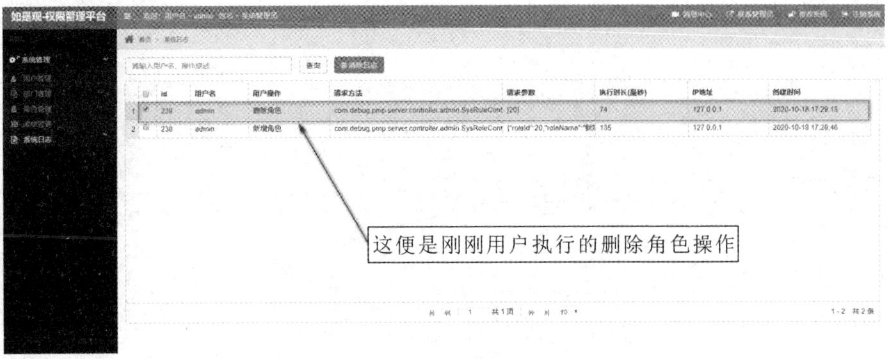

图 9.65 日志管理模块中最新的日志列表

至此已经完成了基于 Spring AOP 和自定义注解的方式实现用户操作日志的存储，读者可以仿照上面介绍的方式，将其应用到前面篇章笔者介绍的其他功能模块的操作方法上，并按照上述笔者的测试方式对其进行测试，相信你会惊呼："这也太简单了吧""Spring AOP 真香"！

9.5.4 项目部署上线

在软件生命周期内，项目打包、部署、上线运行是最后一个环节，也是极为重要的环节，是对前面用户需求调研分析、系统规划设计、数据库设计、编码开发、测试等一系列环节的总结，甚至可以说是给前面这些环节的一个"交代"。因此，保证项目的成功部署上线和正常运行显得尤为重要。

下面笔者将基于企业权限管理平台介绍一个 Java/Spring Boot 项目在两种环境下(Windows 环境和 Linux 环境)如何便捷地部署、上线运行。先从 Windows 环境开始吧！

对于 Windows 环境(Windows 操作系统环境)，想必各位读者并不陌生，更有甚者，许多开发者会选择 Windows 作为自己本地的开发环境。为了能让一个 Java/Spring Boot 项目成功地在本地开发环境中运行起来，需要在本地安装 JDK(笔者采用的是 1.8 版本)、数据库 MySQL(笔者采用的是 5.7 版本)等基本软件，其安装过程笔者在这里就不赘述了。

紧接着回到 Intellij IDEA 开发工具中企业权限管理平台系统对应的项目源码中，利用 Maven 对父模块 pom.xml 先后执行 clean、install 指令，仔细观察控制台的输出信息，如果成功的话，控制台最终会打印 Success 的字眼以及成功打包出来的 server 模块对应 Jar 所在的目录，如图 9.66 所示。

之后，按下键盘上的 Windows 键+R，输入 cmd，进入 Windows 的 DOS 环境，切换到图 9.66 中可执行 Jar(pmp-1.0.1.jar)所在的文件目录，然后进入该 Jar 所在的文件目录，键入 java-jar pmp-1.0.1.jar & 指令，按下回车键后即可看到该 Jar 已经成功运行起来了，可以看到 DOS 界面上打印出一系列的日志信息，如图 9.67 所示。

看到图 9.67 中打印出来的日志信息，即意味着项目已经成功部署且运行在本地了。打开浏览器，输入链接 http://127.0.0.1:9190/login.html，按下回车键后如果可以看到登录界面，即代表项目真的已经成功在本地运行起来了，如图 9.68 所示。

至此，我们已经完成了如何在 Windows 本地开发环境下部署、运行项目；接下来，介绍如何在 Linux 环境下上线部署运行 Java/Spring Boot 项目。

```
[INFO] --- maven-surefire-plugin:2.22.1:test (default-test) @ server ---
[INFO] Tests are skipped.
[INFO]
[INFO] --- maven-jar-plugin:3.1.1:jar (default-jar) @ server ---
[INFO] Building jar: E:\JavaWorkSpace\pmp\server\target\pmp-1.0.1.jar
[INFO]
[INFO] --- spring-boot-maven-plugin:2.1.3.RELEASE:repackage (repackage) @ server ---
[INFO] Replacing main artifact with repackaged archive
[INFO]
[INFO] --- maven-install-plugin:2.5.2:install (default-install) @ server ---
[INFO] Installing E:\JavaWorkSpace\pmp\server\target\pmp-1.0.1.jar to C:\Users\ASUS\.m2\repository\com\debug\pmp\server\1.0.1\server-1.0.1.jar
[INFO] Installing E:\JavaWorkSpace\pmp\server\pom.xml to C:\Users\ASUS\.m2\repository\com\debug\pmp\server\1.0.1\server-1.0.1.pom
[INFO] ------------------------------------------------------------------------
[INFO] Reactor Summary:
[INFO]
[INFO] pmp ................................................ SUCCESS [  0.874 s]
[INFO] common ............................................. SUCCESS [  6.751 s]
[INFO] api ................................................ SUCCESS [  0.787 s]
[INFO] model .............................................. SUCCESS [  1.150 s]
[INFO] server ............................................. SUCCESS [  4.668 s]
[INFO] ------------------------------------------------------------------------
[INFO] BUILD SUCCESS
[INFO] ------------------------------------------------------------------------
[INFO] Total time: 14.682 s
[INFO] Finished at: 2020-10-18T19:57:19+08:00
[INFO] Final Memory: 57M/502M
[INFO] ------------------------------------------------------------------------
```

图 9.66　基于 Intellij IDEA 安装打包可执行的 Jar

```
2020-10-18 19:59:24.258  INFO 25068 --- [           main] org.quartz.impl.StdSchedulerFactory      : Quartz scheduler 'quartzScheduler'
 initialized from an externally provided properties instance.
2020-10-18 19:59:24.258  INFO 25068 --- [           main] org.quartz.impl.StdSchedulerFactory      : Quartz scheduler version: 2.3.0
2020-10-18 19:59:24.259  INFO 25068 --- [           main] org.quartz.core.QuartzScheduler          : JobFactory set to: org.springframe
work.scheduling.quartz.SpringBeanJobFactory@7905a0b8
2020-10-18 19:59:24.309  INFO 25068 --- [           main] o.s.s.quartz.SchedulerFactoryBean        : Starting Quartz Scheduler now
2020-10-18 19:59:24.310  INFO 25068 --- [           main] org.quartz.core.QuartzScheduler          : Scheduler quartzScheduler_$_NON_CL
USTERED started.
2020-10-18 19:59:24.409  INFO 25068 --- [           main] o.s.b.w.embedded.tomcat.TomcatWebServer  : Tomcat started on port(s): 9190 (h
ttp) with context path ''
2020-10-18 19:59:24.412  INFO 25068 --- [           main] com.debug.pmp.server.MainApplication     : Started MainApplication in 5.499 s
econds (JVM running for 5.915)
2020-10-18 20:00:33.451  INFO 25068 --- [nio-9190-exec-1] o.a.c.c.C.[Tomcat].[localhost].[/]       : Initializing Spring DispatcherServ
let 'dispatcherServlet'
2020-10-18 20:00:33.452  INFO 25068 --- [nio-9190-exec-1] o.s.web.servlet.DispatcherServlet        : Initializing Servlet 'dispatcherSe
rvlet'
2020-10-18 20:00:33.470  INFO 25068 --- [nio-9190-exec-1] o.s.web.servlet.DispatcherServlet        : Completed initialization in 11 ms
验证码: a7fyn
验证码: 6amng
```

这是项目成功运行起来的标识，表示项目已经成功运行在本地环境的9190端口了

图 9.67　DOS 环境运行可执行的 Jar

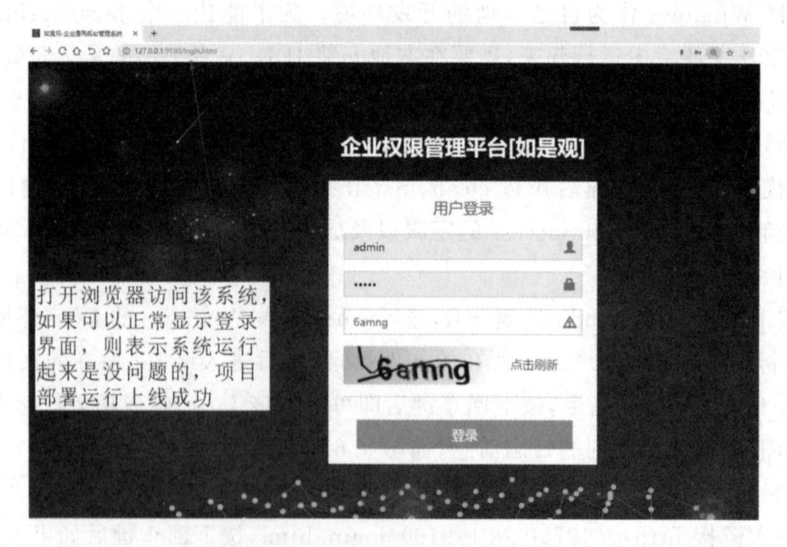
企业权限管理平台[如是观]
用户登录
admin
6amng
点击刷新
登录
打开浏览器访问该系统，如果可以正常显示登录界面，则表示系统运行起来是没问题的，项目部署运行上线成功

图 9.68　DOS 环境下成功运行项目

同样的道理，需要将 IDEA 下打包安装的可执行 Jar 包通过 SSH 工具（笔者采用的 Putty 和 WinSCP，除此之外，还有 XShell、XFtp 等）将可执行的 Jar：pmp-1.0.1.jar 上传到

服务器的某个目录，如/srv/dubbo/pmp 目录下。为了方便启动，笔者为该可执行的 Jar 建立一个软连接(pmp.jar)，命令为 ln-sf pmp.jar /srv/dubbo/pmp/pmp-1.0.1.jar。

采用 shell 脚本的方式启动当前的项目。将该脚本命名为 command.sh，对应的代码/指令如下所示：

```
pmpCurrPID=$(netstat-nlp | grep :9190 | awk '{print $7}' | awk-F"/" '{ print $1 }')
if [ !-n "$pmpCurrPID" ];then
  echo "Curr Application's PID Is Null "
else
  echo "Curr Application's PID Is NOT NULL"
  echo $pmpCurrPID
  kill-9 $pmpCurrPID
Fi
cd /srv/dubbo/pmp/
nohup java-Xms512m-Xmx512m  -jar pmp.jar--spring.profiles.active=prod  &
tail-f nohup.out
```

该脚本的大致意思是：先判断端口号为 9190 的进程是否在运行中，如果是，则先停掉该运用，否则直接切换到/srv/dubbo/pmp 目录，通过 nohup java—jar pmp.jar & 的命令将企业权限管理系统对应的 Jar、采用后台运行的模式运行起来，最后打印出启动期间的日志。

值得一提的是，该脚本文件 command.sh 以及可执行的 Jar 均放在同个目录下，如图 9.69 所示。

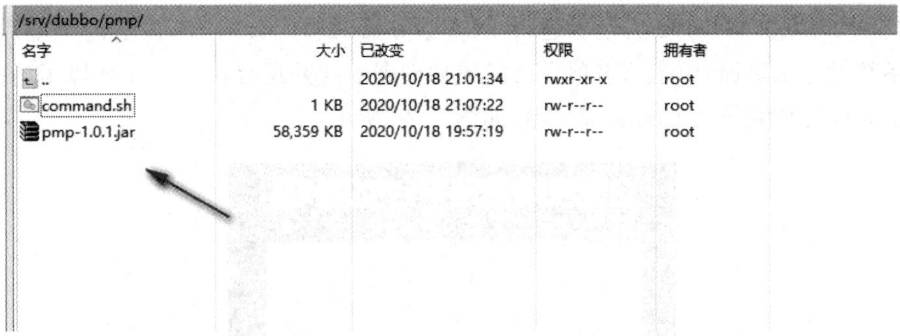

名字	大小	已改变	权限	拥有者
..		2020/10/18 21:01:34	rwxr-xr-x	root
command.sh	1 KB	2020/10/18 21:07:22	rw-r--r--	root
pmp-1.0.1.jar	58,359 KB	2020/10/18 19:57:19	rw-r--r--	root

图 9.69　可执行 Jar 以及脚本文件所在的目录

最后，在 Linux 界面上键入 sh command.sh 命令，按下回车键后即可成功看到界面上打印出一系列的日志信息，最后如果能看到图 9.70 中的日志信息，即代表项目已经成功部署、上线运行起来了。

还没完事，由于是运行在 Linux 环境中，在这里笔者是阿里云的 ECS，因此还需要将对应的端口号 9190 加入防火墙的白名单，并在阿里云的 ECS 中将 9190 加入网络安全组中。如下所示的两个命令为将 9190 端口加入 ECS 防火墙的白名单中。

```
iptables-I INPUT-s 0/0-p tcp--dport 9190-j ACCEPT

iptables-save
```

图 9.71 所示为将 9190 端口号加入阿里云 ECS 的网络安全组中。需要注意的是，其授权对象为 0.0.0.0/0。

```
2020-10-18 21:27:15.489  INFO 13237 --- [           main] org.quartz.impl.StdSchedulerFactory      : Quartz scheduler 'quartzScheduler' initializ
ed from an externally provided properties instance.
2020-10-18 21:27:15.489  INFO 13237 --- [           main] org.quartz.impl.StdSchedulerFactory      : Quartz scheduler version: 2.3.0
2020-10-18 21:27:15.489  INFO 13237 --- [           main] org.quartz.core.QuartzScheduler          : JobFactory set to: org.springframework.sched
uling.quartz.SpringBeanJobFactory@43015c69
2020-10-18 21:27:15.585  INFO 13237 --- [           main] o.s.s.quartz.SchedulerFactoryBean        : Starting Quartz Scheduler now
2020-10-18 21:27:15.586  INFO 13237 --- [           main] org.quartz.core.QuartzScheduler          : Scheduler quartzScheduler_$_NON_CLUSTERED st
arted.
2020-10-18 21:27:15.632  INFO 13237 --- [           main] o.s.b.w.embedded.tomcat.TomcatWebServer  : Tomcat started on port(s): 9190 (http) with
context path ''
2020-10-18 21:27:15.639  INFO 13237 --- [           main] com.debug.pmp.server.MainApplication     : Started MainApplication in 9.106 seconds (JV
M running for 9.866)
```

表示当前项目已经成功运行在端口号为9190的进程中了

图 9.70　可执行 Jar 成功在 Linux 上运行起来了

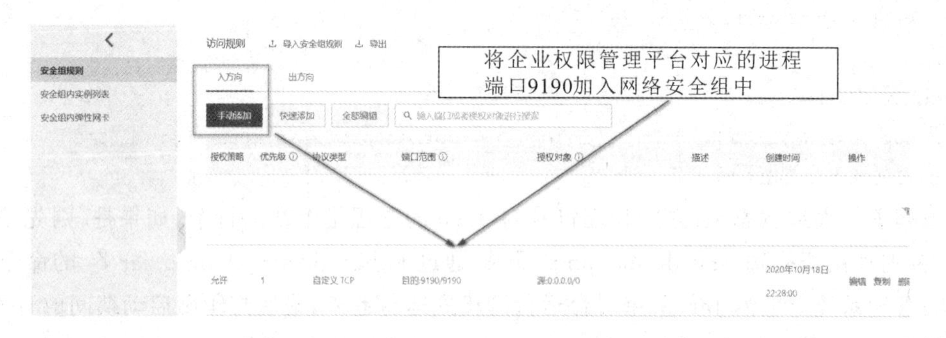

图 9.71　将端口号加入网络安全组中

至此，相应的配置已经完成了。打开浏览器并输入链接 http://47.105.191.162:9190/，其中 47.105.191.162 为笔者这台 ECS 服务器对应的公网 IP，按下回车键后如果可以进入系统的登录页面，即意味着项目已经成功部署上线并运行在 Linux 环境了（在这里笔者用的 Linux 操作系统为 Centos 7.×），如图 9.72 所示。

企业权限管理平台[如是观]
用户登录
admin
••••••
3f7pw
点击刷新
登录

图 9.72　浏览器访问 Linux 上部署的项目

至此，我们已经完成了企业权限管理平台在 Linux 环境下的上线、部署和运行。有条件的读者可以自行采购一台 ECS 服务器，并按照笔者上述的步骤进行操作，相信也可以成功地将自己亲手开发的项目部署到云服务器。

本章总结

本章重点介绍了如何基于 Spring Boot 搭建一个真实的企业级权限管理平台，并采用前面篇章介绍的各种核心技术实现企业权限管理平台中各个功能模块的各种核心功能，其中包括用户管理模块、部门管理模块、菜单管理模块、角色管理模块以及日志管理模块，其间还介绍了该系统的整体系统架构设计和数据库设计，以及功能模块对应的数据库表和表之间的关联关系。

与此同时，我们还介绍了如何基于上述的各个功能模块、数据库表完成系统的权限管理，其中，权限包含操作权限和数据视野/数据权限，权限管理则是基于角色 Role 实现的。

在本章的最后介绍了如何基于 Spring AOP 实现记录用户的系统使用轨迹并进行展示，介绍了系统如何部署上线运行以及为了保证系统的正常、稳定运行而建立的一系列攻击防御机制，如防止 XSS 攻击、SQL 注入攻击等。

本章作业

(1)为企业权限管理平台的各个功能模块添加删除和批量删除功能。

(2)为企业权限管理平台的用户管理模块添加导入和导出功能，导入导出的文件格式为.xls 或者.xlsx，其中导入的用户密码默认为 123456。

(3)基于企业权限管理平台开发一个全新的功能模块——考勤管理，其数据库表结构定义如下所示：

```
CREATE TABLE `attend_record`(
  `id` int(11)NOT NULL AUTO_INCREMENT,
  `user_id` bigint(20)NOT NULL COMMENT '用户 id',
  `dept_id` bigint(20)NOT NULL COMMENT '部门 id',
  `start_time` datetime DEFAULT NULL COMMENT '打卡开始时间',
  `end_time` datetime DEFAULT NULL COMMENT '打卡结束时间',
  `total` decimal(11,1)DEFAULT NULL COMMENT '工时/小时',
  `status` tinyint(4)DEFAULT '1' COMMENT '状态(1=已打卡;0=未打卡)',
  `create_time` datetime DEFAULT NULL COMMENT '日期',
  `update_time` datetime DEFAULT NULL COMMENT '更新时间',
  PRIMARY KEY(`id`)
)ENGINE=InnoDB DEFAULT CHARSET=utf8 COMMENT='考勤记录';
```

采用 MyBatis 代码生成器自行生成该数据库表对应的实体类 Entity、Mapper 操作接口以及对应的 Mapper.xml 配置文件，并在项目中编写相应的源码实现新增、修改、删除和分页模糊查询获取列表数据等功能。

后记

历经千山万水，我们终于到了这里。通过前面几个章节的学习与代码实战，想必读者已经了解了本书所介绍的知识要点，包括入门 Spring Boot 所需要掌握的基本概念、作用和前提，Spring Boot 开发典型的应用场景，Spring Boot 核心技术栈、中间件，以及如何基于 Spring Boot 搭建一套完整的包含前后端的企业级项目——企业权限管理平台，以此巩固 Spring Boot 相关的核心技术。

本书开篇主要对 Spring Boot 做了简单的介绍，包括其基本概念、优势和几大核心特性，同时也介绍了基于 Spring Boot 开发应用程序所需要准备的开发环境和工具，并基于 Intellij IDEA 搭建了第一个单模块和多模块的 Spring Boot 入门程序。除此之外，也介绍了 Spring Boot 底层的相关原理，包括 Spring Boot 的启动执行流程、依赖管理（起步依赖）和自动装配等。可以说开篇介绍的内容起到了总起的作用，为后续篇章相关内容做了铺垫。

紧接着，开启了 Spring Boot 的学习实战之旅。首先介绍并实战了如何读取 Spring Boot 项目中的配置文件，包括全局配置文件 application. properties 或 application. yml 和自定义的配置文件。对于全局配置文件，其读取方式包括@Value 注解读取、基于 Environment 实例读取以及通过@ConfigurationProperties 注解将配置文件中的配置项注入实体类字段中读取等；对于自定义的配置文件，可以通过@PropertySource、@ImportResource 以及@Configuration 等方式进行读取。在编写完实际的代码后，可以借助单元测试和热加载观察代码运行的结果。

一个完整的 Java 项目是离不开数据库访问层支撑的，基于 Spring Boot 整合搭建的项目也不例外。目前市面上主流的数据库访问层框架，即 ORM 框架包括传统的 JDBCTempalte、Hibernate、MyBatis 和 Spring Data JPA 等。本书重点介绍了如何基于

Spring Boot 分别整合 JDBCTemplate、MyBatis、Spring Data JPA，充当一个项目的数据库访问层的角色，并基于整合搭建好的项目采用实际的代码实战实际生产环境中的案例，以此巩固数据库访问层框架相关的技术。

紧接着，笔者结合实际情况介绍了如何基于 Spring Boot 实现 Java Web 应用系统常见、常用的功能，包括 Spring MVC 开发模式、前端视图模板引擎、Thymeleaf 的常见配置与用法、整合 Spring MVC 和 MyBatis 搭建一个真正的 Web 项目并实现一个功能模块的 CRUD 功能(即查询、新增、修改、删除功能)。毫不客气地说，新一代的 SSM 已经由传统的 Spring、Spring MVC 和 MyBatis 升级为 Spring Boot、Spring MVC 和 MyBatis 的组合了，而这也成为开发 Java Web 应用新一代主流的框架。

之后便重点介绍了在实际项目开发中常见、常用的 Spring Boot 相关的核心技术及其对应的应用场景，包括文件上传、文件下载(基于 Java IO 和 Java NIO 实现)，发送邮件(含简单文本内容类型的邮件、富文本内容类型的邮件、带附件类型的邮件)，定时任务(单线程和线程池的方式进行实现)，Excel 文件的导入导出(基于 POI 和 EasyExcel 两种方式实现)，可以说涵盖了目前企业级 Java Web 项目开发中常见、常用的 Spring Boot 相关的技术栈。

然后，进入了 Spring Boot 的高级应用篇，即分布式中间件实战篇章。首先介绍的是分布式缓存中间件 Redis。本书介绍了 Redis 的基本概念及其典型的应用场景，以及 Redis 在 Windows 开发环境下的安装与使用，基于 Spring Boot 整合搭建的项目对 Redis 的常见数据结构进行代码实战。最后，还介绍并实战了 Redis 在消息订阅发布机制、缓存击穿、缓存穿透等实际场景下的应用，配备实际的代码进行实战，进一步巩固、加深了缓存中间件 Redis 在实际项目中的应用。

之后便是分布式消息中间件 RabbitMQ，主要介绍了 RabbitMQ 的基本概念、典型的应用场景以及它在实际生产环境中的作用，重点介绍了 RabbitMQ 的几种消息模型，包括基于 FanoutExchange 的消息模型、基于 DirectExchange 的消息模型以及基于 TopicExchange 的消息模型；同时也介绍并实战了如何基于 Spring Boot 整合 RabbitMQ 实现邮件的异步发送这一实际的业务场景。在该章节中，还介绍了 RabbitMQ 的死信队列和延迟队列，对比介绍并实战了这两个核心组件，以实际生产环境中典型的应用场景——用户下单超时未支付自动失效为案例，采用实际的代码进行实战，巩固了 RabbitMQ 相关技术要点。

最后，重点介绍了如何基于 Spring Boot 搭建一个真实的企业级权限管理平台，并采用前面章节介绍的各种核心技术实现该系统中各个功能模块的核心功能，包括用户管理模块、部门管理模块、菜单管理模块、角色管理模块以及日志管理模块，同时还介绍了该系统的整体架构设计、数据库设计以及功能模块对应的数据库表和表之间的关联关系。总体来说，该权限管理系统的实现主要是基于角色完成权限的控制的，因此也叫 RBAC(role-based access control)，即基于角色的权限控制系统。

在本书的最后，笔者建议各位读者在阅读、实战本书介绍的相关技术要点时，千万不要“眼高手低”，而应当贯彻“实战为主、理论为辅”的理念，结合相应的业务流程图以及笔者提供的参考代码，亲自进行代码的编写。在实战实际生产环境中典型的应用场景时，读者也可以根据笔者提供的业务流程图，实现不一样的代码。

总之，实战出真知，只有经历了真正的代码实战，才能更好地理解和掌握相应的理论知识要点。

谨以此书纪念笔者的第一次创业！！！

作者个人微信

技术公众号